转型期的中国美学

——曾繁仁美学文集

曾繁仁 著

商务印书馆
2007年·北京

图书在版编目(CIP)数据

转型期的中国美学：曾繁仁美学文集/曾繁仁著．—北京：商务印书馆，2007
ISBN 978-7-100-05525-3

Ⅰ．转… Ⅱ．曾… Ⅲ．美学-中国-文集 Ⅳ．B83-53

中国版本图书馆 CIP 数据核字(2007)第 092123 号

所有权利保留。
未经许可，不得以任何方式使用。

转型期的中国美学
——曾繁仁美学文集
曾繁仁 著

商务印书馆出版
（北京王府井大街36号 邮政编码 100710）
商务印书馆发行
北京瑞古冠中印刷厂印刷
ISBN 978-7-100-05525-3

2007 年 12 月第 1 版　　开本 787×1092　1/16
2007 年 12 月北京第 1 次印刷　印张 31¾
定价：45.00 元

目 录

序………………………………………………………汝信
自　序…………………………………………………001

第一编　文艺美学——由本质论到经验论 ………005

1. 当代社会文化转型与文艺学学科建设 ……………007
2. 试论当代存在论美学观 ……………………………012
3. 试论文艺美学学科建设 ……………………………034
4. 胡经之教授的重要学术贡献 ………………………050
5. 蒋孔阳教授对我国当代美学的贡献 ………………053
6. 钱中文先生的学术贡献 ……………………………056
7. 试论当代美学、文艺学的人文学科回归问题 ……058
8. 试论中国新时期西方文论影响下的文艺学
   发展历程 …………………………………………066
9. 当代一次中西艺术对话所给予我们的启示 ………088
10. 美学学科的理论创新与当代存在论美学观的建立…094

第二编　审美教育——由思辨美学到人生美学 ……101

1. 论席勒美育理论的划时代意义 ……………………103
2. 马克思主义人学理论与当代美育建设 ……………118
3. 现代美育学科建设 …………………………………135

4. 论西方现代美学的"美育转向" …………………… 157
5. 关于当代美育理论建构的答问 …………………… 197
6. 关于加强审美教育提高语文素养的答问 ………… 205
7. 我国美育事业进一步发展的重要平台
  ——写在《全国普通高等学校公共艺术类课程指导
  方案》颁布之际 ……………………………………… 211
8. 现代性视野中的美育学科建设 …………………… 218
9. 培养学会审美的生存的一代新人，实现构
  建和谐社会目标 …………………………………… 221
10. 关于美育当代发展的几个问题 …………………… 228

第三编　生态美学论——由人类中心到生态整体 …… 233

1. 当代生态美学的发展与美学的改造 ……………… 235
2. 马克思、恩格斯与生态审美观 …………………… 269
3. 试论当代生态美学观的基本范畴 ………………… 289
4. 当代生态文明视野中的生态美学观 ……………… 303
5. 我们为什么提出生态审美观以及什么是生态
  审美观 ……………………………………………… 321
6. 试论人的生态本性与生态存在论审美观 ………… 327
7. 简论生态存在论审美观 …………………………… 343
8. 当前生态美学研究中的几个重要问题 …………… 348
9. 生态美学研究的难点和当下的探索 ……………… 355
10. 生态美学——一种具有中国特色的当代美学观念 … 365
11. 老庄道家古典生态存在论审美观新说 …………… 374
12. 试论《诗经》中所蕴涵的古典生态存在论美学思想 … 391
13. 试论基督教文化的神学存在论生态审美观 ……… 417

14. 中国古代"天人合一"思想与现代生态文化建设 …… 441
15. 试论当代生态存在论审美观中的"家园意识"
    与城市休闲文化建设 …………………………………… 457
16. 关于城市生态文化建设的思考 …………………………… 464
17. 关于儒学与城市文明的对话 ……………………………… 469

附 录 ………………………………………………………… 475
1. 我对做学问的一点理解 …………………………………… 477
2. 在现实与理想的矛盾中争得更大的发展 ………………… 480
3. 中国传统文化现代价值刍议 ……………………………… 483
4. 科学研究与学术规范 ……………………………………… 487

后 记 ………………………………………………………… 494

序

汝 信

曾繁仁同志的美学文集《转型期的中国美学》即将由商务印书馆出版,我有幸先读为快,深感这是一部当前我国美学界迫切需要的富有创新精神的著作。

作者把他的文集命名为《转型期的中国美学》,是意味深长的。我们现正处于一个发展和变动的时代。近一个时期以来,中国和整个世界都已经和正在继续发生急剧的变化,科学技术革命充当了变革的先导,大大促进了社会的飞速发展。与过去相比,无论是社会生产力、经济结构、政治体制、人们的社会关系和生活方式,或是思想意识、文化、道德、价值观念乃至审美意识和趣味,都变得面貌一新,与前大不相同了。面对这样迅速变化着的世界,如果在学术研究上依然墨守成规,采取以不变应万变的态度显然是没有出路的。我们的美学研究一定要跟上历史发展潮流,适应于21世纪新时代前进的步伐,广泛地面向世界吸收新知识,应用新的研究方法和研究手段,在理论上有所突破和创新。我以为,如何推动美学研究从传统走向现代,建立适应于新时代要求的中国现代美学,这是当前我国美学发展的一个关键问题。曾繁仁同志的著作在这方面作了可贵的探索,我相信一定会得到美学界的密切关注和高度评价。

本书的特点之一是十分重视审美教育。作者用相当大的篇幅,从理论到实践的方方面面论述了审美教育的不可替代的重要作用。实际上,美学这门学科是整个文化建设的不可缺少的组成部分,以美学为必要基础的审美教育是提高人的素质、促进人的自由全面发展的有效途径。因此,美学研究和审美教育在社会主义精神文明建设中承担着重大的使命,其根本目的就在于通过美的鉴赏和艺术教育,提升人的精神境界,使情感得到陶冶、思想得到净化、品格得到完善,从而使身心得到和谐发展、自身得到美化。审美教育的这种独特的功能和作用是别的学科教育所无法替代的,因此它绝不是可有可无的点缀品,而必须予以充分重视和加强。作者精辟地指出,审美教育是一种如何做人的教育,是一种人性的教育,也是一种文化与文明的教育。他并且强调,马克思主义人学理论对当代审美教育建设有着巨大的指导作用。这些主张对于推动我们的审美教育的发展,无疑地具有重要的意义。

我认为本书最值得注意的创新,在于生态美学的提出和探索。正如作者所说,生态美学是在世界生态危机愈益严重的背景下产生的一种新型的美学理论形态,是同人与自然的矛盾日趋尖锐、生态危机已极大地威胁人类生存这一现实状况相伴随的。自从人类进入近代工业社会以来,人们利用科学技术这个强有力的手段去征服自然,进行大规模的经济开发,为了满足自己的欲望而无节制地对自然资源进行掠夺性开采,破坏了自然界的生态平衡,造成了人和自然的对立和疏离,结果使人类的生存环境恶化,形成全球性的空前的生态危机。20世纪60年代起,国际科学界、知识界的一些有识之士,开始对使人类陷入困境的原因进行深刻反思。生物学家卡逊、哲学家奈斯以及著名的罗马俱乐部的成员们先后发表了一些重要著作和研究报告,引起国际社会对生态环境问题的极大关注,使广大公众的环境意识开始觉醒。奈斯教授曾应中国社会科学院哲学研究所的邀请来我国访问。他去峨嵋山参观时独自在山林中静坐,面对大自然长久默想,一时传为佳话。我和奈斯以及罗马俱乐部的某些成员曾有交往,有机会聆听他们的主张和看法,颇受启迪。不过在我的印象里,他们主要是从科学的角度去看生态问题对自然和社会生活造成的影响,而很少从美学的角度去观察这个问题。因此我以为生态美学的提出是我国学术界的首创,正好弥补了生态研究的一个空白,无论是在理论上或是在实践上都是具有现实意义的。依我的浅见,今天人类因生态危机而陷入困境是人自己造成的,走出困境也还是要靠人自己。有的人希望回到过去的田园牧歌式的时代,显然是无法实现的空想。有的人把目前的困境归咎于科学技术更是没有道理的,况且要克服生态危机也还是必须借助于先进的科学技术。问题的关键在于,要用现代人的精神去看待人和自然的和谐关系,而在这方面,生态美学是可以有所作为的。生态美学不是把自然当做供人利用和征服的对象、单纯满足欲求的手段,而是把人和自然看做相互依存的有机整体,像尊重人一样去尊重自然,承认自然界的价值和生存的多样性。它不再把人作为宇宙的中心,使自然界的一切完全服从人的需要,而是把人视为整个宇宙有机整体的一部分,使人和自然得到协调的可持续发展,并使科学技术成为建设生态文明的强有力手段。在某种意义上可以说,生态美学的提出是科学发展观在美学中的具体应用。当然,生态美学在我国还是新事物,有待于进一步发展和成熟。曾繁仁教授是生态美学的倡导者,他在本书中对生态美学作了全面的阐述和论证,这是他对我国美学研究做出的新贡献。当本书即将与读者见面之际,衷心祝愿他取得圆满成功。

2007 年 9 月

自　　序

本书是2003年1月《美学之思》①出版之后我的主要学术研究工作的一个汇集，我将其定名为《转型期的中国美学》，这是因为本书的主题是探讨处于经济、社会、文化重大转型时期中国美学的发展问题。

从1978年开始的我国新时期，在短短的28年的时间内经济社会文化发生了巨大的变化。变化之快，出乎人们的预料。可以这样说，在短短的28年中我国先后发生了相互交叉的两次经济社会转型。新时期伊始，即已开始"拨乱反正"，结束十年"文革"，进入经济建设的历史时期，这就是由"文化革命"到经济建设以及由计划经济到市场经济的转型，整个20世纪80年代主要就是进行这样的转型，实现工业化与市场化。但是20世纪90年代至今则在工业化的任务还继续进行的过程中又面临着由工业文明到后工业文明的转型，也就是在实现工业文明的同时还要对其弊端尽可能地有所克服并进行某种程度的超越。我们现在考虑的不仅仅是经济的指标，而且还有文化的、生态的与各种社会的发展指标，力求走向和谐社会的建构。这就说明，我国当前的现代化实际上同时包含相当多的后现代的内容。当然，我们所说的后现代之"后"完全是建设性的，主要是指对现代化弊端的反思与超越。从这个意义上说，目前也正在发生着一场悄悄地向着"后现代"发展的经济社会转型。许多人对于前一次的由"文化革命"到经济建设的转型是充分地看到了，但是对于当前正在发生的由工业文明到后工业文明的转型却不能意识到，因而对于许多社会经济与文化

---

① 曾繁仁：《美学之思》，山东大学出版社2003年版。

现象难以理解，尤其难以理解这种转型对于包括美学在内的人文社会科学所带来的巨大影响，及其对美学等人文社会科学的强烈要求。这就要求美学等人文社会科学与之适应并对其提供理论的与精神的支持。这样的时代既是对我们美学工作者的挑战，同时也为我们美学理论工作提供了广阔的空间与发展的机遇。所谓挑战，就是说在这一系列经济社会转型之中我们的美学工作不能原地不动，对于正在发生的和谐社会的构建、生态问题的解决与大众文化的勃兴，我们不能置若罔闻并因而缺席，我们必须面对现实并作出理论的回应。这就要求我们的美学研究也要实现必要的转型，对于既往的理论有所改造和超越，对于落后于时代的理论观念与思维模式进行必要的扬弃。这种学术的转型实际上是伴随着思想领域的某种痛苦的除旧布新，因为包括我在内的许多美学工作者要适当地乃至整体地改变自己多少年坚持的惯有的理论观念，甚至需要改变曾经以之为荣的某种自创的"体系"。当然，这也给我们的美学工作开辟了广阔的空间，为我们的思考提供了许多新的论题，也为美学理论新的元素的建构提供了极大的可能。这是一个需要理论，同时也适合新的理论诞育的时代。在这样一个崭新的时代，我们美学理论应该而且可能有更多的新的建树。当然，所有的建树都只能是建立在既有的基础之上，我们应该十分珍惜我国近100年来，特别是近50多年来美学工作的成果，以此为前提结合当今时代新的需要进行新的理论创新。当然，历史告诉我们，所有的突破与创新都是会有风险的，因为有突破、有创新就一定会有失败，而遵循既有轨道倒反而保险。但是，我们的突破与创新即便失败了，也会给后人留下教训，更何况创新者与突破者的勇气也是一种财富。正是秉承着以上的认识与态度，近年来我的美学工作主要着力于对我国新时期美学的转型进行力所能及的研究。这种研究主要在文艺美学、审美教育与生态美学论三个层面上展开。从文艺美学的角度来说，它主要标志着我国当代美学理论由本质论到经验论的转型。长期以来，我国美学研究受到主客二分的思维模式的影响,着力于美与艺术的本质的探讨,提出客观论、主观论、主客观统一论与社会性论等等理论观点,自有其时代的与历史的贡献与原因。但美学与艺术学作为人文学科是一种"人学",是以"人"作为研究对象的,因而不可能准确地把握其"本质",也不可能有一种论断能够穷尽其"本质",因而只能从审美的经验出发进行某种描述。当然,作为人文学科的描述绝对不可能是"价值中立"的而必然地包含明确的价值评判,在美与丑的评判中包含着真与假以及善与恶的评判。而从审美教育的角度来说,它主要标志着我国美学由思辨美学到人生美学的转型。长期以来,我国美学研究受西方,特别是德国古典美学的影响很大,美学研究主要局限于思辨研究的范围,着力于概念与范畴的探索,严重地脱离现实社会人生。但20世纪以来,世界美学已经发生巨大变化,开始转向现实人生。西方现代的唯意志论美学、表现论美学、现象学美学、存在论美学与阐释学美学等都着力从人的审美的维度探讨现实的人的生存状况,以人的诗意地栖居为其旨归。而教育领域"通识教育"的开展则将审美力的培养作为必不可少的教育内容,从另一个侧面突出了审美教育的地位。我国当代在现代化的过程中同样出现美与非美的二律背反现象,因此努力地克服这种现象,追求人的诗意地栖居,培养学会审美的生存的一代新人就成为时代的使命,也必然地成为美学研究的重大课题,这就将审美教育推到当代美学研究的中心地位。从生态美学观的角度来说,它则标志着由传统的"人类中心主义"到生态整体观的重要转型。"人类中心主义"同样是工业革命时代对于人的理性的张扬,但又过分迷信人的理性能力,因而它既具有历史的进步作用,同时又有明显的历史局限性。反映到美学领域就是对于自然生态的完全漠视,对于人的力量的过分夸大与张扬。而当代生态与环境问题的日益严重则使生态美学观必然地走到时代的前沿。可以说,在当代,漠视生态维度的美学是不完善的美学,甚至是缺乏牢固的现实基础的美学。当然,我们所说的生态美学观实际上是一种当代的生态存在论美学观,力主人与自然的审美关系的建立成为人得以审美地生存的基础与前提。而上述这一系列转型都是当代美学由认识论美学到存在论美学转型的表现,是美学学科与时代同步的必然要求。当然,当代美学的转型有着多重的表现,例如大众文化与视觉艺术的日渐勃兴、日常生活审美化的发展等。但我本人由于工作和视野的限制只在以上三个方面做一些力所能及的工作,这些工作本身自有其局限性,我本人的视野与水平的局限更是十分明显。但我愿意以对这种转型的探索作为自己的一种声音,以求教于美学界的同行,也试图以此表示自己愿意跟上时代步伐的一种态度。同时,我也衷心地期望我国的美学研究能更快地跟上时代的步伐,更好地发挥美学理论自身应有的作用,并在国际上发出更多的自己特有的声音。任何事业的发展都呈长江后浪推前浪的态势,我国美学事业的更大发展寄希望于青年一代。但我们老一代学人仍有自己的历史责任,尽管对镜自觉早已华发满头,但我愿以自己的探索作为后继者的一种铺垫,哪怕对他们产生一点点正面或是反面的启发,我也就非常满意了。

  本书所收录的文章绝大多数在国内学术杂志上发表过,此次收录时在文字方面有一些校订。本书在写作过程中得到山东大学文艺美学研究中心的大力支持,"中心"作为一个学术团队是我学术工作的强大后盾。书中文稿的收集、整理、校订得到了我的学生们的帮助,它的出版则是商务印书馆的支持。对于以上单位与同志均在此致以谢忱。最后还要敬请广大读者与同行不吝赐教。

曾繁仁

2006 年 4 月 17 日于济南六里山下

第一编
文艺美学——由本质论到经验论

1. 当代社会文化转型与文艺学学科建设

最近,我参加了"全球化时代文艺学学科建设研讨会",会议围绕信息化与大众文化兴起的背景下文艺学学科的发展讨论得十分热烈,争论得不可开交,在美与非美、文学与非文学,乃至文艺学学科的哲学根据、对象、方法与主要范畴等基本问题上都难以统一。有一位从事现当代文学研究的与会学者会后对我说,他对这种情况深感惊异,认为文艺学学科目前已到了崩溃的边缘。他的这一评价让我深感震动,也促使我对当前文艺学学科建设做了一番思考。

我认为首先应该正视我们所面临的当代社会文化转型的形势,才能正确认识文艺学学科当前所出现的争论与今后的发展。从社会的角度说,当前所面临的是从传统的计划经济到社会主义市场经济、由农业社会到工业社会与后工业的信息社会,以及由乡村状态到大幅度城市化的转变。而从文化的角度说,则是从印刷的纸质文化到电子与网络文化、由知识阶层的精英文化到受众空前的大众文化、由文化的封闭到全方位开放的转变。而对文艺学学科来说更为重要的是当代出现的哲学理论形态的转型,即哲学领域由古典形态到现代形态的转型,表现为由主客二分到有机整体、由认识论到存在论、由人类中心到生态整体、由欧洲中心到多元平等对话的转变等等。这些社会与文化的转型必然对传统的文艺学理论体系形成巨大的冲击。从传统的文艺学来讲,历来以认识论作为其哲学根据,在权威的教材中宣布"艺术就是作者对于现实从现象到本质作典型的形象的认识"。但当代形态的文艺理论对于这种混淆文学艺术与科学的认识论文艺观是否定的。而文艺学的对象——文学艺术现象,由于电影电视、网络文化与大众文化的勃兴,审美进一步走向生活,走向经济,出现了一系列在文艺、生活与商品之间难以划清界限的广告、服饰乃至影视剧、影片、VCD等等。因而,文艺学的研究对象也难以厘清。而在传统文艺学的主要范畴上,由于上述文化现象的出现与对主客二分"解构"的各种现代理论的流行,也出现诸多歧异,乃至于颠覆传统的情形。例如,文学与生活、形象与典型、文本与读者等等,由于审美的生活化与当代存在论美学的意义的追寻、阐释论美学的阐释本体等理论观念的传入,上述传统范畴的固有内涵均难以成立。在研究方法上,由于文化研究的盛行,也导致了对传统的审美的内部研究方法的解构等等。凡此种种,都说明在新的形势下文艺学学科建设的确面临空前尖锐的挑战。

这种挑战可以说是一种冲击,但其实也正是一种发展的机遇,促使我国当代文艺学学科面对新时代,改革旧体系,充实新内涵,真正走上与时俱进之途。因为,社会的发展与需要恰是推动科学前进的最大动力。恩格斯在1894年曾经说过:"社会一旦有技术上的需要,则这种需要就会比十所大学更能把科学推向前进。"其实,上述社会文化的转型本身就意味着当代社会对文艺学学科的需要发生了根本的变化,文艺学学科应主动适应这种需要与变化,而不是不闻不问,更不是去抵制,当然也抵制不了。我觉得这里有一个对文艺学学科现状的自我审视问题。我想从三个角度来谈这个问题。从马克思主义文艺学建设的角度,无疑我们取得了巨大成绩,产生了毛泽东文艺思想与邓小平文艺思想等具有中国特色的马克思主义文艺理论形态。但也不可否认,我们在具体研究中出现过以西方古典形态的主客二分思维模式和僵化教条理论模式误解马克思恩格斯基本理论的现象。例如,在我国美学与文艺学领域影响深远的"实践美学",其主要提出者就认为"美学科学的哲学基本问题是认识论问题","从分析解决主观与客观,存在与意识的关系问题——这一哲学根本问题开始。"这在对马克思实践观的理解上显然是一种倒退和误解。而对于20世纪以来的西方现代文艺思想,我们也不能做到正确评价,虽然这些理论思想在改革开放以来大量传入,迅速传播。但对其理解和评价总难统一,长期以来我们从传统的思维定势出发总体上对其持否定态度,对其价值意义缺乏客观公允的评价,特别对其克服主客二分认识论思维模式,走向存在意义的追寻与"非人类中心"所具有的重要价值认识不够。在中国古代文论的研究中,以钱钟书、宗白华为代表的一大批学者做出了不可磨灭的贡献。但也存在用西方古典形态"感性与理性"对立统一的"和谐论"美学与现实主义文学理论等硬套中国古代建立在"天人之际"、"阴阳相生"、"位育中和"基础之上的"中和论"美学与文艺思想的情形。以上回顾旨在说明我国当代文艺学学科自身的确存在不适应时代要求,相对落后,急需改革的一面。而新时代的社会文化转型又的确给文艺学学科建设注入了新的活力与营养。影视与网络的发展无疑是文艺传播的革命,而大众文化的发展则是对传统精英阶层文化霸权的一种冲击,并使文学艺术的参与者出现从未有过的扩大,而文化诗学则给文艺研究增添了十分强有力的新视角和新方法。当然,社会文化的转型也有其不可否认的负面作用,其表现为大众文化的低俗趋势、文化产业对经济效益的盲目追求、工业化所导致的工具理性泛滥、城市化与社会竞争所形成的精神疾患蔓延、网络化所造成的文化的平面化等等,集中表现为当代人的生存状态的非美化现实。这一切恰恰为当代文艺学学科的发展提出了新的课题。海德格尔认为,面对当代工具理性的泛滥必将有一种新的美学和文艺学形态应运而生。他说:"一旦我们始终去沉思这一点,就会产生一种猜度,即:在那种促逼的暴力中,亦即在现代技术无条件的本质统治地位中,可能有一种嵌合的指定者(dasverfugendeeinerfuge)起着支配作用,而从这种嵌合而来,并且通过这种嵌合,整个无限关系就适合于它的四重之物。"这就是"天、地、人、神"的四方游戏及由此形成的人的"诗意地生存"。这正是当代形态的存在论美学与文艺学的应运而生。

文艺学学科的当代发展还必须转变观念。面对新的社会与文化现实，传统形态的文艺学将逐步得到改造。在哲学根据上，主客二分的传统认识论将代之以现代形态的有机整体哲学。而传统的文艺学学科自身严密而清晰的超稳定的边界也将被打破，而代之以跨学科与多学科的交叉融合。当然，文艺学学科也不是无任何边界，让人无法把握，而是具有相对的学科边界。例如，在美与非美、文艺与生活的边界问题上，可以以具有社会共通感的"审美经验"与"人的诗意地生存"作为其方向。文艺学学科的理论形态也不应是一元的，而应是在马克思主义基本理论统帅下呈现多元共存、多姿多彩之势。而随着对当代西方"解构"理论的某种认同，文艺学学科领域的"欧洲中心"也将逐步被打破，而代之以中西平等对话，特别是在摒弃主客二分西方传统思维模式后，应进一步加强对中国古代"言志说"、"意境说"与"气韵说"等古典存在论文艺观与现代文艺学优秀遗产的重新阐发与继承弘扬。

为了应对当代社会文化转型的挑战，当代文艺学学科的发展应立足于建设。最重要的是确立马克思主义基本理论的指导。首先是确立完整的准确的马克思主义实践观对当代文艺学学科建设的指导，消除长期以来对马克思主义实践观的误解，还其本来面貌。事实证明，马克思主义实践观恰是对传统主客二分思维模式的突破，突出地强调了一种抛弃物质的或精神的实体的主观能动的社会实践活动，标志着由古代传统的客观性、主观性范畴到现代的关系性与实践性范畴的过渡，恰是对于西方现代哲学——美学对社会实践严重忽视的一种根本性的弥补与纠正。特别是，马克思主义实践观中的美学观，对于当代文艺学学科的建设具有极其重要的意义。我们认为，从完整准确地理解马克思主义实践观与美学观出发，应该将《1844年经济学哲学手稿》与《关于费尔巴哈的提纲》结合起来理解，将前者作为后者的重要补充。由此,我们认为应该这样来全面概括马克思的实践观:哲学家们只是用不同的方式解释世界,而问题在于改变世界,人也按照美的规律来建造。这样,审美观就成了马克思实践观必不可少的、有机的组成部分,从而马克思主义实践的审美观就理所当然地成为马克思主义美学与文艺学的基石。按照马克思的理论,包括文艺在内的审美活动是产生于社会实践基础之上的、人同世界的一种特有的"人的关系"——审美的关系,这种审美的关系是人的一种极其重要的生存方式,即"诗意地生存"。当然,我们也应该继承发扬我国现代毛泽东和邓小平所创立的"文艺为人民"的正确方向。我们认为,恰是新的时代为我们完整准确地理解马克思主义实践观及建立在其基础之上的美学观和文艺观提供了必要的前提,从而也为马克思主义文艺学学科的建设奠定了更加坚实的基础。

写到这里,我想起当代理论家伽达默尔讲过的一句话:"当科学发展成全面的技术统治,从而开始了'忘却存在'的'世界黑暗时期',即开始了尼采预料到的虚无主义之时,难道人们就可以目送夕阳的最后余晖——而不转过身,去寻望红日重升的时候的最初晨曦吗?"①我想主客二分的工具理性时代已是必然要变成历史,那就让我们逐步目送其夕阳的余晖,而转身以自信的勇气在马克思主义实践观与"文艺为人民"正确方向的指导之下,从"人的诗意地生存"出发建设当代形态的文艺学学科,作为新时代文学艺术发展的理论指导,创造更加美好的人与社会、自然以及自身和谐协调的生存状态,去迎接21世纪的晨曦。

(原载《文学评论》2004年第2期)

---

① [德]伽达默尔:《真理与方法》第二版序言,辽宁人民出版社1987年版。

2. 试论当代存在论美学观

当代美学学科建设应在综合比较方法的指导下，以当代存在论美学为基点，对各种美学见解加以综合吸收，在此基础上创建以马克思主义实践观为指导的符合中国国情的当代存在论美学观，实现由认识论到存在论的过渡。其实，新时期以来，我国许多理论家已不约而同地将美学与文艺学的关注点集中于人的现实生存状况①。因此，我对当代存在论美学观的研究实际上是在许多学者研究工作基础上的一种"接着说"。只是因为认识论美学的影响至为深远，所以希望我的这种"接着说"能引起更多同行专家的共鸣，当然也希望能得到批评。

一

当代存在论美学观的提出绝不是偶然的心血来潮或标新立异，而是有其经济社会、艺术和学科发展的必然根据。众所周知，西方存在主义哲学—美学思潮滥觞于19世纪末20世纪初，兴盛于二战之后，20世纪60年代以来即融会于各种人本主义哲学—美学思潮之中。它的发展是同西方资本主义现代化过程中的一系列矛盾的尖锐化相伴随的。诸如富裕与

---

① 如钱中文说："新理性精神将从大视野的历史唯物主义出发，首先来审视人的生存意义。"（《走向交往对话的时代》，北京大学出版社1999年版，第339页。）胡经之认为："艺术，不仅是人对世界的一种反映方式，它也直接是人的一种生存方式。"（《文艺美学》，北京大学出版社1989年版，第393页。）

贫穷、发展与生存、当代与后代、科技与人文、物质与精神、人与环境等等都是一系列难解的二律背反。这些二律背反在资本主义现代化的进程中又递次地表现为人的"异化"、战争的严重破坏与环境的恶化等等严重问题，这些问题越来越严重地威胁到人的现实生存状况，引起全人类的高度关注。我国目前正在进行的社会主义现代化建设，已经取得了令人瞩目的成就。我国凭借制度自身的优势同资本主义国家相比对于各种矛盾问题具有更多的调节能力和空间。但事实证明，现代化之中的许多二律背反常常是过程性的，甚至是难以避免的，只是有程度与解决的快慢之分。例如，市场化与传统道德的失落，城市化与精神疾患的蔓延，工业化与环境的破坏，科技发展与工具理性的膨胀等等。尽管不是无法解决的矛盾，但也的确是难以避免。这些矛盾都极大地威胁到人的现实生存状况，使之出现了美化与非美化的二律背反。也就是说，现代化一方面促进了生活富裕、精神文明、社会繁荣，人们处于一种从未有过的美化的现实生存状况。同时，生活节奏的加快、竞争的激烈、贫富的悬殊、环境的污染、战争与恐怖活动的威胁等等又使人们处于一种压抑、焦虑不安，乃至被种种现代病困扰的非美的现实生存状况。这种生存状况的改变当然主要依靠制度的改善和法律的完备，但也对美学和文学艺术提出必然的要求。因为，审美是一种不借助外力而发自内心的情感力量，是人的自觉自愿的内在要求，具有不可替代的巨大作用。所以改善当代日益严重的人类现实生存状况非美化的现实问题，成为当代存在论美学观产生的现实土壤。这种现实问题也必将改变审美仅仅局限于自我愉悦的范围，使之拓展到社会人生，成为一种审美地对待社会、自然与人自身的审美的世界观。这也就是当代存在论美学观的不同于传统美学观的深刻内涵之所在。与时代的步伐相伴，现代艺术发生了巨大的变化。现代艺术已不是传统的感性与理性对立融合的现实主义与浪漫主义艺术，而是愈来愈走向感性与理性的脱节，形象与情节愈趋减弱，形式与色彩愈趋变异与夸张，理性愈加隐没的状态。这就是当代的抽象派绘画、象征派诗歌、荒诞派戏剧、魔幻现实主义与意识流小说等艺术形式产生的原因,这类作品已不是对现实的反映,而是对人的现实存在意义的探寻和追问。毕加索创作了二战中的著名壁画《格尔尼卡》,结合立体主义、现实主义和超现实主义手法,通过跨越时空、变形夸张、聚焦渲染,充分表现了人类的痛苦受难,控诉了兽性的膨胀和法西斯战争,已同传统的美学原则与艺术手法相去甚远。即使是我国当代作家运用传统现实主义手法创作的作品,也在实际上偏离传统美学原则,渗透着浓郁的当代色彩。我国作家万方所著中篇小说《空镜子》①写的是传统的婚恋故事,但却渗透着浓郁的荒诞气氛,一种人在命运中的期待、无奈和惆怅。小说几乎没有传统的开端、高潮和结尾,只是让生活流伴随着意识流不经意地朝前流淌,但却蕴含着对爱情与婚姻的意义与价值的追寻。作品提供给我们的并没有典型形象,而只有意义的追问。由此可见,面对已经发生巨大变化的现代艺术,传统美学实在是脱离得太远了。而当代存在论美学却能够对其进行艺术的阐释和理论的支撑。诚如1991年获得诺贝尔文学奖的南非作家纳丁·戈迪默所说:"我认为,我们是被迫走向个人的领域。写作就是研究人的生存状况,从本体论的、政治的和社会的以及个人的角度来研究。"②

当代存在论美学观的产生也是美学学科发展的必然要求。西方美学根源于古希腊美学,是一种理性主义的认识论美学。这种美学以"和谐"为其美学理想,以感性与理性的二元对立与统一为其主线,而以黑格尔的"美是理念的感性显现"为其最高形态。所谓"理念的感性显现"即是感性和理性的直接统一、完全融合,是一种达到极致的古典形态的最高的美。但此后,这种古典形态的认识论美学即逐步宣告解体,而代之以否定理性、思辨与和谐的现代美学,存在论美学即是西方现代美学的主要流派之

---

① 《十月》2000年第1期。
② 《新华文摘》2002年第8期,第161页。

一。这种由认识论到存在论的美学转向,实际上始于康德在《判断力批判》中对美的知性特征的挑战,他的美是"无目的的合目的性的形式"命题所包含的美的"无功利性"、"纯粹性"与"合目的性"问题,正是存在论美学的先声。19世纪末20世纪初克尔凯郭尔与尼采首先提出"存在先于本质"、"生命意志本体"等存在主义命题,萨特从理论与创作的结合上建立了存在主义的美学体系,而海德格尔则将这一理论进一步向前推进。目前,当代存在主义已经作为一种哲学——美学精神和方法渗透于各种极为盛行的美学流派之中。包括存在论美学在内的西方当代美学在理论与思想上都有其十分明显的局限性,但它所包含的生产力、科技与社会发展的先进内涵却值得我们借鉴。从美学由传统到现代转换的角度来看,我们应该跟上世界的步伐。众所周知,我国现代以来,美学研究受到西方传统的认识论美学的深刻影响。早期基本上偏重于介绍。20世纪中期以后,逐步形成的典型论美学与实践论美学,总体上仍然属于西方传统的认识论美学,特别是20世纪60年代之后逐步发展起来的实践论美学,对我国独具特色的美学理论的发展无疑起到了极大的推动作用。但它并没有完全接受马克思主义实践观的现代哲学内涵而是总体上仍然沿袭传统认识论体系,坚持主客二分的理论结构和客观性诉求等,已经愈来愈显示出理论的陈旧以及同现实的严重脱离。实践论美学力主美的本质的客观论。这是一种传统的以主客二分为基础的本质主义的命题,属于科学认识的范围,而不属于美学的范围。因为,只有科学才通过实验的手段,探寻对象客观存在的本质属性。而美则属于情感的范围,没有主体就没有客体,没有审美也就没有美。早在二百多年前,康德就在《判断力批判》中指出,"没有关于美的科学,只有关于美的评判;也没有美的科学,只有美的艺术。因为关于美的科学,在它里面就须科学地,这就是通过证明来指出,某一物是否可以被认为美。那么,对于美的判断将不是鉴赏判断,如果它隶属于科学的话。至于一个科学,若作为科学而被认为是美的话,它将是一个怪物"①。如果我们真的至今仍然相信美的本质的客观性,那也只能犹如康德所说是将科学的证明混同于美学而令人感到奇怪。因此,美的本质的客观性或者是客观的美实际上是一个并不存在的伪命题。实践论美学还坚持审美的直观反映论,这仍然是西方认识论美学的翻版。众所周知,古希腊关于艺术本质的最重要的理论就是"模仿说",柏拉图在其《理想国》中提出了著名的"模仿的模仿"的理论,即现实是对理式的模仿,而艺术则是对现实的模仿。他在讲到艺术家的模仿时提出了著名的"镜子说",即艺术家对现实的模仿犹如镜子一般是在外形上的映现。审美的反映论实际上就是西方古典美学"模仿说"的发展,是将审美归结为认识的典型理论形态。其实,康德已经将真善美作了认真的区分,并将审美确定为不同于认识的独特的情感领域。我们从切身的艺术欣赏实践中也能深切地体会到审美同认识的严格区别。我们欣赏梅兰芳先生的代表作《贵妃醉酒》,并不是要获得有关杨贵妃的某种知识,而是对梅派唱腔和优美舞姿的欣赏,在欣赏中不知不觉地进入一种赏心悦目、怡然自得的审美的生存状态,乃至于百看不厌。实践论美学在艺术理论上是倡导"艺术典型论"的。应该说,艺术典型论也是西方古典美学的重要内容。古希腊时期亚里士多德提出"按照人应当有的样子来描写"②就包含着艺术创作应通过个别反映必然的艺术典型的内容。而古罗马和新古典主义时期则由于形而上学的作祟,导致了艺术创作的"类型说",这实际上是一种倒退。德国古典美学则将成功的艺术创作称作"审美理想",是理念与形式的"自由的统一的整体"③。这是对古典的艺术创造的最贴切的概括。但到俄国的别林斯基与高尔基则对艺术创作又作了形而上学的表述,提出影响极大的"艺术典型"理论。高尔基

---

① [德]康德:《判断力批判》上卷,商务印书馆1985年版,第150页。
② [古希腊]亚里士多德:《诗学》,人民文学出版社1982年版,第94页。
③ [德]黑格尔:《美学》第一卷,商务印书馆1979年版,第87页。

说:"但是假如一个作家能从二十个到五十个,以至从几百个小店铺老板、官吏、工人中每个人的身上,把他们最有代表性的阶级特点、习惯、嗜好、姿势、信仰和谈吐等等抽取出来,再把它们综合在一个小店铺老板、官吏、工人的身上,那么这个作家就能用这种手法创造出典型来,——而这才是艺术。"①应该说,高尔基所提出的"艺术典型论"是较为僵化的,相对于德国古典美学是一种倒退。作为感性与理性、现实与必然、个别与一般统一的"审美理想"或"艺术典型"的理论,总体上反映了古典形态的艺术创作的基本特点,但却不适合现代艺术。因为现代艺术不是形象与意义的统一,而是两者的错位,它所追寻的目标不是形象(存在者)的反映,而是对于隐藏在存在者之后的存在的显现,存在意义的追问。我们在前已提到的毕加索的著名壁画《格尔尼卡》中我们又如何能找到艺术典型的影子呢?上面,我们对实践论美学所包含的美的本质的客观论、审美反映论与艺术典型论作了大体的分析,说明这一理论已难以适应时代的要求,也难以反映当代审美的现实,完全需要在此基础上加以突破,实现由认识论到存在论的转换。但突破不是抛弃,而是在充分肯定实践论美学历史地位的前提下,保留其有价值的内容,力创新说。

二

当代存在论美学观最重要的理论内涵是以胡塞尔所开创的现象学方法作为其哲学与方法论指导,从而使其从传统的主客二元对立的认识论模式跨越到"主体间性"的现代哲学—美学轨道。这种跨越或转换所具有的重要的理论与实践意义愈来愈显示在人们面前,并且已经和将要产生极其重要的影响。胡塞尔所开创的当代现象学与其说是一种哲学理论,还不如说是一种哲学方法。诚如当代存在论美学的奠基者海德格尔所说,

---

① [苏]高尔基:《论文学》,人民文学出版社 1978 年版,第 160 页。

"'现象学'这个词本来意味着一个方法概念","'现象学'这个名称表达出一条原理;这条原理可以表述为:'走向事情本身!——这句座右铭反对一切漂浮无据的虚构与偶发之见,反对采纳貌似经过证明的概念,反对任何伪问题——虽然它们往往一代复一代地大事铺张其为'问题'"①。这就是说,通过将一切实体(包括客体对象与主体观念)加以"悬搁"的途径,回到认识活动中最原初的意向性,使现象在意向性过程中显现其本质,从而达到"本质直观"。这也就是所谓"现象学的还原"。而在这个"走向事情本身"或是"现象学的还原"的过程中,主观的意向性具有巨大的构成作用。因此,"构成的主观性"成为胡塞尔现象学的首要主题。从这种现象学的"走向事情本身"的哲学方法中,我们在看到其哲学突破的同时,也看到了明显的唯我论色彩,并因此受到当时理论界的尖锐批评。对此,胡塞尔本人亦有明显的觉察,并于1931年出版的《笛卡儿的沉思》中提出"主体间性"(又译交互主体性)理论加以弥补。他在这本书的第五沉思中说道,"当我这个沉思着的自我通过现象学的悬搁而把自己还原为我自己的绝对经验的自我时,我是否会成为一个独存的我(Solusipse)?而当我以现象学的名义进行一种前后一贯的自我解释时,我是否仍然是这个独存的我?因而,一门宣称要解决客观存在问题而又要作为哲学表现出来的现象学,是否已经烙上了先验唯我论的痕迹"②。对于自己的发问,他接着作了解答。他说:"所以,无论如何,在我之内,在我的先验地还原了的纯粹的意识生活领域之内,我所经验到的这个世界连同他人在内,按照经验的意义,可以说,并不是我个人综合的产物,而只是一个外在于我的世界,一个交互主体性的世界,是为每个人在此存在着的世界,是每个人都能理解其客观对象(objekten)的世界。"③他还进一步对这种主体间性(交互主体性)作了

---

① [德]马丁·海德格尔:《存在与时间》,三联书店1987年版,第35页。
② [德]胡塞尔:《笛卡儿式的沉思》,中国城市出版社2002年版,第122页。
③ 同上书,第125页。

解释。他说:"我自己并不愿意把这个自我看作一个独存的我,而且,即使在对构造的各种作用获得了一个最初理解之后,我仍然始终会把一切构造性的持存都看作为只是这个唯一自我的本己内容。"①也就是说,他认为在意向性活动中,自我与自我构造的一切现象也都是与我同格的(即唯一自我的本己内容),因而意向性活动中的一切关系都成为"主体间"的关系。这里仍然渗透着浓郁的先验唯我论的色彩,但哲学上的突破已显而易见。由以上简述可知,现象学方法在哲学与美学领域的确具有划时代的突破意义,它突破了古希腊以来到近代以实证科学为代表的主客对立的认识论知识体系,开始实现由机械论到整体论、由认识论到存在论、由人类中心主义到非人类中心主义的哲学与美学的革命。现象学方法所特有的通过"悬搁"进行"现象学还原"的方法与美学作为"感性学"的学科性质以及审美过程中主体必须同对象保持距离的非功利"静观"态度特别契合。胡塞尔指出,"现象学的直观与'纯粹'艺术中的美学直观是相近的"②。而且,在海德格尔改造了的"存在论现象学"之中,现象的显现过程、真理的敞开过程、主体的阐释过程与审美存在的形成过程都是一致的。伽达默尔也曾认为,阐释学在内容上尤其适用于美学。正是从这个意义上,存在论现象学哲学观也就是存在论现象学美学观。由于存在论现象学哲学观在当代哲学世界观转折中处于前沿的位置,因此,当代存在论美学观具有了当代主导性世界观的地位。它标示着人们以一种"悬搁"功利的"主体间性"的态度去获得审美的生存方式。这就是当代人类应有的一种最根本的生存态度。正如克尔凯郭尔所说,人们应"以审美的眼光看待生活,而不仅仅在诗情画意中享受审美"③。众所周知,原始时代主导性的世界观是巫术世界观,农耕时代主导性的世界观是宗教世界观,工业时代主导性的世

---

① [德]胡塞尔:《笛卡儿式的沉思》,第 204 – 205 页。
② 倪梁康选编:《胡塞尔选集》下卷,三联书店 1997 年版,第 1203 页。
③ [丹麦]克尔凯郭尔:《一个诱惑者的日记》,三联书店 1992 年版,第 405 页。

界观是工具理性世界观,而当代作为信息时代主导性的世界观则应该是以当代存在论美学观为代表的审美的世界观。这种审美的世界观要求人们以"悬搁"功利的"主体间性"的态度对待自然、社会与人自身,使之进入一种和谐协调、普遍共生的审美生存状态。这对于解决当今社会现代化过程中的一系列二律背反,促使人类社会的健康发展具有极其重要的意义。

海德格尔对胡塞尔的"先验现象学"加以发展,使之成为"存在论现象学"。他说:"存在论只有作为现象学才是可能的。现象学的现象概念指这样的显现者:存在者的存在和这种存在的意义变化和衍化物。"①在这里,海德格尔把胡塞尔先验现象学中由先验主体构造的意识现象代之以存在并使现象学成为对于存在的意义的追寻,从而建立了自己的"存在论现象学"。海德格尔的"走向事情本身",即是回到"存在",其"悬搁"的则是存在者。而人只是存在者中之一种,海氏把他叫做"此在",其不同之处是"对存在的领悟本身就是此在的存在规定"②。也就是说人(此在)这种存在者有能力领悟自己的存在,可以说具有一种自我的认识能力,而其他的树木花草、岩石、建筑等存在者则不具有这种能力。这就是说,当代存在论美学观的出发点即是作为此在的存在。回到人的存在,就是回到了原初,回到了人的真正起点,也就回到了美学的真正起点。这完全不同于传统美学的从某种美学定义出发,或是从人与现实的审美关系出发等等。事实上,审美恰恰是人性的表现,是人原初的追求,人与动物的最初区别。杜夫海纳将审美称作"它处于根源部位上,处于人类在与万物混杂中感受到自己与世界的亲密相关系的这一点上"③。我国古代的《乐记》也将能否欣赏音乐、分辨音律作为人与禽兽的区别,所谓"知声而不知音者,禽兽是也"。由此

---

① [德]马丁·海德格尔:《存在与时间》,三联书店1987年版,第45页。
② 同上书,第16页。
③ [法]杜夫海纳:《美学与哲学》,中国社会科学出版社1985年版,第8页。

可见，所谓审美即是人同动物的根本区别，是人性的表现。而最初的审美活动实际上就是一种人性的教化、文明的养成。因此，审美恰是人区别于动物的一种特有的生存状态。从人的生存状态的角度审视审美，研究审美，就是对审美本性的一种恢复，也是对美学学科本来面貌的一种恢复。当代存在论美学观对此在的存在意义的追问，即其审美本性的探寻，实际上是一种具有崭新意义的人道主义，是一种区别于传统"人类中心主义"的人在世界（关系）中审美地存在的人道主义精神，正如海德格尔所说，这是"一种可能的人类学及其存在论基础"①。

对于审美对象，传统美学总是把它界定为一种客观的实体，或是自然物，或是艺术作品等等，而且特别强调了审美对象具有不以人的意志为转移的美的客观性。但是以现象学为方法的当代存在论美学观却完全否定了审美对象作为物质或精神的实体性，而是把审美对象作为意向性过程中的一种意识现象（存在），通过现象学还原，在主观构成性中显现。胡塞尔在1913年所作《纯粹现象学通论》中通过对杜勒铜版画《骑士、死和魔鬼》的分析，阐述自己对审美对象的理解。他认为审美对象既不是存在的，又不是非存在的。这就是说，审美对象不是物质实体对象，须借助主体的知觉和想象显现，因此"不是存在的"。同时，审美对象又不是纯粹理念的精神实体，要以感觉材料为基础，通过意识活动赋予其意义，因此，"又不是非存在的"。对于胡塞尔的阐述，杜夫海纳说了一句更为明确的话："美的对象就是在感性的高峰实现感性与意义的完全一致，并因此引起感性与理解力的自由协调的对象。"②也就是说，审美对象是意向性活动中凭借主体的感性能力对存在意义的充分揭示，从而达到两者的"完全一致"。在这里，起关键作用的还是主体的感性能力、审美的知觉，无论对象本身的情况如何，只要主体的感性能力、审美的知觉没有对其感知，那就

---

① [德]马丁·海德格尔：《存在与时间》，第22页。
② [法]杜夫海纳：《美学与哲学》，第25页。

不能构成审美对象。杜夫海纳指出:"艺术作品则不然,它只激起知觉。如果作品有效果,那么刺激就强烈。这是否说没有'现象的存在'呢?是否说博物馆的最后一位参观者走出之后大门一关,画就不再存在了呢?不是。它的存在并没有被感知。这对任何对象都是如此。我们只能说:那时它再也不作为审美对象而存在,只作为东西而存在。如果人们愿意的话,也可以说它作为作品,就是说仅仅作为可能的审美对象而存在。"①这一段话说的是非常精彩的。它告诉我们审美对象只有在审美的过程中,面对具有审美知觉能力的人,并正在进行审美知觉活动时才能成立。它是一种关系中的存在,没有了审美活动不可能有审美对象,但并不否认它作为作品——一种可能的审美对象而存在。马克思不是也讲过"对于没有音乐感的耳朵说来,最美的音乐也毫无意义,不是对象"②吗?那么,既然审美对象的成立主要由主体的审美意向活动中的审美知觉决定,那么审美还有没有普遍有效性或共通性呢?对于这一问题,康德是通过"主观共通感"加以解决的。当代现象学方法在一开始走的也是这条道路。也就是说,主观判断的普遍性决定了审美的客观性和普遍有效性。阐释学美学家伽达默尔则从审美与艺术所具有的"交往理解"与"同戏"等人类学共同特点来阐释艺术作为人的基本存在方式必将具有共通性的道理。这实际上已经是"主体间性"(交互主体性)理论的一种深化,应该说更符合当代存在论美学的理论本性。

关于艺术的本质,传统美学有艺术是现实的模仿和反映等等表述。但当代存在论美学放弃这种传统观点,从存在论现象学的独特视角,将艺术界定为真理(存在)由遮蔽走向解蔽和澄明。正如海德格尔所说:"艺术的本质就应该是:'存在者的真理自行置入作品'。"③他进一步解释道:"在

---

① [法]杜夫海纳:《美学与哲学》,第 55 页。
② 《马克思恩格斯全集》第四十二卷,人民出版社 1979 年版,第 126 页。
③ [德]马丁·海德格尔:《林中路》,时报文化出版企业有限公司 1994 年版,第 18 页。

艺术作品中，存有者的真理已被自行设置于其中了。这里说的'设置'(setaen)是指被置放到显要位置上。一个存在者，一双农鞋，在作品中走进了它的存有的光亮里。存有者之存在进入其显现的恒定中了。"①在这里，"存在者的存在自行置入作品"与"存在者之存在进入其显现的恒定中"含义相同。所谓"真理"并不是通常所说的对事物认识的正确性，而是指把存在者的存在从隐蔽状态中显现出来，揭示出来，加以敞开。这是一种现象学的方法，因而，从这个意义上说，"真理"就是"存在"。所谓"自行置入"也不是放进去，而是存在自动显现自己。这样，可以将海德格尔的这句话简要地理解为：艺术就是在作品中加以显现的存在者的存在。海氏以凡·高的著名油画《农鞋》为例，说明这不是一件普通的农具，它的艺术的本质属性与描绘得惟妙惟肖无关，而与作品对存在者存在的显现有关。这个存在就是真理，也就是艺术的本质。海德格尔进一步指出："作品建立一个世界并创造大地，同时就完成了这种争执。作品之作品存有就在于世界与大地的争执的实现过程中。"②在这里，世界是同大地相对的。"大地"原指地球、自然现象、物质媒介等，具有封闭性，而"世界"则指人的生存世界，具有开放性，两者对立斗争就是真理的显现过程。而大地与世界的内在矛盾构成了艺术发展的内在矛盾，不同于古典美学中感性与理性的矛盾，而是存在显现过程中的矛盾，是封闭与敞开、隐蔽与显现的矛盾。实际上是通过比喻的诗性语言反映了存在的两种状态，在这两种状态的斗争中，存在得以显现，艺术得以具有重大的人生价值。但这一"大地与世界争执"的理论仍是强调世界对大地的统帅，未能完全摆脱"人类中心主义"的影响。只在20世纪50年代，海德格尔提出"天地人神四方游戏说"才真正摆脱了"人类中心主义"的理论束缚，使其美学思想成为当代存在论美学观的典

---

① [德]马丁·海德格尔：《林中路》，时报文化出版企业有限公司1994年版，第17页。

② 同上书，第30页。

范表述。他于 1959 年 6 月 6 日在慕尼黑库维利斯首府剧院举办的荷尔德林协会所作的演讲中指出:"于是就是四种声音的鸣响:天空、大地、人、神。在这四种声音中命运把整个无限的关系聚集起来。但是,四方中的任何一方都不是片面的自以为持立和运行的。在这个意义上,就没有任何一方是有限的。若没有其他三方,任何一方都不是存在。它们无限地相互保持,成为它们之所是,根据无限的关系而成为这个整体本身。""因此,大地和天空以及它们的关联,归属于四方的更为丰富的关系。"①真理(存在)就在这天地人神之相互依存的整体中显现出来,实现人类的审美的存在。可以说,"天地人神四方游戏说"实际上是对"主体间性"(交互主体性)理论的进一步具体化和深化,将"主体间性"理论同当代存在论美学观相结合。因而这一理论在当代美学发展中具有极其重要的作用。

正是基于"天地人神四方游戏说"达到真理的敞开这一艺术的本质,海德格尔建立了自己的当代存在论美学理想,那就是人类应该"诗意地栖居"。他引用诗人荷尔德林的诗句:"充满劳绩,然而人诗意地栖居在这片大地上。"并说:"一切劳作和活动,建造和照料,都是'文化'。而文化始终只是并且永远就是一种栖居的结果。这种栖居都是诗意的。"②海氏认为,人的存在的根基从根本上说就应该是"诗意的",而所谓"诗意的"就是尽可能地去神思(寻找到)神祇(存在)的现在和一切存在物的亲近处,所谓"诗意的"就是天命与人的现实状况的统一,天人合一。正是从这个意义上,诗意的生活成为人类追求的目标,"诗是支撑着历史的根基"③。诗,也就是艺术,成为海德格尔寻求人生理想的根本途径。他的艺术的理想、美的理想,也就是人类理想的存在、审美的生存,成为其社会人生的理想。

---

① [德] 马丁·海德格尔:《荷尔德林诗的阐释》,商务印书馆 2000 年版,第 210 页。
② 同上书,第 106—107 页。
③ 《西方文艺理论名著选编》下卷,北京大学出版社 1989 年版,第 583 页。

"人类应该诗意地栖居于这片大地"是哲人海德格尔苦苦追寻的目标,也是他的美学目标。

在传统美学中,艺术想象是艺术审美活动的重要形式,是由现实美到艺术美的必要途径。但当代存在论美学观却从人的存在的全新维度来理解艺术想象,将艺术想象看作是人的审美的存在的最重要方式。萨特是将想象与自由联系在一起研究的,认为人要摆脱虚无荒谬的现实世界,获得绝对自由,唯有通过艺术。他说,艺术是"由一个自由来重新把握的世界"①。其原因在于艺术能唤起人们的想象。他说,"现实的东西绝不是美的,美是一种只适合于想象的东西的价值,而且这种价值在其基本结构上又是指对世界的否定"。②而想象则是一种意向性的活动,尽管想象要凭借对象的形象的浮现,但主观的构成性却在想象中起到巨大的作用。现象学方法认为,艺术想象中的这种主观构成性是完全凭借于感性的,是一种感性的组织、感性的统一原则。杜夫海纳指出:"审美对象的第一种意义,也是音乐对象和文学对象或绘画对象的共同意义,根本不是那种求助于推理并把理智当作理想对象——它是一种逻辑算法的意义——来使用的意义。它是一种完全内在于感性的意义,因此,应该在感性水平上去体验。然而,它也能很好地完成意义的这种统一与阐明的职能。"③在艺术想象中通过感性去阐明意识经验或存在的意义,这就是一种"归纳性的感性"。正是因为在现象学方法中艺术想象自始至终是不脱离感性而不求助于理智的,所以可以说现象学恢复了美学作为"感性学"(Aestheticae)的本来面目。萨特还认为,艺术想象通过创作与欣赏的结合来完成,"作品只有被阅读时才是存在的"④。艺术家在艺术想象中否定现实世界的表面现

---

① 转引自朱立元主编《西方现代美学史》,上海文艺出版社 1993 年版,第 542 页。
② [德]萨特:《想象心理学》,光明日报出版社 1998 年版,第 292 页。
③ [法]杜夫海纳:《美学与哲学》,第 64 页。
④ 转引自今道友信《存在主义美学》,辽宁人民出版社 1987 年版,第 200 页。

象,同时也重新把握其深层的存在的意义,就在这样的过程中获得了美的感受。萨特认为,"美不是由素材的形式决定的,而应该由存在的浓密度决定的"①。萨特把想象归结为人的一种获得自由的存在方式以及现象学突出想象感性的组织作用值得我们深思,但由此导致对现实的完全否定则是不正确的。

实际上从海德格尔开始就将阐释学引入现象学,成为阐释学现象学,作为当代存在论美学的重要理论资源之一。海德格尔认为,由于存在论现象学将"此在"即人的存在意义的追寻引入现象学,而解释则是追寻人的存在意义的重要方法。所以,"此在的现象学就是诠译学(Hermeneutik)","是一种历史学性质的精神科学方法论"②。也就是说,"此在"作为"此时此地存在着的人",就显示出了时间性和历史性,它所具有的存在的意义就具有了历史的生成性,只有在历史的生成中才能理解一切意识经验。作为海氏的学生伽达默尔发展了这种阐释学现象学,并将它同美学紧密结合,形成一种新的当代存在论美学形态——阐释学美学。伽氏认为,"阐释学在内容上尤其适用于美"③。这就是说,阐释学同艺术文本在审美接受中存在及其历史生成紧密相关。这就在很大程度上克服了传统美学偏重文本忽视接受、偏重作者忽视读者的倾向,为方兴未艾的接受美学开辟了广阔的天地。伽氏还进一步把"理解"作为人的一种存在方式,提到了"本体论"的高度。他说:"理解并不是主体诸多行为方式中的一种,而是此在自身的存在方式。"④伽氏在其阐释学美学中提出了著名的"视界融合"和"效果历史"的原则。所谓"视界融合"就是在理解过程中将过去和现在两种视界交融在一起,达到一种包容双方的新的视界。这一原则包含了历时

---

① 转引自今道友信《存在主义美学》,辽宁人民出版社 1987 年版,第 231 页。
② [德]马丁·海德格尔:《存在与时间》,三联书店 1987 年版,第 47 页。
③ [德]加达默尔:《真理与方法》,第 242 页。
④ 同上书,第 39 页注(1)。

与共时、过去与现在、自我与他者等诸多丰富内容,但更多的是过去和现在的关系,即从现在出发,包容历史,形成新的理解。所谓"效果历史"即是认为,一切理解的对象都是历史的存在,而历史既不是纯粹客观的事件,也不是纯粹主观的意识,而是历史的真实与历史的理解二者相互作用的结果,这就是效果。显然,"效果历史"也包含着丰富的内容,但主要是自我与他者的关系。这不是一种传统认识论的主客二元关系,而是一种现象学中的"主体间性",是一种"自身与他者的统一物,是一种关系"。因为观者与文本都是反映了"此在"的存在状态,是一种你与我之间(主体之间)平等对话的关系。

三

当代存在论美学观应该借鉴大量的古代与现代的理论资源。从古代来说,应该借鉴西方古典存在论哲学—美学资源。首先是借鉴公元前6世纪古希腊哲学的资源,譬如哲学家阿那西曼德提出万物循环规律与人的生存的关系,对当代存在论不无启发。再就是借鉴康德以来的西方近代哲学家关于艺术与人的生存关系的思考。例如,康德关于美是无目的合目的性的形式的理论,把作为彼岸世界的信仰领域引入审美,探讨了审美与人的存在的关系。席勒有关美育与异化的探索,也涉及人的存在领域。而尼采所倡导的酒神精神实际上也是崇尚一种生命力激扬的生存状态。叔本华关于艺术是人生花朵的理论,也将艺术与人生紧密相联系。当代,福柯的"生存美学"理论也会给我们以深刻启发。福柯面对前资本主义对身体的奴役和现代资本主义从内部、即从精神上对身体的控制,包括监督、惩罚、规训等,提出"自我呵护"的著名命题。他说,"呵护自我具有道德上的优先权"。这就是说,他认为人的关注重点由关注自然到关注理性,再到关注非理性,当前应更加关注自身,使人与自身的关系具有本体论的优先权。为此,他提出,"我们必须把我们自己创造成艺术品",由我们自身的艺术化发展到把我们每个人的生活都"变成一件艺术品"①。这实际上是建立在对现代化负面影响反思超越的基础上,要求建立一种从自我开始的艺术化(审美的)生存方式。

在这里,我要特别提到20世纪70年代以来逐步兴盛的当代生态哲学与美学给当代存在论美学观所提供的十分重要的借鉴作用。1985年,法国社会学家J-M.费里指出,"生态学以及有关的一切,预示着一种受美学理论支配的现代化新浪潮的出现"②。这种新的美学新浪潮在西方当代表现为以文艺批评实践形态出现的生态批评的繁荣发展,而在我国则表现为20世纪90年代前后兴起的生态文艺学与生态美学。生态美学是一种包括人与自然、社会以及自身的生态审美关系、符合生态规律的存在论美学。这种理论的产生有其社会与理论的背景。现代化过程中因工业化与农业化肥、农药的滥用和过分获取资源所造成的严重环境污染和资源枯竭于20世纪70年代之后凸现了出来,使人的生存面临更大的威胁。加之城市化加速和竞争的激烈所造成的精神疾患的迅速蔓延等等,都要求人类从自己长期生存发展的利益出发,确立一种人与自然、社会以及自身和谐协调发展的新的世界观。而从理论的角度看,20世纪70年代以来,逐步产生了一种抛弃传统"人类中心主义"的新的生态生存论哲学观。长期以来,我们在宇宙观上都是抱着"人类中心主义"的观点。公元前5世纪,古希腊哲学家普罗泰戈拉提出著名的"人是万物的尺度"的观点。尽管这一观点在当时实际上是一种感觉主义的真理观,但后来许多人仍是将其作为"人类中心主义"的准则。欧洲文艺复兴与启蒙运动针对中世纪的"神本主义"提出"人本主义",包含人比植物更高贵、更高级,人是自然的主人

---

① [英]路易丝·麦克尼:《福柯》,黑龙江人民出版社1999年版,第172、164、165页。

② 转引自鲁枢元《生态文艺学》,陕西人民教育出版社2000年版,第27页。

等"人类中心主义"观点,进而引申出"控制自然"、"人定胜天"、"让自然低头"等等口号原则。这些"人类中心主义"的理论观点和原则都将人与自然的关系看作敌对的、改造与被改造、役使与被役使的关系。这种"人类中心主义"的理论及在其指导下的实践是造成生态环境受到严重破坏并直接威胁到人类生存的重要原因。正是面对这种严重的事实,许多有识之士在20世纪中期才提出了生态哲学及与之相关的生态美学。1973年,挪威著名哲学家阿伦·奈斯提出"深层生态学",主要在生态问题上对"为什么"、"怎么样"等问题进行"深层追问",使生态学进入了深层的哲学智慧与人生价值的层面,成为完全崭新的生态哲学与生态伦理学。阿伦·奈斯的"深层生态学"提出了著名的"生态自我"的观点。这种"生态自我"是克服了狭义的"本我"的人与自然及他人的"普遍共生"①,由此形成的极富价值的"生命平等对话"的"生态智慧",正好与当代"人平等的在关系中存在"的"主体间性"理论相契合。与此相应,美国哲学家大卫·雷·格里芬提出"生态论的存在观"②这一哲学思想。这种"生态论存在观"实际上就是当代存在论哲学的组成部分,以其为理论基础的生态存在论美学观实际上也就是当代存在论美学观的组成部分,而且丰富了当代存在论美学观的内涵。从"存在"的内涵来说,将其扩大到"人—自然—社会"这样一个系统整体之中。从"存在"的内部关系来说,将其界定为关系中的存在,是关系网络中的一个交汇点,人与自然也是一种平等对话的关系。从观照"存在"的视角方面也进一步拓宽,空间上看到人与地球的休戚与共,时间上看到人的发展的历史连续,从而坚持可持续发展观。从审美价值内涵来说,一改低沉消极心理,立足建设更加美好的物质与精神家园。

---

① 参见雷毅《深层生态学思想研究》,清华大学出版社2001年版,第48页。
② [美]大卫·雷·格里芬:《后现代精神》,中央编译出版社1998年版,第224页。

四

当代存在论美学观目前仍在探索与形成当中，而它作为当代西方哲学—美学理论形态之一，自身具有不可避免的片面性，因而其局限是十分明显的。首先，这一理论自身尚不完善。许多基本的理论问题还有待于进一步解决。包括同传统存在论的关系问题，基本范畴问题，特别是如何将这一理论进一步落实到具体的审美实践与艺术实践等等均有待于进一步探索。此外，当代存在论本身存在许多自相矛盾，难以统一之处。而这一理论所具有的后现代解构特点与现象学方法的借用又不可免地导致对唯物主义实践论的偏离，从而使其在哲学的根基上尚欠牢固。同时，这一理论是一种外来的理论形态。还有一个更为艰难的同中国实际结合加以本土化的问题。另外，有些重要的理论问题还有待于解决，包括人的存在与科技现代化的关系问题等等。因此，我们面对西方当代存在论哲学—美学理论不能生吞活剥地加以接受，而应以马克思主义为指导，紧密结合中国国情，建设具有中国特色的以唯物实践观为指导的当代存在论美学观。首先要奠定唯物实践观在当代存在论美学观建设中的指导地位，发掘并坚持马克思的实践存在论观点。马克思充分肯定了人的存在的重要性。他首先充分肯定了有生命个人的存在。他在《德意志意识形态》中指出："任何人类历史的第一个前提无疑是有生命的个人的存在。"[①]同时，他还十分明确地提出了物质生产在人类生存中的作用。他说："所以我们首先应当确定一切人类生存的第一个前提也就是历史的第一个前提，这个前提就是：人们为了能够'创造历史'，必须能够生活。但是为了生活，首先就需要衣、食、住以及其他东西。因此第一个历史活动就是生产满足这些需要的资

[①]《马克思恩格斯选集》第一卷，人民出版社1972年版，第24页。

料,即生产物质生活本身。"①他十分强调存在的实践性,"通过实践创造对象世界,即改造无机界,证明人是有意识的类存在物"②。对于存在的社会性,他也作了充分的论述。他说:"个人是社会存在物。"③而存在的社会性不仅表现为人直接同别人的实际交往所表现出来的、深得确证的那种活动和享受,而且表现在科学之类的活动。由此可见,马克思在此强调了存在的"实际交往性"。这已包含了"主体间性"(交互主体性)的理论内涵。他还特别强调了人是一种"感性的存在物"。他说:"因此,人作为对象性的、感性的存在物,是一个受动的存在物;因为它感到自己是受动的,所以是一个有激情的存在物。激情、热情是人强烈追求自己的对象的本质力量。"④但是,人的感性的存在,并不是纯感性的、完全的自然存在物,而是经过"人化的",是"人的自然存在物"⑤。通过以上简要的论述可知,马克思有关实践存在论的理论是十分丰富的,我们应该予以很好的研究,将其同当代存在论美学观相结合。当然,我们在这里强调马克思主义唯物实践观,包括实践存在论的指导作用,是从哲学前提的角度讲的。也就是说,在当代存在论的研究中应该坚持唯物实践观的哲学前提,而不能重犯过去以哲学观取代美学观的错误。例如我们说社会实践是人的最重要的存在方式,但绝不是说"社会实践"本身就是美。因此,这种以唯物实践观为指导的当代存在论美学观同传统的实践美学还是有着根本区别的。当代存在论美学观的研究开辟了中西美学交流对话的广阔天地。因为,我国古代哲学与美学理论从其理论形态来说实际上就是一种存在论哲学与美学,主要围绕天人关系与人生问题展开哲学与美学的探讨。从现有的材料来看,海德格尔存在论哲学与美学思想的形成就受到中国道家思想的深刻

---

① 《马克思恩格斯选集》第一卷,人民出版社 1972 年版,第 32 页。
②③ 《马克思恩格斯全集》第四十二卷,第 96 页。
④ 同上书,第 122 页。
⑤ 同上书,第 169 页。

影响。1930年，海德格尔就在学术研讨中援引过《庄子》一书中的观点，1946年海氏即将老子的《道德经》作为一个课题研究，在他的书房里则挂有"天道"的条幅①。而他1950年提出"天地人神四方游戏说"也肯定受到中国道家"天人合一"学说的影响。而且，在当代西方"生态论存在观"哲学与美学思想的形成中也吸收了大量的中国古代，特别是道家的"生态智慧"。因此，当代存在论美学观的建立的确在美学研究领域为打破"欧洲中心主义"、建立中西美学的平等对话提供了极好的条件。而且，当代存在论美学观的建设也有赖于吸收中国传统文化中有关存在观的哲学与美学遗产。首先是中国古代"天人合一"的哲学思想，尽管有从"天道"出发与"人道"出发的区分，但其所阐述的"道"却没有西方的主客二分，而是"天人之际"、交融统一，这应该成为思考人在与世界宇宙、自然万物关系中存在的出发点。而庄子的"心斋"、"坐忘"，所谓"堕肢体，黜聪明，离形去知，同于大通"（《庄子·大宗师》），应该说同"现象学"的"悬搁"与"现象还原"有相近的意思。中国传统"意境说"中所谓"诗家之景，如蓝田日暖，良玉生烟，可望而不可置于眉睫之前也。象外之象，景外之景，岂容易可谈哉"（《与极浦书》）。王夫之的"现量说"，所谓"'现量'，现者有'现在'义，有'现成'义，有'显现真实'义。'现在'，不缘过去作影；'现成'一触即觉，不假思量计较；'显现真实'，乃被之体性本自如此，显现无疑，不参虚妄"（《相宗络索·三量》）。这些表述已同"现象学"中现象显现之义相近，值得互比参考。而渗透于中国古代艺术中的艺术精神，特别是古代诗画，则更多是表现一种"景外之景，象外之象，言外之言"的人的生存意义。这样的例子在中国传统艺术中实在是比比皆是，不胜枚举，应该成为思考与建设当代存在论美学观的重要资源。

以上，我写出了自己对于建设当代存在论美学观的思考与学习心得，

---

① 参见李平《被逐出神学的人：海德格尔》，四川人民出版社2000年版，第229-238页。

片面之处在所难免,但我只是作为当前美学理论创新中多声部合唱中的一种声音,提出来以求教于美学界同仁。

(原载《文学评论》2003 年第 3 期)

3. 试论文艺美学学科建设

一

　　文艺美学是在我国新时期改革开放之初的 1980 年由中国学者胡经之教授提出的,它是一个极富中国特色的新兴学科。正如文艺理论家杜书瀛研究员所说:"文艺美学这一学科的提出和理论建构,是具有原创意义的。虽然它还很不完备,但它毕竟是由中国学者首先提出来的,首先命名的,首先进行理论论述的。"①从 1980 年至今,20 多年来,经过几代美学工作者的努力,目前,文艺美学已经成为被广泛认同的我国文艺学、艺术学和美学高层次人才的科学研究方向,正式列入教育部培养研究生学科专业,全国重点高校大多开设文艺美学必修课或选修课,专职从事文艺美学教学科研的人员数以千计,文艺美学学科呈现繁荣发展之势。文艺美学学科的产生绝不是偶然的,它是 20 世纪 70 年代以来中国和世界思想文化与美学、文艺学学科发展的必然结果,是我国改革开放新形势下美学与文艺学领域拨乱反正的必然结果。从 20 世纪 50 年代后期以来,我国美学与文艺学领域受极"左"思潮影响日益严重,被极端化了的"文艺从属于政治"的口号占据绝对统治地位,十年"文革"期间更是走到践踏一切优秀文化的地步,以其所谓"政治"取代一切,将一切美与艺术统统宣布为"封资

---

　　① 深圳大学文学院:《美的追寻——胡经之学术生涯》,北京大学出版社 2003 年版,第 41 页。

修"而予以扫荡。这种被扭曲的历史,终于在1976年以后,特别是1978年改革开放之后结束了。随着政治领域的拨乱反正,美学与文艺学领域也相应地拨乱反正。这就是对十年"文革"极"左"美学与文艺学思想的批判,是对美与艺术应有地位的恢复。文艺美学正是这一拨乱反正的产物,是对美与文艺这一人类文明表征的应有尊重。如果说,20世纪50年代后期以来,特别是十年"文革"是对美学与艺术应有地位的严重偏离,那么,新时期之初"文艺美学"的提出,则是向其应有地位的回归。文艺美学学科的产生也是中国学者长期思考如何总结中国古典美学经验,并将其运用于现代并介绍到世界的一个重要成果。宗白华先生早在20世纪60年代初就指出:"研究中国美学史的人应当打破过去的一些成见,而从中国极为丰富的艺术成就和艺人的艺术思想里,去考察中国美学思想的特点。这不仅是理解我们自己的文学艺术遗产,同时也将对世界的美学探讨做出贡献。现在,有许多人开始从多方面进行探索和整理,运用了集体和个人结合的力量,这一定会使中国的美学大放光彩。"①宗白华先生还谈到,在西方,美学是大哲学家思想体系的一部分,属于哲学史的内容,是哲学家的美学,但中国美学思想却是对艺术实践的总结,反过来影响艺术的发展,如公孙尼子的《乐记》、嵇康的《声无哀乐论》、谢赫的《古画品录》等等。当然,还有宗先生没有谈到的大量的文论、诗论、乐论、画论、小说戏曲论、园林建筑论等等。因此,可以这样说,中国古代的确极少有西方那样的哲学美学,但却有着极为丰富的文艺美学遗产。对于这些遗产的发掘整理与当代运用一直是一代代众多美学家与文艺学家的强烈愿望。在新时期之初,在冲破各种樊篱的良好学术氛围中,文艺美学学科的提出恰恰反映了宗白华先生等广大中国美学家总结弘扬中国古代特有的美学传统的强烈愿望,因而得到了广泛的认同。文艺美学学科的产生也是我国美学与文艺学领域经历的由外向内转向的反映。20世纪40年代以来,我国美学与文艺

---

① 宗白华:《艺境》,北京大学出版社1987年版,第275页。

学领域在研究方法上侧重于政治的、社会的分析,出现了政治标准高于艺术标准的明显倾向,后来更是干脆以政治标准取代艺术标准。1978年新时期以来,美学与文艺学领域开始纠正偏颇的美学与文艺学思想。随着"文艺从属于政治"口号的不再提出,学术领域出现了明显的由外向内转向的趋势。这就是美学与文艺学的研究由侧重社会、政治的外部研究转向侧重艺术与形式的内部研究。于是,盛行于西方20世纪50年代的新批评理论家韦勒克和沃伦的《文学理论》受到国内学术界的广泛重视,学术界对文学艺术的内在的审美特性及其规律也开始重新审视,这也成为文艺美学得以产生的重要学术背景。而从更宽广的世界思想文化与哲学背景来看,文艺美学的产生则同20世纪以来世界范围内由抽象的思辨哲学美学向具体的人生美学的转变有关。众所周知,整个西方古典美学从柏拉图开始都侧重于"美本身"(即美的本质)的探讨,发展到德国古典哲学与美学,更演化成为完全脱离生活实际的有关美的本质(美的理念)的抽象逻辑探讨。1831年黑格尔逝世,宣告了德国古典哲学与美学的终结。从叔本华开始,直到20世纪初期的克罗齐、尼采,乃至此后的诸多美学家开始了对抽象思辨哲学——美学及与其相关的主客二分思维模式的突破,从抽象的本质主义逐渐走向具体的艺术与人生。因此,整个20世纪的美学与文艺学主潮,可以说是抽象的美与艺术之本质主义探讨日渐式微,而对于具体的审美与艺术的探讨则成为不可阻挡的趋势。李泽厚先生在概括这一世界美学与文艺学发展趋势时指出:"他们很少研究'美的本质'这种所谓'形而上学'的问题,而主要集中在对艺术和审美的研究上,而审美的研究主要通过艺术(艺术品、艺术史)来验证和进行。"①文艺美学恰恰是对我国长期以来美学领域局限于本质研究的一种反拨。我国20世纪五六十年代和七八十年代的两次大的美学讨论,都存在脱离生活与艺术的严重缺陷。无论是客观派、主观派、主客观统一派,还是社会性派,都将自己的理

---

① 李泽厚:《美学三书》,安徽文艺出版社1999年版,第547页。

论支点放到抽象的美与艺术本质的探讨之上,而对鲜活生动的文艺事实与实际生活置之不顾。文艺美学恰恰是对这种偏向的纠正。正如文艺美学的提出者胡经之教授所说:"从我自己的体验出发,如果美学只停留在争论美是客观的还是主观的这样抽象的水平上,这并不能解决艺术实践中的复杂问题。审美现象,乃是一种特殊的社会现象。美学,要研究审美现象,实乃审美之学,必须揭示审美活动的奥妙。人类的审美活动产生于实践活动(生产、交往、生活等实践),这审美活动又生发为艺术活动。"①

关于文艺美学的学科定位,目前有文艺美学是美学的分支学科,是美学与文艺学的中介学科,是艺术哲学,是美学、文艺学与艺术学之边缘学科等多种界定,大约有七八种之多。当然也有的学者完全否定文艺美学学科存在的合理性与必要性。他们认为文艺美学最多只是美学学科中的一个重要理论问题。这些意见均应共存,继续进行讨论。但我们却认为,文艺美学学科是20世纪80年代产生的一个正在建构中的新兴学科。它既不是美学与文艺学的分支学科,也不是两者之间的中介学科,更不同于传统的艺术哲学,而是既同文艺学、美学、艺术学密切相关,又同它们有着质的区别的正在建构中的新兴学科,具有明显的建构性、交叉性、跨学科性和开放性。所谓建构性,是我们从皮亚杰发生心理学借用的一个概念,指的是对知识形成过程的一种科学描述,它着重强调了主体与对象的相互作用。作为文艺美学,其建构性表现在学科本身由众多美学工作者积极参与,还表现在这个学科正处于构建过程中;所谓交叉性,指的是文艺美学学科所特具的对美学、文艺学和艺术学各有关内容的包含和兼容。交叉性才决定了文艺美学的跨学科性,它不仅跨越上述学科,而且跨越教育学、心理学、社会学等等,充分体现了现代新兴学科的特质。而正因其是建构的,所以文艺美学又是开放的、动态的,是处于不断发展之中的。无论是过去、现在还是将来,文艺美学都要吸收众多文艺美学工作者的科研成果,

---

① 《胡经之文丛》,作家出版社2001年版,第41-42页。

它永远是这一学者群体集体研究的产物。

华勒斯坦认为,任何学科"必须拥有一个有机的知识主体,各种独特的研究方法,一个对本研究领域的基本思想有着共识的学者群体"①。按照这一标准,文艺美学已具有以艺术的审美经验为基本出发点的理论体系和审美经验现象学的研究方法,以及正在形成的学者群体,基本具备华氏对一个学科所提出的要求。因此,我们完全可以将其称为一个正在建构中的新兴的学科。

二

当代文艺美学学科之所以能够成立,最重要的是它具有自己特有的有机的知识主体,或者也可以说是自己特有的理论体系。这个理论体系之重要表征就是具有自己特有的理论出发点。这一点是非常重要的,因为否定文艺美学学科具有独立存在价值的最重要根据,就是认为它没有自己特有的理论出发点,因而构不成自己的理论体系。前苏联美学家鲍列夫就明确表示不赞成"文艺美学"这一提法,其理由之一就是认为文艺美学没有自己特定的独有的对象,因为美学就是研究各种艺术领域的美学问题,如果文艺美学也研究这些问题,就没有存在的必要。这种看法颇具代表性。因此,探索文艺美学特有理论出发点是非常必要的。目前,在文艺美学的理论出发点问题上,众说纷纭、莫衷一是。有人仍然将其归结为文学艺术审美本质的研究,有人从分析审美活动着手剖析其艺术把握世界的方式,有人着重探索文艺主客体具体关系的存在方式、双重主客体的组合,有人从人类学这个视角考察和揭示文艺的审美性质和审美规律,还有人从文艺本质入手着重论证文艺的结构之"再理解—表现—媒介场"三个层次等等。上述看法只是其中较有代表性的,其它相关说法尚有很多,不能

---

① [美]华勒斯坦:《学科、知识、权力》,三联书店1999年版,第13页。

——列举。应该说这些探索均各有其理据和价值,但我们认为,对文艺美学的理论出发点的探讨最重要的是要符合文艺美学这一新兴学科提出的主旨,符合其产生的时代特征,具有鲜明的时代感。我们已经指出,文艺美学学科是在改革开放的新形势下,在世界和中国哲学—美学转型的背景下,突破极"左"思潮和主客二分思维模式,充分反映中国传统美学特点的产物。因此,文艺美学学科的理论出发点就应放到这样的背景与前提下来思考。由此,我们将文艺美学学科的理论出发点确定为文学艺术的审美经验。这一审美经验包含这样两个部分:一个是直接经验,就是审美者对文学艺术作品直接的审美体验,也包括历史上既有的审美意识资源,如莱辛之读《拉奥孔》,王国维之读《红楼梦》,也包括研究者本人对文艺作品直接的审美经验。这就是英国美学史家鲍桑葵所说的审美意识。另一方面的内容是间接经验,就是对各种文艺美学理论形态的研究,这是属于他人的经验。特别是众多理论家的经验,具有很高的水平,也是非常重要的。以往的美学、文艺学和艺术学都以此为研究内容,而文艺美学学科却不仅局限于此,还将直接的审美经验包括其中,这就使美学研究直接面对审美经验,从中提炼出美学思想与审美意识,而不再完全是隔靴搔痒,从而使文艺美学学科具有了强烈的时代感、当代性与个性以及可读性。但这样一来,对研究水平的要求也就提高了。美学工作者应该努力提高自己的理论水平与审美素养,从而使自己的审美经验具有更多的社会历史内涵与时代意义。

我们之所以将文学艺术的审美经验作为文艺美学学科的理论出发点,十分重要的原因是同当代哲学与美学的转型密切相关。如上所述,从19世纪后期开始,特别是20世纪以来,哲学与美学领域发生巨大的变化,即由思辨哲学到人生哲学,由对美的本质主义探讨到具体的审美经验研究的转型。诚如李斯特威尔在《近代美学史评述》中所说:"整个近代思想界,不管有多少派别,多少分歧,都至少有一点是共同的。这一点也使得近代的思想界鲜明地不同于它在上一个世纪的前驱。这一点就是近代思想界所采用的方法,因为这种方法不是从关于存在的最后本性的那种模糊的臆测出发,不是从形而上学的那种脆弱而又争论不休的某些假设出发,不是从任何种类的先天信仰出发,而是从人类实际的美感经验出发的,而美感经验又是从人类对艺术和自然的普遍欣赏中,从艺术家生动的创作活动中,以及从各种美的艺术和实用艺术长期而又变化多端的历史演变中表现出来。"① V.C. 奥尔德里奇也认为,审美经验已成为当代"讨论艺术哲学诸基本要领的良好出发点"②。托马斯·门罗则更明确地指出,"美学作为一门经验科学",应该打破单一的哲学美学格局,使之走向实证化、经验化③。可以说,西方现当代的主要美学流派都以审美经验作为其主要研究对象,只不过各种流派所说"经验"的内涵不同而已。众所周知,审美经验论发端于英国的经验主义美学。它们以审美经验作为其美学研究的出发点,以培根、休谟、柏克为其代表,均将审美经验归结为以主体之体验为基础。即使是柏克对审美经验客观性的探求也是立足于人的主体感官的共同性。康德《判断力批判》中的审美判断力作为主观的合目的性,也是一种对于具有共通感的审美快感(经验)之判断。但黑格尔在这一问题上却从康德倒退到本质主义的美学探讨。黑格尔之后,叔本华的生命意志说,尼采的酒神精神说等,尽管其审美内涵中都包含着形而上之内容,但仍是以审美经验为其基础。从 20 世纪开始,几乎所有西方当代美学流派都立足于审美经验。克罗齐的直觉表现说可以说是开了将经验与情感表现紧密相联系的当代美学之先河。此后,克莱夫·贝尔的审美是"有意味的形式"更同经验密切相关。而真正打出艺术的审美经验旗帜的则是

---

① [英]李斯特威尔:《近代美学史评述》,上海译文出版社 1980 年版,第 1 页。
② [美]V.C. 奥尔德里奇:《艺术哲学》,中国社会科学出版社 1987 年版,第 22 页。
③ 参见朱立元《现代西方美学史》,上海文艺出版社 1993 年版,第 670 页。

杜威。1934年,杜威出版《艺术即经验》一书,标志着经验派美学逐步走向成熟。但只是到法国现象学美学家杜夫海纳那里,才使经验论美学真正具有浓郁的哲学色彩与深刻的内涵。他于1953年出版具有深远影响的重要论著《审美经验现象学》,提出了"艺术即审美对象和审美知觉相互关联"的重要美学观点。此后,经验论美学即渗透于存在论、符号论与阐释学美学等各种新兴美学理论形态之中。我们以文艺的审美经验作为理论出发点的另一个十分重要的理由是,这一点十分切合中国文艺美学遗产。中国古代有着悠久而丰厚的文艺美学遗产和传统,但中国的文艺美学传统同西方传统迥异。中国没有西方那样的有关美与艺术之本质的思辨性思考,大量的美学遗产都是体悟式的艺术审美经验的阐发。著名的"意境说"就是对作者情景交融、物我一致之审美经验的阐发,正如王昌龄在《诗格》中所说,所谓"意境""亦张之于意而思之于心,则得其真矣"。而所谓"妙悟"则是对审美经验的主体艺术想象特性的深刻描述。陆机在著名的《文赋》中对艺术想象做了生动的描述:"其始也,皆收视反听,耽思傍讯,精骛八极,心游万仞。其致也,情曈昽而弥鲜,物昭晰而互进,倾群言之沥液,漱六艺之芳润,浮天渊以安流,濯下泉而潜浸。"在这里,陆机对于审美经验中艺术想象之描述可谓生动具体、绘声绘色。我国古代著名的"趣味"说则着重从审美欣赏的独特视角阐述审美经验。司空图在《与李生论诗书》一文中说:"文之难,而诗之难尤难。古今之喻多矣,而愚以为辨于味,而后可以言诗也。"并提出要"知其咸酸之外"的"醇美",认为"近而不浮,远而不尽,然后可以言韵外之致"。这些都是对审美欣赏中美感经验的深刻体悟。我们认为,要想建设具有中国特色的文艺美学学科,应该很好地总结中国传统文艺美学这一丰厚的文艺美学遗产。

关于文学艺术审美经验之具体内涵,正因为其极为复杂,所以我们试图通过综合的途径,以马克思主义唯物实践观为指导,以审美经验现象学为方法,吸收各有关资源之有益成分,并加以综合。由此,我们从一个基本特征和九个关系的角度加以具体阐述。一个基本特征就是艺术的审美经验,如康德所说,是一种关系性、中介性内涵,而不是实体性内涵。这就是艺术的审美经验所特具的不凭借概念的个人的感性体悟与趋向于概念的社会共通性的二律背反。康德关于审美判断特具的"二律背反"特性的概括,在黑格尔看来,是"关于美的第一个合理的字眼"①。我们认为,这也可以说是康德对于审美经验的经典界说。审美经验正因为具有这种特有的二律背反特性,才使其具有一种特殊的张力、魅力、模糊性和情感性。对于审美经验阐述的九个方面的关系是:第一,经验与社会实践。在西方美学理论中,文艺的审美经验完全是主体的产物,因而是唯心主义的。但我们却将文艺的审美经验奠定在马克思主义唯物实践观的基础之上。我们认为,单纯从具体的审美过程来看,不一定能明确看出社会实践之基础作用,但若从总体上看,从社会存在决定社会意识的角度看,审美经验的基础肯定是社会实践。当今西方哲学—美学在突破思辨哲学主客二分思维模式、突出主体作用之时,为了避免陷入唯我主义,也曾试图回归"生活世界",但这种"回归"仍给人以无根基之感。从哲学的彻底性来看,还是马克思主义的唯物实践论之社会实践观更能从根本上说清经验的来源与内涵。但唯物实践观的理论指导与社会实践的基础地位仍是在理论前提的位置之上,不能代替具体的审美经验。只有充分认识到这一点,我们才能避免过去以哲学代美学、以普遍代特殊的弊端。第二,经验与主体。当代经验论美学之经验当然是以主体为主的,但又不是英国经验主义纯主体之经验,而是包含着消融了的主客二面,包含着客体的经验。有的是通过行动(生活)来消解主客二分,如杜威实用主义的艺术经验论;有的是通过主体的接受或阐释来消解主客二分,如阐释学美学;有的则是通过现象学直观的"悬搁"来消融主客二分,如现象学美学。第三,经验与想象。文艺的审美经验之发生是必须通过艺术想象之途径的。艺术想象犹如一个大熔炉,

---

① 参见鲍桑葵《美学史》,商务印书馆1986年版,第344页。

能将感性、知性、情感等等熔于一炉,最后形成完整的审美经验,并使审美者进入一种特有的审美生存的境界。第四,经验与表现。当代经验论美学的最重要特点是将经验同情感之表现密切相连。例如,克罗齐的"直觉即表现说",阿恩海姆的"同形同构说",杜威也强调审美经验之"情感特质"。第五,经验与快感。经验论当然肯定感觉、快感,并以其为基础。但当代经验论美学又不仅仅局限于快感、感觉。如果仅仅局限于快感那就会脱离审美的轨道。康德曾在《判断力批判》中提出"判断先于快感"的命题,虽然已经过去了二百多年,但我们认为这仍是美学的铁的定律,难以推翻和颠覆。许多美学家在承认快感的同时,也是强调对快感之超越的。例如,杜威论述审美经验与日常经验之相异性也是试图超越日常经验之生物性。杜夫海纳运用现象学"悬搁"之方法,更是强调对"此在"的超越走向形而上的审美存在。第六,经验与接受。当代经验论美学同当代阐释学相结合,强调阐释的本体性。这样,在阐释学美学之中,所有的"经验"都是此时此地的,都是当下视阈与历史视阈、解释者视阈与文本视阈的融合。这样,我们就将当代经验论美学与接受美学、新历史主义等结合了起来。第七,经验论与心理学。经验论美学肯定包含许多心理学内容,如感觉、想象、意象、情感等等。但审美的经验论又不等同于心理学,如果等同的话,文艺美学就将走向纯粹的科学主义,从而完全遮蔽了文艺美学特有的而且是十分重要的人文主义内涵。这是包括现象学美学在内的许多美学家都特别忌讳的事情。所以在承认审美经验所必须包含的心理学内容时,还更应承认其具有拓展到社会的、哲学的与伦理学的深广层面的功能。第八,经验与真理。这是当代经验论美学同存在论美学紧密相连所必具的内容。当代存在论美学将审美活动同认识活动相分离,由此审美经验并不导向认知理性的提升,而是通过艺术想象实现对遮蔽之解蔽,走向真理敞开的澄明之境,从而达到人的"审美地生存"、"诗意地栖居"的境界。所以,审美经验、艺术想象、真理的敞开、诗意地栖居都是同格的。这正是当代文艺美学所追求的目标。第九,经验与对象。传统美学都把审美对象界定为一种客观的实体、自然物与艺术品等等。但我们认为审美对象是意向性过程中的一种意识现象,在主观构成性中显现。也就是说,审美对象只有在审美的过程中,面对具有审美知觉能力的人,并正在进行审美知觉活动时才能成立。它是一种关系中的存在,没有了审美活动就没有审美对象,但并不否认作品作为可能的审美对象而存在。

以文学艺术的审美经验作为文艺美学学科的出发点,实际上是对当代美学与文艺学学科的一种改造。长期以来,我国美学与文艺学学科都在一种传统认识论哲学的指导之下,将美学与文艺学的任务确定为对美与文艺本质的认识。这不仅抹杀了审美与文艺的情感与生命生存的特性,将其同科学相混淆,而且抹杀其作为人的存在的重要方式的基本特点,将其降低为浅层次的认识。以文学艺术的审美经验作为理论出发点就既包含了审美与文艺的情感与生命体验特点,同时又包含了它的由"此在"走向"存在"之生命与历史之深意。这是对传统的本质主义与认识论美学的一种反拨,也是向审美与文艺真正本源的一种回归,必将引起美学与文艺学学科的重要变革。而且,以文学艺术的审美经验作为文艺美学学科的出发点也是对当代社会文化转型中正在蓬勃兴起的大众文化的一种理论总结与提升。从20世纪中期以来,以影视文化、大众文化、文化产业为标志的大众文化方兴未艾,表明这一种新的文化转型已经不可避免地来到我们面前。这是一种由纸质文化到电子文化、由精英文化到大众文化、由纯文化到文化产业的巨大转折。在这种大众文化的背景下,审美与文学艺术发生了日常生活审美化的巨大变化。唱片、光盘、广告、模特、网络文学等等新的文学艺术生产与存在的样式纷至沓来,目不暇接。审美与生活、艺术与商品、文化与文艺、欣赏与快感之间的界限一下子变得模糊起来。于是,从新世纪之初就出现了关于文学艺术的边界、日常生活审美化的评价、文学的文化研究的评判等等问题的讨论与争辩。我们认为这种讨论是非常有意义的。我们试图以我们所理解的文学艺术的审美经验这一文艺美学学科的基本理论出发点作为认识以上大众文化背景下各种文化现象的一种理论指导，也以此对这次讨论提供一种也许是不成熟的见解。我们认为，当代文艺美学的审美经验理论应对当代大众文化中审美的生活化和生活的审美化两个相关的部分起到指导作用。其实，审美的生活化与生活的审美化是两个紧密相连、统一为一体的部分，都是对资本主义工业文明以来艺术与生活分裂、走向异化的严重问题的试图克服。所谓审美的生活化，是解决艺术与生活的脱离、承认并正视审美所必然包含的快感内容与文艺所必然包含的生活内容，使艺术走向生活与万千大众，成为人们休闲娱乐的方式之一。同时，也不可否认某些艺术产品具有的商品属性，并给人们带来某种经济效益。杜威早在1934年出版《艺术即经验》一书时，就针对艺术脱离生活的现状和大众文化的方兴未艾的趋势，充分论证了审美经验与日常经验之间的"延续关系"。但这只是我们所说的审美经验理论所包含的一个方面的内容，也只是当前大众文化背景下文学艺术的一个方面的属性。另一方面，也是非常重要的方面，就是生活的审美化，也就是我们所说的审美经验不仅包含着原生态的生活，更要包含对这种生活的超越；不仅包含必不可少的感性快感，更要包含体现人类生存之精髓的意义。如果说审美的生活化是一种回归，那么生活的审美化则是一种提升。没有回归与提升结合，那么真正的审美与文学艺术都将不复存在，而只有两者的统一才是审美与文学艺术要旨之所在。因为没有前者，审美与文艺必将脱离大众与当代文化现实，而没有后者则审美与文艺又不免陷于低俗与平庸。而只有两者的有机结合才是审美与文艺发展的坦途，也才能为文艺美学学科建设奠定坚实的基础。杜威在《艺术即经验》一书中着重论述了审美经验不同于日常经验的"完整性"和"理想性"，这些论述成为全书的中心界说，值得我们借鉴。以文学艺术的审美经验作为文艺美学学科的理论出发点也是为中国传统美学在当代进一步发挥作用开辟广阔的空间。中国美学发展从 20 世纪初,特别是以 1919 年"五四"运动为界发生了某种程度的断裂。此前是传统形态的美学,此后受到"西学东渐"的深刻影响,则是对西方美学理论话语的接受与运用。这前后两种美学形态尽管有其相同、相近因而可以会通之处,但在理论内涵、话语范畴和精神实质上却有明显区别,是一种明显的理论断裂。因此,有的学者认为,这两者"不可兼容",而是"宿命的对立"。中国传统美学的现代价值问题被严峻地提到我们面前。而以文学艺术的审美经验作为理论出发点的文艺美学学科则为中国传统美学进一步发挥当代作用开辟了广阔的天地。因为,我国传统美学的确没有西方美学那样借以反映审美与艺术本质的概念范畴,而主要以对创作与文本的体悟作为理论的基点。这恰是一种文学艺术的审美经验。从先秦时期的"言志说"、"兴观群怨说",到汉魏时期的"风骨论"、"缘情说"、"意象说",再到唐宋时期的"意境说"、"妙悟说"、"心物说",到清代的"情景说"、"性灵说"与"境界说"等等可谓一脉相承,都是对文艺审美经验的独特表现,反映出中国古代美学的特有精神,具有十分丰富的内涵与极其重要的价值。这些美学理论不仅给我国文艺家与美学家以滋养,而且也对包括海德格尔在内的诸多西方美学家以理论的滋养。我们相信,文艺美学学科的发展,特别是我们以文艺的审美经验为理论出发点,并自觉地以之总结弘扬中国传统美学理论,中国传统的美学理论必将在新时期发挥更加重要的作用。

我们在探讨以文艺的审美经验作为文艺美学的基本理论范畴时,必然解决审美是不是文艺的基本特征这样一个问题。在这个问题上,我们坚持审美是文学艺术的基本特征的观点。但我们所说的审美不是狭义的优美,而是广义的美,也就是包含着优美、崇高,以及悲剧、喜剧和丑这些广泛内容之美。但是,在审美心理效应上,所有的美都应该是一种肯定性的情感评价,而不是相反的否定性的情感评价,诸如恶心、嫌弃之类。这就要求作者在作品中包含一种审美的价值取向。

三

列宁在《黑格尔辩证法〈逻辑学〉的纲要》一文中认为,在马克思的《资本论》中,逻辑、辩证法和唯物主义的认识论是同一个东西①,由此说明方法论与理论体系及世界观是一致的,从而彰显出方法论的重要作用。我们认为,文艺美学以文学艺术的审美经验作为理论出发点,就决定了它必然采取以自下而上为主的研究方法。这是一种由具体的审美经验出发的研究方法,迥异于从抽象的本质或定义出发的传统研究方法,它使研究对象由传统的理论文本扩充到鉴赏文本,进一步扩充到文学艺术的审美体验。这种研究方法更加全面,更加符合文艺美学学科的实际,也会更加彰显出理论家的理论个性。但这种自下而上的方法又不是托马斯·门罗所说的自然科学的实证的方法,而是现象学理论家杜夫海纳所使用的审美经验现象学的方法。这是一种在审美直观中将主体与客体、感性与理性之对立加以"悬搁",并进而直接面对审美经验的方法。诚如胡塞尔所说,"现象学直观与纯粹艺术中的直观是相近的"②。这种审美经验现象学方法并不完全排除,同时包含一定的自上而下的内容。因为任何理论研究都必须借助一定的具有共通性的理论规范,否则就会完全成为只有个人能够理解的自言自语,从而缺乏应用的理论价值。更为重要的是,文艺美学不只是对单个审美经验的研究,更要研究其中所包含的具有人类共通性的对在场的超越,走向人类"诗意地栖居"和对人类前途命运的终极关怀。这就使审美经验本身包含了深刻的意义与鼓励人类前行的精神的力量。文艺美学的产生就是一种由外部研究到内部研究的转向,因此文艺美学当然

---

① 马克思、恩格斯、列宁、斯大林:《论辩证唯物主义与历史唯物主义》,上海人民出版社 1997 年版,第 207 页。

② 倪梁康选编:《胡塞尔选集》下卷,三联书店 1997 年版,第 1203 页。

应该以内部的研究为主，也就是以审美经验为核心深入剖析其对象、生成、前见、发展、形态与比较等等，从而构成独特的理论体系。但这种内部研究又不完全是独立自足的，它并不排除外部的研究，而是包括社会的、意识形态的和文化的等等视角。从社会的角度，我们向来认为文学艺术不仅是审美的现象，而且是一种社会的现象，具有政治的、经济的、时代的等诸多社会属性。从意识形态的角度来说，我们一直认为，文学艺术作为意识形态之一种，从一个特殊的侧面反映了社会政治与经济乃至生产关系与生产力的诸多特性。而从文化的视角说，当前文化研究的方法已经成为文艺研究的最重要方法之一，诸如种族的、女权的、后殖民的、生态的、文化身份的等等崭新角度的确能给文学艺术以崭新的阐释。但我们向来认为文化研究只不过是文艺研究的重要方法之一，而不是全部。因此，我们并不同意当前西方某些研究者以文化研究取代或取消文艺研究的做法。我们认为对文艺的最基本的研究方法还应是最符合审美特性的审美经验现象学研究方法。19世纪上半叶，黑格尔创立了逻辑与历史统一的研究方法，这是一种思辨哲学的研究方法。这种方法对于经济学、哲学等社会科学是十分适合的，但对于以情感体验为其特征的美学，是否都要运用这一思辨哲学的方法，尚有待于进一步讨论。著名的新黑格尔主义者、美学史家鲍桑葵在其《美学史》研究中就采用了历史突破逻辑的方法，使这本美学史在诸多方面颇具创意。由此，我们认为对于我们所说的以文学艺术的审美经验为其理论出发点的文艺美学学科也不能采用思辨的方法，而应采用以审美经验的研究为主、辅之以逻辑的研究方法。因此，我们的基本着重点在历史的、当代的文艺的审美经验事实，包括作者自身的审美体验，主要以此为据提炼出理论的观点。当然也要借助当代流行的各种理论的概念和话语，但力求不为其所束缚，而是以审美经验的事实为依据，对其进行必要的补充、充实、发展和突破。我们的另一个主旨还试图将当代的对话理论作为重要的方法维度。也就是说，我们不想采取传统的教化与灌输的方式,而是采取作者与读者平等对话的方式。因为,我们的理论出发点是审美经验,经验既具有社会共通性,同时也具有明显的个人感悟性。所以,我们所提供的只是我们的一种感悟。期望以此唤起他人的共鸣,甚至产生一种新的不同的体验和感悟。在这一点上,读者是有着充分的自由度和广阔的空间的。这就是一种新型的互动式的学术研究,希图激起读者更大的主动性,充分调动其探索新问题的兴趣。同时,我们还试图采用心理学的、阐释学的以及语言学的各种研究方法。方法的多样性也是我们的探索之一。

我们试图对文艺美学学科进行一种新的探索,有探索就必然会有失误。因此,我们热诚期望广大学术界的朋友参加到探索的行列之中,给我们以批评与指正。文艺美学作为一门新兴的学科,仅仅走过了二十余年的历史,需要有更多的学者、朋友给予更多的关注和培养,使之健康成长。我们期待文艺美学这一新兴的正在建构中的学科在大家的呵护下进一步走向成熟,使之成为中国学者对于世界美学园地的一个新的贡献。

(原载《学习与探索》2005 年第 2 期)

4. 胡经之教授的重要学术贡献

　　胡经之教授是我国当代著名的美学家、文艺学家,是新中国培养的人文社会科学学者的优秀代表。50年来,胡经之教授对美学与文艺学学科建设的贡献是多方面的。但最引人注目并贯穿其始终的则是胡经之对我国文艺美学学科做出的独具特色的重要贡献。他是我国文艺美学学科的首创者与奠基者之一。单单这一方面的贡献就足以使胡经之教授在中国学术史上留下自己的足迹,而真正能留下这种足迹的学者其实是不多的。众所周知,在来自西方的学科体系中是没有"文艺美学"学科的,台湾学者王梦鸥在20世纪70年代初出版《文艺美学》一书,但对文艺美学的学科性质与体系未具体阐述。而胡经之教授却于20世纪80年代初首倡文艺美学学科,并论述了文艺美学与美学、文艺学的关系,探讨了文艺美学学科的对象、内容和方法,开设文艺美学课程,招收文艺美学方向研究生。正是通过胡经之教授和北京大学其他有关学者的共同推动,文艺美学才得以纳入我国人文社会科学学科体系,并在全国开始了文艺美学的学科建设和人才培养历程。不仅如此,胡经之教授还历经8年的思考和探索,出版了具有重要影响的《文艺美学》教材,构筑了以审美活动为其出发点的文艺美学学科体系;同时,从古今中外等各个方面进行了艰苦而有效的材料梳理工作,推出了一系列资料丛书,对文艺美学学科的进一步发展起到了基础性的作用。而胡经之教授培养的文艺美学方向的研究生也逐步成为文艺美学学科建设的重要骨干。因此,胡经之教授对我国文艺美学学科建设的贡献是全方位的。正是由于他和其他许多学者的共同努力,文艺美学才成为独具中国特色的美学学科,成为在美学领域中国学者发出的特有声音。因为,文艺美学学科不仅符合文学艺术的审美规律,而且同中国传统美学从具体的文艺作品和审美活动出发的特点相吻合。因而,恰如胡经之教授所强调的文艺美学是一种不同于美学、文艺学和艺术哲学的独具特色的学科,其特色就是对于文艺审美性的突出和对于中国传统美学特点的强调。这就是胡经之教授长期努力的方向,也显示了文艺美学学科的强大生命力。胡经之教授在文艺美学学科的建设中贯彻了一种"与时俱进"的精神。他有着强烈的问题意识,始终面向现实生活和国内外学术前沿。20世纪80年代初,胡经之教授针对"十年文革"否定文艺审美特性的"左"的倾向,借鉴韦勒克有关文艺外部规律和内部规律的论述,提出文艺的"自律"问题。20世纪90年代后期,胡经之教授对现代化过程中人的生存状态给予深切关注,提出"人的诗意的生存"的问题。最近,胡经之教授针对大众文化的勃兴所出现的种种现象,提出文艺美学的文化美学延伸。由此可见,胡经之教授在坚守文学艺术特有的审美规律这一基点的前提下,其所进行的文艺美学学科建设是开放的、跨学科的,而且是面对现实的。这正反映了当代学科发展的方向,为美学和文艺学的进一步发展提供了宝贵的经验。正是由于胡经之教授等诸多学者的努力,文艺美学学科的发展呈现出良好的态势。所以,2000年教育部在建设100多所全国人文社科重点研究基地时,将我们山东大学文艺美学研究中心列入百所重点研究基地之一,并于2001年初正式挂牌成立。胡经之教授出任基地专家委员会成员,多次参加基地学术活动,给予基地的发展以大力的支持和特有的关爱。他对我们基地所作出的杰出贡献将永远铭记在山东大学的学科发展史上和我们基地每个人的心中。

胡经之教授从20世纪80年代中期开始,因工作需要由北京大学调入深圳大学,先后担任深圳市作协主席、深圳大学中文系主任等重要职务,至今仍担任深圳大学学术委员会副主任。他在深圳的20多年里以其特有的学术眼光和强烈的事业心,对广东省、深圳市和深圳大学的学科建设、文化建设作出了杰出的贡献。首先,他与饶芃子教授等合作申报并建立了广东省第一个文艺学博士点。同时,他又为广东省和深圳市培养了一批硕士和博士生,并积极参与特区的文化建设,为深圳的"文化兴市"贡献了自己的才华和智慧。胡经之教授所作出的贡献充分说明,人文学者在经济和社会发展中具有着不可代替的重要作用,说明人文精神的弘扬业已成为一个地区、一个城市的灵魂。

胡经之教授终身研究并倡导文艺美学,同时他自己又是美学精神的实践者,审美的生存的不断追求者。他以其宽阔的胸怀、自然无为的审美态度待人、待事、待物,使他具有极强的亲和力。胡经之教授以审美的态度超越名利与物欲,处事平和自然,待人平易热情,团结了美学和文艺学界老中青各层次学者,成为大家的益师良友。因此,胡经之教授是真正将其所学、所研和所为统一起来的美学家。

(原载《深圳大学学报》2004年第1期)

5. 蒋孔阳教授对我国当代美学的贡献

蒋孔阳教授是我国著名美学家、美学教育家。他以自己特有的勤奋在我国当代美学领域几乎耕耘了半个世纪，留下了数百万字的丰硕成果。他以高深丰厚的学养培养了大批博士生、硕士生和本科生，其中许多人已成为我国美学学科的重要学术带头人和骨干。蒋先生以其崇高的师德风范和特有的长者风度关心、爱护、培养和影响了一大批中青年学者。今天，我们在新世纪的初期，在蒋孔阳教授诞辰80周年之际来重新回顾和学习先生的学术思想，探讨当代美学问题，是具有重要意义的。我想简要而集中地从我国当代美学发展的视角谈一下蒋孔阳教授对我国当代美学的重要贡献。

首先，我想蒋孔阳教授对我国当代美学的重要贡献之一就是对影响至深的传统认识论美学的突破，提出具有重要意义的"审美关系论美学"。我国20世纪五六十年代和七八十年代开展的美学大讨论无疑意义深远。但无论主观论、客观论，抑或是实践论各派均主张"美学学科的哲学基本问题是认识论问题"，"从解决客观与主观、存在和意识的关系问题——这一哲学根本问题开始"。这就使美学不可能同哲学相分，从而成为本质主义的一种无解的追求，并使冰冷的美学和鲜活的艺术形成一种难解的二律背反。当然这也在实际上有悖于马克思唯物实践观的本意。蒋先生在其最重要的一部著作《美学新解》中以其特有的学术敏锐与智慧努力恢复马克思主义实践观的原貌，突破西方主客二分的思维模式，力创

"审美关系论美学"。蒋先生否认"先有那么一个形而上学的与人的主体无关的美的存在",主张美是"人的创造","人是世界的美"。这实际上是从认识论美学发展到当代关系论美学,从美的"客观性"范畴发展到美的"关系性"和"实践世界"范畴,包含着马克思唯物实践存在观的重要内容。蒋先生的另一重要贡献是提出了当代美学"综合比较"方法,为我国美学的开拓创新奠定了基础。这就使蒋先生的美学思想呈现出极大的包容性,开放性及与时俱进的明显特色。"综合比较"既是一种美学研究的具体方法,更是一种极为重要的具有当代形态的美学观念,即从建设具有中国特色的美学理论出发,将古今中外各种理论放在同一平台上进行平等的交流对话。同时,"综合比较"也是理论创新的必由之路。从某种意义上来说,综合就是突破,就是创新。而且,只有综合才能有所突破,有所创新。蒋先生正是在"综合比较"的基础上才提出了以马克思主义实践观为基础的审美关系论美学,成为具有崭新内涵和开放性的美学理论形态。蒋先生对中国当代美学的贡献还表现在他对许多美学领域的拓展。蒋先生长期治西方美学,是国内这方面的著名专家,而"德国古典美学"研究又是先生最重要的贡献,显示出先生开拓新领域的勇气,并凝聚了先生理论的功力。在中国古典美学方面,先生超越通常的文论研究和诗学研究,提出"我国最早的美学思想是音乐美学思想"的重要观念,写出《先秦音乐美学思想论稿》这部具有开拓性的论著,从而开辟了中国古代音乐美学思想研究这一崭新领域。在基本理论方面,蒋先生历时十四年,倾注毕生心血撰写了《美学新论》一书,在继承的基础上力创新说,成为先生留给我们的最重要的学术遗产之一。前面所述都是蒋先生对中国当代美学有形的贡献,还有一种更为重要的无形的贡献:就是蒋先生以其高尚的人格风范给我们树立了榜样,影响教育了大量中青年学者。这就使他成为我国美学和文艺学界的谦和长者,受到大家的普遍尊重。蒋先生十分关怀后学,可谓诲人不倦。他为中青年学者所写的序和书评将近60篇,经他关心、支持和帮助的中青年学者数量更多。蒋先生以其宽阔的胸怀和忠厚的为人支持全国各兄弟单位的学科建设,广泛团结学术界各方面人士。蒋先生历来十分谦虚真诚,低调处事。但他却终生勤奋刻苦,严谨扎实,成果丰硕,对于我们今天在理论工作中戒浮躁、戒空泛必有教育意义。

综上可知,蒋孔阳教授不仅是我国当代美学的一位重要理论家,而且是一位有着跨世纪影响的重要理论家。他的理论产生在20世纪后半期,但必将在新的世纪结出更加丰硕的成果。最后,我想以先生的一段话作结。蒋先生在1997年同他的学生的一次对话中指出:"在21世纪,对人的展望,对美的展望,很可能也会经受很多曲折,但美作为人的本质力量的对象化,作为自由的形象,终会被人所创造,并呈现出恒新恒异的形态,人在审美关系中不断的自我实现和自我创造,正是人的价值和理想不断的发现和提升。"

(原载复旦大学文艺学美学研究中心编《美学与艺术评论》第七集,山东人民出版社2004年版)

6. 钱中文先生的学术贡献

钱中文先生是我国当代文艺学界十分重要的、具有相当代表性的著名理论家。他投身我国文艺学学科建设事业四十多年来,对我国当代文艺学学科建设的贡献是多方面的。

首先,钱先生作为我国当代文艺理论界重要领军人物从新时期以来一直走在我国当代文艺学学科建设的最前沿。改革开放初期,为了冲破"左"的僵化思想束缚,钱先生就提出了"文学是审美的意识形态"的重要观点,勇敢地恢复文学所固有的审美属性。20世纪80年代中期,钱先生又领导了文艺学方法论的讨论,有力地促进了文艺学领域进一步解放思想,对外开放。近年,钱先生又在长久深入思考的基础上提出了著名的"新理性精神文学论"。我初步感到这一理论有这样几个特点:第一,具有强烈的现实针对性。它完全从当前社会文化和文艺发展的现实需要出发,以现代性为指针,以改变现实的理想失落、价值下滑、"钱性权式暴力"为其旨归。第二,是对传统认识论文艺学和从概念到概念的冷冰冰的本质主义的重要突破。它密切关注人的现实生存状况,呼唤一种关怀人的价值与前途命运的新的人文精神,同时也包含理性制约下的感性需求,这实际上是对文艺学作为人文学科本质属性的恢复和强化。第三,正确地处理了本土化与全球化的关系。新理性精神具有鲜明的立足于中国民族文化土壤的文化身份和独立自主性,反对全盘西化,"向西看齐",又充分吸取了西方文化,特别是西方美学与文艺学的若干精华。第四,具有极大的开放性。钱先生明确地以交往对话作为新理性精神的思维方式,从而使之成为一个开放的体系。这一理论不仅吸收了中国传统文论与现代文艺学成果,同时吸纳了西方的存在论、现象学、生命体验美学与交往对话理论等诸多理论成果。而且,我认为这一理论的开放性还表现在钱先生以一个"新"字标示了这一理论本身与时俱进的特点。

其次,钱先生作为我国文艺学学科建设的重要领导者和组织者,对我国当代文艺学学科的建设和人才培养倾注了大量心血,做出了不可磨灭的贡献。钱先生对我们山东大学中文学科,特别是文艺学学科点的建设,对我们山东大学文艺美学研究中心这一教育部人文社会科学重点研究基地的建设以及文艺学重点学科建设给予了特别的关怀和支持,在百忙中担任中心的学术顾问,参与中心的学术工作,给我们以许多的鼓励和帮助,使我们难以忘怀。

钱先生除了以其实际的学术工作和组织工作对当代文艺学学科建设以重要贡献之外,还以其特有的人格力量,学者的风范,长者的风度,严谨求实的学风,坦荡真诚的胸怀,给我们文艺学界广大学者以熏陶感染。这其实是一种无形的力量,无声的感召。

(原载《文学前沿》2003 年第 5 期)

7. 试论当代美学、文艺学的人文学科回归问题

一

从改革开放起，对于美学与文艺学的学科反思就已经开始了，20多年来这种反思可谓绵延不断。在进入21世纪的今天，我想在此前各位学者思考的基础上，将这种反思进一步集中为美学与文艺学的人文学科回归问题。我这样做的主要原因在于，长期以来，直到目前，一直存在着将美学与文艺学混同于社会科学的严重倾向着。这当然与前苏联季摩菲耶夫与毕达可夫等以认识论为指导的教材的影响有关。其结果是极大地模糊了美学与文艺学的人文学科的性质，从而使之难以走上健康的学科建设轨道。一些非常有分量的教材、理论专著和辞典都将美学与文艺学界定为"一门属于社会科学的学科"，也都将美与文学本质的追求作为其最重要目标。有些学者很早就意识到这一点并试图突破，但美学与文艺学的社会科学的学科性质决定了它们难以摆脱本质主义的追求，因而往往使这方面研究陷入一种尴尬的境地。其实，"学科"这个概念是工业革命以来现代大学教育制度的产物。早期的学校教育之中，无论中西方所有的教育都是属于人文教育的范围的。西方古代希腊的贵族教育旨在培养优秀的"城邦保卫者"，中国古代的"六艺教育"也是以"君子"的培养为其旨归。工业革命以来，科学技术极大发展，劳动者的需求数量空前，现代大学迅速发展，

建立了以学科为基础的现代大学教育制度。所谓"学科"是以相对稳定的知识主体、相对稳定的研究方法与相对稳定的学者群体为其特征的,是以课程的形式纳入大学教育体制的。这实际上是以自然科学为标准的一种教育体制的规范化建设,也就是说所有的学术都应向自然科学看齐,以其为规范榜样,才能在现代大学教育体制中获得自己的一席之地。这样,早期的人文教育一概变成了以自然科学为榜样的、以知识传授为目标的"学科教育"。在这种学科体制下,所有的学问都分成自然科学与社会科学两大类。前者以自然现象为研究对象,旨在探寻自然的本质与规律;后者以社会现象为研究对象,旨在探寻社会现象的本质与规律。于是美学与文艺学就极为自然而然地被划分到社会科学的范围之内。在20世纪初期,在资本主义经济危机和政治危机愈来愈加发展之时,德国理论家马克斯·韦伯试图通过社会科学研究的科学性求得拯救资本主义的方案。于是,他以"文化科学"一词指称今天的社会科学与人文学科两大领域,并提出"价值无涉"的观念。他说,文化科学"作为经验学科提出的问题从学科本身这方面而言当然应以'价值无涉'的方式予以答复"。[1]这种以文化科学混淆社会科学与人文学科的界限并将它们一概归之于"价值无涉"是不全面的。其实,人文学科与社会科学是有着明显的区别的。人文学科是以人学理论为指导,以人性为研究对象,以人的灵魂铸造为其目的的,主要关注的是人的生存状态,属于存在论的范围。而社会科学则是以客观的社会现象为研究对象,以本质与规律的揭示为其目的,属于认识论的范围。由此可见,两者的明显区别之一是在研究对象上,人文学科是以灵动鲜活的人性为其研究对象,而社会科学则以客观事物的本质、规律为其研究对象。而在研究态度上,人文学科是以明显的价值判断为其特点的,而社会科学则以其客观性与"价值无涉"为其特点。今天,我们将美学与文艺学从

---

[1] [德]马克斯·韦伯:《社会科学方法论》,中央编译出版社2002年版,第156页。

社会科学中区分出来，承认其人文学科性质，实现由认识论到存在论的转变，这就是一种学科本性的回归，必将使其进一步走上健康的发展道路。

美学与文艺学的人文学科回归还与现实社会的需要密切相关。众所周知，我国改革开放以来开始了规模宏大的现代化建设，取得举世瞩目的成就。但现代化、市场化与城市化过程中也同时出现了一些值得引起注意的问题。这就是在现代化过程中出现了经济发展与道德滑坡、社会富裕与精神空虚、城市繁荣与心理焦虑等一系列二律背反现象。这些现象的出现，表明人文精神的缺失已经成为当代的突出问题。由此，对于新的人文精神的呼唤成为时代的强烈要求。在这样的形势下，人文学科特有的发扬人文精神、塑造人的灵魂的重要作用重新引起重视。长期以来人文学科与社会科学趋同，失去自身人文特性的问题，也在这种对现代化的反思中突出出来。在新的世纪，人文学科特殊作用和独立地位的重新发现及其特有人文性质的回归，就这样被历史地提到议事日程。

同时，美学与文艺学的人文学科回归也是长期以来国内外理论工作者理论探索的总结。从国际上来说，自1831年黑格尔逝世起众多美学工作者就开始了突破传统的主客二分认识论哲学—美学模式，并使之转变到现代存在论哲学—美学的轨道之上。特别是突破古典形态的以"物"、"理性"、"本质"对人的遮蔽，探索当代以存在论人学理论为基础的哲学—美学。可以这样说，现代以来整个西方美学发展的主流就是人生美学，是一种美学的人文学科性质的回归。我国现代以朱光潜、宗白华为代表的美学家也都立足于建构中国的人生美学。建国以后，许多美学与文艺学工作者也都着力于美学与文艺学的人文学科回归工作。例如，早在20世纪50年代钱谷融教授就提出著名的"文学是人学"的命题。新时期以来，更有"新理性精神"、"文化诗学"、"后实践美学"、"当代存在论美学"与"主体性"、"主体间性"等等可贵的探索。我们今天提出美学与文艺学的人文学科回归问题只是长期以来众多理论家艰苦探索的一个总结。

二

在美学与文艺学的人文学科回归问题上目前要着力解决的,是如何将这两个学科的建设真正回归到人文学科的轨道之上。

首先,我认为美学与文艺学学科要坚持当代马克思主义人学理论为其指导。我国当代美学与文艺学的学科建设必须坚持马克思主义的指导,但作为学科最重要的马克思主义理论根基到底是什么呢?我认为应该是马克思主义的人学理论。这恰恰是由美学与文艺学的人文学科性质所决定的。在一次有关文艺学学科建设的学术工作会议上,一位老一代理论家曾经表示,文艺学的科研与教材建设只要坚持马克思主义人学理论指导就会路愈走愈宽。我的老师、已故的狄其骢教授在1993年就明确指出文学"具有人学性质",并在其所著的《文艺学新论》中专列"文学的人学位置"一章。这些都是多年潜心研究的经验之谈,值得我们深思。长期以来,由于资产阶级理论家对于马克思主义人学理论有诸多歪曲,因此我们常常讳言马克思主义人学理论。但我认为这其实是没有必要的,只要我们坚持马克思主义的基本原则,就没有任何问题。其实,早在1843年底至1844年1月,马克思就在著名的《〈黑格尔法哲学批判〉导言》之中明确地提出了自己的人学理论。他说,"德国唯一实际可能的解放是从宣布人本身是人的最高本质这个理论出发的解放"又说,"对宗教的批判最后归结为人是人的最高本质这一学说,从而也归结为这样一条绝对命令:必须推翻那些使人成为受屈辱、被奴役、被遗弃和被蔑视的东西的一切关系"。①在这里,马克思已经初步建立起自己的人学理论思想。它包括两个方面的内容,其一是关于人是人的最高本质的理论,二是推翻使人受奴役的社会关系这一人学理论赖以存在的"绝对命令"。在此,马克思已经将自己的人

---

① 《马克思恩格斯选集》第一卷,第15页。

学理论初步建立在社会存在决定社会意识的历史唯物主义基础之上。此后,马克思又在著名的巴黎手稿中从资本主义导致"异化"的角度进一步阐述了自己的人学理论,有其特殊价值。如果将此后写作的《关于费尔巴哈提纲》中有关社会实践的思想、《共产党宣言》中有关无产阶级只有解放全人类才能最后解放自己的思想以及《资本论》中劳动价值的思想进一步充实到人学理论中,那么马克思主义的人学理论就是在马克思主义唯物实践存在论指导下的具有鲜明的阶级性与实践性的科学的理论。其实,这一理论是贯穿于马克思主义理论始终的。当然,马克思主义人学理论在当代还需要进一步充实发展,包括吸收我国民主主义与社会主义革命中提出的"革命的人道主义"、"社会主义人道主义"、"以人为本"等等思想。此外,还应该借鉴当代国际学术界关于人的非理性因素的探索、西方马克思主义对人学理论的探索、当代生态理论有关生态人文主义的探索等等。

  人文学科有其特定的研究对象,那就是以"人文主义"、"人的价值"、"人的精神"作为自己的研究对象。《简明不列颠百科全书》在"人文学科"条目指出:"人文学科 humanities 学院或研究院设置的学科之一,特别在美国的综合性大学。人文学科是那些既非自然科学也非社会科学的学科总和。一般认为人文学科构成一种独特的知识,即关于人类价值和精神表现的人文主义的学科。"①这种对于鲜活灵动的人性、人的精神、人的价值与人文主义的研究显然不同于自然科学与社会科学对于自然与社会的客观规律的研究。这就是对于活生生的具体的个人的研究,或如马克思所说是对于作为"社会关系总和"之人的本性的研究,也就是海德格尔所说的是对于作为"此在之在世"的人的生存状态的研究。具体到美学,则是对于作为个体的人的审美经验的研究。法国美学家杜夫海纳在《审美经验现象学》中指出,美学的审美经验研究是与人学理论必然联系的。他说,以艺

---

① 《简明不列颠百科全书》第六卷,中国大百科全书出版社 1986 年版,第 760 页。

的审美经验为研究对象,"这种解释的优点是把审美和人性的关系靠拢了。因为我们知道,审美的本性是揭示人性。但审美唯一依靠的是人的主动性。而人归根结底是只是因为自己的行动或至少用自己的目光对现实进行了人化才在现实中找到人性"。①这里所说的艺术的审美经验不是英国经验派所说的纯感性的"经验",但又以这种感性的经验为基础。它以康德的审美作为反思的情感判断的"无目的的合目性"的经验开始,发展到当代审美经验现象学的经验。这种经验由感性出发,包含着某种超越。康德的审美判断是对于功利的超越,当代现象学的审美经验是对于实体的"悬搁",最后走向自由,审美的自由、想象的自由、人的自由全面发展等等。

美学与文艺学作为人文学科应有自己不同于自然科学与社会科学的研究方法,这就是人学的研究方法。诚如《简明不列颠百科全书》在"人文学科"条目中所说,人文学科"运用人文主义方法"。"人学"的,或者"人文主义"的研究方法,不是门罗所说的完全自下而上的方法。这种自下而上的方法实际上还是自然科学的实证的方法。人学的研究方法也不是我们长期以来所误解的马克思在《〈政治经济学批判〉导言》中所说"从抽象上升到具体的方法"。因为这是政治经济学的研究方法,是一种社会科学的逻辑的研究方法。正如马克思在这个导言中所说,人们对于世界的理论的逻辑的掌握"是不同于对世界的艺术的、宗教的、实践精神的掌握的"。②我们所说的人学的方法就是马克思所说的"莎士比亚化"③的方法。从创作来说就是"个性化"的方法,而从审美来说则是面对具有鲜明个性的体验。发展到后来就是现象学美学提出的审美经验现象学的方法,包含丰富的内容。经过波兰的英伽登和法国的杜夫海纳加以丰富发展。首先是审美态度的改造性,即是通过审美主体的审美态度将日常的生活经验改造为

---

① [法]杜夫海纳:《审美经验现象学》,文化艺术出版社 1996 年版,第 588 页。
② 《马克思恩格斯选集》第二卷,人民出版社 1972 年版,第 104 页。
③ 《马克思恩格斯选集》第四卷,人民出版社 1972 年版,第 340 页。

审美的经验。再就是审美知觉的构成性,就是审美主体凭借审美知觉在意向性之中对于审美对象的构成。在审美知觉构成审美对象之前它作为自然物或艺术品只是一种存在物,并没有成为审美对象。还有审美想象的填补性,即是通过主体的艺术想象对于"未定域"加以补充,对作品经过"具体化"的再创造,对于某些"缺陷"的弥补。最后是审美价值的形上性。这是对审美经验内涵的提升,是其人文精神的最好体现,也是审美走向自由的最重要途径。事实证明,审美绝不是也不可能是"价值无涉"或"价值中立",而是有着明显的价值倾向的。鲜明的价值取向就是美学与文艺学作为人文学科的最重要特点,是其区别于社会科学,特别是自然科学之处。其一,美学与文艺学有着明确的审美价值取向。的确,"艺术"[art]在西语中除了"艺术、美术"的含义之外还有"技术、技艺、人工"等等含义。而从实际生活来看也不是一切的艺术都是美的。但我们美学理论却应有明确的美的价值取向,鲜明地肯定美,同时否定丑。我们的美学与文艺学还应有社会共通性的价值取向。也就是说,在伦理道德上应该坚持善恶等人类共通的道德判断。其二,就是意识形态方面的价值取向,总的应该坚持审美活动与文艺服务于最广大人民的方向。最后是应该坚持对于人类前途命运终结关怀的价值取向。美学与文艺学的学科建设应该包含着强烈的理想因素和终结关怀精神。

三

美学与文艺学的人文学科回归从学科建设的角度是一个非常复杂的问题。其中的主要原因在于,美学与文艺学作为人文学科面临一系列二律背反式的矛盾。

首先是美学与文艺学在学科建设中所遇到的非智性与智性的矛盾。美学与文艺学具有极强的人文性,是一种情感的判断,就其本身来说基本上是一种非智性的，但作为学科来说又要求有一种知识的系统，是智性的。这样，人文的非智性与学科的智性就产生了矛盾。这就决定了美学与文艺学作为人文学科的特殊性。也就是说，尽管它具有一定的知识性，但总体上说是一种情感的教育，人的教育，或者说是一种"态度"的教育，明确地说它是一种审美的感受力和审美的世界观的教育。如果完全将它作为知识性教育就忽视了它的情感判断、价值取向和审美态度的确立等等主要的特性。但如果完全忽视其知识性的一面，也就抹杀了它作为学科的基本条件，抹杀了它的知识可传授性，美学与文艺学作为学科将不复存在。因此，在这两者之间就要探寻一个适当的"度"。

其次是审美的个别性与共通性的二律背反的矛盾。这也就是康德所说的审美作为"无目的的合目的性的形式"所面对的对象的个别性与情感判断的共通性的二律背反。这样的二律背反恰是审美特性之所在，是其富有极强魅力之处，恰如黑格尔所说，这正是康德说出的关于美的第一句合理的话。但这种二律背反毕竟是一种矛盾，需要加以解决。康德是通过主观的合目的性的"先验原理"来加以解决的。在杜夫海纳的审美经验现象学之中是通过现象学的"悬搁"达到一种"主体间性"来加以解决的。

再次，美学与文艺学作为人文学科以人性与人文主义作为研究对象，实际上是以存在于空间与时间之中的"在世"之人作为研究对象的，这就使其具有难以界说性，而其作为学科又应有着可界说性。如何解决这个矛盾，也是一个难题。那就要求从多侧面对其进行界说，而且是包容的多元的界说，不必强求一律。当然在学科建设的马克思主义指导方面还是要有基本的要求。

以上就是我对美学与文艺学向其作为人文学科的性质回归问题的一些初步思考，提出来以就教于学术界同行。

（原载《东方丛刊》2006年第1期）

8. 试论中国新时期西方文论影响下的文艺学发展历程

2006年的开始意味着我们进入了21世纪第一个10年的后半段。在这样一个特殊时刻我们回顾总结新时期近30年来中国文艺理论的发展的确有着特殊的意义。因为,我们是从新世纪的独特视角审视既往的历史。我们总的认识是新时期近30年来,我国文艺理论领域发生了根本性的变化,愈来愈加走向健康发展的道路,但困难与问题仍然很多,需要我们加倍地努力奋斗。

一

说到新时期,就有一个新时期的起点问题,学术界有1976年、1977年与1978年三种说法。我们基本持以1978年"党的十一届三中全会"作为起点之说。前几说尽管各有其理由,但我们认为新时期的最根本标志就是"解放思想,实事求是"方针的确立。所有经历过这段历史的人们都会记得十年"文革"期间人的思想的禁锢,真是"噤若寒蝉",普遍存在一种不敢越雷池一步、动辄得咎的心态。党的十一届三中全会突破了"两个凡是",提出"解放思想,实事求是"方针,真的犹如一声春雷,犹如耀眼的闪电照亮了人们的心灵,敞开了人们的思想。这才真正开始了思想领域的"拨乱反正"和文艺理论领域的改革创新。我们认为确定这样一个起点是非常重要的,那就是进一步明确了我国新时期文艺理论发展的"解放思想,实事求是"这一思想指导主线,而今后的发展也仍然需要坚持这样一条主线。这应该是新时期文艺理论发展的最重要的经验之一。

如果将新时期从1978年算起,那么,其文论的发展历史大体可以分为突破、发展与建构这样三个阶段。第一个阶段从1978年到1986年,是对于旧的受到"左"的僵化思潮严重影响的文艺理论体系突破的阶段;第二阶段从1987年到1996年,是我国文艺理论全面发展阶段,各种新说纷纷涌现,层出不穷;第三阶段从1997年至今,是我国文艺理论逐步走上独立的理论建构时期,当然这还只是开始,未来的路仍然很长。无疑,这三个阶段又不是截然分开,而是互有交叉重叠。确定这三个阶段,不仅是历史的划分,而且也反映了理论自身的发展趋势。那就是,我国当代文艺理论必然地应该走上独立建构之路,这是历史的趋势,也是文艺理论自身的要求。如果一个国家和民族面对经济全球化逐渐逼近的新的历史,没有自己的相对独立的文艺理论建构,那是无法面对历史,更是难以适应社会现实与文艺现实的需要。这恰是我们广大文艺理论工作者历史责任之所在。

我国新时期文艺理论的发展与其他文化形态一样,是在古今中西复杂的矛盾与关系中进行的,但主要面对的是中西之间的关系与矛盾问题。古今之间的矛盾与关系尽管在新时期仍有反映,但其重要性已让位于中西之间的矛盾与关系,并渗透其中。诚如钱中文所说,"我国文学理论在反思中,深感我国文学理论的求变、求新的过程中,每个阶段自己都深受外国文论的影响"。①这其实是"五四"之后的中西文化"体用之争"的继续。但新时期我国文论发展的中西关系已经大异于"五四"之后那段时期,因为"五四"时期我国文论的固有资源就只有古代文论,但新时期我国不仅有固有的古代文论,而且还有历经100多年历史的十分丰富的中国现代文论,特别是现代具有中国特色的马克思主义文论。我们实际上是在我国现代文论的基础上来发展建设新时期文论,也是在此基础上面对西方

---

① 钱中文:《文学理论:在新世纪的晨曦中》,《文学评论》1999年第6期。

文论。但由于历经十年"文革"的闭关锁国,也由于20世纪中期以来西方哲学、美学与文论发生巨大变化,因此我国新时期文论发展中西方文论的影响显得特别巨大、深刻。其过程与我国新时期文论发展之突破、发展与建设的历程相应,历经了传播、吸收与对话的历程。这就是改革开放之初的大量传播、20世纪80年代中期以后的拼命吸收与此后逐步走向相对冷静的对话。在新时期近30年中西文论的碰撞、交流与对话的过程中,我们遇到一系列十分尖锐的现实与理论问题。就其大者而言有这样四个方面。首先是西方文论特别是西方现代文论的性质问题,也就是我们通常所说的姓资、姓社的问题。西方文论的资本主义性质本来是没有什么问题的,但却涉及这样的文论到底是有价值还是没有价值,对其应该是肯定还是否定等问题。我国长期以来对于西方文论,特别是对于西方现代文论因其属于剥削阶级意识形态特别是资产阶级意识形态因而总体上是否定的。新时期近30年来,我们正是在"解放思想,实事求是"思想路线的指导下,坚持"实践是检验真理的唯一标准",在对西方文论的定性和态度上我们相继做了这样两个方面的工作。其一是将政治哲学立场与美学文学理论价值加以必要的区分,得出政治哲学立场错误唯心,而其美学文学理论仍有其价值的看法。例如,古希腊的柏拉图与德国古典美学的康德、黑格尔都是这样的情形。在这个问题上还比较好统一,因为马克思主义经典理论家对于这些古代哲学家与美学家大都有肯定性的意见。而对于西方现代文论,因其产生于帝国主义时期,作为这个时期的意识文化形态,从传统理论的视角看那就必然是腐朽的、没落的与反动的,因而是必须否定的。这里,仍然有一个坚持"解放思想,实事求是"思想路线的问题,不仅应面对当代资本主义经过调整后还具有发展活力的现实,而且还要敢于承认其经济与科技的先进性,并进一步承认其包括文艺理论在内的文化形态也有一定的先进性。这是因为,一定的文化形态都是一定社会的反映,当代资本主义的经济社会发展比我们先进,已经完成了现代化建设,历经了现代化的全过程，那就必然对于现代化过程中的一系列经济社会问题有其文化的与艺术的思考与反映。也许，这种思考与反映是扭曲的，但其毕竟是进行了反映，也就因此对于我们这些后发展国家有其极为重要的参照价值。刘放桐在评价与西方现代文论较为接近的西方现代哲学时指出，"总的说来，他们的哲学也更能体现这一时期西方社会的政治、经济和文化发展的状况，特别是科学技术飞速发展所导致的各种问题，因而具有重大的进步意义"。①朱立元在评价西方现代美学时也指出，"把西方现代美学放在整个现代西方科学文化发展的总背景上审视，从人类历史与文化进步的总趋向来衡量，那么，应当承认现代西方美学'离经叛道'的反传统倾向，它的许多别出心裁的新花样，它的'百家争鸣'，频繁更替，并不能简单地斥之为'堕落'与'倒退'，而恰恰应该看成是对传统美学的超越与推进，是美学学科的巨大历史进步"。②正是从这样的角度，我们全面地分析了西方现代文论先进性与没落性、创新性与荒谬性共在的基本特征，而从总体上对其当代价值给予一定的肯定。在对现代西方马克思主义文论的评价上也经历了一个由否定到基本肯定的过程。因为现代西方马克思主义文论基本上是从学术的角度来看待马克思主义，而且它们本身对于马克思主义也有许多新的发挥。这样，就出现了一个"西马是不是马"的问题。20世纪70年代与80年代初中期，我们认为凡是与经典马克思主义论著只要有一点不一致之处的就不是马克思主义，就属于应该批判的范围。但还是"解放思想，实事求是"的思想路线指导我们以科学的眼光来看待"西马"，肯定了它作为"左翼激进主义美学"总体上对资本主义的批判精神与结合新时代特点对马克思主义的某些发展与补充，从而将"西马"的许多有价值的内容吸收到我国当代文论建设之中，例如"西马"的意识形态理论、文化批判理论等等。诚如冯宪光所说，"应当说西方马克思主义

---

① 刘放桐：《新编现代西方哲学》，人民出版社2000年版，第18、19页。
② 朱立元：《现代西方美学史》，上海文艺出版社1993年版，第1051页。

美学是一种与马克思主义美学有一定联系的,当代西方社会中的左翼激进主义美学"。①其二解决好西方现代文论与我国社会现实的"时空错位"这一非常重要的问题。也就是说,西方现代文论是西方现代与后现代社会的产物,而我国正处于现代化过程之中,不仅存在着现代的生活文化状况而且存在着大量的前现代生活文化状况。在这样的情况下,我们引进西方后现代理论,特别是"解构"的后现代理论,对于还在"建构"中的我国,这难道不是一种与实际的脱离和"奢侈"吗?我们觉得这样的发问是有其现实根据的。我们的确应该紧密结合中国的现实与语境来借鉴和引进西方文论,特别是西方后现代文论。但这绝不意味着西方后现代文论对于我国没有现实的意义。事实上,西方后现代文论本身是比较复杂的,既有解构的后现代,也有建构的后现代。如果说后现代之"后"是一种对于现代性的全面的摧毁与解构,那当然是不恰当的。西方后现代文论之"后"也有一种是通过对于现代性之反思超越走向建构,特别包含对于现代性中不恰当的唯科技主义与工具理性的一种反思超越,通过对于这种具有绝对性的形式"结构"进行"解构"走向建构一种新的具有"共生"内涵的理论形态。这其实就是对于资本主义弊端的一种反思,对于通过张扬一种新的人文精神克服这种弊端的探索。这样的具有"建构"内涵的"后现代"对于我国是有着借鉴的价值的。诚如美国哲学家大卫·雷·格里芬在《后现代精神》一书的中文版序言中所说,"我的出发点是:中国可以通过了解西方国家所做的错事,避免现代化带来的破坏性影响。这样的话,中国实际上也是'后现代化'了"。②从这样的角度看,我们只要不照搬西方后现代文论,而是将其作为对资本主义现代性批判的一种理论形态来加以借鉴,我们认为是有其特殊价值的。由此可见,解决"时空错位"的重要途径就是一切的借鉴引进都应从中国的现实与语境出发,而绝对不能脱离现实的照

---

① 冯宪光:《西方马克思主义美学研究》,重庆出版社 1997 年版,第 17 页。
② [美]大卫·雷·格里芬:《后现代精神》,第 20 页。

搬。

在新时期近30年的文论建设中,与西方文论大量引进的同时发生了一个如何对待中国传统文论的问题,由此产生了20世纪90年代中期著名的有关我国文论"失语症"的讨论。有的学者认为,我国当代文论患了严重的"失语症","一旦离开了西方文论话语,就几乎没办法说话,活生生一个学术'哑巴'",而解决的途径则是"重建中国文论话语系统"。① 由此可见,我国新时期古今关系是在中西关系背景下发生的,是试图以此对中西关系进行某种消解。当然,这种"失语症"的提出有其文化本位的立场,也有其关注民族文论的价值。但显然,"失语病"的提法是没有顾及到中国当代文论的现实的。因为,我国新时期的文论建设不是从古代文论为其出发点,而是以现代文论为其出发点的,新时期对于西方文论的引进是在现代文论基础之上的引进与融合。当代文论建设中的确存在"食洋不化"的问题,但从总体上看这只是一个过程,是发展中的某种现象,不能提到"失语症"的高度认识。而推倒现代文论,"重建中国文论话语系统",既是完全没有可能的,也是不现实的。与"失语症"的讨论相继,在我国文论界出现了"中国古代文论现代转换"的学术讨论。这是我国新时期与西方文论的引进相伴的对于我国当代文论建设民族性的十分有价值的学术探讨。有论者认为,古今文论是"宿命的对立",根本无法转换。有的论者则试图进行中国古代文论整体范畴的现代转换。我们认为,这两种看法都有其偏颇之处。所谓古今文论"宿命的对立",其实质是完全否定了人类文化所具有的某种共通性和历史继承性。而中国古代文论范畴的"整体转换"也完全没有正视"五四"以来我国新文化运动整体上对于古代文化的超越,而倒退到过去是完全没有可能的。但我们并不否认某些古代文论范畴局部转化的可能性,例如王国维对"境界说"的运用,我国当代学者对"意境说"的改

---

① 参阅曹顺庆《文论失语症与文化病态》,《文艺争鸣》1996年第2期;曹顺庆、李思屈:《再论重建中国文论话语》,《文学评论》1997年第4期。

造,海外华人学者对"感通说"的发展等等。但我们认为,当代文论建设中民族传统的现代转换并不能完全局限于范畴的转换,而主要是对蕴涵在古代文论之中的中国哲学与艺术精神的现代转换。特别是中国古代相异于西方的"天人合一"的哲学精神和"言外之意"的艺术精神,都是特别具有当代价值并引起国际学术界的广泛关注,因而值得我们特别加以重视。

2000年以来,随着世界经济全球化步伐的加大和我国进入世界贸易组织成为现实,许多国外的文化产品将会并已经作为商品大量进入我国文化市场,我国当代文论建设面临着这样一种新的经济全球化的挑战。在这种情况下,许多高校和文艺研究机构开始研究全球化语境中我国当代文论的发展,这其实还是一个中西文论的关系问题,只是这种关系出现了新的语境和背景,值得我们进一步研究。有的学者认为,经济全球化必然伴随着文化的全球化,文论的全球化也是必然趋势。而有的学者则认为,经济的全球化不应导致文化的全球化,而应倡导文化的多元共存,我国当代文论建设应走自己的有中国特色之路。我们认为,经济全球化是历史发展的必然,也必然地加速文化的交流和传播,西方文论对我国的传入和影响也必然加速。而就西方某些人来说,与其"欧洲中心主义"观念相应,也必然地依仗着他们的经济与科技强势有着进行文化渗透的意图。这里的关键是处理好全球化与民族化的关系。一方面,我们应以积极的态度迎接因经济全球化所带来的文化与文论加速交流的新的形势,因势利导促进中西文论交流,加速我国文论发展。同时,我们也应进一步增强民族的文化自觉,加速我国当代文论民族化的进程,在现有基础上建设具有中国风格的当代文论话语和文论精神。事实证明,文化是一个民族之根,是民族凝聚力之所在。曾经有人说民族是具有共同地域、共同语言、共同文化与共同生活的标志。这是将民族的概念拓展得太宽泛了,其实民族的最核心内涵应该是以共同文化为其标志,凡是认同中华文化的人们都是中华民族之一员。因此，文化建设直接涉及未来世纪中华民族的兴衰，关系重大。而文论建设属于当代中华文化建设之必不可少的内容，所以建设有中国特色的当代文论成为我们当代中国文论工作者的历史的与民族的责任之所在。

二

回顾新时期近30年来中西文论交流对话的历史，我们总的认为发展是比较健康的，效果也是比较好的。其原因是我国经过改革开放有了逐步增强的国力，并有一个好的对外开放的政策，更重要的是我们始终坚持新时期以来的"解放思想，实事求是"这一思想路线的指导。当然，由于我们面对新的形势，未免经验不足，加上自身理论储备的局限，因此在新时期引进西方文论与建设新的文艺理论的进程中还有许多教训需要记取。从积极的方面说，新时期西方文论的引进首先是极大地推动了中国文论的现代转型。众所周知，我国20世纪50年代以来，在文论建设方面一方面在总体上坚持毛泽东《在延安文艺座谈会上的讲话》中提出并在此后逐步形成的"二为"方针，同时文论界也在某种程度上深受前苏联带有机械的僵化性质的文论的影响，这种文论在总体上是建立在主客二分思维模式之上的机械唯物主义认识论，将文学与文艺现象简单地看作客观事物的直接反映与生活的镜子，倡导单一的社会主义现实主义创作方法等等。当时，人们都误以为这就是马克思主义文论。而实际上它是背离马克思唯物实践观的机械唯物论，是18世纪以来工业革命的产物，恰恰是马克思在其著名的《关于费尔巴哈的提纲》一文中试图通过实践范畴加以突破的只强调客体的直观唯物主义。但我国文论界在长达30年的历史中却误将这种落后于时代的非马克思主义文论当作马克思主义文论加以某种程度上坚持，而且在十年"文革"中将其发展到极端，与"阶级斗争为纲"的理论相结合,将文学与文艺当作"无产阶级专政的工具"。新时期以来西方文论特别是西方现代文论的引进在很大程度上推动了我国当代文论的转型,也就是促使我国当代文论突破旧的框框,适应社会的需要,走向时代的前沿。众所周知,我国改革开放以来,社会经济生活与文化发生了根本性的变化。从社会经济的角度说,我国大幅度地由传统的计划经济转变到新兴的社会主义市场经济;而从哲学的角度说,我国哲学领域迅速地推倒了旧唯物主义的认识论,恢复了马克思唯物实践论的指导地位;从文化领域说,新时期我国文化领域呈现出丰富多彩的景象,影视文化迅速发展,大众文化日渐勃兴,网络文化方兴未艾。因此,新时期文论建设的首要任务就是迅速突破传统的落后的机械唯物论文论,实现我国文论的现代转型。而西方文论,特别是西方现代文论的引进恰恰起到了这样的作用。因为,20世纪以来西方现代文论恰是西方市场经济与大众文化条件下的产物,其突出标志就是对于传统的主客二分思维模式的批判,对于机械认识论文艺观的抛弃,对于文艺同人的生存状态关联的强调。我国新时期近30年来,在重新研究、阐发马克思主义经典与引进西方现代文论等多种因素的促进下,迅速地实现了文论的现代转型。从横向看,我国新时期突破了传统认识论文论主客二分的思维模式及其机械唯物论倾向,将我国当代文论奠定在马克思唯物实践观的理论基础之上。从文艺理论的哲学理论指导的角度,我国新时期近30年经历了由物本到人本,再到"主体间性"这样的发展过程。长期以来,我国文论过分强调文艺的机械反映功能,将反映的真实与否作为衡量文艺的最重要标准之一。这显然是违背文艺的本性要求的。新时期开始不久,文论界开始了对于这种"物本"的文论观的批判,逐步走向强调主体性的"人本"。这就是发生在20世纪80年代中期著名的有关"主体性"的学术讨论,这次讨论基本上奠定了主体性理论在我国当代文论建设中的主导地位。特别有些理论家从马克思主义实践理论的立场提出"审美的反映"的重要理论观念,将"主体论"与能动的反映论相结合,成为新时期马克思主义文论建设的重要收获。但随之而来的就是我国当代现实随着现代化的深入,人与人以及人与自然的和谐问题突出出来。而西方现代哲学与文论中的有关现象学"主体间性"理论和"交流对话"理论也对我国文论建设中"共生"理念的发生产生了重要影响。于是随着"后实践美学"的讨论和文化诗学的发展,"主体间性"作为我国当代文论的理论指导逐步为多数学者接受。在此前提下我国当代文论的现代转型具体表现为由文艺的机械反映论到审美反映论;由单纯的认识论文艺观到审美存在论文艺观;由人类中心的主体性文艺观到生态整体的生态审美观。所谓由文艺的机械反映论到审美反映论,就是说传统文论将文艺看作对现实生活的机械反映,而新时期则一改这种机械的文艺观念,以主体能动的审美反映取而代之,这恰同西方马克思主义文论的审美反映论相契合。所谓由单纯的认识论文艺观到审美存在论文艺观,则指传统文论仅仅将文艺看作对于现实生活的认识从而抹杀了文艺与科学的界限,而新时期我们吸收西方现代存在论文论将文艺的主要特性归结为人的审美的生存;所谓由传统的人类中心的主体性文艺观到生态整体的生态审美观,是指启蒙主义以来特别强调人的理性的巨大作用,张扬主体功能,而新时期我们在西方生态哲学与文学生态批评的影响下,一改人类中心的主体性文论为强调生态整体的当代生态审美观文论。而从纵向的角度来看,我国新时期文论建设经历了这样两个相关的过程。首先是初期的"由内向外"的转型过程。那就是"拨乱反正",一改文艺作为"阶级斗争工具"的理论,将其扭转到重视文艺自身审美特性的形式特点之上。这就是我国新时期在西方新批评和形式主义文论影响下,于 20 世纪 80 年代与 90 年代初期提出文艺美学理论并对艺术形式与语言等内部规律加以重视和强调,以及加强对文本批评的探讨等等。而 20 世纪 90 年代中期以后,由于我国社会文化转型的加速和西方文化理论的影响,我国文论界又发生了"由内向外"的转向。这就是我国当代文艺理论领域对于文艺的意识形态等外部属性的新的阐释与强调以及一系列有关大众文化理论的提出与讨论。我国新时期在历经了文艺的"内转"之后,在新的现实形势面前重新发现了忽视文艺的外部属性的局限,转而出现文艺外部属性研究的热潮。在我国文论领域出现了意识形态研究、女性研究、种族研究、文化身份研究、新历史主义研究等等理论热点。而文化研究也愈来愈加引起许多青年学者的重视,出现了引起整个文论界关注的"文学边界"与"日常生活审美化"的讨论。毋庸讳言,当代大众文化的空前勃兴的确促使文学边界的游动和日常"生活审美化"现象的出现,但文艺理论自有的价值判断功能要求其对于"游动"的文学与日常生活审美化中的种种低俗现象起到引导与提升的作用。这场讨论已经远远超越了讨论自身具体的内容,而具有在崭新的形势面前如何建设真正适应现实需要的文艺理论的重大意义。经过新时期近30年的文论建设,我们可以肯定地认为,我国当代文论尽管还在建构的过程之中,但已经具有了崭新的当代形态,能够做到基本上与当代现实生活与现实文艺相适应。

新时期西方文论影响下的我国当代文论发展的另一个重要特点是,有力地促进了思想的解放、视野的拓宽,使我国当代文论呈现出从未有过的马克思主义指导下的多元共存的良好态势。列宁曾经在著名的《党的组织与党的出版物》一文中指出,在文学这个领域里"绝对必须保证有个人创造性和个人爱好的广阔天地,有思想和幻想、形式和内容的广阔天地"。①同样,作为对于文学艺术进行研究的文艺理论的发展也需要自由的环境。总结我国当代文论发展的历史,我们深感党的"百花齐放,百家争鸣"方针是完全正确的,是有利于文学与学术发展的。但长期"左"的思潮的干扰使得这一方针难以真正得到贯彻。新时期近30年,由于党的改革开放方针的有力贯彻,特别是由于党的"解放思想,实事求是"思想路线的指导,使得我国当代文论发展处于建国以来最好的环境之中。这样的环境

---

① [苏]列宁:《论文学与艺术》,人民文学出版社1983年版,第68、69页。

为我们广大文论工作者提供了从未有过的自由思考与研究的广阔天地，也为我们吸收引进和研究西方文论创造了一个非常宽松的环境，这正是我国当代文论繁荣发展的根本原因。正是在这种空前宽松的自由环境中当代文论研究才能自如地与西方文论交流对话，从而打破我国长期以来文论领域单一的局面，走向马克思主义指导下的多元共存的新局面。从研究方法的角度来说，我国当代文论目前有社会的、心理的、文化的、审美的，现象学、阐释学、新历史主义、语言学，甚至是自然科学等多种研究方法；从研究的领域来说，我国当代文论除了传统的中、西、马之外，还有西方马克思主义文论研究、审美教育研究、生态文艺研究、网络文论研究、文化诗学研究、女性文学理论研究等等；从研究地域的角度来说，我国当代文论目前有中国文论、西方文论、东方文论、少数民族文论、华文文论，以及港澳台等地文论研究等等。可以这样说，目前世界上业已出现的文论领域在我国当代都有涉及。也可以说，目前我国当代文论是涉及的范围最广并与国际接轨的速度最快的时期。

新时期西方文论影响下的我国当代文论发展一个非常重要的成果就是经过建国后50多年，特别是近30年的理论探索，我们初步找到了一条我国当代文论发展的古今中外综合比较的发展道路和方法。毛泽东曾经在一篇文章中为了强调方法的重要性而将其比喻为过河所必需的"桥或船"。我国50多年，特别是新时期30多年文论探索的重点和难点就在于找到一条适合我国国情并行之有效的当代文论建设发展的道路和方法。这个道路和方法就是被许多文艺理论家所总结和认可的古今中外综合比较的道路和方法。这个问题首先由我国当代老一代文艺理论家蒋孔阳于新时期初期在其晚年所著《美学新论》中提出。他说"综合比较百家之长，乃能自出新意，自创新派"。①后来，这一综合比较方法被许多文艺理论家进一步论述发挥。这个综合比较的道路和方法其实是文论研究观念的重

---

① 蒋孔阳：《美学新论》，人民文学出版社1993年版，第47页。

大转变。长期以来,我国文论研究一直在一种机械僵化的形而上学的思维模式之下,认为"是就是是,非就是非",是一种单向的线性的思维方法,缺乏在一定价值判断前提下的包容兼蓄。在文艺理论领域的表现就是在强调一种理论形态时必然地否定另外的理论形态,甚至将其视为"另类"。这是一种否定思想本身的发散性与多维性的形而上学思维方式,是违背学术发展规律和人的思维规律的。新时期以来,由于西方现代现象学"悬搁"主客对立的方法、哈贝马斯"对话"理论、巴赫金"狂欢"理论与德里达"去中心"等等理论的引进,进一步促使我们对这种单向线性的形而上学思维方式进行突破,对于一种新的"亦此亦彼"的"共生"与"对话"的思维方式的倡导,才出现了我国当代文论发展道路与方法的全新变革。诚如钱中文所说,"而应倡导一种走向宽容、对话、综合与创新的思维,即包含了一定的非此即彼、具有价值判断的亦此亦彼的思维。新的文艺理论的建设是要求新的思维方式的"。① 当然,这种综合比较是有着明确的立场的,这个立场就是我们的目的在于建设具有中国特色的当代文论。这也就是我们综合比较的出发点之所在。这就决定了我们在吸收西方文论时不是为了吸收而吸收,更不是为了标新立异而吸收,而是为了发展建设具有中国特色的当代文论而吸收、引进。这种综合比较方法和立场的逐步明确使我国当代文论建设在处理中西关系时愈来愈加成熟,也使建设具有中国特色的当代文论这样的艰巨任务愈来愈有更多把握。

我们以实事求是的态度总结回顾新时期近 30 年文论发展的历史时,必须而且应该找到自己的差距和问题所在。首先是新时期对西方文论吸收较多,消化不够,因而具有中国特色的当代文论至今尚未基本完成建构的任务。新时期近 30 年来,我们的确大量引进了西方文论,特别是西方现代文论。可以这样说,目前这种引进已经大致做到同步,而且西方各种有代表性的理论我国基本都有相应的研究。我们对于这些西方理论的使用

---

① 钱中文:《文学理论:在新世纪的晨曦中》,《文学评论》1999 年第 6 期。

也比较迅速及时,这应该讲是一种极大的进步。但与此相比,更为重要的是我们对于西方文论的消化却十分缺乏,对于一些西方理论常常停留在直接引用的水平,有的甚至是知识性的错用。有的以此装点门面,形成概念的狂轰滥炸。与此同时,具有我国特色的当代文论建构任务尚未基本完成。说我国当代文论"失语"可能有些过分,但说我国当代文论缺乏更多的属于自己的有特色的话语却是没有问题的。加上长期"欧洲中心主义"的影响和我国文论工作者语言的障碍,因此在国际文论讲坛上很少听到中国当代文论独特的声音。而我国当代文论对于现实的指导作用也发挥的不够,理论不能适应现实需要的情况没有得到根本的改变。实际上,我国当代文学艺术与人民的审美现实发生了巨大的变化。大众文化、影视文化、网络文化、先锋艺术等等新的艺术与审美现实需要我们当代文论给予理论的分析和引导,但我们在这一方面却显得乏力。理论的贫乏,已经成为对于我国当代文论带有共同性的评价。同时,在整个当代文论建设中在如何体现民族文化传统的问题也存在着自觉性不高、深入探索不力、效果不太明显等问题。任何国家和民族都无例外地十分重视民族文化的弘扬,我国当代文论建设应该体现民族文化传统这是大家的共识。但在具体实践过程中由于难度较大等种种原因,我们的自觉性不是太高,古代文论研究本身则有与当代文论建设脱节的现象,而当代文论研究则以追求自身的理论自足为其旨归,较少考虑古代文论的当代价值。因此,这一方面的成果,至今难以超过近代以来的王国维、宗白华与钱钟书等。回顾新时期近30年我国文论建设历程,我们不得不说这一时期的成果数量的确是空前的,当代文论的研究者数量也是空前的。但有质量的成果和本领域的杰出研究者却与此并不相称。由于市场经济的侵袭和体制性的种种原因,我们的研究工作还有诸多浮躁。无论是对西方文论,还是对于中国文论有见地的深入研究都显得缺乏。

总之,我们付出了努力,但我们还有差距。这些差距的出现有客观原因,但也有主观的原因。我们应该明确我们成功之所在,对其给予客观的实事求是的评价,这样我们才有前进的信心。但我们更要看到我们的差距之所在,敢于正视这些问题,这样我们才能找到未来的前进方向。

三

总结历史是为了现在,所谓知古而鉴今。因此,我们的着眼点还是应该放在今天我国当代文论的建设之上。如何建设具有中国特色的当代文论呢?无疑是应从已有成果的基础出发,特别是从新时期这将近30年的可贵成果的基础出发。我们已经说过,总结新时期,我们最重要的体会是明确了我国当代文论发展的综合比较的方法与道路。因此,我们要继续坚持并发展这一综合比较的方法和道路。我国新时期文论发展的综合比较首先是中西文论的综合比较与吸收消化,已经表明这是行之有效的,有利于我国当代文论建设的,应该继续坚持。但新时期的综合比较也告诉我们一条最基本的经验,那就是必须在马克思主义的指导之下,具体地说就是在新时期"解放思想,实事求是"这一马克思主义思想路线的指导之下,这样我们才能明确方向,破除障碍,大胆吸收与创造。同时,我们还应贯彻这一思想路线中十分可贵的与时俱进的精神,不断以文学艺术的新的经验和新的成果补充到马克思主义文艺理论之中。而且,由于我国当代文论应立足于建设,因此应该更加重视马克思主义基本理论的指导。我们认为,马克思主义创始人有关实践哲学的基本理论是对于西方传统哲学的重要突破,具有极为重要的当代价值,对于我国当代文论建设具有极为重要的指导意义,应该很好地学习运用。只有始终坚持马克思主义理论的指导,我国当代文论的建设才会具有更加明确的方向和扎实的根基,在此基础上对于西方文论的消化吸收才会更加有效。在这一方面,今后除了大胆引进吸收的步伐不应放慢之外,与此同时还应加强对于西方文论,特别是对西方现代文论的研究消化,克服食洋不化的问题,真正将其与我国的现实结合,化作自己文论的有机组成部分。当然,我国当代文论的建设还应更多地立足于建构。所谓"建构"是一种具有更多主观能动性的建设与创造。我国新时期后十年已经逐步走向与西方现代文论较为冷静地对话,通过对话逐步的建构适合我国国情、具有中国特色的新的文论形态。比较明显的如"新理性精神"的提出,就既吸收西方当代人文精神理论、对话理论,又努力结合中国当代现实,是一种新的文论建构的努力;文化诗学理论,既吸收西方当代文化理论,同时又注重我国传统诗学精神,将两者加以融合;当代生态存在论文艺学与美学理论,则既吸收西方现代生态哲学、环境美学与生态批评理论,同时又吸收中国传统儒道"天人合一"思想,并紧密结合中国当代现实,也是一种中西与当代融合的尝试;文艺美学理论是改革开放初期即已提出并不断有所发展的文论形态,既吸收西方当代文论内部研究与审美研究成果,又与我国古代诗论、画论与书论等理论成果相结合,是一种有生命力的中国当代文论话语;当代批评理论是将西方当代文本批评理论与中国古代批评理论结合的尝试。上述诸说只是其中的几个明显例证而已,其他文论工作者的创新之处还有许多,都是我国未来有中国特色的新的文论建设的重要资源和起点。事实证明,只有从建构出发才能更有利地吸收,当然吸收也会有利于建构,两者相辅相成。这样,我们未来的吸收引进就会更加健康。当然,这种建构也仍然会是马克思主义指导下的多元共存,这样,我国当代文论建设才能更加繁荣而富有生气。

紧密结合中国的实际是当代文论建设的重要坐标,我国当代文论建设应以此为方向并从我国当代有中国特色的社会主义建设理论中吸取丰富的营养。最近,我国在科学发展观的理论指导下提出构建和谐社会的战略目标。这是我国在面向21世纪之际总结国际国内社会发展经验而提出的具有划时代意义的重要发展战略和奋斗目标,反映了符合国际潮流和我国特色的社会历史转型的必然趋势。它是有中国特色的社会主义理论的进一步丰富,也是马克思主义在当代的新发展,包含着极其深刻而丰富的内涵,对于包括文艺理论在内的当代人文社会科学建设具有十分重要的意义。对于正在建构中的我国当代文论来说,这一理论为其提供了一系列新的视角和新的维度,必将推动我国当代文论在当前这一转型期得到更好的发展。作为构建和谐社会之理论指导的科学发展观集中地反映了当代"共荣共生"的哲学理念,是对于传统的主观与客观、主体与他者,以及人与自然二分对立的思维模式的突破与超越,是走向全新的当代"主体间性"的思维模式,实际上也是马克思主义唯物实践观在新时期的新发展。这样的理论观念对于我国当代文艺理论进一步突破"主客二分"思维模式,摆脱传统的实体主义和本质主义的研究定式,将自己的理论支点真正建立在马克思的"实践世界"的唯物实践观的基础之上,真正面向当代生动活泼的生活实际与审美实际,使之具有真正的生活与理论的活力,意义深远。作为构建和谐社会核心的是建设一个人与人以及人与自然和谐发展的社会主义文明社会的模式与目标。它包含着马克思论述共产主义社会时所指出的人的"自由发展"的重要内涵:"每一个人的自由发展是一切人的自由发展的条件"。① 这一理论对于我国当代文艺理论建设具有重要的启示意义。因为,按照马克思的观点,这种人的自由发展就是"人也按照美的规律建造",就是"异化"的扬弃,一切压迫人的剥削制度的消灭。与人的生存状态紧密相连的"自由"问题,也是 20 世纪以来以海德格尔为代表的众多哲人所探索的人的"诗意地栖居"的基本内涵。在这里,社会的和谐、人的自由发展与审美的生存、诗意地栖居是同格的。构建和谐社会理论之"和谐"内涵就是对马克思有关共产主义社会"自由"理论的继承发展,也在一定的程度上是对当代存在论"自由观"的吸收。从而,前所未有地将审美提到建设未来和谐社会所应有的世界观的高度,彰显了美学与

---

① 《马克思恩格斯选集》第一卷,第 273 页。

文艺理论学科的当代价值与意义。其实,构建和谐社会与人的自由发展最重要的就是应以审美的态度对待社会、他人、自然与人自身。这不仅将审美提到本体的高度,而且将审美教育也提到当代美学和文艺学学科建设的中心地位,将培养"学会审美地生存"的一代新人作为美学与文艺学学科建设的重要任务之一。构建和谐社会理论还包含着一个过去从未有的人与自然和谐协调发展的重要内涵。这是对启蒙主义以来占据压倒优势的"人类中心主义"的扬弃,也是对于新的生态整体观念的肯定。的确,人与自然的和谐协调归根结底是社会能否可持续发展的问题,而从长远来看也是人能否真正获得美好生存的问题。生态的维度是当今人文社会科学必须具有的维度,特别在我国这样的资源相对贫乏、环境压力不断增大的国家,更是一刻也不能松懈。它也是任何有责任心的理论工作者的社会责任之所在,必将成为我国当代文艺学建设的重要文化立场。构建和谐社会理论的一个非常重要的内涵就是"以人为本"的思想,在整个社会和谐理论的建构中带有哲学基础的重要性质。它是对于启蒙主义以来占据统治地位的科技理性的工具主义的超越。它对于我国当代文艺理论建设意义特别重大,它启示我们当代文艺理论建设应该实现由传统认识论到当代存在论的哲学理论转型。更为重要的是,构建和谐社会理论反映了当代有中国特色的社会主义理论所特具的与时俱进的品格。新时期以来,建设有中国特色社会主义理论不断发展。今天,科学发展观与构建和谐社会的理论在当代社会发展与长远奋斗目标等根本问题上再次进行理论与实践的创新。这一切都应给予我国当代文艺理论学科建设以重要启示,说明时代的发展要求文艺理论学科与时俱进,实现新的突破,进行大胆的创新。特别应该引起我们重视的是,构建和谐社会理论意味着一种新的社会主义文明形态正在建构之中,并将逐步呈现在我们面前。在这种情况下,作为社会时代反映形式之一的文艺理论学科的发展变革已是刻不容缓,需要我们从构建和谐社会理论等当代理论发展中吸取营养,逐步完成新世纪文艺理论的现代转型，以适应日益发展的新的社会与审美现实的需要。

我国当代文论的建设应该注意进一步与西方近代以来唯工具理性加以区别，坚持文艺理论学科作为人文学科的性质，坚持文艺理论学科的价值判断功能。众所周知，工具理性是自然科学的方法与手段，但文艺理论学科则属于人文学科范围。它所面对的是文学艺术这一特殊的人文现象，文学作为人学已经成为人们的共识，因而工具理性是不适合文艺理论这一人文学科的。但问题偏偏出在工具理性的某种泛化，以其作为包括文艺学在内的一切学科的标准，将一切学科都自然科学化。同样，也要求文艺学以本质的探求作为其目标，以科学范式作为其规范，以价值中立作为其特征，因而完全抹杀了它的人文学科特性。这种做法是非常危险的，因为它完全改变了文艺学作为人文学科的性质与功能，降低其应有的作用。文艺学作为人文学科是以人与人性作为其内容的，因而文艺学一般的来说与社会科学不同，更与自然科学相异，它不是以客观规律的探讨为其旨归的，而是以人性的研究为其宗旨。因此，从总体上来说，文学艺术研究不是规律的推演而是多侧面的人的审美经验的描述。通过这种描述来探求文学艺术深层所揭示的人的审美生存状态。因此，要扭转对于文学艺术着重于规律与本质研究的传统思路，将其转到人性揭示的人文学科的应有轨道上来。最近，有些研究者将艺术的审美经验作为文艺理论的基本研究对象，就是从文学的人文学科性质出发的一种尝试。文艺学作为人文学科的一个重要功能就是应该具有明确的价值判断，这也是它与自然科学与社会科学的不同之处。自然科学与社会科学是可以"价值中立"的，但文艺学作为人文学科却是有着明确的价值取向。这正是文艺学在当代作为人文精神补缺的重要作用与价值之所在。众所周知，我国当代正在进行的现代化宏大工程，同其他国家的现代化工程一样也同样存在着一种美与非美的二律背反现象。也就是说，它一方面以其空前规模的市场化、工业化与城市化历程极大地使人们的生活美化,但另一方面,又由此造成了金钱拜物、工具理性盛行、人的心理危机加剧等人的精神状态的非美化。再加上当代大众文化利益驱动的机制必然在文化走向大众的同时出现低俗化倾向。凡此种种都将人文精神的补缺作为当代社会发展的重要内涵,这正是文艺学在当代的作用之所在。我国提出和谐社会建设理论所包含的人与人、地区与地区、人与自然的和谐,包含极为深厚的人文精神内涵。因此,人文学科在我国当代社会发展中起着从未有过的重要作用。文艺学的人文精神补缺作用主要通过它的价值判断功能来发挥的。首先是审美的价值取向,分清美与丑的界限。这是文艺理论学科的特性之所在,其它的价值判断都寓于审美的价值取向之中。它们包括道德的价值取向,旨在分清善与恶的界限;再就是意识形态方面的价值取向,旨在分清是否有利于人民的界限;最后是对于人类前途命运的价值取向,包含对于人类前途命运终极关怀的内容。这些恰是文艺学的当代价值之所在。

在我国未来文论建设中,民族化仍然是非常重要的战略性任务。诚如鲁迅所说,有地方色彩的倒容易成为世界的。特别在当前经济全球化的社会背景下,中华民族自强自立很重要的方面就是民族精神的发扬以及一代一代具有民族文化素养的高素质人才的培养,而文学艺术在这种人才的培养中起着十分重要的作用。文艺理论恰是发展这种文学艺术的理论支撑。而且,单从文艺理论学科本身来说,我国当代文艺理论界也有责任在新的世纪,在世界文艺理论领域发出中国自己的声音,以有中国民族特色的理论成果引起国际文艺理论界的重视。但我国当代文艺理论的民族化又有自己的特殊性。首先,我国当代文艺理论的民族化不是在传统的古代文论基础之上,而是在现当代文论的基础之上。同时,由于"五四"运动之后我国古代文化到现代文化有一个非常大的转变,那就是由文言文到白话文的转变。这不仅是简单的文字转变而且是古代与现代文化的某种文化断裂。加上历经100多年现代到当代的文化建设过程,所以实际上作为文艺理论话语,在我国古代与现代已经很难直接接轨。因此,从文艺理论的角度,古代理论话语作为整体的转换已经基本不太可能。当然,这并不意味着局部的转换没有可能,因为已有现当代学者在这一方面作过有效的努力。但作为更深层面的哲学精神与艺术精神却是完全可以在当代加以继承发扬的,这应该说是一种更重要,也更困难的转化。众所周知,我国的传统哲学精神是一种不同于西方"和谐论"的"中和论"。西方所谓"和谐"是指具体物质的对称、比例、黄金分割等微观的内涵,而中国的"中和"则指天人、宇宙等宏观的内涵。前者带有明显的科学性,而后者则带有明显的人文性。这样的"中和论"哲学思想完全可以成为具有民族性的当代文论的理论支撑。费孝通认为,中国古代文化的精髓就是"位育中和"四个字,这恰是镌刻在孔庙大殿横额上的四个大字。①正如《礼记·中庸》所说,"喜怒哀之未发谓之中,发而皆中节谓之和。中也者,天下之大本也;和也者,天下之达道也。致中和,天地位焉,万物育焉"。《中庸》将"中和"提到可使天地定位,万物繁育的高度,可见其重要。其实,所谓"中和"就是一种古典形态的"共生"思想,即所谓"和实生物,同则不继"(《国语·郑语》),"和而不同"(《论语·子路》),"生生之为易"(《周易·系辞上》),"一生二,二生三,三生万物"(《老子·四十二章》)等等。中国古代"中和论"思想是贯穿于各派思想之中的,包括儒家的"中庸"、道家的"道法自然"等等。这种古典的"共生"思想极具当代价值,早已被海德格尔等西方理论家借鉴,海氏提出著名的"天地神人四方游戏说"就包含着对中国古代"天人之和"的借鉴。而"共生"思想实际上也已经成为当代世界具有标志性的哲学与思想理念。我们完全应该在当代文论建设中自觉体现这种"中和"的精神,并以之作为指导在现有文论基础上构建新的文艺理论形态。另外,我国古代的艺术精神是一种写意的"意境论"精神,强调"象外之象,景外之景",

---

① 费孝通:《经济全球化和中国"三级两跳"中的文化思考》,《光明日报》2000年11月7日。

"味在咸酸之外","言有尽而意无穷"等等。这样的艺术精神与西方的"现实主义"、"浪漫主义"是大异其趣的,倒反而与西方当代现象学美学等有着某种契合。我们完全可以在此基础上结合当代现实加以改造重铸,发展成新的有民族特色的文论精神。我国古代的哲学精神与艺术精神是非常丰富的,需要我们努力发掘,加以创新,经过几代人艰苦的努力奋斗,才能使我国当代文论以其鲜明的民族风貌,自立于世界文论之林。

(原载《文学评论》2007年第3期)

9. 当代一次中西艺术对话所给予我们的启示

在经济全球化与中华民族谋求新的民族振兴的背景下，建设具有中国特色与中国气派的美学与文艺学显得特别紧迫。新时期以来出现了有无"失语症"与"古代文论现代转换"的各种讨论，浸透着老中青几代学人的艰苦探索，取得一系列可喜的成绩。但长期以来，包括我在内的理论工作者都摆脱不了这样一种看法，那就是"五四"以后由于西学东渐与语言的现代化，中国现代文化与古代文化之间出现一种断裂的情形，古代美学文艺学与现代美学文艺学之间在具体范畴体系等各个方面有着明显的脱节。因此，尽管我们发扬古代美学文艺学传统的积极性与愿望都很强烈，但能不能以及如何具体操作仍然是一个非常现实的问题，普遍感到困难很大。2006年9月20日在上海参加"上海论坛"文化组讨论期间，听了美国奥瑞京大学古典英国文学教授斯蒂文·显克曼[Steven Shankman]所作的题为"中国和科莱特·布兰斯维格的见证艺术"的发言，使我深受启发。显克曼教授给我们举出了一个当代中西艺术对话的例证，并认为这是"中国艺术与欧洲现代主义之间的对话的一个特例"。事情发生在二战期间，法籍犹太画家科莱布·布兰斯维格家中有9人先后死于纳粹的大屠杀，她自己也因面临被迫害的危险而躲避在友人家中。她认为自己作为"目击者"，"肩负着见证大屠杀的使命"，因而在躲避期间决定创作一幅控诉纳粹大屠杀的绘画。但一个目击者"没有办法把自己目睹的事情当作主题，他说的真相并不是再现意义上的真相"。为了通过艺术来见证大屠杀的创伤,布兰斯维格不再采取再现的方法,摒弃了从开始一直到早期现代主义统治西方艺术的"模仿论"。而是从中国古代艺术"诗言志"理论与北宋画家米芾的书法与画作中受到启发,根据反法西斯画家瑟兰的诗歌创作了一系列拼贴画。这种拼贴画是某种书法,是在对于瑟兰的诗歌进行了深思之后所进行的词语声音与形状所具有的表达潜能的探索。例如通过书写暗示出空间的安排,通过特有的灰色与椭圆对于虚无与惊呆的表现,甚至借助米芾对"风"的处理方式处理某些西语音节表现出特有的情感,借此表现出布兰斯维格感受的"独特性",使这幅拼贴画成为"关于唯一者的艺术"。

这样一个发生在20世纪中期的中西艺术对话的实例给了我们深刻的启示。启示之一是西方美学与文艺学界从20世纪以来对于中国古代传统美学文艺学理论的评价已经逐步发生变化,由全盘否定到看到其价值并予以借鉴。这显然与1831年黑格尔逝世后西方哲学美学由认识论到存在论、由主客二分到有机整体、由抽象本质到生活经验的转变有关。众所周知,黑格尔曾经将包括中国古代美学在内的东方艺术都称之为"象征型艺术","都是艺术的开始,因此,它只应看作艺术前的艺术,主要起源于东方"①。著名的美学史家鲍桑葵在他的《美学史》中论述为什么没有提到东方艺术时直言不讳地指出"因为就我所知,这种审美意识还没有达到上升为思辨理论的地步",而且它们"对欧洲艺术意识的连续性发展没有关系"。他进一步指出,"中国和日本的艺术之所以同进步种族的生活相隔绝,之所以没有关于美的思辨理论,肯定同莫里斯先生所指出的这种艺术的非结构性有必然的基本联系"②。我们可以看到所谓"同进步种族隔绝的前艺术性"、"非思辨性"与"非结构性"等等正是工业革命背景下,以主客二分思维模式为指导的认识论哲学美学思想对于包括中国美学文艺学

---

① [德]黑格尔:《美学》第一卷,商务印书馆1979年版,第9页。
② [英]鲍桑葵:《美学史》前言,商务印书馆1985年版,第2、3页。

与艺术理论在内的东方理论的定评。但社会经济、哲学文化与美学的当代转型逐步地改变了这种"定评",西方的艺术家、理论家在东方的美学文艺学中重新发现了十分重要的当代价值。布兰斯维格超越了西方长期占统治地位的"再现说"与"模仿论",认为这种传统的艺术理论与方法无法表现她对纳粹残忍的大屠杀的独特体验。于是,她从东方,从中国古代寻找理论的支点,她发现了中国古代美学与艺术理论的当代价值。她说"11、12世纪,以及后来的17世纪的中国文人画家,其实是我们的同代人:米芾、朱耷、王维、石涛以及其他艺术家"。那么,她对哪些中国传统理论的当代价值给予了积极的肯定性评价呢?首先是对传统的"诗言志"理论给予了肯定性的评价,认为"诗言志"不同于西方的对艺术的独特性有可能造成歪曲的"模仿论",而是"把真诚的、难以言表的感情置于言辞和意象当中",是一种具有个人独特性的"直言"。再就是对于中国传统的"诗画一体"、"诗中有画,画中有诗"的理论给予了积极的评价,认为有利于表现艺术的"独特性"。她以米芾为例,米芾在他的书法中书写"风"字时,在诗句的"风起"与"风转"处,笔触都不相同,表现了他的独特个性,成为"唯一性艺术"。这是对于大家都熟知的莱辛在著名的《拉奥孔》中有关空间艺术与时间艺术以及诗画有区别的理论的一种反拨。另外,她还充分肯定与运用了中国画论中的有关"虚空"与"无"的理论与实践。众所周知,西方的绘画理论与实践由于建立在"模仿"与"再现"的基础之上,以及凭借"透视法"创作,因此是一种"满"与"实"的理论与实践。这种对于"透视法"的运用,是对于"在场"的表现,对于"不在场"的遮蔽。而中国传统画论中的"虚空"与"无"则是旨在表现更为深远的"意韵",蕴涵着令人回味无穷的"不在场"。布氏认为,"虚空"与"无"是使"一个未知的世界将他自身在他们眼前展开了"①。现在,中国的美学家与文艺理论家们总在不停地讨论古代文

---

① 以上所引布兰斯维格之语,均出自斯蒂文·显克曼教授提交于2006年上海论坛的文章:《中国和科莱特·布兰斯维格的见证艺术》。

论的现代转换如何可能的问题，并且老是要让别人拿一个古代的范畴转换给他看看，因为他们肯定人们拿不出转换的实例，这样就能说明这种转换的实际不可能。但西方的艺术家和理论家们倒反而没有这样的顾虑，不仅是布兰斯维格勇敢地运用了"诗言志"、"虚空"、"诗画一体"与"无"等等古代范畴，而且海德格尔也早就勇敢地运用了"道"、"言"等等理论范畴。当然，这种运用不是原样照搬而是经过改造，但我们不是同样可以在经过改造后运用吗？应该说人类社会文化进入"后现代"之后，给中国古代哲学美学与文艺学范畴实现其现代价值提供了新的环境和机遇，中国学人要充分认识并及时地运用好这一时代转换给中国古代文化提供的新的机遇。当然，我们也绝对不能忽视中国古代哲学美学与文艺学的时代局限性，坚持批判地继承的方针，同样在这一方面需要保持自己的清醒。

　　这一当代中西艺术对话实例给予我们的启示之二，是中国古代美学文艺学的当代价值应该并且也只能主要由我们中国理论工作者自己去发现、继承与发扬。西方人在当代对于中国古代美学与文艺学范畴的运用固然重要，但那毕竟是西方人从他们的西方语境中对于中国理论遗产的运用，带有浓重的西方色彩。而只有中国学者自己立足于中国的实际，从建设当代形态的具有中国气派与中国风格的美学文艺学理论形态出发，才能真正地更好地更加全面地继承发扬中国古代的美学文艺学遗产，这既是我们的责任也是我们的有利条件。众所周知，没有先进的文化建设就不可能有先进的社会建设，为了建设先进的有中国特色的社会主义社会就必须要建设先进的有中国特色的社会主义文化，而美学文艺学建设就包含其中。"民族性"、"中国气派"与"中国特色"应该成为先进的有中国特色的社会主义文化的重要特点，是我们必须努力追求的目标。布氏对以米芾为代表的中国古代艺术理论与实践的充分肯定与实践应该成为推动我们中国理论工作者在新的时期发现、继承与发扬中国古代美学文艺学理论成果的一种契机和动力，更加坚定我们建设具有中国特色、中国气派的当代美学文艺学理论的信心。我们应该抛弃以机械认识论为指导的哲学对于中国传统美学文艺学理论"非思辨性"与"非结构性"的完全否定性的意见,站在当代社会经济与哲学文化转型的角度重新发现中国传统美学文艺学理论的当代价值,并像布兰斯维格那样大胆地对传统理论加以现代运用。上面已经介绍了布氏对中国传统画论的继承与运用。我想从总的美学与文艺学理论的继承与发扬的角度进行一点尝试。我想,在新时期我们应该倡导一种中国特有的不同于西方古典形态"和谐美"的"中和之美"。这种"中和之美"是产生于先秦时期,是所谓人类"轴心时代"的重要思想成果,反映了中国古代立足于"天人关系"的对于美与艺术的把握,带有极大的普世性的人类早期智慧特点。它更多地包含早期人文主义内涵,迥异于更多科学主义的西方古代"和谐论"美学文艺学思想。在工业革命时代,这种理论形态似乎过时了,不符合需要。但在当代"后工业革命"时代,在更加需要强调人文关怀的历史背景下,中国古代的"中和之美"的思想则进一步彰显出其重要的价值。它大体包含这样六个方面内容。首先是从哲学基础的角度,中国古代"天人之际"的观念具有超越"主客二分"在世模式的作用。所谓"主客二分"是一种主体与客体二分对立的认识与反映的人之在世模式。而"天人之际"则是指人与天之相遇。"际"者,际遇也,是指人在此时此刻与自然外物相遇相处的状态,正是在这种状态中人之本真的真善美才得以彰显。其次是从美学形态来看,中国古代的"中和美"迥异于西方古代的"和谐美"。"和谐美"是一种"对称、比例、协调"的"实体美",而"中和美"则是一种与"天人之际"密切相关的"关系之美"与"生存之美"。再次是"诗言志"的艺术观念,与西方传统的"模仿论"有别。"模仿论"强调艺术反映的逼真性,而"诗言志"则强调艺术经验的独特性。布兰斯维格从"诗言志"得到启发后对于艺术所做的界定是:"艺术是多样性沙漠中的个人孤独的最后的歌声。"其四是从创作论与欣赏论来看,中国古代的"隐秀论"不同于西方传统的"典型说"。"典型说"是反映一般与特殊、个性与共性的关系，与认识论之"再现说"密切相关。而"隐秀说"则是张世英先生在其近著《哲学导论》中借用刘勰的《文心雕龙》中"隐秀"的范畴形容存在论美学中人之本真由隐到显的逐步展开之情形。所谓"情在词外曰隐，状溢目前曰秀"。如果说"典型论"是集中对于在场之物的表现，那么"隐秀说"则是通过在场对于"不在场"的表现。其五是中国古代特有的"坤厚载物"的美学品格。中国古代讲天与地、阳与阴、刚与柔、乾与坤之相济，而更加强调地、阴、柔与坤，倡导一种"坤厚载物"的美学品格。《周易·泰卦·象》："泰，小往大来，吉，亨。"也就是说坤上而乾下，各归本位，天地之气相交，得以通达，故曰"泰"。而《老子》则说"上善若水"（《老子·八章》），又说"柔弱胜刚强"（《老子·三十六章》），都是讲中国古代强调一种大地的阴柔之美，艺术中力倡一种"虚空"、"阴柔"的风格。这种美学品格虽然集中地反映了中国古代人的生存与审美之道，但它的普世性在于也同时符合以情感感受为特点的审美规律。其六是我国古代力主一种"无言"之大美。所谓"大音希声，大象无形"（《老子·四十一章》）。这是一种"大乐与天地同和"（《礼记·乐记》）的艺术作为人的根本生存方式的本体之美，不同于西方所强调的形式的语言的"小美"。以上概括比较笼统，也难免挂一漏万，但也由此可以看出中国古代美学文艺学理论在当代的重要价值。

以上只是自己的一点理解，中国特色与中国气派的美学文艺学的建设是新世纪的宏大事业，需要众多同人长期奋斗。这种建设当然要在近百年美学文艺学建设的基础之上进行，同时我们也要充分认识到中国传统美学文艺学思想的未经工业革命洗礼的神秘性与落后性，始终坚持"古为今用，洋为中用"的方针。

（本文为作者在中国人民大学文学院于2006年10月13日召开的《文艺学的知识状况与问题》学术研讨会上的发言）

10. 美学学科的理论创新与
   当代存在论美学观的建立

　　创新是一个民族前进的不竭的动力，也是一个学科发展的永久的动力。我国美学学科的发展必须走创新之路。要创新就必须突破前人，这是一个规律。我国美学学科的现状是有一些新的进展，但无大的突破，仍处于徘徊彷徨的局面。阻碍我们前进并需要突破的是什么呢？我认为就是多年来对我们影响深远的认识论美学。这种认识论美学主要是在西方传统知识论基础上建立的以主客二分为其特点的理论体系。这一理论体系以主体与客体、理性与感性的对立统一为其理论内涵，以反映并认识现实为其理论旨归，构筑了包括美的客观本质论、审美反映论、艺术典型论等观点在内的一系列范畴体系。这一理论体系因其使用了一些经典作家的用语而使其具有了某种的权威性，而其自身所具有的理论的周延性又使我们一时难以用别的理论替代。但事实上，这种认识论美学是西方传统知识论的翻版，是同马克思主义的革命的、批判的、与时俱进的品格不相容的。其致命的弱点是以哲学的普遍规律代替了美学学科的特殊规律，从而在一定的程度上取消了美学学科；这一理论还从本质主义的主客二分思维模式出发，以抽象的美的本质的追寻为其目的，完全忽视了美学作为人学、反映人性的基本追求的根本特点；同时，这一理论还深受科学主义影响，追求一种从概念到概念的逻辑推演，从而大大地弱化了美学作为人文学科必须贯注深切的人文关怀精神的本质属性。因此，我认为，当前对认识论美学的突破是十分重要而紧迫的课题。认识论美学自身的僵化及其知识的陈旧、同中国当前现实生活与艺术的严重脱节,又给我们美学理论的创新以广阔的天地。

综观中外理论家实现理论创新的历史,综合比较是一条基本的途径。所谓综合比较就是在古今中外各种美学理论的基础之上,从当前的社会与理论现实需要出发,加以比较梳理,综合吸收其合理内核,力创新说。本人经过反复的学习思考提出了建立当代形态的存在论美学观、实现由认识论到存在论的过渡的基本主张。我希望以此作为引玉之砖,以求教于美学界同行。我想,人类在美的本质的探寻之路上已经走过两千多年了,为什么至今还迷惑不解呢?根本原因恐怕是把简单的问题复杂化了,还是应该采取最简明的回到原初的方法。所谓回到原初就是回到人的存在这一最基本的问题之上。诚如马克思与恩格斯在《德意志意识形态》中所说:"任何人类历史的第一个前提无疑是有生命的个人的存在。"①而"个人的存在"这一最基本、最原初的问题包括为什么存在、怎样存在以及存在的怎样等诸多内涵,涉及哲学、宗教学、伦理学与社会学等诸多领域,而"存在的怎样"这一人在存在中的感受与体验就主要属于美学领域。

当代形态的存在论美学观的提出绝不是偶然的心血来潮和标新立异,而有其经济社会、思想文化与学科自身的根据的。首先,是改变当代人类生存状态日益非美化这一现实需要的呼唤。当代社会在现代化进程中出现了一系列二律背反的情形,具体表现为发展与生存、当代与后代、富国与强国、科技与人文、物质与精神等一系列尖锐矛盾,而总起来表现为物质生活的富裕与生存状态非美化的尖锐矛盾。也就是说,现代化、工业化、城市化、市场化与科技的发展,一方面极大地改善了人类的物质生活,使之逐步走向富裕。同时,现代化的进程所带来的负面影响,诸如工具理性泛滥、市场拜物盛行、战争的严重灾难、环境的严重污染与资源枯竭、精神疾患蔓延等等,又直接威胁到人类的生存,使之处于一种非美化的生存

---

① 《马克思恩格斯选集》第二卷,第24页。

状态。这些矛盾的解决除了依靠经济、政治与道德的手段,还要借助美学的作用。因为,美是一种不借助外力而发自内心的情感力量,是人的自觉自愿的内在的要求,具有不可替代的巨大的作用。所以,改善当代日益严重的人类生存状态非美化的现实需要,成为当代存在论美学观提出的现实土壤。其次,当代形态的存在论美学观的建立,也是美学学科自身发展的需要。众所周知,我国近代以来,随着西学东渐的潮流逐步建立了现代美学的学科体系。一百多年来尽管各种美学理论名目繁多,但无疑认识论美学处于独尊的地位。无论是前期的典型论美学,还是后期的实践论美学,大体都属于认识论美学的范围,以认识或反映社会生活的本质为其宗旨。这样就使美学与哲学、伦理学难有根本的区分。虽然增加了"形象的反映"、"审美的反映"等种种限制词,但仍难以说清美学学科自身的学科特性。其实,审美虽然同认识密切相关,但审美并不等同于认识,这应该是最基本的常识。我们欣赏梅兰芳的《贵妃醉酒》,并不是要借此获取有关杨贵妃的某种知识,而是对梅派唱腔和优美舞姿的欣赏。在欣赏中,不知不觉地进入一种赏心悦目、怡然自得的审美的生存状态,乃至于百看不厌。由此可知,审美其实是一种不同于认识的人性的基本要求。席勒在《美育书简》中认为,审美活动是人摆脱自然的欲望同对象发生的第一个自由的关系,"只有当人在充分意义上是人的时候,他才游戏;只有当人游戏的时候,他才是完整的人。"①弗洛伊德则将包括审美在内的文化作为人从动物性原欲中摆脱出来的"升华作用"。他说:"研究人类文明的历史学家一致相信,这种舍性目的而就新目的的性动机及力量,也就是升华作用,曾为文化的成就,带来了无穷的能源。"②我国古代的《乐记》也将能否欣赏音乐、分辨音律作为人与禽兽的区别,所谓"知声而不知音者,禽兽是也"。由此可见,所谓审美恰是人同动物的根本区别,是人性的表现,而最

---

① [德]席勒:《美育书简》,徐恒醇译,中国文联出版社1984年版,第90页。
② 弗洛伊德:《爱情心理学》,作家出版社1986年版,第59页。

初的审美活动实际就是一种人性的教化、文明的养成。因此,审美就是人所区别于动物的一种特有的生存状态。从人的生存状态的角度审视审美、研究审美,恰是对审美本性的一种恢复,也是对美学学科本来面貌的一种恢复。再次,当代形态存在论美学观的提出也是当代存在论哲学与美学理论发展的必然结果。众所周知,存在主义哲学与美学理论滥觞于19世纪后期现代化过程中一系列二律背反逐步激化的背景之下,而兴盛于20世纪中叶二战之后人类生存状况严重恶化的情况之下。萨特面对存在虚无化的现实,提出以审美的艺术想象来获取自由的途径。他说,艺术是"由一个自由来重新把握世界"①。海德格尔则进一步从本体论的高度论述审美的存在,提出人类应该"诗意地栖居"的著名命题②。1959年6月6日,海氏在著名的荷尔德林协会的演讲中提出"天、地、人、神四方游戏说",指出"在这四种声音中命运把整个无限的关系聚集起来"③。此时,海氏才彻底摆脱了"人类中心主义"的束缚,使"四方游戏说"成为当代存在论哲学与美学的典范表述。此后,存在论哲学与美学作为一种理论思潮逐步式微,但作为一种理论思想却渗透于西方当代各种人文主义的哲学与美学理论之中。特别是20世纪70年代之后逐步盛行的义化诗学、大卫·雷·格里芬的"生态论存在观"④哲学与美学、福柯的"生存美学"等等都贯注着当代存在论哲学与美学精神。我们可以这样认为,当代存在论哲学与美学理论是具有很强的前沿性与包容性的理论形态,它犹如海绵一般吸收了当代诸多理论的有益成分,从而成为阐释审美现象的理论工具。

  当代存在论美学观包含着极其丰富的内涵。首先,它不是从认识论的角度把审美作为认识或反映现实的一种手段,而是从本体论的高度把审

---

① 转引自朱立元《现代西方美学史》,上海义艺出版社1993年版,第542页。
② [德]马丁·海德格尔:《荷尔德林诗的阐释》,第46页。
③ 同上书,第210页。
④ 大卫·雷·格里芬等:《后现代精神》,中央编译出版社1998年版,第224页。

美作为人的最根本的生存方式。诚如尼采所说,"只有作为审美现象,生存和世界才是永远有充分理由的"①。这种根本的审美生存方式,使审美成为当代人的一种最根本的生存态度,即世界观。正如克尔凯郭尔所说,人们"以审美的眼光看待生活,而不仅仅在诗情画意中享受审美"②。这种作为最根本的生存态度的审美世界观就是当代主导性世界观。事实证明,原始时代主导性的世界观是巫术世界观,农耕时代主导性的世界观是宗教世界观,工业时代主导性的世界观是工具理性世界观,而当代作为信息时代主导性的世界观则是审美的世界观。这种世界观决定了人们以审美的态度对待自然、社会与人自身,努力进入一种和谐协调、普遍共生的审美的生存状态。其次,当代存在论美学观在方法上摒弃主客二元对立的思维模式,运用胡塞尔整体意识的现象学还原方法来审视审美现象。它不是通过感性探寻理性,通过客体探寻主体,通过艺术形象探寻作品主题,通过个性探寻共性,而是直接面对审美现象,把审美过程中的感性形象和艺术想象作为整体,作为本原,作为人的存在本身来把握。更为重要的是,这种现象学还原方法不仅克服了纯自然主义倾向,而且克服了"唯我论"和"人类中心主义"倾向。因为,现象学方法所包括的"主体间性"理论排除孤立的自我存在,主张"一种彼此互为对方的相互存在"③。再次,当代存在论美学观以审美存在作为其基本范畴。所谓审美存在是指人的当下的存在状况,是一种关系中的存在,而非孤立的实体的存在。它同时又是审美的理想,其内涵就是本真存在的遮蔽与解蔽。当代存在论美学是将真理界定为人的本真的存在的,因而真理与美是同格的。正如海德格尔所说,"艺术就是自行置入作品的真理"④。因此,审美存在的内在矛盾就是对真理的遮蔽与解蔽,所以对于对象本真的解蔽程度就成为美的标准,也成为一部

---

① [德]尼采:《悲剧的诞生》,三联书店1986年版,第21页。
② [丹麦]克尔凯郭尔:《一个诱惑者的日记》,三联书店1992年版,第21页。
③ [德]胡塞尔:《笛卡儿的沉思》,第177页。
④ 转引自朱立元《现代西方美学史》,上海文艺出版社1993年版,第530页。

文艺作品之所以具有永久魅力的原因之所在。正如萨特所说"美不是由素材的形式决定的,而应该是由存在的浓密度决定的"①。复次,当代存在论美学观的建立十分有利于在新的世纪进一步发扬我国传统审美文化。众所周知,当前发展民族文化、弘扬民族精神成为十分紧迫的课题。而当代存在论美学观的建立则有利于我国传统审美文化遗产的发掘和现代转化。我国古代没有西方那样的逻各斯中心主义,而是遵奉"天人合一"、"位育中和"、"阴阳相生"这样的天与人、主与客、物与我浑然一体的哲学理论,因而在文艺观上出现了养气论、气韵说、品味说、意境说等多种理论。这些理论都不是逻辑实证式的概念,而是一种对人的审美状态的描述性话语,实际上是一种古代存在论美学形态。例如,司空图讲到意境时说:"诗家之景,如兰田日暖,良玉生烟,可望而不可置于眉睫之前也。象外之象,景外之景,岂容易可谈哉?"(《与极浦书》)这实际是用多种比喻描绘了诗歌创作与欣赏中所达到的只可意会不可言传的美妙的审美生存体验,形象而生动,绝不是西方的共性与个性统一的典型理论可以相比的。中国古代的存在论哲学与美学的东方智慧已逐渐为西方理论界所重视与吸收。海德格尔"天、地、人、神四方游戏说"就吸收了我国古代"天人合一"思想,道家关于人与自然协调和谐的生态智慧也引起西方众多理论家的高度重视。总之,当代存在论美学观的建立必将逐步改变美学领域"欧洲中心主义"的现状,走向中西美学平等交往对话的新的时代,当然还有待于我们对传统文化做大量艰苦细致的发掘、整理与转化的工作。

总的说来,当代存在论美学观基本上还是一种来自西方的理论形态,欠缺与不成熟之处难以避免,要将其运用于中国还必须进一步做好诸多方面的工作。首先要以马克思主义理论为指导对其进行必要的清理与改造。同时要紧密结合中国的国情,包括传统文化,特别是当代现实,对其进行必要的本土化转化。而且,我始终强调这种当代形态的存在论美学观只

---

① 转引自今友道信《存在主义美学》,第 231 页。

是我个人提出的一种理论主张,作为当前美学建设与创新多声部合唱中的一种声音,以期得到同行与方家的批评。

(原载《文艺研究》2003 年第 2 期)

第 二 编
审美教育——由思辨美学到人生美学

1. 论席勒美育理论的划时代意义

2005年5月9日是德国伟大的诗人、剧作家与美学家席勒[J. C. Fvon Schiller 1759－1805]逝世200周年的纪念日。席勒作为资产阶级启蒙运动时期伟大的文学家和美学家，在其短暂的46年的生命历程里全力反对封建暴政和资产阶级黑暗，创作了大量的戏剧、诗歌和美学论著，为人类奉献了弥足珍贵的精品巨著。这些精神财富，尤其是其美育理论思想，随着时间的推移愈加显现其巨大价值。马克思在青年时代深受席勒影响，曾说席勒是"新思想运动的预言家"。①当代理论家R.克罗内认为，"席勒作为一个美学理论家，他所取得的成就是划时代的"。②席勒是人类历史上第一个提出"美育"概念并加以全面深刻阐释的理论家，他也是第一个以美育理论为武器深刻批判资本主义制度分裂人性之弊端的理论家。同样，也是他第一个将美育与艺术的建设同人的自由解放和全面发展紧密相连，从而为后世人文主义美学的发展奠定了理论基础和正确的路向。

一

席勒生活在18、19世纪之交的德国。其时，正值资产阶级大革命时期，整个社会面临由封建社会向资本主义社会的急剧转变。社会变动迅

---

① 转引自L. P.维塞尔《席勒与马克思关于活的形象的美学》，《美学译文》，中国社会科学出版社1980年版，第4页。
② 同上。

速,各种矛盾尖锐,现实与理想、光明与黑暗、进步与落后、文明与卑劣并存。席勒因其特有的经历,得以站在当时社会思想的制高点上,承受着各种社会矛盾的压力,也切实感悟到时代发展的强劲脉搏,并以其睿智的思考写出一系列传世之作。席勒出生在黑暗、分裂的德国施瓦本地区符腾堡公国内卡河畔的马尔巴赫,父亲是随军的外科医生。他从小就被送入被称为"奴隶培训所"的军事学校,深受封建势力的压迫,同时也受到启蒙主义思想和狂飙突进文学运动的重要影响。毕业后曾做过一段军医,但随即摆脱封建束缚,投身于文学创作和美学论著的写作,成为狂飙突进运动的主要代表人物。早期,席勒以"打倒暴君"、"自由高高地举起胜利的大旗"为口号,写作了《强盗》、《阴谋与爱情》等戏剧,演出获得巨大成功,赢得广泛声誉。同期发表的著名诗歌《欢乐颂》,后来成为贝多芬著名的《第九交响曲》的主题。1788年至1795年,席勒致力于研究历史与康德哲学,深入探讨社会、人生价值问题和救世之道。1794年,席勒与德国伟大的现实主义作家歌德结为至交,并由此进入为期十年的理论研究和艺术创作的崭新时期。这一时期,他不仅创作了《华伦斯坦》和《威廉·退尔》等著名戏剧,而且写出了《美育书简》、《论美》、《论素朴的诗与感伤的诗》、《论崇高》等一系列美学论著。1805年5月9日,席勒在过度劳累和长期贫病的压力下,因罹患肺病而英年早逝。席勒不仅是伟大的戏剧家和诗人,而且是伟大的美学家。

长期以来,我国美学界由于受到鲍桑葵[Bernard bosanquei 1842-1923]《美学史》等著作的影响仅仅将席勒的美学理论界定为"康德与黑格尔之间的一个重要的桥梁"。①但站在21世纪的今天,我们再来审视席勒的美学理论,就会深深地感到过去的评价是不全面的。历史证明,席勒的美学理论的意义绝不仅仅是完成黑格尔美学的一种"准备"和"桥梁",而是早已超越了他的时代,成为人类美学建设和文化建设的不竭的资源与

---

① 朱光潜:《西方美学史》下卷,人民文学出版社1964年版,第439页。

宝贵的财富。事实上,席勒给我们留下的近20篇[部]美学论著,尽管题目各异,但其核心论题却是"美育"。其它论著均围绕这一论题,在《美育书简》的统领下展开。我们正是从这样一个崭新的角度出发来探索席勒美育理论的划时代意义。

　　席勒从美育的独特视角批判了他所在的时代。这种批判开了对资本主义现代性进行审美批判的先河,影响到后世并对当代仍有其重要意义。当代德国著名理论家哈贝马斯[Jurgen Habrmas 1929 -]在《论席勒的审美教育书简》一文中指出:"这些书简成为了现代性的审美批判的第一部纲领性文献。"①众所周知,以工业革命为标志的资产阶级现代化在人类社会发展史上构成了一个十分明显的二律背反:美与非美的悖论。所谓"美"即指人们物质生活的富裕、文明与舒适。而所谓"非美"即指人们精神生活的贫乏、低俗与焦虑。因此,对于同资产阶级现代化相伴而生的现代性之反思与批判,乃至于试图超越,就成为现代与当代的紧迫课题。对现代性进行审美的批判与反思就是众多现代与当代理论家的重要理论探索之一,而开其先河者即为席勒。他以其特有的理论敏感性,高举美的艺术是人的"性格的高尚化"的工具之武器,深刻揭示了现代性之二律背反特性②。他认为,一方面,现代化是历史的必然,"非此方式人类就不能取得进步"③;另一方面,他又空前尖锐地批判了所谓现代性所导致的人性分裂和艺术低俗的弊端。他对于资本主义现代化所造成的社会与人性的分裂进行了无情的批判。他说:"现在,国家与教会、法律与习俗都分裂开来,享受与劳动脱节,手段与目的脱节,努力与酬报脱节。永运束缚在整体中一个孤零零的断片上,人也就把自己变成一个断片了。耳朵里听到的永远是由他推动的机器轮盘的那种单调乏味的嘈杂声,人也就无法发展他生

---

　　①　[德]哈贝马斯:《现代性哲学话语》,曹卫东译,译林出版社2004年版,第52页。
　　②　[德]席勒:《美育书简》,徐恒醇译,中国文联出版社1984年版,第61页。
　　③　同上书,第53页。

存的和谐,他不是把人性刻到他的自然[本性]中去,而是把自己仅仅变成他的职业和科学事业的一个标志。"①对于资本主义现代化过程中美的艺术与现实的脱节与走向低俗,席勒也进行了深刻的批判。他说:"然而在现时代,欲求占了统治地位,把堕落了的人性置于它的专制桎梏之下。利益成了时代的伟大偶像,一切力量都要服侍它,一切天才都要拜倒在它的脚下。在这个拙劣的天平上,艺术的精神贡献毫无分量,它得不到任何鼓励,从而消失在该世纪嘈杂的市场中。"②从以上席勒对于资本主义社会中人性分裂和艺术堕落的批判可知,他的这种批判是非常深刻和具有普世性的,即便在今天仍不失其价值。正因为如此,席勒的这种审美批判一直影响到后世乃至今天。众所周知,黑格尔曾经批判资本主义时代同审美与艺术的对立,因而导致"散文化"倾向。马克思则在著名的《1844年经济学哲学手稿》中列专章批判了资本主义的"异化劳动",特别对其"劳动创造了美,但是使工人变成畸形"③的非人性现象进行了深刻的批判。美国著名哲学家马尔库塞[Herbert Marcuse 1898－1979]于1964年在《单向度的人》一书中深刻地批判发达的资本主义社会信奉单向度的技术思维,扼杀了人的包括艺术思维在内的多向度"自由"本性。这些批判应该说都与席勒有着某种渊源关系。同时也说明席勒从审美的角度批判资本主义现代化过程中存在的美与非美的二律背反并试图加以解决,是一个关系人类社会前途的具有重大价值的时代课题。

还有一点需要引起我们注意的是,席勒不仅是德国古典美学发展的桥梁,而且在许多方面超越了德国古典美学。他在某种程度上突破德国古典美学的思辨性、抽象性,努力将美学研究带入现实生活,开启了现代美学突破主客二分思维方式、走向"主体间性"之路。有的理论家曾经指出,

---

① [德]席勒:《美育书简》,徐恒醇译,第51页。
② 同上书,第37页。
③ 《马克思恩格斯全集》第四十二卷,第92页。

从西方美学发展的历史来说,应该是由康德到席勒再到马克思,而不是像传统观念所理解的由康德到黑格尔再到马克思。①这种看法是有一定道理的,因其充分注意到席勒对于德国古典美学的超越。席勒当然是继承了康德但又在许多方面超越了康德。正如黑格尔所说:"席勒的大功劳就在于克服了康德所了解的思想的主观性与抽象性,敢于设法超越这些界限,在思想上把统一与和解作为真实来了解,并且在艺术里实现这种统一与和解。"②而席勒本人在《论美》书简之中也明确表示,他要探索一种不同于康德的"主观—理性地解释美"的"感性—客观地解释美"的"第四种方式"③。非常重要的是,席勒不同于包括黑格尔在内的德国古典美学之处在于,整个德国古典美学总体上都是从思辨的哲学体系之完整出发来阐释其美学理论的,而席勒却是从改造现实社会和艺术的需要来阐释其美学理论的。他认为美与艺术是社会与政治改革唯一有效的工具。他说,政治领域的一切改革都应该来自性格的高尚化,但是在一种野蛮的国家制度的支配之下,人的性格怎么能够高尚化呢?为此我们必须寻求一种国家没有为我们提供的工具,去打开不受一切政治腐化污染保持纯洁的源泉。他说:"这一工具就是艺术,在艺术不朽的范例中打开了纯洁的源泉。"④而且,德国古典美学仍然遵循着主客二分的思维模式。康德的"美是无目的的合目的性形式"必须凭借着一个理性的先验原理。黑格尔的"美是理念的感性显现"则将美确定为绝对理念的表现形式。而席勒的"美在自由"却是凭借一种初始的审美经验现象学,在审美的想象的游戏中将一切实体的经验与理念加以"悬搁",进入到一种主体与客体、感性与理性交融不分的审美境界。他说:"从这种游戏出发,想象力在它的追求自由的

---

① 李泽厚:《美学四讲》,二联书店 2004 年版,第 35 页。
② [德]黑格尔:《美学》第一卷,商务印书馆 1979 年版,第 76 页。
③ [德]席勒:《秀美与尊严》,张玉能译,文化艺术出版社 1995 年版,第 35、36 页。
④ [德]席勒:《美育书简》,徐恒醇译,第 61 页。

形式的尝试中,终于飞跃到审美的游戏。"①席勒认为,这种审美的自由不同于对必然的认识的"智力的人的自由",而是以人的综合本性为基础的"第二种自由"。其内涵为"实在与形式的统一、偶然性与必然性的统一、受动与自动的统一"②。哈贝马斯认为,这实际上是当代"主体间性"理论和"交往理论"的一种萌芽。他在《论席勒的审美教育书简》中指出:"因为艺术被看作是一种深入到人的主体间性关系当中的'中介形式'[Form der Mitte Iung]。席勒把艺术理解成了一种交往理论,将在未来的审美王国里付诸实现。"③

特别重要的是,席勒在人类历史上第一次提出了"美育"的概念,并将其界定为"人性"的自由解放与发展。这不仅突破了近代本质主义认识论美学,奠定了当代存在论美学发展的基础,而且开创了"人的全面发展"和"审美的生存"的新人文精神重铸之路,关系到人类长远持续美好的生存。席勒于1793年至1795年写作了他一生中最重要的美学理论论著《美育书简》,发表时的标题为《关于人的审美教育书简》。这是资本主义现代发展过程中有关人性批判与人性建设的一部鸿篇巨制,标志着美学逐步由书斋走向生活。也正是在这一论著中席勒在人类历史上首次提出了"美育"的概念,并将其同人的自由紧密相连。他在第二封信中指出:"我们为了在经验中解决政治问题,就必须通过审美教育的途径,因为正是通过美,人们才可以达到自由。"④审美教育的目的就是克服资本主义时代对人性的扭曲和割裂,恢复人所应有的存在自由。这种人的存在自由就是人性发展的无障碍性和完整性。他说:"我们有责任通过更高的教养来恢复

---

① [德]席勒:《美育书简》,徐恒醇译,第142页。
② 同上书,第87页。
③ [德]哈贝马斯:《现代性哲学话语》,曹卫东译,译林出版社2004年版,第52页。
④ [德]席勒:《美育书简》,徐恒醇译,第39页。

被教养破坏了的我们的自然[本性]的这种完整性。"①将审美教育与人的自由生存和人性的全面发展紧密结合,其意义极为深远。从美学学科本身来说开创了由美学的抽象思辨研究到现实人生研究的广义的美学学科的美育转向。这就是从席勒以来200年中绵延不绝的现代人本主义美学的发展。而从更深远的社会意义来说,克服资本主义现代化所带来的人性和人格的片面性,追求人的审美的生存,则是人类始终不渝的宏大课题。马克思曾经在《1844年经济学哲学手稿》中探讨了人类通过"按照美的规律建造"的途径,扬弃"异化"、恢复人的自由本性问题。后来马克思又探讨了人的全面发展成为建设共产主义必要条件的问题。他说:"只有在个人得到全面发展的条件下,私有制才能消灭,因为现存的交往形式和生产力是全面的,而且只有得到全面发展的个人才能占有它们,即把它们变成自己的自由的生命活动。"②而当代哲学家海德格尔[Martin Heidegger,1889 – 1976]则针对资本主义时代极端发展的技术思维对人性的扭曲提出"人的诗意地栖居"③。席勒的美育理论尽管有其不可避免的局限性,但他对现代性过程中精神文化建设的高度重视、对人的审美生存的不懈追求却成为鼓舞人类前行的伟大精神力量。

二

席勒最重要是理论贡献在于围绕"美育"这个论题,以《美育书简》为中心,构筑了一个相对完备而新颖的美育理论体系。这个美育理论体系的核心是"把美的问题放在自由的问题之前"④,而其实质是一种现代存在

---

① [德]席勒:《美育书简》,徐恒醇译,第56页。
② 《马克思恩格斯论艺术》第一卷,人民文学出版社1960年版,第358页。
③ [德]马丁·海德格尔:《荷尔德林诗的阐释》,第106页。
④ [德]席勒:《美育书简》,徐恒醇译,第38页。

论美学的初始形态,预示着现代美学由认识论发展到存在论的必然趋势,直接影响到后世。正如我国有的学者所说,席勒美学"既超越古希腊以来自然[宇宙]本体论,又超越近代认识论,从而达到了人本学本体论的新高度,并且一直影响到20世纪以来的美论"①。

席勒美育理论提出的哲学基础是由认识本体论到存在本体论的过渡。席勒的美育理论继承了康德的哲学思想,他在《书简》的第一封信中指出"下述命题的绝大部分是基于康德的各项原则"②。席勒主要继承的是康德的先验人本主义哲学,特别是康德有关自然向人生成的观点,但对于包括康德思想在内的认识本体论却有所突破。席勒对于欧洲工业革命以来盛行的认识本体论总体上是持批判态度的。他认为古代希腊人之所以优于现代人就因为古希腊人的哲学观是一种人本本体论,而席勒所在的现时代的哲学观却是一种从知性出发的认识本体论,成为工业革命过程中各种"异化"现象的根源之一。正是出于克服这种"异化"现象的动机,席勒由古希腊的古典本体论出发,走向存在本体论。他认为,所谓美即是由感性冲动之存在者到形式冲动之存在的过渡与统一。他认为,为了把我们自身之内必然的东西转化为现实,并使我们自身之外现实的东西服从必然性的规律,我们受到两种相反的力量的推动。"前者称为感性冲动,产生于人的自然存在或他的感性本性。它把人置于时间的限制之内,并使人成为素材";"第二种冲动我们称为形式冲动。它产生于人的绝对存在或理性本性,致力于使人处于自由,使人的表现的多样性处于和谐中,在状态的变化中保持其人格的不变。"③只有由第一种冲动过渡到第二种冲动,并实现两者的统一,才能使现实与必然、此时与永恒获得统一,真理与正义才得以显现。在这里,所谓"感性冲动"实际上是指处于时间限制的"此在"

---

① 蒋孔阳、朱立元主编:《西方美学通史》第四卷,上海文艺出版社1999年版,第413页。

② [德]席勒:《美育书简》,徐恒醇译,第35页。

③ 同上书,第75、76页。

状态之存在者,而"形式冲动"则指隐藏在存在者之后的"存在",两者的统一才能使存在之得以澄明,真理之得以显现,这就是一种审美的状态。对于这种使人性得以显现的审美,席勒将其称为我们的"第二造物主"①。也就是说,席勒认为审美是使人具有精神文化修养并真正禀赋人性的唯一途径。他认为:"只有当人在充分意义上是人的时候,他才游戏;只有当人游戏的时候,他才是完整的人。"②也就是说,在他看来审美实际上是人与周围世界发生的第一个自由的关系,也是人脱离动物单纯对物质的追求走上超越实在的文化之路的标志。由此可见,席勒是从存在本体论的独特视角来阐释其美育理论的。

关于美育的内涵,席勒将其定义为"自由"。他认为,在现实生活中存在着力量的王国和法则的王国。在力量的王国里人与人以力相遇,其活动受到限制;在法则的王国中人与人以法则的威严相对峙,其意志受到束缚;只有在审美的王国中,人与人才以自由游戏的方式相处。因此,"通过自由去给予自由,这就是审美王国的基本法律。"③席勒所说的"自由"包含着十分丰富的含义。它不同于认识论哲学的对必然的把握的自由,也不同于理性独断论的理性无限膨胀的自由,而是超越实在、必然与理性的一种审美的关系性的自由,是一种"心境"。诚如席勒所说:"美使我们处于一种心境中,这种美和心境在认识和志向方面是完全无足轻重并且毫无益处。"④这种自由的另一含义是审美的想象力自由,是想象力对于自由的形式的追求从而飞跃到审美的自由的游戏。当然,席勒所说的自由归根结底是人性解放的自由,是通过审美克服人性之分裂走向人性之完整。席勒认为,只有在审美的国度里才能实现"性格的完整性"。⑤席勒指出,只有

---

① [德]席勒:《美育书简》,徐恒醇译,第 111 页。
② 同上书,第 90 页。
③ 同上书,第 145 页。
④ 同上书,第 110 页。
⑤ 同上书,第 45 页。

通过美育,使"精神能力的协调提高才能产生幸福和完美的人"。①但是,席勒也清楚地看到,在现实的资本主义社会中,试图通过审美教育营造审美的王国、培养自由的全面发展的人格是不可能的,而只能成为一种理想。这种理想作为一种精神需求只可能存在于每个优美的心灵中,而作为一种行为也许只能在少数优秀的社会分子那里找到。通过上述分析可知,席勒美育理论的自由观同康德美学的自由观密切相关,但又区别于康德。康德的自由观局限于精神领域,是一种想象力与知性力、理性力的自由协调。而席勒美育理论的自由观则不仅局限于精神领域,而是侧重于现实人生,追求一种人性完整、政治解放的人生自由。因而是一种人生美学之路,开辟了整个西方现代美学走向人生美学的方向。

关于美育的作用的论述,是席勒美育理论的重要组成部分,它关系到美育是否具有不可代替性的地位。席勒认为,美育的特殊作用就在于它是沟通感性与理性、自然与人文、知识与道德、感性王国与理性王国之中介。席勒指出:"要使感性的人成为理性的人,除了首先使他成为审美的人,没有其他途径。"②这就使美育成为由自然之人成长为理性之人的必由之途。这是对康德自然向人生成的观念的继承发展。席勒关于美育作用的"中介论",成为整个美育的核心环节,构成了整个审美之谜。席勒认为,审美联结着感觉和思维这两种对立状态,寻找两者之间的中介成为十分关键的环节。他说:"如果我们能够满意地解决这个问题,那么我们就能找到线索,它可以带领我们通过整个美学的迷宫。"③席勒之所以这样说,那是因为审美所关系到的感性和理性是各自成立而又相反的两端,因而构成二律背反。正因此,所以审美与美育就具有一种特有的张力、魅力与神秘性。这也是美育的"中介论"作用特性所在。美育的中介作用是多方面

---

① [德]席勒:《美育书简》,徐恒醇译,第 55 页。
② 同上书,第 116 页。
③ 同上书,第 98 页。

的,除了上述教化的作用之外,美育还是社会解放的中介。席勒认为,美育能在力量的可怕王国和法则的神圣王国之间建立一个游戏的审美王国,从而使社会与人得到解放。他说:"在这里它卸下了人身上一切关系的枷锁,并且使他摆脱了一切不论是身体的强制还是道德的强制。"①而且,席勒认为美育还是人性得以完整的中介。他说,其它一切形式或者偏重于感性,或者偏重于理性,都使人性分裂,"只有美的观念才能使人成为整体,因为它要求人的两种本性与它协调一致。"②正因为美育具有这种特殊的中介作用,所以席勒认为它是德智体其它各育所不可取代的。他说:"有促进健康的教育,有促进认识的教育,有促进道德的教育,还有促进鉴赏力和美的教育。这最后一种教育的目的在于,培养我们的感性和精神力量的整体达到尽可能和谐。"③

席勒认为,美育所凭借的手段是美的艺术。正因此,从某种意义上说美育就是艺术教育。美的艺术之所以是美育的最重要手段,是由艺术的性质决定的。席勒认为,艺术的根本属性"是表现的自由"④。因为,艺术美是一种克服了质料的形式美,也是一种无知性概念束缚的想象力的自由驰骋。所以,只有这种艺术美才能成为以自由为内涵的美育的最重要手段。席勒首先从艺术类型的横向的角度论述了理想的美育的途径。那就是由优美到崇高,达到人性的高尚。这就是理想的美育过程,也是理想的人性培养过程。他说:"我将检验融合性的美对紧张的人所产生的影响以及振奋性的美对松弛的人所产生的影响,以便最后把两种对立的美消融在理想美的统一中,就像人性的那两种对立形式消融在理想的人的统一体中那样。"⑤这里所谓"融合性的美"就是优美,包括喜剧等一切有关的艺术

---

①② [德]席勒:《美育书简》,徐恒醇译,第 145 页。
③ 同上书,第 108 页注(1)。
④ [德]席勒:《秀美与尊严》,张玉能译,文化艺术出版社 1995 年版,第 75 页。
⑤ [德]席勒:《美育书简》,徐恒醇译,第 94 页。

形式,内含着某种形式的认识因素。而"振奋性的美"则指崇高,包括悲剧等一切有关的艺术形式,更多地趋向于道德的象征。因此,只有两者的结合才是理想的美育手段,也才能使人性达到统一,培养理想的性格。席勒认为,只有以美与崇高结合为一个整体的审美教育,才能使人性达到完整,使人由必然王国经过审美王国进入道德的自由王国。①席勒进一步从纵向的角度勾画了审美教育的历史过程,即由古代的素朴的诗到现代的感伤的诗,最后走向两者结合的理想形态的诗。他认为,古代素朴的诗趋向于自然,反映了人性的和谐;而现代感伤的诗却是寻找自然,反映人性的分裂,但却给人提供更多崇高的形象。因此,由素朴的诗到感伤的诗是人类走上文化道路的反映,是一种历史的进步。但理想的美育手段应该是未来的两者结合的诗[艺术形式]。他说:"但是还有一种更高的概念可以统摄这两种方式。如果说这个更高的概念与人道观念叠合为一,那是不足为奇。"②他认为,美的人性"这个理想只有在两者的紧密结合中才能出现"③。

席勒的美育理论将美学研究从抽象的思辨带回到现实生活之中,同时也将康德美学理论中的"自由"从形而上学的天堂带回到现实生活之中。他第一次提出了现代社会人性改造的重大课题,并试图通过美育的途径实现人性的改造,从而建构了完备而系统的美育理论体系,给后世以巨大的启迪与影响。

三

席勒的美育理论在 20 世纪初的 1903 年就由王国维介绍到中国,其

---

① 蒋孔阳、朱立元主编:《西方美学通史》第四卷,第 421 页。
② 转引自朱光潜《西方美学史》下卷,人民文学出版社 1964 年版,第 464 页。
③ [德]席勒:《秀美与尊严》,张玉能译,第 337 页。

后蔡元培又提出著名的"以美育代宗教说",产生了广泛影响。由此逐步开始了这一理论在中国的本土化过程。在"五四"运动前后反封建时期,席勒的美育理论在一定程度上起到启蒙的作用,所谓"代宗教"也是指取代封建儒教。在当前我国进行大规模的现代化的过程中,席勒的美育理论更有其重要作用。

席勒的美育理论是一种作为世界观的本体论思想,将审美看作人的本性和人的解放的唯一途径,因而成为最重要的价值取向。这一理论对于我国当前在马克思唯物实践观的指导下,通过美育的途径,培养广大人民的审美世界观,造就一大批学会审美的生存的人,建设和谐的小康社会,具有极为重要的意义。我国现代化在近20多年中取得极大发展和辉煌成就,但也不可避免地出现美与非美的二律背反现象。在社会日益繁荣进步、人们生活日益改善提高的同时,也出现环境污染严重、精神焦虑加剧、某种程度的道德滑坡与文化的低俗倾向等精神文化领域的问题。我国的优越社会制度无疑有利于这些问题的解决,解决这些问题当然主要依靠政治、经济、法律的等各种手段,但上述问题说到底是一个文化问题,也就是人的生活态度问题,因此只有从文化的、世界观与价值观的角度才能从根本上解决这些问题。其中,通过美育培养人民确立审美的世界观,以审美的态度对待自然、社会与他人,成为生活的艺术家,获得审美的生存,尤其具有重要意义。因为,美育可以通过建立人们的审美的世界观将人类从现代文化危机中拯救出来。这是具有普世性的人类自救之路。前工业时代,人类依靠上帝这个"他者"来使自己超越私欲,工业文明时代人类破除了对于上帝的迷信,倒反而陷入了某种道德真空的危机。但我们相信,在当代,人类依靠包括审美自觉性在内的理性力量就一定能够使自己摆脱过分膨胀的私欲,走出文化危机,创造审美的生存的崭新生活。

席勒的美育理论是一种人生美学,旨在克服现实生活中人性的分裂,实现人性的完整,造就无数人性得到全面发展的自由的人。这是对于工业革命时代工具理性对人性的压抑、对人格的分裂与教育扭曲的反拨,是对新的有利于人的自由、全面发展的教育的呼唤,对于我们建设当代崭新的社会主义教育体系具有重要意义。特别是我国当前提出要加强素质教育的重要课题,将美育作为其中的"不可代替"的方面。在这项重要工作中,应该借鉴席勒有关美育所特具的将人从感性状态提升到理性状态的"中介作用"等重要理论资源。而在落实当前国家有关加强德育和未成年人思想道德建设的重要工作中,也要借鉴席勒有关美育所具有的"排除一切外在与内在强制的自觉自愿"的特性,充分发挥美的艺术在道德建设中的熏陶感染作用,落实德育工作的"针对性与实效性,增强吸引力与感染力"。

在当前的文化与文学艺术建设中,席勒的美育理论也具有重要的借鉴作用。席勒早在 200 年前就敏锐地认识到资本主义市场经济所形成的艺术的低俗化、功利化倾向。他尖锐地指出,艺术的精神"消失在该世纪嘈杂的市场中",艺术严重地脱离了生活。他力主艺术对于"兽性满足"和"性格腐化"的超越,成为精神力量的"自由的表现",使得日常生活做到审美化。当前,在文化与文学艺术的建设中也存在美与非美的二律背反。一方面,优秀的反映时代精神的文艺作品大量涌现;另一方面,市场利益的驱动和腐朽文化的浸染,也导致了文化与文学艺术的严重的非美化与低俗化。在这种情况下,应该很好地借鉴席勒有关美的艺术作为人性"高尚化"工具的理论,既正视当前大众文化蓬勃发展的现实形势,同时又坚持美的艺术的"高尚化"方向,使我国的文化和文学艺术事业得以健康、全面、可持续发展。

在吸收中西理论资源建设当代美育理论体系的学术工作中,席勒的美育理论也有着极为重要的借鉴作用。席勒的美育理论作为一种人生美学是与我国古代美学"诗教"、"乐教"等美育传统相一致的。席勒在写作《美育书简》的同时也写了《孔夫子的箴言》①,表明他对遥远的东方智慧

---

① 《席勒诗选》,钱春绮译,人民文学出版社 1984 年版,第 28 页。

的向往，说明他的美育理论在某种程度上受到了中国古代文化的影响。确实，中国古典美学之"中和论"美育思想，以中国古代"天人合一"理论为哲学基础，显示出特有的哲思魅力。探索中国古代"中和论"美育思想与席勒"中介论"美育思想的结合与互补，将会更好地推动我国当代美育理论建设。

席勒的挚友、伟大的德国文学家歌德指出，席勒"为美学的全部新发展奠定了初步基础"①。歌德的评价是恰当的。席勒逝世200年后的今天，我们再来回顾席勒的贡献，就会明显地看到席勒不是仅仅属于过去时代的，而且更是属于未来时代的伟大美学家。他不仅继承了过去，而且开创了未来。他的思想当然有其局限和不成熟之处，但他对时代的思考、对人类前途命运的关怀，以及他的美学理论中所灌注的强烈的人文精神，都具有跨越时代的意义，必将惠及人类的今天和明天。席勒于1795年在一首名为《播种者》的诗中写道："你只想在时间犁沟里播下智慧的种子——事业，让它悄悄地永久开花。"②席勒就是这样的精神播种者，他在200多年前所播下的美育理论的智慧的种子已经在人类的文化园地里开出灿烂的花朵，并将愈加绚丽多彩。

（原载《文艺研究》2005年第6期）

---

① 参见鲍桑葵《美学史》，商务印书馆1986年版，第385页。
② 《席勒诗选》，钱春绮译，第65页。

2. 马克思主义人学理论与当代美育建设

当代美育理论建设应该坚持马克思主义指导，这是没有问题的，但问题在于如何坚持马克思主义的指导。经过认真的学习与研究，我们认为从更直接的角度应该坚持马克思主义人学理论的指导。因为，美育理论的产生就是现代哲学领域由思辨哲学到人学、美学领域由认识论美学到人生美学、教育领域由知识教育到通识教育转型的反映。马克思主义人学理论以及与之相关的美学思想就是这一转型中最具科学性的理论形态。

一

问题的提出还要回到现代经济社会文化与哲学美学的转型上来。众所周知，欧洲从17世纪工业革命以来，就开始出现进步与危机共存的二律背反现象。在经济社会大幅度发展进步的同时，出现贫富悬殊、道德滑坡、人性分裂等等社会危机问题。席勒于1795年将之称作社会的"混乱失调"、人性的"异化"，斯宾格勒于1918年将之称为"西方的没落"，而胡塞尔则于1936年将之称为"欧洲生存的危机"。胡塞尔说："'欧洲的生存危机'在一种已经败落的生活的无数症状中显露出来。这危机不是捉摸不透的天命，也不是什么深不可测的天命。"[①]这种危机的形成首先源于资本主义制度的根本性弊端，源于资本主义制度榨取剩余价值的剥削本性和

---

① 倪梁康选编：《胡塞尔选集》下卷，上海三联书店1997年版，第977页。

资本的无限扩张本性，以及资本主义市场经济对于效益最大化无限追求的本性。从另一个层面说，则是工业革命过程中形成的一种对于科技力量无限崇拜的神话，乃至工具理性的极度膨胀。这一切都从精神和物质的层面造成贫富严重分化和对人的极度压抑，从而形成愈来愈加严重的社会危机。这种危机的形成还与同资本主义工业革命相应的本质主义的认识论哲学观念密切相关。近代以降，笛卡儿提出"我思故我在"的唯理论哲学命题，到黑格尔更将"绝对理念"提到决定一切的高度。这就将对作为"本质"的理念的把握[认识]作为哲学的终极目标，从而导致以抽象的"本质"遮蔽了活生生的人生。这种本质主义的认识论哲学极大地影响到美学、艺术与教育，致使美学学科以美的本质的探索为其最高宗旨，艺术领域则以"再现"为其旨归，而教育领域则以"智商"的追求为其目标。

从19世纪中下叶开始，随着资本主义经济社会文化危机的日趋尖锐，许多有识之士加大了突破传统哲学美学文化形态的步伐，以黑格尔的逝世为标志，逐步发生了哲学与文化领域的转型。而就哲学与美学领域来说，这一转型表现为从本质主义的认识论哲学—美学向注重人的生存状态的存在论哲学—美学的转变。以叔本华和尼采为代表的生命意志哲学—美学，抛弃了传统的"理念论"哲学—美学，转向对于作为个体的人的生命状态的关注。此后的表现论哲学—美学、精神分析心理学哲学—美学以及现象学哲学—美学等也都着眼于人的深层心理发掘及其提升。但现象学哲学—美学仍然没有完全摆脱认识论的束缚，还没有完全将人的生存问题提到重要地位，胡塞尔甚至对于海德格尔将现象学引向存在论表示强烈不满。其实，将现象学引向存在论就是彻底摆脱传统本质主义认识论，走向当代形态的存在主义"人学"理论。萨特的存在主义哲学—美学的问世，直接提出"人学"理论与著名的"存在先于本质"的命题，表明以现世的人的存在为其关注重点的当代存在论人学及其美学理论的正式诞生。当然，当代存在主义人学理论的进一步完善，还需依赖于胡塞尔后期"主体间性"理论、伽达默尔"阐释学"理论、德里达的"延异"理论、哈贝马斯的"交往对话"理论以及福柯的"知识考古学"的补充。特别是海德格尔的"此在本体论"及其真理观、审美观,他提出的"人诗意地栖居于大地"的命题,更使当代存在论人学及其美学理论进一步走向成熟。这种当代哲学—美学由本质主义的认识论向存在主义的人学理论的转型,就成为当代美育理论与实践产生的理论动因与发展根基。

从教育领域来说,工业革命以来现代形态的教育真正诞生,现代大学制度真正建立,培养了大量适应社会和工业发展的人才。但另一方面,见物不见人的单纯重智型的教育理论和实践不断发展,并愈来愈显现其弊端。首先是著名的捷克资产阶级教育理论家夸美纽斯所提出的著名的"泛智论"教育思想,明确地将其培养目标定为将人培养成"理性的动物",提出"为生活而学习"的口号,将自然科学与语言等纯智力因素的学习提到首要位置。法国心理学家比奈和西蒙于 1905 年发表关于学生接受力和表达力测试的报告。这个测试报告经斯特恩进一步完善为"智商测试法"[IQ]。这是世界上第一个有关智力测试的标准和方法,将资本主义教育的"唯智性"和"实用性"充分地反映出来,因而很快地得到广泛推广,运用于美国和世界上的其它国家。这种"智商"测试理论,将数学、语法、自然科学等智力因素提到唯一重要的高度,排除了人文教育特别是美育等非智力因素。这种教育的片面性和严重后果随着时间的推移愈来愈加显现。正如马克思与恩格斯在著名的《共产党宣言》中批判资本主义教育时所说,这种教育"对绝大多数人来说不过是把人训练成机器罢了"①。特别是两次世界大战的爆发,法西斯主义的倒行逆施给人类造成的巨大灾难,充分显示唯科技主义和唯智力教育的危害,向人类敲响了警钟。于是,从 20 世纪初,特别是第二次世界大战之后,世界各国开始关注教育的改革,将包括美育在内的人文主义教育逐渐提到重要位置,使见物不见人的"纯智教

---

① 《马克思恩格斯选集》第一卷,第 268 页。

育"逐步转向人的培养。当然,资本主义制度盲目追求利益最大化的本性使其不可能将人的全面自由的发展放到根本位置,从而实行真正彻底的教育改革,但局部的改革还是可能的。1828年,著名的美国耶鲁大学发表声明:没有什么东西比好的理论更为实际,没有什么东西比人文教育更为有用。重视人文教育正是对于资本主义教育失误反思的成果。1869年,查尔斯·W. 艾略特就任美国著名的哈佛大学校长。他宣布这所文理学院教学思想的关键是塑造整个学生比传授特定知识更为重要。从此,"塑造整个学生"成为哈佛的办学理念,表明从"纯智教育"向人的培养的重要转向。第二次世界大战之后,人文教育进一步引起重视并形成"通识教育"以及有关的"核心课程"等教育制度。1945年,哈佛大学提出名为《自由社会中的通识教育》报告,俗称"红皮书"。这是美国第一部系统论述通识教育的著作,成为战后美国高等教育改革的纲领性文件。这个文件出于对"纯智教育"造成学生知识能力过分专门化的忧虑,采取加强人文教育的措施,提出本科生所学课程中应有八分之三的通识教育课程,其中自然学科、人文学科与社会学科课程各占三分之一。1947年,美国高等教育委员会发表《美国民主社会中的高等教育报告》,提出"我们的目标是把通识教育提高到与专业同样的位置"。以上两份文件都具有经典性,标志着"通识教育"逐步成为一股不可抗拒的潮流。据美国卡内基教育基金会的统计,从1970年到1985年,由于对通识教育的倡导,在美国开设艺术类课程的院校由44%上升到60%,而开设西方文化课程的院校则由40%上升到45%。美国欧内斯特·博耶所著《美国大学教育》一书对于通识教育中的"艺术美学素养"课程作了这样的介绍:"人类的某些经历是难以用言词表达的。为了表达这些深存内心的最强烈的感情和思想,我们就使用一种称之为艺术的更敏锐更精巧的语言。音乐、舞蹈和视觉艺术不仅合乎需要,而且是必不可少的。因此,综合核心课程就必须揭示这些符号系统在过去是如何表达人类意愿的,并且说明它们怎么继续存在到今天。学生需要了解艺术所具有的表达和颂扬我们的生活以及衡量社会文明程度的独特功能。"①这一介绍,突出地强调了审美与艺术所特具的"表达和颂扬我们的生活以及衡量社会文明程度的独特功能",及其作为"深存内心的最强烈的感情和思想"的更敏锐的语言。应该说这种把握是比较到位的。哈佛大学第26任校长尼尔·陆登庭于1998年3月23日在我国北京大学所作的演讲中详细介绍了哈佛大学有关开展通识教育,加强人文审美教育的理论与实践。他说:"首先,我要谈的重要的事就是人文艺术学习的重要性。——当然,大学的研究工作有助于经济的增长是重要的;大学教育像目前这样有助于学生找到满意的工作,也同样是重要的。但是对于优秀的教育来说,还有更加重要的、不能用美元和人民币衡量的任务。最好的教育不但帮助人们在事业上获得成功,还应使学生更善于思考并具有更强的好奇心、洞察力和创造精神,成为人格和心理更加健全和完美的人。这种教育既有助于科学家鉴赏艺术,又有助于艺术家认识科学。它还帮助我们发现没有这种教育可能无法掌握的不同学科之间的联系,有助于我们无论作为个人还是社区的一名成员来说,度过更加有趣和更有价值的人生。当今在哈佛和美国的其他大学里,复杂的条件下我们仍然保持着人文和科学领域中的通识教育传统。我们的大学生在他们的第一个四年的本科学习中有一个主修专业,如化学、经济学、政治学、艺术或其他学科,但同时也学习从伦理学、美学到数学,从自然科学到文学、历史等非本专业的知识。除此之外,绝大多数哈佛的本科生还花很多时间在课外的活动中。如作为志愿者投身于社会服务、为报纸杂志写稿、参加乐队或其他文艺社团的排练或演出。实际上很少有人在结束四年本科教育之前专注于职业训练。"②在这里,陆登庭校长向我们介绍了哈佛大学等先进高校的

---

① [美]欧内斯特·博耶:《美国大学教育》,复旦大学出版社1988年版,第129页。

② 转引自沈致隆《加德纳·艺术·多元智能》,北京师范大学出版社2004年版,第197页。

极具当代性的办学理念。当然,由于资本主义制度本身与人的全面发展的抵触,因而由"纯智教育"到人的全面发展教育的转向是非常困难的。在美国,高等教育是职业教育还是全人教育之争始终没有止息,而且对于通识教育是否有效的看法也分歧颇大。据韦尔森1986年为国家艺术基金委员会起草的一份报告中统计,当时只有19%的9年级和10年级学生、16%的11年级和12年级的学生注册了艺术课程,1982年全美只有18%的学校强调了对美的艺术相关的毕业要求。正如阿瑟·艾夫兰在《西方艺术教育史》一书中所说:"我们有理由说[我们可以肯定地说],艺术教育史是一个成功地把艺术引进普通教育的诸运动的历史,但它同样也是各种反对普通教育进行艺术教学的诸理由和原因产生的历史。"①

回顾历史,我们看到以人的个体存在为出发点、扩展到对于人类终极关怀的人学理论的产生和发展成为当代社会文化发展的大势所趋。在哲学与美学领域,表现为当代存在主义人学理论的蓬勃发展;在教育领域,表现为当代以全人培养为旨归的通识教育理论与实践的勃兴。这是人之本真冲破遮蔽走向澄明之境的强烈要求,是人类冲破物欲束缚寻求新的自由解放的内在需要,也是新时代新的人文精神生成发展的必然趋势。但资本主义制度和当代西方哲学—美学内在的不可克服的痼疾却极大地阻碍了这一当代人学理论与实践的蓬勃发展,因而需要一种新的更加科学的人学理论给予必要的纠偏与补正。更重要的是,这种人学理论也将为社会文化的发展提供理论的支撑。这就是马克思主义人学理论生成发展的历史背景。适应历史需要,促进社会文化转型,推动人类社会前进,就是当代马克思主义人学理论肩负的历史重任。

---

① [美]阿瑟·艾夫兰:《西方艺术教育史》,四川人民出版社2000年版,第339页。

二

马克思主义人学理论实际上就是马克思主义唯物实践存在论,是马克思主义哲学的基本形态。尽管长期以来对于这一理论存在诸多争论,但我们认为在人学已经成为当代西方哲学与文化转型的标志的情况下,马克思主义作为反映社会文化发展方向的哲学理论形态,对于人学理论没有回应那是绝对不可思议的。发掘马克思主义理论中的人学内涵,使之充分发挥纠正当代西方人学理论偏差之作用,也是时代的需要和我们理论工作者的责任。事实上,马克思主义就是关于无产阶级解放的学说,而无产阶级解放的前提则是整个人类的解放。恩格斯在《〈共产党宣言〉1883年德文版序言》中指出,无产阶级"如果不同时使整个社会永远摆脱剥削、压迫和阶级斗争,就不再能使自己从剥削它压迫它的那个阶级[资产阶级]下解放出来"①。整个社会的解放,也就是人类的解放,这是马克思主义的奋斗目标。因此,我们从无产阶级,乃至整个人类解放的意义上论述马克思主义人学理论应该是科学的、符合马克思与恩格斯的本义的。其实,早在1843年底至1844年1月,马克思就在著名的《〈黑格尔法哲学批判〉导言》一文中明确地提出了自己的人学理论。他说,"德国唯一实际可能的解放是从宣布人本身是人的最高本质这个理论出发的解放",又说"对宗教的批判最后归结为人是人的最高本质这样一个学说,从而也归结为这样一条绝对命令:必须推翻那些使人成为受屈辱、被奴役、被遗弃和被蔑视的东西的一切关系"②。有的理论工作者认为,这个思想不仅不是马克思当时思想的核心,而且带有费尔巴哈人本主义的痕迹。我们认为,这种看法是不尽妥当的。因为,这里其实包含两层紧密相关的意思:一层

---

① 《马克思恩格斯选集》第一卷,第232页。
② 同上书,第15页。

就是关于人是人的最高本质的学说;第二层是一条"绝对命令",亦即人学理论的前提是推翻使人受奴役的一切社会关系。这正是1885年恩格斯在解释导言时所说的"绝不是国家制约和决定市民社会,而是市民社会决定国家"①。这也就是社会存在决定社会意识的马克思主义历史唯物主义重要原理。因此,马克思在《导言》中所说的"绝对命令"即人学理论的前提已经将其奠定在历史唯物主义的基础之上了。事实证明,如果从马克思主义的历史唯物主义出发,将马克思主义的人学理论的核心归结为无产阶级和整个人类的解放,这一理论其实是一直贯穿于马克思主义理论发展始终的。从马克思在《1844年经济学哲学手稿》中对"异化"的扬弃到我国今天对"以人为本"的倡导,应该说是一脉相承的。

马克思主义实践存在论人学理论的产生绝不是偶然的,而是有其历史的必然性的。从社会历史的层面说,这一理论恰是批判资本主义制度、实现人类解放的社会主义革命运动的必然要求。马克思主义创始人代表着无产阶级和广大被压迫阶级的利益,深刻地分析了资本主义制度剥削的本性及其生产社会化与私人占有制的内在矛盾,因而从深刻批判资本主义制度出发必然提出人类解放这一马克思主义人学理论最重要的理论武器。马克思在《〈黑格尔法哲学批判〉导言》中指出:"哲学把无产阶级当作自己的物质武器,同样地,无产阶级也把哲学当作自己的精神武器;思想的闪电一旦真正射入这块没有触动过的人民园地,德国人就会解放成为人。"②由此可见,马克思主义人学理论就是无产阶级解放的精神武器。正是在无产阶级和劳动人民谋求解放的伟大历史运动之中,马克思主义人学理论才得以产生和发展。从《1844年经济学哲学手稿》到《共产党宣言》,再到《资本论》,再到马恩后期的著作,我们几乎可以清晰地描绘出马克思主义人学理论发展的一条红线。而从哲学理论的层面上看,马克思

---

① 《马克思恩格斯选集》第四卷,人民出版社1992年版,第192页。
② 《马克思恩格斯选集》第一卷,第9页。

主义人学理论恰是批判各种二分对立的旧哲学的产物。众所周知,近代以来,与工业革命相应,认识本体论哲学发展,无论是唯物主义还是唯心主义,都从主客二分的角度将抽象的本质的追求作为哲学的终极目标。这种见物不见人的哲学理论实际上是对现实生活与人类命运的远离,是脱离时代需要的。马克思主义创始人充分地看到了这种哲学理论的弊端,并以马克思主义历史唯物主义的人学理论对其加以扬弃和超越。马克思在著名的《关于费尔巴哈的提纲》中指出:"从前的一切唯物主义——包括费尔巴哈的唯物主义——的主要缺点是:对事物、现实、感性,只是从客体的或者直观的形式去理解,而不是把它们当作人的感性活动,当作实践去理解,不是从主观方面去理解。所以,结果是这样,和唯物主义相反,唯心主义却发展了能动的方面,但只是抽象地发展了,因为唯心主义当然是不知道真正现实的、感性的活动本身的。"① 在这里,马克思有力地批判了旧唯物主义的抽象客观性和旧唯心主义的抽象主观性,而将对于事物的理解奠定在主观的、能动的感性实践的基础之上。而这种主观能动的感性实践就是人的实践的存在,是马克思主义实践存在论人学理论的基本内涵。马克思首先超越了费尔巴哈的旧唯物主义,这种旧唯物主义将人的本质归结为抽象的生物性的"爱",是一种"从客体的或者直观的形式去理解"的二分对立的错误思维模式。同时,马克思也超越了以黑格尔为代表的唯心主义从抽象的精神理念出发的另一种主客二分对立的错误思维错误。马克思以人的唯物实践存在将主客统一了起来,从而超越了一切旧的哲学,成为人类历史上崭新的哲学理论形态——唯物实践存在论人学观。

马克思主义的唯物实践存在论人学观与西方当代人学理论有许多共同之处。马克思唯物实践存在论人学观与其它人学理论一样都是对于西方近代认识本体论主客二分思维模式的突破。它以其独有的唯物实践存在范畴突破了西方古代哲学的主客二分,并将作为实体的主客两者加以

---

① 《马克思恩格斯选集》第一卷,第15页。

统一。在这里,实践作为主观见之于客观的活动,是一个过程,不可能成为本体。但唯物实践存在,即实践中的具体的人却可以成为本体。因此,这是一种唯物实践存在本体论,也是一种"存在先于本质"的理论,以此突破了主观实体或客观实体。正因为如此,马克思主义唯物实践存在论人学理论也同当代其它人学理论一样,是以现实的在世的个别之人为其出发点。海德格尔是以在世之"此在"为其出发点的,马克思主义唯物实践存在论人学理论则以个别的、活生生的、现实之人为其出发点的。诚如马克思所说,唯物主义历史观的"前提是人,但不是某种处在幻想的与世隔绝、离群索居状态的人,而是处在一定条件下进行的、现实的、可以通过经验观察到的发展过程中的人"①,又说"任何人类历史的第一个前提无疑是有生命的个人的存在"②。由此可见,实践中的现实的有生命的个人存在就是马克思唯物实践存在论的出发点。这是一个在一定的时间与空间中实践着的活生生的个人。正如马克思所说:"时间实际上是人的积极存在,它不仅是人的生命的尺度,而且是人的发展空间"。③马克思主义唯物实践存在论人学理论也同当代西方其它人学理论一样,是以追求人的自由解放为其旨归的。众所周知,马克思主义理论本身就以无产阶级与整个人类的自由解放为其最终目标,它把"只有解放全人类才能解放无产阶级"写在自己的战斗旗帜之上。马克思在论述共产主义时就明确指出,共产主义是"以每个人的全面而自由的发展为基本原则的社会形式"④。

但马克思主义人学理论又具有西方当代人学理论所不具备的鲜明的实践性和阶级性特点,由此使其成为当代人学理论的制高点。对于这一点,西方当代理论家也大多承认。萨特指出:"马克思主义非但没有衰竭,

---

① 《马克思恩格斯全集》第三卷,人民出版社 1960 年版,概论第 30、126 页。
② 《马克思恩格斯选集》第一卷,第 16 页。
③ 同上书,第 24 页。
④ 《马克思恩格斯全集》第二十三卷,人民出版社 1960 年版,概论第 279、649 页。

而且还十分年轻,几乎是处于童年时代,它才刚刚开始发展。因此,它仍然是我们时代的哲学,它是不可超越的,因为产生它的情势还没有被超越。"①马克思所说的人首先是处于社会生产劳动实践之中的人,社会生产劳动实践是人的最基本的生存方式。诚如马克思所说:"所以我们首先应当确定一切人类生存的第一个前提也就是历史的第一个前提,这个前提就是:人们为了能够'创造历史',必须能够生活。但是为了生活,首先就需要衣、食、住以及其他东西。因此第一个历史活动就是生产满足这些需要的资料,即生产物质生活本身。"②这就将以社会生产劳动为特点的实践世界放到了人的生存的首要的基础地位,从而将马克思主义人学理论奠定在唯物主义实践观的理论基础之上,迥异于西方当代以胡塞尔唯心主义现象学为理论基础的人学理论。马克思的"实践世界"理论也迥异于西方当代人学理论家后期提出的"生活世界"理论。马克思主义的人学理论还具有极其鲜明的阶级性。它是一种以关怀和彻底改变无产阶级和一切被压迫阶级的生存状况为其宗旨的理论形态,是无产阶级和一切被压迫阶级获得解放的理论武器。这种人学理论迥异于呼唤抽象的爱的资产阶级人道主义,它公开地宣布反对资产阶级的压迫与统治是无产阶级和一切被压迫阶级获得解放的必要条件。这就是马克思主义人学理论的鲜明的阶级性和政治价值取向所在。马克思人学理论的另一个重要特点是其将人的个体存在与其社会存在有机地结合起来。它一方面强调人是现实的有生命的个人存在,同时也强调人是一种社会的存在,是个体性与社会性的有机统一。马克思在《关于费尔巴哈的提纲》中指出:"人的本质并不是单个人所固有的抽象物。在其现实性上,它是一切社会关系的总和。"③马克思既强调了人存在的现实性与个体性,同时更加强调了人存

---

① [法]萨特:《辩证理性批判》上卷,安徽文艺出版社1998年版,第28页。
② 《马克思恩格斯全集》第三卷,概论第32、126页。
③ 《马克思恩格斯选集》第一卷,第18页。

在的社会性与阶级性,强调了个人的自由解放要依赖于社会的进步和整个阶级与人类的解放,这就超越了西方存在主义"他人是地狱"的理论观念。

当然,时代在发展,马克思主义人学理论本身实践的、革命的品格就决定了它必然地会与时俱进,吸收当代人学理论的有益成分。马克思与恩格斯逝世之后,人类社会经历了20世纪前后风云变化的100多年,经济社会发生了极大变化,历史的发展进一步证明了马克思主义人学理论的科学性与前瞻性。西方当代哲学及其人学理论的发展,尤其是西方马克思主义人学理论中有诸多内容与马克思原典的相融性等等,都决定了马克思主义人学理论的继续发展必须吸收西方当代各种哲学与人学理论的有益成分,从而使自己更具时代性与活力。马克思主义人学理论应该吸收西方当代哲学与人学中有关人的非理性因素的论述。众所周知,西方当代哲学主要在非理性层面探索人性,甚至将其夸大到主导性地位,这自然是偏颇的。但人的"此在"的在世性的确又包含许多非理性成分,马克思主义的创始人在充分强调人的理性时对于人的非理性成分是有所忽视的,应该说这是一种历史的缺憾。今天,我们在充分重视人的理性的同时,应该将西方当代哲学之中有关人的非理性的论述吸收到马克思主义人学理论之中。西方当代哲学与人学理论在后期为了克服主观唯心主义的弊病,曾经提出"主体间性"理论加以补充,并因此而派生出"交往对话"、"共生共存"等等理论观点。马克思主义人学理论在《1844年经济学哲学手稿》中注意到了交往对话理论,但在理论的广度和深度上还有必要吸收西方当代哲学与人学理论中的有关内容。在马克思主义创始人所在的19世纪,资本主义现代化的发展还不够充分,人对自然破坏的严重性还没有充分显露出来。因此,在他们的哲学与人学理论中尽管比同时代的人已经具有更多的人与自然和谐的内容,但总体上对于生态问题的重视和论述还是不够的。例如,他们的哲学与人学观中还没有更自觉的生态维度,在他们的经济理论中还没有更自觉的包含自然的生态价值。但自20世纪60年代以来,由于生态问题的日渐严重,因而出现了大量的有关生态哲学、伦理学与生态批评的理论。因此,当代马克思主义人学理论建设应该自觉地吸收这些生态理论,努力将人文观与生态观统一起来,构建人的生态本性理论与新的生态人文主义。我们相信马克思主义人学理论在新的形势下,通过与时俱进的建构性发展,一定会更加全面,更加科学。

三

马克思主义唯物实践人学理论的建设和发展对于当代美学与美育建设具有极为重要的作用,以它为当代美学与美育建设的理论基础就表明将由本质主义的实体性美学向当代人生美学的转型。本质主义的实体性美学就是主客二分的认识论美学,以把握美的客观本质或主观本质为其旨归。这种美学实际上是一种严重脱离生活的经院美学,在很大程度上是对人的本真存在的一种遮蔽。而建立在马克思人学理论基础之上的人生美学则是充满现实生活气息的人的美学,是一种对于实体遮蔽之解蔽,实现人的本真存在的自行显现,走向澄明之境。这是一种以人的现实"在世性"为基点的美学形态,力图彻底摆脱主客二分,实现作为现实的人与自然社会、理性与非理性的多侧面、全方位的有机统一。实际上,以马克思主义人学理论为指导的当代美学,突破了传统的本质主义认识论美学,从此在的在世的人的角度对于审美不能如认识论美学那样只是从所谓"本质"的一个层面进行界说,而是从活生生的人的多个层面进行界说,从这个角度对传统的美学与文艺学理论进行新的阐释。而从具体的审美来说,则不是立足于对于对象的客观规律的知识性把握,而是立足于在世的现实的人的审美经验的建立。这种审美经验的建立是以"前见"为参照,以当下的理解为主,从主体的构成性出发,建立起新的视界融合。正是在马克思主义人学理论的基础上，我们所构建的马克思主义的人学美学理论，实际上就是实践存在论美学理论。它包含十分丰富的内容，我们从马克思主义的原典出发，将其概括为以下三个方面：从宏观的角度讲就是对于非美的资本主义社会制度与现实生活的批判与否定，也就是"异化"的扬弃；从微观的角度讲则是"人也按照美的规律来建造"，即以美的"尺度"来改造客观世界与主观世界，而在这种改造的同时也促使"人的感性的丰富性，如有音乐感的耳朵、能感受形式美的眼睛"①；最后的目标则是美好的新生活与新人的创造，即在未来的共产主义社会将"用整个社会的力量来共同经营生产和由此而引起的生产的新发展，也需要一种全新的人，并将创造出这种新人来"②。

马克思主义人学理论对于当代美育建设也有着巨大的指导作用，它使美育与当代美学建设相融，走上批判与救赎当代社会弊端推进人类获得诗意地栖居的广阔道路。马克思人学理论的指导首先决定于美育的产生与发展的后现代的特殊语境。一说到"后现代"，有的学者就有反感，认为中国现在还处于现代化过程之中，因而讲"后现代"是一种"奢侈"。其实，对于"后现代"有多种理解，我们所理解的后现代是对于现代性进行反思和超越的后现代。这种后现代其实是伴随着现代性而产生的，早在17世纪资本主义现代性刚刚开始之际就有了对其进行反思和超越的后现代。所谓"文明的危机"、"西方的没落"就是当时的理论家对资本主义现代性的批判，海德格尔更将其称作"茫茫的黑夜"。马克思主义创始人更是高举起批判资本主义现代性的大旗，写下了一系列有力批判资本主义的传世檄文。目前，我国学者提出的"生态文明"就是对于工业文明的一种超越，也就是"后工业文明"，就是"后现代"。因此，后现代不仅具有现实性，而且是十分有意义的理论与实践。由于系统的"人学"理论是后现代的产

---

① 《马克思恩格斯全集》第四十二卷，第 126 页。
② 《马克思恩格斯选集》第一卷，第 223 页。

物,因而产生于人学理论基础之上的当代美育就具有明显的后现代性,是对于资本主义现代社会批判的产物。众所周知,1795年德国诗人、美学家席勒写出著名的《美育书简》,在人类历史上首次提出"美育"概念,并加以系统阐释。席勒所提"美育"概念就是一个具有明显后现代色彩的美学范畴。因为,美育的提出是对于资本主义现代性分裂人性的有力批判的结果,旨在通过审美的人将处于分裂状态的感性的人和理性的人加以统一。而从理论形态的角度来说,席勒的美育理论是以具有初始的存在论色彩的人学理论为其基础和指导的。这是一种明显的现代人本主义人学思潮,成为西方现代人学理论的源头之一。这样,弄清楚美育理论产生的后现代语境,有利于我们厘清美育所肩负的责任。

的确,美育理论于20世纪初期在我国介绍传播之时,我国正值半殖民地与半封建社会,反封建成为当时的首要任务之一。在那种情况下,美育倒真的在我国承担了某种现代性的启蒙作用。这确是我国的特殊之处。但在当代,在我国现代化和市场经济深入发展之时,在国际范围逐步步入知识经济时代之时,我国审美教育的后现代性质愈来愈加清晰。我们以马克思主义人学理论为指导建设当代形态的美育理论,就是要通过美育超越现代性的种种弊端,培养学会审美的生存的一代新人。这就说明,美育的后现代性决定了它的明显的超越性与前瞻性。我国当代美育以马克思主义人学理论为指导,还决定了美育理论的外延必将有所扩张,使之与当代美学理论建设相结合。因为,当代美学同样面临着由认识论美学到存在论美学,由本质主义美学到人生美学转向的课题,并将塑造审美的生存的人作为其旨归。因此,在这个意义上我们认为当代美学就是广义的美育。

从美育的内涵来说,以马克思人学理论为指导必然将"自由"作为美育最基本的内涵。诚如席勒在《美育书简》中所说"把美的问题放在自由的问题之前"①,也就是说,在席勒看来只有通过美育人才能获得自由。"自

---

① [德]席勒:《美育书简》,徐恒醇译,第38、110页。

由"是一个非常重要的哲学与美学范畴。它也同样经历了由认识论的自由观到存在论的自由观的重要转型。在认识论的范围内,所谓自由就是对于必然的掌握。这种自由只能在科学活动与生产活动中才能产生,而思想领域的自由,则是艺术中想象的自由与凭借某种先天原则的"先验的自由",常常带有神学的意味。但在当代存在论哲学与美学之中,自由已经不完全是人的认识,而是超越了认识成为人的生存状态。席勒将其看作一种"游戏"或"心境"。所谓"游戏",从现代存在论哲学与美学的观点看来是人的无功利追求的一种"同戏共庆"的本性所在,是人的审美经验的存在方式,表现的恰是审美的生存状态。对于审美是一种"心境",席勒做了较为充分的论述。他说:"他们说美使我们处于一种心境中,这种美和心境在认识和志向方面是完全无足轻重并且毫无益处。他们是完全有道理的,因为美不论在知性方面还是在意志方面不会给人以任何结果。它既不能实现智力目的,也不能实现道德目的"。①在这里,席勒已经初步将美育领域的自由与认识领域的自由划清了界线,他认为从总的方面来说美是不直接与认识以及道德的功能相关的,美的自由是一种"心境"。而海德格尔则将自由与真理紧密相连,他说,"真理的本质是自由"②。众所周知,在海氏的哲学与美学中,真理与美是同格的,他曾说美是"真理的自行显现"。因而,自由就成为美的基本品格。那么,作为自由的美是什么呢?海氏认为就是"存在"在"天地神人四方游戏"世界结构中的自行显现,最后走向人的诗意地栖居。马克思主义人学理论的自由观没有完全抛弃认识论领域的自由内涵,但却有重大超越。马克思主义认为,所谓自由是对于必然的认识和世界的改造。恩格斯指出:"自由是在于根据对自然界的必然性的认识来支配我们自己和外部自然界。"③当然,马克思主义实践存在论人学观最基

---

① [德]席勒:《美育书简》,徐恒醇译,第38、110页。
② 转引自赵敦华《现代西方哲学新编》,北京大学出版社2000年版,第180页。
③ 《马克思恩格斯选集》第三卷,第154页。

本的立足点是将自由与实践紧密结合起来的。人的真正自由的获得只有通过劳动生产实践与革命的实践，只有在这样的社会实践中人和人类才能获得自由解放，获得审美的生存。这恰是当代美学与美育作为马克思主义人学理论组成部分的最重要目标。

（原载《天津社会科学》2007 年第 2 期）

3. 现代美育学科建设

一

说到现代美育的定位,我们必须看到我国新时期美育的极大进步。当前,我国教育领导机构和有关领导人已经明确提出,没有美育的教育是不完善的教育,没有接受过美育教育的学生不可能是全面发展的人。我们探讨现代美育的学科建设,就是在这样的背景下进行的。

如果要给现代美育定位,首先要从现代人文精神与美育的关系着眼。众所周知,17世纪以来欧洲开始了规模宏大的以工业革命为标志的现代化进程。与之相应,人文精神也获得新的发展并出现复杂的情形。一方面,由于科技的进步、经济的繁荣、社会的发展、人的生活质量空前提高,理性精神获得极大发展。这是人文精神丰富发展的一面。另一方面,由于工具理性的极度膨胀,导致人对科技迷信的唯科技主义思潮的产生,由此出现了以物的追求代替人的权益,以机械冷冰冰的理性代替活生生的人的生存这样不正常的情况,这是对于人文精神的一种戕害。正是在这样的情况下,现代西方出现了对于现代工具理性和唯科技主义进行反思和超越的新人文精神,美育就是这种人文精神的体现。新人文精神不同于文艺复兴的人文主义之处,就在于它不再局限于对于禁欲主义神性的突破,而主要是对于将人视作机器的唯理性主义和认识论本质主义的突破,从而走向人的全面发展和美好生存。这恰是美育应有之义。美育作为现代人文精神之体现应是其最基本的定位,明确了这样的基本定位才能进一步明确美育的基本性质及其学科建设的方向。

美育作为新人文精神的特点之一,就是其具有十分明显的对资本主义现代性的批判精神。美育本身其实就是在对于资本主义现代性的批判之中产生的。席勒的《美育书简》在人类历史上首次提出"美育"概念,就是基于对资本主义现代性分裂人性之弊端的批判。黑格尔则在《美学》中批判资本主义是不利于艺术发展的散文化时代。马克思也在著名的1844年《巴黎手稿》中尖锐地指出,劳动创造了美但却使工人变成畸形。由此,他提出"人也按照美的规律来建造"的著名命题。马尔库塞则在《单向度的人》一书中以美学的向度为武器,批判资本主义唯科技思维使人变成"单向度的人",并向往一种"可以增进生活艺术"①的合理的家园。海德格尔也以其著名的"人的诗意地栖居"为目标,有力地批判了资本主义现代性以其现代唯技术思维对于人的压迫,他将这种压迫说成"促逼"。他说:"也就是说,这片大地上的人类受到现代技术之本质连同这种技术本身的无条件的统治地位的促逼,去把世界整体当作一个单调的、由一个终极的世界公式来保障的,因而可以计算的储存物[Bestand]来加以订造。"②

美育产生于工业革命以来人类对现代化反思的历史背景之下,因而也是现代教育之组成部分。首先,它是西方现代"通识教育"的组成部分。资本主义从工业革命以来,从人是机器的哲学理念与大工业生产对整齐划一式人才的需要出发,倡导一种以"智商"为标准的唯科技主义教育,导致了扼杀人性的严重后果。为了改变这种情况,教育界的有识之士于19世纪后期提出"通识教育"理念与实践,并于20世纪30年代,特别是二战之后迅速发展起来。所谓"通识教育"就是旨在改变唯智主义的工具性的

---

① [德]马尔库塞:《单向度的人》,张峰、吕世英译,重庆出版社1993年版,第208页。

② [德]马丁·海德格尔:《荷尔德林诗的阐释》,第221页。

人才培养理念与模式，以培养人的"通"与"识"统一的自由发展能力为其旨归。因此，说到底，通识教育就是一种"做人"的教育。"通识教育"的具体实践就是开设了作为必选课的一系列"核心课程"，包括自然、社科与人文等，而艺术类课程是其必不可少的组成部分。因为，在通识教育的办学理念中，艺术教育是"做人"的教育的必要途径。而在中国，早在20世纪90年代中期教育部就结合中国的具体国情从纠正长期实行的应试教育之偏弊出发正式提出实行文化素质教育的要求，并在全国各重点高校建立了30多个文化素质教育基地，继而在全国推行这些基地的经验和文化素质教育的办学理念，取得明显成效。文化素质教育之中必然地包含着美育。1999年6月，国家召开第三次全国教育工作会议，发布了《关于深化教育改革全面推进素质教育的决定》。这个决定明确提出，我国的教育方针为"以提高国民素质为根本宗旨，以提高学生的创新精神和实践能力为重点，造就'有理想、有道德、有文化、有纪律'的、德智体美等全面发展的社会主义事业的建设者和接班人"。这样，就明确地将美育作为国家教育方针的有机组成部分。而且，这个决定还指出"美育不仅能陶冶情操、提高素质，而且有助于开发智力，对于促进学生全面发展具有不可替代的作用"。这就进一步明确了美育的"陶冶情操、提高素质、开发智力"的重要作用及其"不可替代"的地位。这个决定具有非常重要的意义，是我国当代教育转型的反映，也是我国教育观念的重大调整，标志着我国将由传统的重智教育转向当代的素质教育，昭示着一个美育发展的春天的来临。

二

在现代美育的定位上首先遇到的是美育是否是一个独立的学科的问题。早在20世纪七八十年代，美国就曾针对这一问题发生过一场争论。这是由现代大学制度引起的。因为按照现代大学制度，"所有的课程内容都应该取自学科,换言之,——只有学科知识才适合进入学校课程"。面对这一新的局面,艺术本身就被要求必须是一个独立的学科,否则它们将会丧失在学校教育中的合法地位。美国于 1965 年在宾夕法尼亚州召开了主题为"艺术教育是一门独立学科"的研讨会,在会上倡导美育作为独立的学科地位最有力的理论家是巴肯。他面对有关美育缺乏逻辑定理因而无法成为独立学科的指责进行了辩驳。他说,"缺乏科学领域中普遍符号系统所体现的关于互为定理的一种形式结构是否就意味着被谓之为艺术的人文学科不是学科,意味着艺术探索是无序可循的? 我认为答案是,艺术学科是一种具有不同规则的学科。虽然它们是类比和隐喻的,而且也非来自一种常规的知识结构,但是艺术的探索却并非模糊和不严谨的"。但另外的"艺术教育运动"的倡导者却不赞成艺术教育构成独立学科的意见。他们认为:"艺术不是一门学科。相反,它只是'一种经验',这种经验或是通过参与艺术创作过程而获得,或是通过亲眼目睹艺术家的创作表演而获得。"①但他们也始终坚持艺术教育应该有"整套课程",并在学校课程中应该占有一席之地,而且要发挥积极参与的精神。很明显,在这场争论中,双方对于艺术教育是一种特殊的人文精神承载体因而在现代大学教育课程中应有一席之地这一点是没有分歧的。

  本来,美育无论作为人文精神、批判武器,还是教育理念,都是一种抽象的精神形态的东西。只是在现代大学教育制度下,一切观念的东西如果要付诸实施必须将其构建为学科。所谓"学科",不仅包含知识背景,而且以系统的知识和课程规则为其基础。因此,如果要将美育这样的教育理念和特殊人文精神内容付诸实施,唯有将其作为一个学科来加以建设。但美育又是一种特殊的学科,它是不同于自然科学与社会科学学科的人文学科。人文学科的最基本的特性就是以活生生的"人性"、"人道"为其研究对象,而不是以客观的自然现象和社会现象为其研究对象。《大英百科全书》

---

  ① [美]阿瑟·艾夫兰:《西方艺术教育史》,邢莉、常宁生译,第 315 页。

关于"人文学科"的条目中引用了美国国会在建立国家人文学科捐赠基金时采用的有关"人文学科"的界定。这个界定是"人文学科包括[但不限于]下列学科：现代语言和古典语言、语言学、文学、历史学、法学、哲学、考古学、艺术史、艺术理论和艺术实践，以及含有人道主义内容并运用人道主义的方法进行研究的社会科学"①。在这个表述中非常关键的是"含有人道主义内容并运用人道主义方法进行研究"。这说明人文学科的特性是以"人性"与"人道"为其研究对象。美育就是人性的重要内容，许多理论家都对于这一点有着论述。诸如席勒所说审美"标志着野蛮人达到了人性"，康德所说审美是"人性的特质"等等。最近，史蒂文·米森在题为《音乐——生命的本能》一文中指出，"神经系统科学最新研究表明，在大脑里，音乐和语言在一定程度上是相对独立的，有些人从未训练其语言能力，但不管怎样，他们有非凡的音乐才能"。又说："我们的音乐才能是如何与语言能力一起进化的。不是其中一个派生了另一个，而是它们有共同的根源，即古代交流体系。仅在大约 20 万年前我们自己的人种智人在非洲进化时，这个体系分成了我们今日所认识的两个分支。"②

美育作为人文学科，它与自然科学及社会科学的最大的不同在于，自然科学与社会科学的目的是对于对象客观规律的把握，因而它们可以是冷静的、"价值中立"的，而美育却不是这样。当然，对于自然科学与社会科学，特别是社会科学是否真正能够做到价值中立这个问题目前分歧很大。但这些学科的主要目的在于把握对象的客观规律却是没有疑问的。但美育作为人文学科，其目的却不在客观规律的追求，而在于明显的价值诉求。它首先是一种审美价值的诉求。美育就是要通过美的事物的熏陶、感染，培养受教育者鉴赏美、接受美与创造美的能力，提高其审美素养。的确，艺术并不能与审美等同。在英语里，指称艺术的"art"一词原指与自然

---

① 转引自尤西林《人文学科导论》，高教出版社 2002 年版，第 190 页。
② 《参考消息》，2005 年 8 月 27 日。

相对的技术与技艺之义。但美育却是以审美作为价值取向的。也就是说在态度上我们对于具有审美效应的艺术作品持肯定态度，而对于与此相反的艺术作品则不持肯定态度。这就是美育所特有的审美价值取向性。此外，美育还有更高的伦理价值的诉求。美育的这种伦理价值诉求不是独立的，而是寓于审美之中，通过审美的途径追求一种高尚的道德情操和对于人类的终极关怀。

美育作为人文学科具有明显的非专业性。正如《大英百科全书》所说"人文学科是某些教育性学科的总称[其中不包括自然科学和社会科学]，这些学科一起构成了大学中非职业性学校[除法律学校和医学院外]所开设的文科类课程"①。也就是说，美育作为大学通识类人文学科其任务不是培养专业技能和专业类人才，而是一种"人性"和"人道"的教育，即"做人"的教育。这种人性的做人的教育表面看可有可无，其实非常重要。所有在专业和事业上的成功者在总结自己的成功原因时都是将良好的人性素养和做人放在首位的。最近，我国著名物理学家钱学森向国家领导人就人才培养问题进言。他说："我要补充一个教育问题，培养具有创新能力的人才问题。一个有科学创新能力的人不但要有科学知识，还要有文化艺术修养，没有这些是不行的。小时候，我父亲让我学理科，同时又送我去学绘画和音乐。我觉得艺术上的修养对我后来的科学工作很重要，它开拓科学创新思维。"②

美育作为人文学科是有着内在的矛盾性的，认识这种内在的矛盾性可以使我们更好地掌握美育的学科特点，自觉遵循其规律，将其提到更高的水平。这种矛盾性表现在美育作为学科的智性特点与它自身的非智性本性的矛盾，美育作为学科的考评要求与它自身的不可考评性的矛盾，以及美育作为大学教育的阶段性与它作为人性教育的终身性的矛盾。首先，

---

① 转引自尤西林《人文学科导论》，高教出版社 2002 年版，第 190 页。
② 《人民日报》，2005 年 7 月 31 日。

美育作为学科的智性特点与它自身的非智性本性的矛盾。很明显,美育作为大学的学科必须进入课程设置和科学研究,因而必然地具有智性的特点。但美育的本性是一种人性的教育,是非智性的,这两者之间肯定是一种矛盾。要处理好这一矛盾,就必须将美育这一人文学科作为一种特殊的学科来对待。在课程的开设、科学研究和学科建设要求方面,充分考虑到美育的非智性本性,绝不能将它与其它知识性课程同样对待。其次,美育作为学科的考评要求与它自身的不可考评性的矛盾。作为学科和课程都必须要考评,但美育作为人性教育自身又的确难以考评。那就要在具体考评的指标体系的设计上将定量和定性很好地结合,并采取特殊的课程考评方式。例如,在学科考评中既要考虑到开课、师资、条件、经费等硬指标,更要考虑到审美素养提高的效果这样更为重要的软指标。而在美育课程考评中则应改变知识性课程划一性测试方式,而采取个体性测试,在考评内容上将能力和素养的测试放在更加重要的位置。在处理美育作为大学教育的阶段性与作为人性教育的终身性的矛盾时主要是在美育的教育中不要将立足点放在知识性之上,而要放到端正对审美与艺术的态度之上,将审美的教育作为一种世界观的教育,并培养起对审美与艺术的终生不变的兴趣。这样的美育才能使学生终生受益。

三

美育作为人文学科虽有其不同于自然科学与社会科学的特殊性,但既然是一个独立的学科,列入大学教育体系,并且具有可操作性,那就应该具有自己独立的理论出发点。诚如华勒斯坦所说,所谓学科应该"拥有一个有机的知识主体,各种独特的研究方法,一个对本研究领域的基本思想有着共识的学者群体"①。这就是说,如果没有一个独立有机的知识主

---

① [美]华勒斯坦:《学科、知识、权力》,第13页。

体那就很难列入大学的教育体系和课程体系,也无法成为独立的学科。而理论的出发点则是独立有机的知识主体的必要条件。这个理论出发点就是理论的逻辑起点,而美育作为人文学科其对象是多姿多彩的"人性",因而很难有一个明确的逻辑起点。在这种情况下,就要从美育作为人文学科的实际情况出发,确立一个具有更大包容性、适合美育的人性内涵特点的理论出发点。

美育作为人文学科其理论出发点应该是围绕人性内涵确立的,也就是说应该从人的素养的培养着眼。而素养又不是抽象的,它是同人的能力密切相关的。具体到美育来说就是同人的审美力的培养密切相关的。但能力本身并不就是素养,不能说一个人能力强素养就好,而是能力必须经过内化的过程成为人的态度和世界观才能转化成人的素养。但能力还是素养的基础和前提。由此,美育的直接理论出发点还是审美力的培养。对于审美力,目前论述的最好的还是德国美学家康德。黑格尔曾说康德说出了关于美的第一句合理的话,这句话就是康德认为美是无目的的合目的性的形式。从另一个角度说,这句话的意思就是美是反思的情感判断,这个反思的情感判断是对于一个个别事物的愉快与不愉快的判断。康德指出,"鉴赏是凭借完全无利害观念的快感和不快感对某一对象或其表现方法的一种判断力"①。也就是说,审美力作为反思的情感判断,是不同于自然科学与社会科学的从普遍性的理论和概念出发的判断,而是从个别事物出发的判断。而且它又不同于理性派美学家鲍姆加通有关美是感性认识的完善的论述,而是认为美是一种不同于认识的情感判断,是有关主体愉快或不愉快的判断。这种反思的情感判断是以感性的想象力为基础的判断,这又是其不同于其它以知性力与理性力为基础的判断之处。诚如康德所说:"为了判别某一对象是美或不美,我们不是把[它的]表象凭借悟性连系于客体以求得知识,而是凭借想象力[或是想象力和悟性的结合]连

---

① [德]康德:《判断力批判》,宗白华译,商务印书馆1964年版,第47页。

系于主体和它的快感和不快感"。①也就是说审美力是以审美的想象力为其基础的,这充分说明了它从感性出发的特点。当然,审美力最终还是要走向普遍共通性和道德的象征。康德认为"美是那不凭借概念而普遍令人愉快的"②。也就是说,康德认为美尽管是个别的、主体的,以想象力为基础的,但却是普遍的、具有共通性的。这也是审美力的特点所在,如果不具共通性那美感就仅仅是快感从而离开人性的轨道。不仅如此,美还是道德的象征。康德指出,"美是道德的象征。"③这就使审美力既是个别的、形式的、想象的、主体的,同时又是普遍的、道德的。这就是审美力的基本特性,是其二律背反之所在。诚如康德所说:"所以关涉到鉴赏的原理显示下面的二律背反:[一]正命题 鉴赏不植基于诸概念,因否则即可容人对它辩论[通过论证来决定]。[二]反命题 鉴赏判断植基于诸概念;因否则,尽管它们中间有相违异点,也就不能有争吵[即要求别人对此判断必然同意]。"④这种二律背反就是"基于两个就假象来看是相互对立的命题,在事实上却并不相矛盾,而是能够相并存立"⑤。这恰是审美力作为真与善、自然与自由、知与意、感性与理性之中介的特点所在,是其特具的内在张力与魅力之原因。正如席勒所说,恰恰由于对感觉和思维之二律背反的解决才"带领我们通过整座美学的迷宫"⑥。这也充分说明美学作为人学的多维性、丰富性和巨大的感染力。

  美育通过对于人的审美力的培养最后导向人性的自由发展,这恰是审美力作为人的特殊能力内化为人的素养的结果。在康德的美学理论中,审美力内化为人的"自由的游戏"的心理素养。康德在将审美与手工艺相

---

① [德]康德:《判断力批判》,宗白华译,第39页。
② 同上书,第57页。
③ 同上书,第201页。
④ 同上书,第185页。
⑤ 同上书,第187页。
⑥ [德]席勒:《美育书简》,徐恒醇译,第98页。

比较时提出自己的"自由的游戏说"。他说:"艺术也和手工艺区别着。前者唤做自由的,后者也能唤做雇佣的艺术。前者人看做好像只是游戏,这就是一种工作,它是对自身愉快的,能够合目地成功。后者作为劳动,即作为对于自己是困苦而不愉快的,只是由于它的结果[例如工资]吸引着,因而能够是被逼迫负担的。"①在康德看来,审美因为是无功利的,因而是自由的,"好像只是游戏"。而且,这种"自由的游戏"还表现为审美是一种以鉴赏力为基础,以想象力最为活跃的各种心理功能的自由结合。正如康德所说,"所以美的艺术需要想象力、悟性、精神和鉴赏力"②。可见,在康德的美学思想中审美的"自由的游戏"还需要借助于主观的先验的先天原理,因而还是局限于人的内在的心理领域。但到席勒,审美的自由就开始走出主观,进入现实生活,成为人生的美学。在《美育书简》之中,他将"自由"作为全书的主旨。他说:"把美的问题放在自由的问题之前,我相信它的正确性不仅可以用我的爱好来辩解,而且也可以通过各种原理加以证明。"③也就是说,在席勒看来审美教育最基本的主旨就是要落实到"自由"之上。他试图突破康德的主观先验的自由观,逐步走向现实社会人生。他将美育看作是实现政治自由的唯一途径。他说:"我们为了在经验中解决政治问题,就必须通过审美教育的途径,因为正是通过美,人们才可以达到自由。"④而且,他将美育看作为人性改造的重要途径。他的名言就是:"要使感性的人成为理性的人,除了使他首先成为审美的人,没有其他途径。"⑤为此,他刻意划分了权利的王国、伦理的王国和审美的王国这样三个王国。而只有审美的王国以自由为法律,才能克服人性的分裂,给社会带来和谐。在康德和席勒的美育理论之中,由审美力内化而成的自由已

---

① [德]康德:《判断力批判》,宗白华译,第149页。
② 同上书,第166页。
③ [德]席勒:《美育书简》,徐恒醇译,第38页。
④ 同上书,第39页。
⑤ 同上书,第116页。

经成为一种精神境界和一种世界观。而在当代存在论美学之中,审美的自由已经成为真理的自行显现,是由遮蔽走向澄明、步入人的诗意地栖居的必由之途。

四

关于美育学科的研究方法,目前有自上而下与自下而上等多种说法。但我们坚持,必须从美育的特殊学科性质出发的原则,也就是说必须根据美育作为人文学科的特点。正如《大英百科全书》所说,人文学科"含有人道主义内容并运用人道主义方法"。我们所说的美育学科的培养审美力和审美自由的理论出发点就与人性紧密相关。面对这样一种丰富多彩并活生生的人性内容,只能采取特有的人学的研究方法。所谓"人学"的研究方法,当然不同于一般的自然科学与社会社会科学的逻辑的理论研究方法,而是一种个别的描述的方法。例如,同样是面对人这个实体,生理科学采取由一般理论出发的逻辑的方法,而美育则与之相反采取人学的具体描述的方法。这种人学的描述的方法是多维度的、阐释的和具有明显价值取向的。首先是多维的,也就是说人学的描述的方法对于研究对象不能如一般科学那样采取一种界说,一种界说无法对人性进行描述,而必须是多维度的、多方面的,乃至于是开放的、共创的。每一种理论也可能只是界说之一、二、三,还可以有界说之四、五、六,乃至其他。同时,这种人性的描述还应是阐释的,是一种研究主体在此时此地特定语境中对于对象的阐释和理解。这样的阐释就包含着极为丰富的前见与现见、过去与现在、主体与客体之间的平等交流对话。当然,这种人性的描述也是包含着明显的价值取向的,而绝对不是科学中的"价值中立"。这恰恰是现代人学之描述方法的特殊性所在。现代人学之描述就是现代审美经验现象学之描述方法,包含着"悬搁"与"超越"之内容,因而包含明显的超越现实物欲与感性的价值取向。这种价值取向首先是审美的价值取向。审美其实是一种价值取向,也就是对美与丑的分辨,这正是美育首先必须做到的。如果美育连这一点都做不到,那肯定是美育的失败。其次,还有道德的和意识形态的价值取向。例如,我们作为中国人在充分尊重世界与人类共同的审美价值前提下,必然会将弘扬民族审美文化作为历史的责任。最后,作为人文精神必须包含对于人类终极关怀的情怀,包括对于审美理想的追求和关心人类前途命运的情操等等。

五

美育可借助自然美、社会美与艺术美的各种途径,但其最主要的途径则是运用艺术美的手段。所以,从某种意义上说美育也可以称作艺术教育。这正是人类运用人与艺术之间的辩证关系的自觉性表现。因为,按照马克思主义的实践观点,在人类的生产实践活动中,不仅生产了主体所需要的产品,而且产品也反过来增长和提高了主体的需要。总之,没有主体的需要就没有生产,但没有生产也就没有主体需要的再生产。艺术活动作为一种精神生产,情况也是如此。人类为了满足自己的审美需要生产了艺术品,反过来艺术品又进一步培养、发展了人类的审美需要和能力。也就是说,人类生产了艺术,艺术又生产了审美的主体,这就是人与艺术之间互相创造的辩证统一的关系。诚如马克思在《〈政治经济学批判〉导言》中所说:"艺术对象创造出懂得艺术和具有审美能力的大众,——任何其他产品也都是这样。因此,生产不仅为主体生产对象,而且也为对象生产主体。"①作为人类文明组成部分的审美力及其艺术产品,就正是在这种辩证的统一关系中不断地朝前发展。这是一个不以人的意志为转移的客观规律。自觉地运用这一规律,重视和不断发展艺术生产和艺术教育,正是

---

① 《马克思恩格斯选集》第二卷,第 95 页。

人类自我意识不断增长的证明。随着人类社会的不断前进,物质生产与精神生产的不断发展,人类日益摆脱粗俗的、原始的物质需要的束缚,而发展着社会的、精神的需求,其中就包括着高级的审美需要,因而就愈发重视艺术生产和艺术教育。对于艺术教育的重要性,早在100多年前有一位俄国学者在论述普希金的书中曾作过比较准确的阐述。他说,什么更重要——科学知识还是文学艺术?一个受过教育的、头脑清晰的人将这样答:"科学书籍让人免于愚昧,而文艺作品则使人摆脱粗鄙;对真正的教育和人们的幸福来说,二者是同样的有益和必要。"①

艺术教育在内容上包括艺术创造与艺术欣赏两个方面。也就是通过艺术创造的实践培养学生审美的能力,通过对艺术品的鉴赏活动提高其审美能力。二者的途径不同,但达到培养审美力的目的却是一致的。比较起来,在艺术教育中,艺术欣赏比艺术创造运用的更为广泛普遍。一般来说,当我们谈到艺术教育时,通常就是指通过艺术欣赏的途径所进行的审美教育。原因在于艺术欣赏的方式较为简便,不像艺术创造那样需要各种物质材料。它只需几件艺术品就可将学生带入到一个无限神奇的、动人的美的世界,并常常能收到极好的效果。

正因为艺术欣赏是艺术教育的主要方式,所以我们需要对它简略地介绍一下。什么是艺术欣赏呢?所谓艺术欣赏就是一种以情感激动为特点的美感享受。在艺术欣赏中,欣赏者首先要被艺术品所吸引,引起感情上的激动,而且,这种激动还应该是肯定性的。也就是由于艺术品所包含的情感同欣赏者的情感一致,而使其喜欢,引起他的愉悦之情。这样,就能拨动欣赏者的心弦,扣触其心扉,使他感到一种从未有过的精神上的享受。这种肯定性的特色就从一个角度将艺术哲学中的情感激动同现实生活中的情感激动划清了界限。例如,同是悲伤,但人们愿意花钱买票到剧院里欣赏悲剧甚至为此落泪,却绝不愿意碰见大出殡而伤感。因为,前者是一

---

① 转引自波古萨耶夫《车尔尼雪夫斯基》,天津人民出版社1982年版,第5页。

种享受，而后者则是一种痛苦。对于这种肯定性的情感激动，马克思则把它叫做"艺术享受"，毛泽东把它叫做使人"感奋"、令人"惊醒"。不管是"感奋"、"惊醒"，还是"艺术享受"，在美学上我们都一律把它叫做"美感"。正如茅盾所说："我们都有过这样的经验：看到某些自然物或人造的艺术品，我们往往要发生一种情绪上的激动，也许是愉快兴奋，也许是悲哀激昂，不管是前者，还是后者，总之我们是被感动了，这样的情感上的激动（对艺术品或自然物），叫做欣赏，也就是我们对所看到的事物起了美感。"[1]

艺术教育所凭借的是一种特有的艺术美手段。艺术教育所凭借的手段是不同于自然美与社会美的艺术美，这种艺术美具体地体现为艺术品。艺术品本身是艺术家创造性劳动的产物，是美的物化形态与集中表现，是人类高尚情感的结晶。它同自然美与社会美相比，在美的层次上更高。人们通过对于艺术品的欣赏，可以直接接触到无限丰富多样的美的对象，从而受到熏陶启迪。因此，艺术品是实施美育的最好教材，具有突出的特点。

首先，形象性是它的外部特征。艺术品给予我们的第一个印象就是，它不是抽象的概念、判断、推理，而是具体的形象。它或者是由节奏与旋律构成的音乐形象，或者是由动作与形体构成的舞蹈形象，或者是由色彩与线条构成的绘画形象，或者是由语言构成的文学形象。总之，形象性是艺术品的外部特征。而任何形象都是一幅活生生的生活图画，是具体的、个别的、可感的，面对这样的形象都可"如闻其声，如见其人"。正因为艺术形象具有这种形象性的外部特征，才具备引起欣赏者感情激动的基本条件。心理学告诉我们："情绪和情感是人对客观现实的一种特殊反映形式，是人对于客观事物是否符合人的需要而产生的态度的体验。"[2]可见，只有具体的个别的事物才能引起人们的情感体验，而任何抽象的概念一般

---

[1] 茅盾：《茅盾评论文集》（上），人民文学出版社1978年版，第5页。
[2] 孙汝亭等主编：《心理学》，广西人民出版社1982年版，第441页。

都不会产生这样的效果。这就是艺术美（艺术品）在欣赏中之所以能激起欣赏者情感激动的原因之一。

其次，形象性与情感性的直接统一是艺术品的根本特点。一般的生活形象不会像艺术形象那样使人产生巨大的情感激动的效果。艺术形象之所以会产生这样的效果，是由于在具体的、个别的、可感的形象之中，渗透着、溶化着作家的强烈情感。艺术形象是作为客观因素的形象与作为主观因素的情感的直接统一。这种直接统一，犹如盐之溶于水，"体匿性存"，这就是我国古代文论中常讲的"情景交融"、"寓情于景"、"一切景语皆情语"等等。不论是造型艺术中的形象、文学作品中的形象，还是音乐形象、舞蹈形象，都不单纯是对生活形象的客观写照，而是浸透着饱满的主观情感。法国著名小说家左拉在称赞一个作家时写道："这是一个蘸着自己的血液和胆汁来写作的作家。"①我国清代作家曹雪芹在谈到自己写作《红楼梦》的情形时十分感叹地说："字字看来都是血，十年辛苦不寻常。"请看他在《红楼梦》第二十七回所写的著名的《葬花辞》吧！辞中写道："一年三百六十日，风刀霜剑严相逼；明媚鲜艳能几时，一朝漂泊难寻觅"，"未若锦囊收艳骨，一抔净土掩风流；质本洁来还洁去，不教污淖陷渠沟。"这些词语，表面看似乎写的是花，但实际上却是写人；表面上记述葬花之景，实际上字字句句无不渗透着作家对女主人公面对"风刀霜剑严相逼"的凄凉身世的深厚同情，寄情于景，真正达到了花与人、景与情高度直接的统一，达到水乳交融的地步。面对这样的艺术形象，我们怎能不为之潸然泪下呢？又如，著名唐代诗人杜甫，一生坎坷，历尽艰辛，对安史之乱所引起的国破家亡有深刻的体验。他在五律《春望》中，劈头四句写道："国破山河在，城春草木深。感时花溅泪，恨别鸟惊心。"这是公元757年杜甫身陷叛贼占据长安时所作。表面上，诗人在写长安春景，但却借破碎的山河、深深的荒草、溅

---

① ［法］左拉：《论小说》，《古典文艺理论译丛》第8册，人民文学出版社1964年版，第120页。

泪的花和悲鸣的鸟，寄寓了对国破家亡的悲愤之情，这首写景诗不是也同《红楼梦》一样，"字字看来都是血"吗？面对着这样的情景交融的艺术形象，人们怎能不产生强烈的情感激动呢？

最后，艺术品所包含的情感是一种寓理性于其中的高级的情感。艺术品不仅包含着情感，而且所包含的不是一般的情感，而是寓理性于其中的情感，普列汉诺夫说："艺术既表现人们的感情，也表现人们的思想，但是并非抽象地表现，而是用生动的形象来表现。艺术的最主要的特点就是在于此。"① 正因为如此，艺术形象才有理性的价值，艺术才能作为美育的主要途径而富有极大的教育意义。众所周知，艺术形象都不是简单的生活原型，而是经过艺术提炼的产物。别林斯基曾说："诗人所应该表现的，不是局部的和偶然的东西，而是赋予他的时代以色彩和意义的普遍的和必然的东西。"② 他又说道："诗的本质就在这一点上：给予无实体的概念以生动的、感性的、美丽的形象。"③ 正是在这样朝着一个目标、舍弃任何偶然多余的东西的艺术提炼的过程中，艺术形象所包含的情感具有了巨大的思想性、理性。具体表现为，这种情感不局限于对个别事物的感触，而是具有巨大的概括意义。巴尔扎克在《论艺术家》一文中说："艺术作品就是用最小的面积惊人地集中了最大量的思想，它类似总和。"杜甫在《春望》中所表达感情，就不是局限于对个别的草木花鸟之感，也不同于某些才子佳人无聊的伤春之情，而是在草木花鸟之感中凝聚着这一时期人民的家国之痛。再有，艺术作品所包含的情感不是偶然的，而是具有某种必然性，因而富有深刻的哲理。例如，《红楼梦》中的《葬花辞》，所咏者为花之凋零，看似偶然，但却暗寓着封建时代叛逆的女性纯洁而凄苦的命运的必然结

---

① [俄]普列汉诺夫：《普列汉诺夫美学论文集》，人民出版社1983年版，第308页。

② 参见《外国理论家作家论形象思维》，中国社会科学出版社1979年版，第77页。

③ 同上书，第69页。

局。这就包含着必然性,具有启发人的深刻哲理意味。

艺术教育所产生的是一种动人心魄的神奇魔力。艺术品的形象性与情感性的高度统一的特点,决定了艺术教育所产生的这种肯定性的情感激动必然是极其强烈的,具有一种动人心魄的神奇的魔力和巨大的感染力量。它可以使人"不觉神摇意夺,恍然凝想"(《聊斋志异·画壁》),以至于"快者掀髯,愤者扼腕,悲者掩泣,羡者色飞"①。古希腊哲人柏拉图将这种情形称作是一种"浸润心灵"的"诗的魔力"。高尔基也把这种现象称作是一种令人不可思议的"魔术"。他曾经生动地描写了自己少年时期在热闹的节日里,避开人群,躲到杂物室的屋顶上读福楼拜的小说《一颗纯朴的心》的情景。当时,他由于无知,误以为这本书里藏着一种"魔术",以致曾经好几次机械地把书页对着光亮反复细看,仿佛想从字里行间找到猜透魔术的方法。对于艺术的这种动人心魄的奇妙作用,列宁也曾做过描述。有一天晚上,他听了一位钢琴家演奏贝多芬的几支奏鸣曲,被深深地激动了。他说:"我不知道还有比'热情交响曲'更好的东西,我愿每天都听一听。这是绝妙的、人间没有的音乐,我总带着也许是幼稚的夸耀想:人们能够创造怎样的奇迹啊!"艺术品的这种动人心魄的神奇魔力,甚至会导致某种罕见的群众性的狂热场面。例如,1824年5月7日,在维也纳举行贝多芬的《D调弥撒曲》和《第九交响曲》的第一次演奏会,获得了空前的成功,场面之热烈几乎带有暴动的性质。当贝多芬出场时,受到群众五次鼓掌欢迎。而在如此讲究礼节的国家,对皇族的出场,习惯上也只鼓掌三次,因此,警察不得不出面干涉。交响曲引起狂热的骚动,许多人哭了起来。贝多芬在终场以后,也感动地晕了过去。大家把他抬到朋友家中,他朦朦胧胧地和衣睡觉,不饮不食,直到次日早晨。总之,动人心魄的神奇魔力正是艺术教育的特色,也正是我们把它作为实施美育的重要途径的原因之所在。

---

① 臧晋叔:《元曲选·序二》,中华书局1958年第1版,第4页。

艺术教育具有一种特有的潜移默化的作用。首先,任何艺术品都不同程度地给人以某种教育或启迪。任何艺术品都不是无目的、为艺术而艺术的。唯美主义者企图将艺术关进象牙之塔,否定它的一切功利作用,这是不现实的。其实,任何艺术品都因包含着作者对生活的主观体验和评价而在不同程度上具有某种思想意义。而一切优秀的文艺作品又都从不同的角度给人们以启发教育。鲁迅曾要求一切进步文艺成为引导人民前进的灯火。他在《论睁了眼看》一文中说:"文艺是国民精神所发的火光,同时也是引导国民精神的前途的灯火。"①当然,文艺由于其题材与体裁的不同,所起教育作用的程度和角度都是不同的。一般来说,山水诗、风景画、轻音乐等,更多的是给人一种健康的情感陶冶;而小说、戏剧、电影、历史画等,则更多的是给人一种思想上的启示。

其次,艺术教育是以"寓教于乐"为其特点的。艺术所给予人的教育是不同于政治理论所给予人的教育的。政治理论是以直接的、理论教育的形式出现的,目的明确,内容直接。艺术教育是以娱乐的形式出现的,是娱乐与教育的直接统一。这就是思想教育的目的直接渗透、融解在娱乐之中。关于艺术教育的这一特点,古代许多理论家都已不同程度地认识到。柏拉图就对文艺提出了"不仅能引起快感,而且对国家和人生都有效用"的要求。古罗马的贺拉斯在《诗艺》中认为,文艺的作用是"寓教于乐"。文艺复兴时期的塞万提斯也对文艺提出"既可以娱人也可以教人"的要求。狄德罗则将文艺的"寓教于乐"称作是"迂回曲折的方式打动人心"。周恩来《在文艺工作座谈会和故事片创作会上的讲话》中也指出:"群众看戏、看电影是要从中得到娱乐和休息,你通过典型化的形象表演,教育寓于其中,寓于娱乐之中。"②这都告诉我们,文艺的教育作用是以娱乐的形式出现的,没有娱乐就没有艺术的教育,也没有艺术的欣赏。所谓"娱乐",有两大特

---

① 《鲁迅全集》第一卷,人民文学出版社 1973 年版,第 221 页。
② 《周恩来选集》下卷,人民出版社 1984 年版,第 337 页。

点:第一,从目的上来看,是为了情感上的轻松愉悦、精神享受,而不是为了刻苦出力;第二,从欣赏者所处的境况来看,完全是一种自觉自愿,没有外在的规范强制,而是出自内心的心理欲求。这种艺术教育的特点是由艺术欣赏的心理特点所决定的。因为,艺术欣赏是一种理性评价与感性体验的直接统一,表现为强烈的情感体验的形式。所以,它所起的作用也就主要是动之以情。而政治理论教育则是一种纯理性的逻辑、判断、推理活动,所以,它的教育作用就是一种诉之以理的方式。

最后,艺术教育的娱乐性中渗透着理性的因素。艺术教育尽管以娱乐性为其特点,但绝不是单纯的娱乐,而是在娱乐中渗透着理性,包含着教育。这是一种特殊的理性教育。

从性质上来说,这种渗透于娱乐的教育主要不是认识和道德的教育,而是一种情感的教育,是一种对于人的心灵的熏陶感染,也就是由情感的打动到心灵的启迪。歌德在其著名的论文《说不尽的莎士比亚》中,认为莎士比亚著作的特点表面上看似乎是诉诸人们外在的视觉感官,而实际上是诉诸人的"内在的感官"。所谓"内在的感官"就是心灵。也就是说,艺术教育是一种打动人们的心灵的教育。它扣触人们情感的琴弦,产生的效果是心灵的震动,即灵魂的净化、道德的升华。茅盾把这通俗地叫做"灵魂洗澡"。他在谈到自己第一次听冼星海的《黄河大合唱》的感受时说道,对于音乐,我是十足的门外汉,我不能有条有理告诉你《黄河大合唱》的好处在哪里,可是它那伟大的气魄自然而然使人鄙吝全消,发生崇高的情感,只是这一点也叫你听过一次就像灵魂洗过澡似的。这种情形,我们都会有亲身的感觉。例如,当我们读到李存葆的小说《高山下的花环》中的这样一段:梁三喜带领全连攻上无名高地后,被躲在岩石后面的敌人击中左胸要害部位。他立刻倒了下来,但仍然微微睁着眼,左手紧紧地攒着左胸上的口袋,有气无力地说:"这里,有我……一张欠账单……"战友们在热血喷涌的弹洞旁边,在那左胸口袋里找到一张血染的四指见方的字条"我的欠账单",上面密密麻麻地写着17位同志的名字,总额620元。此景此情,难道对于我们不是一场灵魂的洗涤吗?作者在这无言的形象描绘中为我们塑造了一位含辛茹苦为国捐躯的高大英雄形象。在这样一个"位卑未敢忘忧国"的高大英雄形象面前,我们会感到一种从未有过的道德的启示和人生哲理的领悟。

从艺术教育的形式来看,它不同于政治教育的直接教育形式,而是一种间接的潜移默化。也就是在娱乐中不知不觉地、潜在地,当然也是逐步地使欣赏者接受、改变乃至培养起某种感情。人们曾经借用杜甫的一句诗,把这种情形比作细雨滋润大地,即"润物细无声";也有将此比作战场上的一种出其不意、猝不及防的战术,对人的感情的"偷袭"。在艺术教育中,受教育者常常是不知不觉地被艺术形象所征服,从而当它的"俘虏"。著名作家巴尔扎克非常了解艺术这种特有的潜移默化作用,他曾经说过这样一句名言:"拿破仑用刀未能完成的事,我要用笔来完成。"

正因为艺术教育具有这种特有的启迪、熏陶人们心灵的巨大作用,所以人们常常把艺术品称作"精神食粮",把文艺家叫做"人类灵魂的工程师"。从这个角度说,从事艺术教育和美育工作的人也应该是"人类灵魂的工程师",应对自己的工作感到自豪,感到肩负着高度的责任,应十分重视并很好地利用艺术教育的武器,更好地培养广大群众特别是青年一代的健康审美能力,塑造他们的美好心灵。

六

作为现代教育的组成部分,美育必须通过课程的设置来加以实施。美国极力倡导美育作为学科来建设的巴肯提出艺术创作、艺术史和艺术批评三门课程作为美育教育课程的意见,这种三位一体课程内容的观念成了美国以学科为中心的艺术教育的标志。我国新时期以来,对于美育的课程建设也有诸多探索。在《关于深化教育改革全面推进素质教育的决定》中明确提出,"要尽快改变学校美育工作薄弱的状况,将美育融入学校教育全过程。中小学要加强音乐、美术课堂教学,高等学校应要求学生选修一定学时的包括艺术在内的人文学科课程"。为此,我国教育部部长于2002年7月25日下达了《学校艺术教育工作规程》的部长令。在这个《规程》中明确规定:"各类各级学校应当加强艺术类课程教学,按照国家的规定和要求开齐开足艺术课程。职业学校应当开设满足不同学生需要的艺术课程。普通高等学校应当开设艺术类必修课或者选修课"。根据这样的明确要求,现在我国高等学校大体开设了这样几类课程:基本理论、艺术鉴赏、艺术欣赏和艺术实践类课程。有的学校明确地将艺术类课程计入学分,有的明确规定不修满必须的艺术类学分不得毕业或取得学位。还有的学校将课内和课外艺术类课程通盘考虑,将参加学校艺术社团活动成绩计入艺术类课程成绩或计学分。例如,北京师范大学早在前几年就将《大学美育》从原来的选修课变成了必修课程,教学形式也从单纯的课内教学变成"课内—课外"相结合。每年入学的新生在完成大一的美育基础理论学习之后,二、三年级学生每学期必须参加4次以上课外艺术俱乐部活动才能获得大学美育的2个学分,也才能通过毕业资格审查。这些都是极为可贵的探索。此外,我国绝大部分高校专列了艺术类课程教师人事编制,有的成立了非专业艺术教育教研室或教学中心,有的将其纳入人文素质教育系列,由专门的学校领导分管。我国早在20世纪80年代就成立了教育部艺术教育委员会,负责督导检查全国学校艺术教育工作,取得很大成效。经过新时期近30年的努力,我国已经建设了一支以专职为主、专兼职结合的艺术教育队伍,涌现出一批艺术教育骨干。这些成绩的取得充分显示了我国在艺术教育方面的巨大进步。但正如教育部所一再强调的,直到目前为止我国的艺术教育仍然是各类教育中最薄弱的环节,与素质教育的要求相比仍然有着巨大的差距,还需要我们继续努力。当前在课程的评价方面,应充分考虑到美育的人文学科特点,避免以自然科学和社会科学有关学科的考核办法来机械地硬套美育学科的考核。在有关课程的知识、能力和素养各要素的考评之中,应将重点放到能力和素养,特别是素养之上。在考核的方式上,尽量改变划一性考试和集中性考试的方式,以单个性考核与总体性考核为主。一定要在考核方面改变应试教育模式,贯彻素质教育精神。这样,才能引导美育学科走上健康发展的道路。

(2005 年 8 月)

4. 论西方现代美学的"美育转向"

西方美学从1831年以后,逐步发生了一种由思辨美学到人生美学的"美育转向",到20世纪更为明显。下面,我们按时间顺序递次地探索这种"美育转向"的发展轨迹。

一

我们从西方现代美学发展中选取九位有重要影响的美学家具体地探讨西方现代美学由思辨美学到人生美学发展的"美育转向"轨迹。首先当然是叔本华。叔本华的生活年代是1788年至1860年,代表性的论者为《作为意志和表象的世界》。他几乎是黑格尔的同时代人,但却是反对黑格尔的。他不同意黑格尔的脱离实际的、纯思辨的哲学与美学理论。他将黑格尔称作莎士比亚《暴风雨》一剧中的丑鬼珈利本,并认为该世纪近20年来将黑格尔作为最大的哲学家叫嚷是一种错误。他将康德的"善良意志论"改造为"意志主义本体论",力倡一种生命意志哲学—美学思想。他这里所说的意志是非理性的,甚至是本能的一种盲目的不可遏止的冲动。也就是说,叔本华所说的意志就是"欲求",包含生存和繁衍两个方面的内涵,这种生命意志便是世界的本源。在这里,叔本华还没有完全超越德国古典哲学与美学,但已力图将美学引向个体的人的生存,从而成为20世纪存在论美学的先驱。正是在这样的前提下,叔本华提出"艺术是人生的花朵"的著名论断。由此可以说,叔本华的美学思想与席勒的以追求人的全面发展为目的的"自由论"美学——美育思想是一致的。

第一,艺术是人生的花朵论

如何认识艺术的作用呢?叔本华提出著名的艺术是人生的花朵的理论。他说:"因此,在不折不扣的意义上说,艺术可以称为人生的花朵。"① 因为,叔本华认为,艺术创作同现实生活相比是一种"上升、加强和更完美的发展",而且"更集中、更完备、而具有预定的目的和深刻的用心"②。这就将艺术、审美同人生紧密相联系,开辟了西方古典美学所没有的人生美学,即广义的美育之路。

第二,艺术补偿论

艺术为什么会成为人生的花朵呢?这同叔本华基本的人生观与美学观有关。因为,在人生观上叔本华是一个悲观主义者。叔本华立足于他的生命意志理论,认为人的欲求起源于对现状的不满,因为现实无法满足人的需要。所以,他认为,意志本身就是痛苦,生存本身就是不息的痛苦,要摆脱痛苦只有通过艺术的审美欣赏,使人进入一种物我两忘的审美境地,尽管这也只是暂时的摆脱。这样,叔本华就将审美作为解决生存痛苦的重要工具,审美与艺术也就标志着人生的光明与希望。正是在这样的背景下,叔本华提出了艺术补偿论。叔本华认为,"一切欲求皆出于需要,所以也就出于缺失,所以也就出于痛苦"③。

第三,审美观审论

叔本华认为,摆脱痛苦的手段之一就是审美的观审。他认为,人们在审美中可以"摆脱了欲求而委心于纯粹无意志的认识",从而"进入了另一个世界","一个我们可以在其中完全摆脱一切痛苦的领域"④。叔本华认

---

① [德]叔本华:《作为意志和表象的世界》,商务印书馆1982年版,第369页。
②③ 同上书,第273页。
④ 同上书,第370页。

为，人们在审美观赏中得到的享受和安慰对于观赏者可以起到一种"补偿"的作用。他说，艺术"对于他在一个异己的世代中遭遇到的寂寞孤独是唯一的补偿"①。审美与艺术之所以会成为人生的一种补偿，叔本华认为，那是因为审美与艺术本身具有一种超越功利的特性，从而使人进入一种超功利的观审状态。这就是叔本华的"审美观审说"。他认为，审美观审的条件就是作为审美对象不是实际的个别事物而是非根据律的"理念"，而作为审美主体则是摆脱了意志和欲求的无意志的主体。这说明，他认为审美快感的根源在于纯粹的不带意志、超越时间、在一切相对关系之外的主观方面。这仍然没有逃脱康德主观先验的理论窠臼。叔本华认为，这种审美的观审状态就是使审美者进入一种物我两忘、融为一体的"自失"状态。叔本华指出："人在这时，按一句有意味的德国成语来说，就是人们自失于对象之中了，也即是说人们忘记了他的个体，忘记了他的意志，""所以人们也不能再把直观者[其人]和直观[本身]分开来了，而是两者已经合一了。"②对于审美观审的无功利性的强调，说明叔本华继承了康德思想，但他对康德也有着明显的超越，那就是他对审美合规律性的否定。叔本华认为，在审美观审中"这种主体已不再按根据律来推敲那些关系了，而是栖息于、浸沉于眼前对象的亲切观审中，超然于该对象和任何其他对象的关系之外"③。这种对于根据律的超越就将审美从普通认识论带入审美存在论，说明叔本华的审美观的确标志着西方美学的某种转向。

第四，超人作用论

叔本华认为，只有天才才能创造真正的艺术，而艺术的创造者又只能是天才。那么，什么是天才呢？他认为所谓"天才"就是"超人"。他说："正如天才这个名字所标志的，自来就是看作不同于个体自身的，超人的一种

---

① [德]叔本华：《作为意志和表象的世界》，第250页。
② 同上书，第249页。
③ 同上书，第264页。

东西的作用,而这种超人的东西只是周期地占有个体而已。"①这种所谓"超人"就是不凭借于根据律认识事物,沉浸于审美观审之人。叔本华说,"天才人物不愿把注意力集中在根据律的内容上。"②也就是说,叔本华的所谓"超人"就是超越了通常的认识论,进入到审美的生存境界的人。他认为,这种超人的能力使天才发挥了特有的作用。普通的人凭借根据律认识,只能成为"照亮他生活道路的提灯"③,而天才人物作为"超人"却超越了普通的根据律并具有全人类的意义,成为"普照世界的太阳"④。他认为作为天才的"超人"之所以具有这种能力是因其凭借一种特殊的想象力。想象力有两种,一种是普通人凭借幻想的想象力。这是一种按照根据律,从自己的意志欲念出发进行的想象,其作用在个人自娱,最多只能产生各种类型的庸俗小说;而另一种就是作为天才的"超人"所具有的想象力,这种想象力完全摆脱意志和欲念的干扰,是认识理念的一种手段,而表达这种理念的就是艺术。他说:"与此同时,人们也能够用这两种方式去直观一个想象的事物:用第一种方式观察,这想象之物就是认识理念的一种手段,而表达这理念的就是艺术;用第二种方式观察,想象的事物是用以盖造空中楼阁的。"⑤这种特殊的想象力既表现在质的方面,又表现在量的方面,即将作为"超人"的天才的眼界扩充到实际呈现于天才本人之前的诸客体之上,举一反三,由此及彼,由表及里,由现象到本体。

综上所述,叔本华的审美观审论尽管在相当大的程度上把审美归结为一种认识,说明其不可免地仍然保留着德国古典美学的痕迹。但从总体上说,叔本华的唯意志论美学仍然开辟了西方美学的新方向。他以非理性的唯意志论美学全面地批判了黑格尔的古典主义美学,用意志取代认识,

---

① [德]叔本华:《作为意志和表象的世界》,第262页。
② 同上书,第261页。
③④ 同上书,第262页。
⑤ 同上书,第261页。

抬高直观，贬低唯理性主义，赋予审美以生命的生存的意义。这就为西方现代人文主义的人生美学，也就是广义的审美教育的发展奠定了基础。

二

尼采在西方现代美学发展中具有特殊的地位，从某种意义上说西方现代真正意义上的人生美学的转向是从尼采开始的。尼采生活的时代是1844年至1900年。他是继叔本华之后另一个德国唯意志主义哲学家、美学家。他同叔本华一样，也认为世界的本原是意志，人生是痛苦的、可怕的、不可理解的。但他反对叔本华把世界分为表象与意志，而是认为意志与表象不可分离，而所谓意志也不是生命意志，而是强力意志。因此，他反对叔本华的悲观主义和虚无主义，主张以强力意志反抗生活的痛苦，创造新的欢乐和价值。在此基础上，他彻底地否定古希腊的理性传统、基督教文化、启蒙主义理性精神和传统的生活，宣称"上帝死了"，提倡"价值重估"。但他并不主张虚无主义，而是主张价值的转换与重建。写于1872年的《悲剧的诞生》就是尼采价值重估的最初尝试。《悲剧的诞生》是尼采的处女作，为他全部著作奠定了一个基调，成为其整个哲学的诞生地。他以酒神精神对古希腊文化作了全新的阐释，并奠定了西方整个20世纪广义的美育，即人生美学的发展之路。

第一，审美人生论

尼采美学的根本特点是把审美与人生紧密相连，把整个人生看作审美的人生，而把艺术看作人生的艺术。为此，他提出著名的艺术是"生命的伟大兴奋剂"的重要观点。他在《悲剧的诞生》中将希腊艺术的兴衰与希腊民族社会的兴衰结合起来研究，着重探讨"艺术与民族、神话与风俗、悲剧与国家，在其根柢上是如何必然和紧密地连理共生"[①]。

---

① [德]尼采：《悲剧的诞生》，第101页。

他与叔本华一样,认为人生是一出悲剧。他借用古希腊神话说明这一点。这个神话告诉我们,古希腊佛律癸亚国王问精灵西勒若斯,对人来说什么是最好最妙的东西,西勒若斯回答最好的东西是不要诞生、不要存在、成为虚无,次好的东西则是立即就死。从文化本身来说,尼采认为当代文化同艺术是根本对立的,带给人的是个性的摧残和人性的破坏。他在这里对于现代教育和科技的非人化机械论、非人格化的劳动分工对于人性和人的生命因素的侵蚀毒害进行了无情的批判。他说:"由于这种非文化的机械和机械主义,由于工人的'非人格化',由于错误的'分工'经济,生命便成为病态的了。"①既然人生是悲剧,那该怎么办呢?尼采认为,只有借助于审美进行补偿和自救。他说:"召唤艺术进入生命的这同一冲动,作为诱使人继续生活下去的补偿和生存的完成。"②他甚至进一步将审美与艺术提到世界第一要义的本体的高度。他在《悲剧的诞生》的前言中说:"我确信艺术是人类的最高使命。"又说,"只有作为一种审美现象,人生和世界才显得有充足理由的。"③他还说:"艺术,除了艺术别无他物!它是生命成为可能的伟大手段,是求生的伟大诱因,是生命的伟大兴奋剂。"④表面看,尼采与叔本华都主张审美补偿论,但尼采不同于叔本华之处在于,尼采认为悲剧的作用不仅在生命的补偿,而且在于对生命的提升与肯定。

此外,特别重要的是作为悲剧精神的酒神精神在尼采的美学理论中已经被提升到本体的人的生存意义的形而上的高度,成为代替科技世界观和道德世界观的唯一世界观。这在当代西方美学中是具有开创意义的。

第二,酒神精神论

---

① [德]尼采:《悲剧的诞生》,第 57 页。
② 同上书,第 12 页。
③ 同上书,第 105 页。
④ 同上书,第 385 页。

酒神精神和日神精神是尼采哲学—美学中具有核心意义的范畴,尤其是酒神精神更为重要。尼采认为,对于悲剧人生进行补偿的唯一手段是借助于一种特有的酒神精神及作为其体现的悲剧艺术。他认为,宇宙、自然、人生与艺术都具有两种生命本能和原始力量,那就是以日神阿波罗作为象征的日神精神与以酒神狄俄尼索斯作为象征的酒神精神,而最根本的则是酒神精神。这是一种以惊骇与狂喜为特点的强大的生命力量。尼采后来将其称作"权利意志",这也是一种审美的态度。这种审美的态度不同于康德与叔本华的"静观",而是一种生命的激情奔放。尼采认为,充分体现酒神精神的就是古希腊的悲剧文化以及古希腊的典范时代。这是对古希腊美学精神的新的阐释,也是对传统的和谐美的反拨。尼采鼓吹在德国文化与古希腊文化之间建立起一座联系的桥梁。他说:"谁也别想摧毁我们对正在来临的古希腊精神复活的信念,因为我们凭借这信念,我们才有希望用音乐的圣火更新和净化德国精神。"①与此同时,尼采有力地批判了古希腊的和谐美的美学精神。他认为,所谓"美在和谐"、"美在理性"是一种以苏格拉底为代表的非审美的、理性的逻辑原则,主张"理解然后美"、"知识即美德"等等,实际上是一种扼杀悲剧与一切艺术的原则。

第三,艺术的生命本能论

艺术的起源及其本真的内涵到底是什么?这是长期以来人们一直在探讨的一个十分重要的问题。尼采提出了著名的生命本能的二元性论,将艺术的起源及其本真内涵、与人的生命、与人的本真的生存紧密相联系。尼采认为,艺术是由日神精神与酒神精神这两种生命本能交互作用而产生的,犹如自然界的产生依靠两性一样。他说,"艺术的持续发展是同日神和酒神的二元性密切相关的","这酷似生育也依赖于性的二元性"。②在他看来,日神的含义是适度、素朴、梦、幻想与外观,而酒神则是放纵、癫

---

① [德]尼采:《悲剧的诞生》,第88页。
② 同上书,第2页。

狂、醉与情感奔放。他说:"为了使我们更切近的认识这两种本能,让我们首先把它们想象成梦和醉两个分开的世界。"①在两者之中,尼采认为酒神精神更为重要。因为,艺术的本原与动力即在于酒神精神。但日神精神也是不能离开并十分必要的。尼采指出,"我们借它的作用得以缓和酒神的横溢和过度"②。这里需要说明的是,酒神精神与日神精神都是非理性精神,它们是非理性的两种不同形态,是人的醉与梦的两种本能。

既然艺术起源于日神与酒神两种生命本能,这就决定了艺术的基本特征是以酒神精神为主导的酒神与日神两种生命本能精神的冲突与和解,而其核心是一种激荡着蓬勃生命、强烈意志的酒神精神。因此,这样一种艺术精神就极大地区别于苏格拉底所一再强调的理性的原则与科学的精神。他在区别苏格拉底式的理论家与真正艺术家时写道,"艺术家总是以痴迷的眼光依恋于尚未被揭开的面罩,而理论家却欣赏和满足于已被揭开的面罩"③。尼采认为,任何语言都不能真正表达出艺术的真谛。他说,"语言绝不能把音乐的世界象征圆满表现出来"。④他更加反对对于音乐的图解,因为这势必显得十分怪异,甚至是与音乐相矛盾的,是我们的美学"感到厌恶的现象"⑤。

第四,悲剧的形而上慰藉论

悲剧观是尼采人生美学的重要组成部分。尼采继承席勒的理论,认为悲剧起源于古希腊的合唱队。他说:"希腊人替歌队创造了一座虚构的自然状态的空中楼阁,又在其中安置了虚构的自然生灵。悲剧是在这一基础上成长起来的。"⑥而这种古希腊的合唱队俗称"萨提尔合唱队",是一种

---

① [德]尼采:《悲剧的诞生》,第3页。
② 同上书,第94页。
③ 同上书,第63页。
④ 同上书,第24页。
⑤ 同上书,第23页。
⑥ 同上书,第27页。

充满酒神精神的纵情歌唱的艺术团体。萨提尔是古希腊神话中的林神,半人半羊,纵欲嗜饮,代表了原始人的自然冲动。这就说明,悲剧起源于酒神精神,但悲剧的形成还需要日神的规范和形象化。因此,悲剧是酒神精神借助日神形象的体现。可以说,悲剧是酒神精神和日神精神统一的产物。尼采说:"我们在悲剧中看到两种截然对立的风格:语言、情调、灵活性、说话的原动力,一方面进入酒神的合唱抒情,另一方面进入日神的舞台梦境,成为彼此完全不同的表达领域。"①他还更深入地从世界观的角度探讨悲剧起源于一种古典的"秘仪学说"。他说:"认识到万物根本上浑然一体,个体化是灾祸的始因,艺术是可喜的希望,由个体化魅惑的破除而预感到统一将得以重建。"②

正是因为悲剧起源于酒神精神,所以悲剧才具有一种"形而上的慰藉"的效果,从而使之成为人的特有的生存状态。在悲剧效果上,亚里士多德提出著名的"卡塔西斯理论",也就是悲剧通过特有的怜悯与恐惧达到特有的"陶冶"。黑格尔曾提出著名的"永恒正义胜利说"。尼采则另辟蹊径,提出了著名的"形而上慰藉说"。他说:"每部真正的悲剧都用一种形而上的慰藉来解脱我们:不管现象如何变化,事物基础之中的生命仍是坚不可摧的和充满快乐的。"③这种悲剧效果论也不同于叔本华的悲剧观。叔本华的悲剧观是由否定因果律的"个体化原理"导致对于意志的否定,引向悲观主义。而尼采则由对"个体化原理"的否定导致对意志的肯定,引向乐观主义。这是在现象的不断毁灭中指出生存的核心是生命的永生。尼采以古希腊著名悲剧《俄狄浦斯王》为例说明:"一个更高的神秘的影响范围却通过这行为而产生了,它把一个新世界建立在被推翻的旧的废墟之上。"④从哲学的层面来说,这实际上是个人的无限痛苦和神的困境"这两

---

① [德]尼采:《悲剧的诞生》,第34页。
② 同上书,第42页。
③ 同上书,第28页。
④ 同上书,第36页。

个痛苦世界的力量促使和解,达到形而上的统一"①。因此,这是一种更高层次的超越个别的统一和慰藉,从深层心理学的角度来讲也是一种由非理性的酒神精神移向形象的"升华"。尼采说道:"这种因悲剧性所生的形而上快感,乃是本能的无意识的酒神智慧向形象世界的一种移置。"②由此可知,这里所谓形而上的统一,不是现象世界的统一,也不是道德世界的统一,而是审美世界的统一。而所谓形而上的慰藉从根本上来说也不是现象领域、道德领域和哲学领域的慰藉,而是美学领域具有超越性的形而上的慰藉,是一种具有蓬勃生命力的酒神精神的胜利。这说明,形而上慰藉是一种具有本体意义的酒神精神的审美的慰藉,也是审美世界观的确立,人的生存意义的彰显。

综上所述,尼采敏锐地感受到资本主义现代文明已经暴露出的对于人性压抑、扭曲的弊端,因而大力倡导一种以酒神精神为核心的悲剧美学。如果说,叔本华仍然保留着较多的传统美学的痕迹,那么尼采则将非理性的生命意志哲学—美学理论贯彻到底,完成了由传统到现代的过渡,成为新世纪哲学—美学的真正的先行者,尤其是成为新世纪人文主义美学的先驱,为精神分析主义、存在主义等哲学—美学理论奠定了基础。

三

克罗齐是当代意大利著名美学家,生活的年代是1866年至1952年,最主要的美学论著《美学原理》出版于1902年。他是继叔本华与尼采之后突破西方古典和谐美和认识论主客二分思维模式并取得重要成就的当代美学家。他在20世纪开始之际建立了美是非理性的情感显现这一表现论美学理论体系,从而成为20世纪西方当代美学的旗帜。他的美学思想对

---

① [德]尼采:《悲剧的诞生》,第38页。
② 同上书,第70页。

于当代美育理论的贡献是突出地强调了艺术的情感表现性特征和相异于认识、道德的独立地位,从而有力论证了美育的不可取代性。

第一,美学是直觉的科学

克罗齐说:"美学只有一种,就是直觉[或表现的知识]的科学。"①这一对于美学的界说既不同于鲍姆加通的"美是感性认识的科学",也不同于黑格尔的"美是艺术哲学"等等有关美的界说,充分反映了他不同于德国古典美学的非理性主义倾向。他认为,直觉包含物质与形式两个方面的内容。所谓物质即"感受",属于直觉界线以下的无形式部分,被动的兽性。而所谓形式即为心理的主动性,可克服物质的被动性与兽性,赋予感受以形式,使之成为具体的形象,被人们所认识。但这种克服不是消灭,而只是一种"统辖"。他还突出地强调了审美与艺术的"意象性"特点。他说:"意象性是艺术固有的优点:意象性中刚一产生出思考和判断,艺术就消散,就死去。"②

第二,艺术即直觉的表现

这是克罗齐美学思想的核心命题,明显地区别于亚里士多德的"美是和谐"、康德的"美是无目的的合目的性形式"、黑格尔的"美是理念的感性显现"等等命题。他说,"直觉是表现,而且只是表现[没有多于表现的,却也没有少于表现的]"③。这样,将直觉与表现完全等同,将艺术完全局限于艺术想象阶段,归结为纯个人的艺术想象活动,就是克罗齐美学的基本观点,决定了他的其它一系列美学观点。这一观点一方面决定了他将艺术与无意识的情感显现紧密相连,有其突破传统的合理性。同时,也决定了他仅仅将艺术局限于纯个人的想象阶段,同赋予其物质形式的创作活动

---

① [意]克罗齐:《美学原理 美学纲要》,朱光潜译,外国文学出版社 1983 年版,第 21 页。
② 同上书,第 217 页。
③ 同上书,第 18 页。

无关。而且,也决定了他将艺术创作与艺术欣赏完全等同。这显然是不符合艺术活动的规律。

第三,艺术独立论

克罗齐突出地强调了艺术的独立性。他认为,如果艺术没有独立性,其内在价值就无从说起,这关系到"艺术究竟存在不存在"这一关系到艺术存亡的关键性问题。他认为,如果前一种活动依赖于后一种活动,那么事实上前一种活动就不存在。他说:"如果没有这独立性,艺术的内在价值就无从说起,美学的科学也就无从思议,因为这科学要有审美事实的独立性为它的必要条件。"①他阐述艺术独立论的主要理论根据是其"精神哲学"理论。他把精神作为世界的本原,提出"意识即实在"的命题。他又把心灵活动分为知与行,即认识与实践两个度。认识分为直觉与概念两个阶段;实践分为经济与道德两个阶段。直觉是其心灵活动的起始,产品为个别意象,哲学的门类即为美学。直觉为其后的概念、经济、道德等活动提供了基础,后者包括前者,但前者却可离开后者而独立。这种精神哲学的理论就为他的艺术绝对独立性提供了理论的依据。他认为,艺术离逻辑而独立。他说:"一个人开始作科学的思考,就已不复作审美的观照。"②他还认为,艺术离开效用而独立。他说:"就艺术之为艺术而言,寻求艺术的目的是可笑的。"③他也要求在艺术活动中完全废止道德的因素,"完全采取美学的,和纯粹艺术批评的观点"④。

总之,克罗齐的艺术即直觉的表现的美学理论成为西方20世纪人本主义美学思潮的重要开端与代表,对整个西方20世纪美学与美育的发展产生极为重要的影响。

---

① [意]克罗齐:《美学原理 美学纲要》,朱光潜译,第126页。
② 同上书,第44页。
③ 同上书,第60页。
④ 同上书,第61页。

四

杜威生活的年代为1859年至1952年,他是20世纪美国著名的哲学家、教育家和心理学家。从1894年开始,他与他的学生们组成美国实用主义的重要学派——芝加哥学派,产生极大影响。1931年,杜威应哈佛大学之邀前往举办演讲会,作了一系列题为"艺术哲学"的演讲,后编成《艺术即经验》一书,于1934年出版。这本书集中阐释了其实用主义美学思想,构建了当代最具美国特点的美学理论体系。杜威在本书中以艺术即经验为核心观点,全面论述了艺术与生活、艺术与人生、艺术与科学、内容与形式等一系列重要问题。他将美国资产阶级的民主观念与商业观念贯注于其经验论美学之中,将艺术从高高的象牙之塔拉向现实的社会人生,对于当代,特别是我国的美学与美育建设产生过重要影响。

第一,经验自然主义的美学研究方法

要掌握杜威的艺术即经验的实用主义美学思想,首先要了解其经验自然主义的美学研究方法。经验自然主义的方法就是实用主义的方法,也就是一种重效果、重行动的特有的当代美国式的方法。这种方法当然同18世纪英国经验派的理论有继承关系,但它主要产生于美国特有的拓荒时代,与当时所遵循的实业第一的原则、效率首位的教育、利益取向的政治,以及19世纪以达尔文进化论为代表的科技发展及其强调实证的观点相一致。对于这种方法,杜威将其看作是一种"哲学的改造",旨在突破古希腊以来,特别是工业革命以来的理性主义和本质主义传统,以及主客二分的思维模式。杜威认为,这种方法立足于突破古希腊以来由主奴对立所导致的知识与实用的分裂。他试图通过经验对二者加以统一,这是杜威实用主义哲学与美学的最重要的贡献和最富启发性之处,但长期以来没有引起足够的重视。

首先是主观唯心主义的经验论。该理论对其哲学与美学的核心概念"经验"作了主观唯心主义的界说。他突破传统的主客二分方法,将经验界定为主体与客体的合一、感性与理性的合一,以此与传统的二元论划清界限。而他的经验论又与自然主义的实践观紧密相连。这里所说的"实践"是作为有机体的人为了适应环境与生存所进行的活动。他说,"经验是有机体与环境相互影响的结果"。其次,他以生物进化论作为其重要理论基础。杜威将达尔文的生物进化论,特别是"适者生存"理论作为自己的哲学与美学的理论基础。这种对于人与环境适应的强调固然有生物进化论的弊端,但十分重要的是将人的生命存在放在突出的位置,因此也可以说这是一种"自然主义的人本主义"[Naturaliatic Humanism]。再就是工具主义的方法论。杜威主张"真理即效用"的真理观,这就是一种工具主义的理论。在此基础上,他又将其改造为控制环境的一种工具。他说:"对环境的完全适应意味着死亡。所有反应的基本要点就是控制环境的欲望。"①这种控制就是朝着一定的目标对环境运用"实验的方法"进行的一种"改造"。所谓"实验的方法"就是对"逻辑的方法"的一种摒弃,采取假定—实验—经验的解决问题的路径。这就是一种实验的工具主义的方法。在《艺术即经验》之中,这种工具主义方法的具体运用就是采用一种与本质主义方法相对的"描述"的方法。也就是一种"直观的"、"直接回到事实"的方法。杜威将艺术界定为"经验",就是一种抓住其最基本事实的"描述",虽不尽准确,但却具有极大的包容性。

第二,艺术即经验论

"艺术即经验"是杜威美学思想的核心命题。他的《艺术即经验》一书的主旨就是恢复艺术与经验的关系,"把艺术与美感和经验联系起来"。这就是所谓西方当代美学的"经验转向",将艺术由高高在上的理性拉向现实的生活实践与生活经验。首先,杜威认为艺术的源泉存在于经验之中。

---

① 转引自威尔·杜兰特《哲学的故事》,文化艺术出版社 1991 年版,第 532 页。

他说,"艺术的源泉存在于人的经验之中"①。而艺术的任务就是恢复审美经验与日常经验的联系。他说,艺术哲学的任务"旨在恢复经验的高度集中与被提炼加工的形式—艺术品—与被公认为组成经验的日常事件、活动和痛苦经历之间的延续关系"②。这种对于艺术经验与日常经验延续关系的探讨,正是杜威式的美国资产阶级民主在审美与艺术领域中的表现。它打破了文学艺术的精英性和神秘性,而将其拉向日常生活与普通大众。杜威特别强调审美经验的直接性,认为这是美学所必需的东西。他说:"美学所必需的东西:即审美经验的直接性。不是直接的东西便不是审美的,这点无论怎样强调都不算过分。"③由此,他反对在艺术欣赏中过分地强调联想,因其违背审美经验直接性的原则。同时,他也反对从古希腊开始的将审美经验仅仅归结为视觉与听觉的理论,而将触觉、味觉与嗅觉等带有直接性的感觉都包含在审美的感觉之内。他说:"感觉素质,触觉、味觉也和视觉、听觉的素质一样,都具有审美素质。但它们不是在孤立中而是在彼此联系中才具有审美素质的;它们是彼此作用,而不是单独的、分离的素质。"④既然审美经验与日常经验有着延续的关系,那么审美经验与日常经验的区别在哪里呢?杜威认为,审美经验不同于日常经验之处就是它是一种"完整的经验",因而构成"理想的美"。他说:"把对过去的记忆与对将来的期望加入经验之中,这样的经验就成为完整的经验,这种完整的经验所带来的美好时期便构成了理想的美。"⑤这种完整经验的理想的美具体表现为有序、有组织运动而达到的内在统一与完善的艺术结构。杜威认为,这个完整的经验以现在为核心,将过去与将来交融在一起,使人

---

① 伍蠡甫主编:《现代西方文论选》,上海译文出版社1983年版,第218页。
② 同上书,第217页。
③ 伍蠡甫、胡经之主编:《西方文艺理论名著选编》下卷,北京大学出版社1987年版,第23页。
④ 同上书,第25页。
⑤ 伍蠡甫主编:《现代西方文论选》,第226页。

达到与环境水乳交融的境界,从而使人成为"真正活生生的人"。这就是一种处于审美状态的人和审美的境界,"这些时刻正是艺术所特别强烈歌颂的"①。艺术即"活生生的人"的"完整的经验",是"理想的美"。这就是杜威对于"艺术即经验"的中心界说。正因为杜威把经验界定为人作为有机体生命的一种生机勃勃的生存状态,所以他认为老是不断的变动和完结终止都不会产生美的经验,而只有变动与终止、分与合、发展与和谐的结合才能产生美的经验。因此,"需要—阻力—平衡"成为审美经验的基本模式。他说:"我们所实际生活的世界,是一个不断运动与达到顶峰、分与合等相结合的世界。正因为如此,人的经验可以具有美。"②这种分与合的结合,实际上是人与周围环境由不平衡到平衡、由不和谐到和谐的过程。他说:"生命不断失去与周围环境的平衡,又不断重新建立平衡,如此反复不已,从失调转向协调的一刹那,正是生命最剧烈的一刹那。"③这也就是美的一刹那。由此可见,杜威的美论是一种主体与环境由不平衡到平衡的过程中所产生的强烈的,同时也是完整的审美经验,即生命的体验。正是从艺术即经验的基本界说出发,杜威主张"艺术成品,是艺术家和读者、观众、听众之间的联系物"④。他认为,艺术品只有在创造者之外的人的经验中发生作用,或者说被接受,才是完整的。他甚至认为即便在艺术创作过程中,艺术家也应该将自己化身为读者与观众,像了解自己的孩子一样与自己的作品一起生活,掌握其意义,这时"艺术家才能够说话"⑤。这就说明,杜威较早地在自己的美学体系之中触及接受美学问题。杜威的实用主义的工具主义在其美学理论中的表现,就是他认为艺术与其它经验一样

---

① 伍蠡甫主编:《现代西方文论选》,第 227 页。
② 同上书,第 225 页。
③ 同上书,第 226 页。
④ 伍蠡甫、胡经之主编:《西方文艺理论名著选编》下卷,第 11 页。
⑤ 同上书,第 25 页。

都是具有工具性的。①而艺术经验的工具性的特点即为"在事情的结果方面和工具方面求得较好的平衡"。这也就是要求作为完整经验的美与作为工具性的善之间取得某种统一与平衡。

第三,艺术的内容与形式不可分论

杜威提出艺术的内容与形式的不可分,这是由其主客混合、感性与理性统一的自然主义经验思想所决定的。在他看来,内容与形式是任何艺术的最基本的要素,两者之间的关系是美学研究的核心课题之一。因此,他在《艺术即经验》一书中列专章来讨论这一重要课题。他认为内容与形式不可分割,任何企图将两者分开的理论都是"根本错误的"②。他主张"内容与形式的直接混合",并认为"除了思考的时候而外,形式与内容之间是没有界线可分的"③。在杜威看来,在作品中内容与形式之分是相对的,而从欣赏的角度看内容与形式也是不可分的。审美经验本身也是内容与形式的高度统一,而其最后的根源则是自然主义的经验论。他认为,从自然主义经验论来看人与环境的和谐平衡这个最根本的自然的生物的规律必然要求审美的艺术经验中内容与形式不可分。当然,从总的方面来说,杜威本人还是倾向于形式的。他认为,审美经验就是"把经验里的素材变为通过形式而经过整理的内容",起关键作用的还是主体,是主体通过形式对素材的整理,从而使其成为内容。这就是理性主义的工具主义在艺术理论中的体现。

总之,杜威运用新的实用主义方法突破了传统美学与艺术理论,提出"艺术即经验"的重要命题,回应了20世纪新时代提出的一系列新的课题,并产生广泛影响。他在《经验与自然》一书的序言中说道,"本书中所提出的这个经验的自然主义方法,给人们提供了一条能够使他们自由地接

---

① [美]杜威:《经验与自然》,傅统先译原序,商务印书馆1960年版,第8页。
② 伍蠡甫、胡经之主编:《西方文艺理论名著选编》下卷,第35页。
③ 同上书,第14页。

受现代科学的立场和结论的途径"①。这就是杜威借助实用主义方法对审美与艺术所进行的全新的阐释。他破除西方古典美学中艺术与生活、内容与形式两极对立的观点，而以经验为纽带将其紧密相连，突破传统二元对立的纯思辨方法，成为其美学与艺术理论中的精彩之点，形成新的实用主义美学流派，产生广泛影响。事实证明，杜威是20世纪初期美国最有影响的美学家，他的美学是一种改变了美国艺术家思维方式的理论，多数美国的美学家和艺术家都承认，不了解杜威美学就不会了解战后美国的美学和艺术所发生的深刻变化。

五

弗洛伊德是奥地利著名的精神病学家，精神分析学派的创始人，生活于1856年至1936年。他的以潜意识发现为特点的深层心理学在现代人类文化史上具有很大的影响，渗透于当代西方哲学、教育学、心理学、伦理学、社会学与美学等各个领域。可以说，弗洛伊德的深层心理学从根本上改变了人们对自身行为的看法，使人们认识到决定人的行为的并不完全是意识，还有并不被人们所了解的潜意识，这就为包括美育在内的人的教育与人格的培养提供了新的思想维度。它告诉我们，美育不能忽视精神分析心理学，也不能不将弗洛伊德有关潜意识升华的文化与美学理论放到自己的视野之中。弗洛伊德的潜意识升华的文化与美学理论是建立在他的精神分析心理学的基础之上的。他的精神分析心理学包括心理结构理论、人格结构理论与心理动力理论等。所谓心理结构理论是指他认为人的心理结构应分为意识、前意识与潜意识三个层次，而作为人的本能的潜意识是最原始、最基本与最重要的心理因素。所谓人格结构理论是指他认为人的人格结构也分为超我、自我与本我三个层次，其中"本我"是人格的原

---

① [美]杜威：《经验与自然》，傅统先译原序，商务印书馆1960年版，第3页。

始基础和一切心理能量的源泉。所谓心理动力理论是指他认为人的心理过程是一个动态系统,以本能作为一切社会文化活动的能量源泉,成为其终极因。正是在以上理论的基础上弗氏建立了自己的"原欲升华"的美学与美育理论。

第一,艺术创作的源泉在"原欲"

弗洛伊德认为,艺术创作的源泉是"原欲"。他说"艺术活动的源泉之一正是必须在这里寻觅"①。又说,"我坚决认为,美的观念植根于性的激荡"②。这里所说的"原欲"[Libido]是一种广义上的能带来一切肉体愉快的接触。他认为,"力比多"同饥饿一样是一种本能的力量,即为"性驱力",是人的一种"潜能",是生命力的基础,处于心理的最深层,人的一切行为都是它的转移、升华和补偿。弗洛伊德认为"原欲"在人身上集中地表现为"俄狄浦斯"的"恋母情结"和"爱兰克拉"的"恋父情结"。所谓"情结"即是压抑在潜意识中的性欲沉淀物,实际上是一种心理的损伤,即是未曾实现的愿望。弗洛伊德认为,这种"恋母"和"恋父"情结经过变化、改造和化装,供给诗歌与戏剧以激情,成为艺术作品的源泉。

第二,原欲的实现经过了发泄与反发泄的对立过程

弗洛伊德不仅将艺术创作的源泉归结为"原欲",而且进一步从动态的角度描述了原欲实现的过程。他认为这就是对于心理现象的动力学研究。他认为,心埋现象都表现为两种倾向的对立:能量的发泄与反发泄的对立与斗争。所谓"发泄"即指本我要求通过生理活动发泄能量,而所谓"反发泄"即指自我与超我将能量接过来全部投入心理活动。这种情形就是超我、自我与本我之间的"冲突"。这就使原欲处于受压抑状态,得不到实现,从而形成对痛苦情绪体验的焦虑,长此以往就可形成神经疾病。而艺术创作就是冲突的解决,给原欲找到一条新的出路。

第三,升华——原欲实现的途径

---

①② 转引自叶果洛夫《美学问题》,上海译文出版社1985年版,第305页。

弗洛伊德认为,要使人们摆脱心理冲突,从焦虑中挣脱出来,有许多途径,"移置"即为其中之一。所谓"移置"即指能量从一个对象改道注入另一个对象的过程。因而,移置就必然寻找新的替代物代替原来的对象;如果替代对象是文化领域的较高目标,这样的"移置"就被称为"升华"。弗洛伊德说,所谓升华作用即是"将性冲动或其他动物性本能之冲动转化为有建设性或创造性的行为之过程"①,艺术即是这种原欲升华之一种。他认为,艺术的产生并不是纯粹为了艺术,其主要目的在于发泄那些在今日已经被压抑了的冲动。这是原欲对于新的发泄出口的选择,其作用则在于通过心理的发泄不使其因过分积聚而引起痛苦。他说:"心理活动的最后的目的,就质说,可视为一种趋乐避苦的努力,由经济的观点看来,则表现为将心理器官中所现存的激动量或刺激量加以分配,不使他们积储起来而引起痛苦。"②弗洛伊德认为,这就证明原欲为人类的文化、艺术的创造带来了无穷的能量,从而为人类文化艺术的发展作出了很大的贡献。他说:"研究人类文明的历史学家一致相信,这种舍性目的而就新目的的动机及力量,也就是升华作用,曾为文化的成就,带来了无穷的能源。"③又说:"我们认为这种性的冲动,对人类心灵最高文化的、艺术的和社会的成就作出了最大的贡献。"④

现在看来,弗洛伊德这种将力比多看作一切社会文化活动的根本动力的泛性主义显然是片面的。但他承认了潜意识的原欲是人类社会文化活动的根源之一,并将其途径概括为"升华"的观点,应该说是很有见地的。他的这种"舍性目的而就新目的"的理论与批评实践,无疑是对艺术育人作用的新的概括,是对当代美学和美育理论与实践的丰富。

---

① [奥]弗洛伊德:《爱情心理学》,作家出版社 1986 年版,第 145 页。
② [奥]弗洛伊德:《精神分析引论》,商务印书馆 1986 年版,第 300 页。
③ [奥]弗洛伊德:《爱情心理学》,第 59 页。
④ [奥]弗洛伊德:《精神分析引论》,第 9 页。

六

马丁·海德格尔是20世纪最有影响的西方哲学家与美学家之一,生活于1889年至1976年。他出生于德国的默斯基尔希,在弗莱堡大学学习神学和哲学,1914年获博士学位,先后在马堡大学和弗莱堡大学任教,主要著作有《存在与时间》、《林中路》与《荷尔德林诗的阐释》等。海氏是当代存在主义哲学与美学的最重要代表,终生思考资本主义现代性与传统哲学的诸多弊端,着力阐发其基本本体论哲学与美学思想。他的基本本体论实际上是对传统本体论的一种反思与批判。他认为传统本体论的最主要弊端是混淆了存在与存在者的关系从而遗忘了存在,而他则将两者区分开来。他认为,所谓存在者就是"是什么",是一种在场的东西;而所谓存在则是"何以是",是一种不在场。他认为在存在者中最重要的是"此在",即人,这是一种能够发问存在的存在者。"此在"的特点是一种"在世",既是处于一种"此时此地"之中,而且此在之在世是处于一种被抛入的状态,其基本状态就是"烦"、"畏"和"死"。海氏的哲学与美学有一个前后期的区分,大体以1936年为界,前期有明显的人类中心倾向,后期则逐步转入生态整体观。海氏的哲学与美学理论直接面对当代资本主义社会制度和工具理性膨胀之压力下的人的现实生存状态,提出审美乃是由遮蔽到解蔽的真理的自行显现,是走向人的诗意地栖居。他在1936年所写《荷尔德林和诗的本质》一文中引用了荷尔德林的诗"充满劳绩,然而人诗意地栖居在这片大地上"。他认为荷尔德林在此说出了"人在这片大地上的栖居的本质","探入人类此在的根基"[①]。海氏的这一论述及其有关的理论思想具有重要的理论价值与现实意义,影响深远,对于当代美学与美育建设无疑都是非常重要的理论资源。

---

① [德]马丁·海德格尔:《荷尔德林诗的阐释》,第46页。

第一,艺术就是自行置入作品的真理

海氏突破传统认识论理论中有关真理的符合论思想,从其存在论现象学出发将真理看作存在由遮蔽到解蔽的自行显现,而这也就是美与艺术的本源。他说:"艺术作品以自己的方式敞开了存在者的存在。这种敞开,就是揭示,也就是说,存在者的真理是在作品中实现的。在艺术作品中,存在者的真理自行置入作品。艺术就是自行置入作品的真理。"①海氏面对资本主义深重的经济与社会危机、社会制度的诸多弊端与工具理性的重重压力、人的极其困难的生存困境,思考人的存在之谜,探问人是什么,人在何处安置自己的存在。他认为工具理性的膨胀已经使人类处于技术统治的"黑暗之夜"。他说:"这片大地上的人类受到了现代技术之本质连同这种技术本身的无条件的促逼,去把世界整体当作一个单调的、由一个终极的世界公式来保障的、因而可以计算的储存物来加以订造。"②因此,人的存在只有突破资本主义社会制度和工具理性的重重压力,才能由遮蔽走向敞开,实现真理的自行置入,人才得以进入审美的生存境界。

第二,人诗意地栖居于这片大地上

"人诗意地栖居于这片大地上"是海氏对诗和诗人之本源的发问与回答。艺术何为?诗人何为?海德格尔回答说,它就是要使人诗意地栖居于这片大地上。他认为诗人的使命就是在神祇[存在]与民众[现实生活]之间,面对茫茫黑暗中迷失存在的民众,将存在的意义传达给民众,使神性的光辉照耀宁静而贫弱的现实,从而营造一个美好的精神家园。海氏认为在现代生活的促逼之下人失去了自己的精神家园,而艺术应该使人找到自己的家,回到自己的精神家园。同时,"人诗意地栖居于这片大地上"也是海氏的一种审美的理想。他所说的"诗意地栖居"是同当下"技术地栖

---

① 转引自朱立元主编《现代西方美学史》,上海文艺出版社1993年版,第530页。

② [德]马丁·海德格尔:《荷尔德林诗的阐释》,第22页。

居"相对立的。所谓"诗意地栖居"就是要使当代人类抛弃"技术地栖居",走向人的自由解放的美好的生存。

第三,天地神人四方游戏说

海氏后期突破人类中心主义的束缚,走向生态整体理论,被称为"生态主义的形而上学家",最著名的就是他所提出的"天地神人四方游戏说"。他在《荷尔德林的大地与天空》一文中指出:"于是就有四种声音在鸣响:天空、大地、人、神。在这四种声音中,命运把整个无限的关系聚集起来。"①海氏的"四方游戏说"包含了极其丰富的内容。四方中之"大地",原指地球,但又不限于此,有时指自然现象,有时指艺术作品的承担者。而"天空"则指覆盖于大地之上的日月星辰,茫茫宇宙。而所谓"神",实质是指超越此在之存在。而所谓"人",海氏早期特指单纯的个人,晚期则拓展到包含民族历史与命运的深广内涵。所谓"四方"并非是一种实数,而是指命运之声音的无限关系从自身而来的统一形态。"游戏"是指超越知性之必然有限的自由无限。海氏甚至用"婚礼"来比喻"四方游戏"之无限自由性。这无疑是对其早期"世界与大地争执"之人类中心主义的突破,走向生态整体理论。正是通过这种四方世界的游戏与可靠持立,存在才得以由遮蔽到解蔽,走向澄明之境,达到真理显现的美的境界。海氏认为:"在这里,存在之真理已经作为在场者的闪现着的解蔽而原初地自行澄明了。在这里,真理曾经就是美本身。"②

由此可见,在海氏的美学理论中,四方游戏、诗性思维、真理显现、美的境界与诗意地栖居都是同格的。这就是他后期的美学思想中不仅包含着深刻的当代存在论思想,而且包含着深刻的当代生态观的缘由。这正是他以诗性思维代替技术思维、以生态平等代替人类中心、以诗意栖居代替技术栖居的必然结果。

---

① [德]马丁·海德格尔:《荷尔德林诗的阐释》,第 210 页。
② 同上书,第 198 页。

七

现象学哲学兴起于20世纪初的德国，其创始人是德国的胡塞尔[1859-1938]。胡塞尔并未建立自己的美学体系,但他的现象学方法和理论对美学产生极大的影响。他提出了一个著名的现象学口号:回到事物本身。他所说的"事物"并不是指客观存在的事物,而是指呈现在人的意识中的东西,他称这些东西为"现象",所以"回到事物本身"就是回到现象,回到意识领域。他认为,哲学研究以此为对象就能避免心物二分的二元论。而要"回到事物本身"就要抛弃传统的思维模式,采取现象学的"还原法",也就是将通常的有关主体和客体的判断"悬搁"起来,加上括号,存而不论。他认为,通过这种"现象学还原"就能直觉到纯意识的"意向性"本质。所谓"意向性"即指意识总是指向某个对象,因而世界离不开意识。这是一种用"整体性意识"反对传统主客二分思维模式的现代哲学方法,具有重要的影响和意义,对于美学也有着直接的借鉴作用。胡塞尔说,"现象学的直观与'纯粹'艺术中美学直观是相近的",艺术家"对待世界的态度与现象学家对待世界的态度是相似的——当他观察世界时,世界对他来说成为现象"①。将这种现象学方法较好地运用于美学的,是法国的杜夫海纳[1910-]和波兰的英加登[1893-1970]。特别是杜夫海纳于1953年所著《审美经验现象学》,成为西方现代审美经验现象学理论和方法的奠基之作,具有重要的美学理论创新意义。他们的研究开创了审美经验现象学的方法,这种方法直接借鉴现象学之"回到事情本身"、"本质还原"、"意向性"与"悬搁"等等基本原则。杜夫海纳指出:"我们敢说,审美经验在它是纯粹的一瞬间,完成了现象学的还原。对世界的信念被暂时中止了,同时任何实践的或智力的兴趣都停止了。说得更确切一些,对主体而言,唯一

---

① 倪梁康选编:《胡塞尔选集》下卷,第1203页。

仍然存在的世界并不是围绕对象的或在对象后面的世界,而是——属于审美对象的世界。"①

具体来说,审美经验现象学方法有这样几个基本内涵。

第一,审美态度的改变性

英加登在论述审美经验时专门阐述了由日常经验到审美经验的转化过程,也就是审美经验兴起的前提。他认为最重要的凭借是由日常态度到审美态度的转变。他将此称作是"预备审美情绪"。他认为,人们在面对一个对象时一开始常会选取一种功利的现实态度,而一旦为对象特有的色彩、节奏、形状等美学特质所打动,唤起一种特有的"预备审美情绪",就会中断对于周围物质世界的日常经验活动,进入一种精力空前集中的审美经验状态,这就是由日常态度到审美态度的转变。这种"预备审美情绪"对于由日常经验过渡到审美经验起到决定性的改变作用。英加登指出:"预备情绪最重要的功能是改变我们的态度,亦即使我们对待日常经验的自然态度变成特殊的审美态度。"②

第二,审美知觉的构成性

审美知觉的构成性是对审美经验兴起的阐述。现象学美学将主体的意向性作用放到非常突出的地位,认为审美对象是主体凭借审美知觉在意向中构成的结果。杜夫海纳指出:"简言之,审美对象是作为被知觉的艺术品。这样,我们就必须确定它的本体论地位。审美知觉是审美对象的基础,但那是在公平对待它即在服从它的时候才是这样。"③例如,一件艺术作品,尽管是一种举世公认的客观存在,但只有在鉴赏者通过审美的知觉对其进行鉴赏时这件艺术品才能成为审美对象,这就是审美知觉的构成

---

① 转引自蒋孔阳、朱立元主编《西方美学通史》第六卷,上海文艺出版社1999年版,第449页。
② [美]李普曼:《当代美学》,光明日报出版社1986年版,第293页。
③ [法]杜夫海纳:《审美经验现象学》,文化艺术出版社1996年版,第8页。

性。杜夫海纳指出,一旦美术馆关门,最后一位参观者离开,那么,这件艺术作品就不再作为审美对象而存在,只能作为作品或可能的审美对象而存在。

第三,审美想象的填补性

审美想象的填补性是对于审美经验完善性的论述。英加登在其审美经验现象学中提出了"未定域"与"具体化"两个十分重要的概念。所谓"未定域"即指没有被作品加以确定的方面,例如我们面对一件雕塑作品,人物的身份、动作等都需要通过鉴赏者的想象加以艺术的补充。而"具体化"是指鉴赏者在鉴赏过程中通过"意向性"对于作品进行再创造的过程,包括对于原作某些缺陷的弥补,都需要通过审美的想象进行。英加登在谈到这一点时以雕塑《维纳斯》为例说明。他指出:"在审美态度中,我们不知不觉地完全忘怀了肢体的残缺,断掉的臂膀。一切都发生了奇妙的变化。在这种方式'观看'下的整个对象完美无缺,甚至因为双臂未曾出现在人们的视野里而更富魅力。"①

第四,审美价值的形上性

审美价值的形上性是对于审美经验内涵提升的论述,包含着浓郁的人文精神。众所周知,审美经验现象学所说的审美经验是不同于英国感性派美学的纯感性的经验的,而是包含着形而上的超验的内容,具有一种追求人的美好生存的价值取向。英加登和杜夫海纳都不约而同地谈到这一点。杜夫海纳指出:"赋予审美经验以本体论的意义,就是承认情感先验的宇宙论方面和存在论方面都是以存在为基础的。也就是说,存在具有它赋予现实的和它迫使人们说出的那种意义。审美经验之所以阐明现实是因为现实是作为存在的反面——人是这种存在的见证——而存在的。"②这就是说,审美经验之所以阐明现实是为了现实之后人的存在得以显现,因

---

① [美]李普曼:《当代美学》,第 287 页。
② [法]杜夫海纳:《审美经验现象学》,第 581 页。

此审美经验现象学之本体论意义就是走向人的诗意地栖居,这已同当代存在论美学相融合。

审美经验现象学以审美与现象学的相近性将审美提到了哲学世界观的高度,力主在当下的现实情况下确立一种既重视主体感觉又包含尊重他者的"间性"、既注重审美知觉又重视超越性"存在"的具有某种"悬搁"的现象学审美态度,这是对于当代审美教育的重要概括和启示。

八

伽达默尔是当代德国最著名的阐释学哲学家和美学家,生活于1900年至2002年,是胡塞尔和海德格尔的学生。他先后任教于马堡大学、莱比锡大学、法兰克福大学和海德堡大学,1960年出版代表性论著《真理与方法》,标志着当代阐释学哲学的诞生。本书的副题为"哲学解释学的基本特征",从艺术、历史与语言三个部分阐释"理解"的基本特征。书名《真理与方法》,实际上指的是在真理与方法之间进行选择。伽氏的选择是,超越启蒙主义以来理性主义的科学方法而从阐释学理论出发去探寻真理的经验。本书的最重要贡献是在胡塞尔现象学和海德格尔阐释学的基础上进一步完善与发展了现代阐释学哲学理论,并将之用于美学领域,提出美学实际上归属于阐释学的重要命题。

第一,美学的阐释学哲学原则

伽氏的现代阐释学是对西方古代阐释学理论继承发展的结果,特别是对德国生命哲学家狄尔泰客观主义阐释学和海德格尔存在论此在阐释学继承发展的结果。但它又有着自己鲜明的特点:第一,在对待理解者"偏见"的态度上,传统阐释学是将其看作消极因素而力主消除,但伽氏则将其看作积极有益的视界,是一种"前见";第二,在阐释学循环方面的不同含义。传统阐释学循环是部分与整体之间的解释循环,而伽氏则是"前见"

与理解之间的循环关系,具有本体的意义;第三,对于"解释"的不同理解。传统阐释学将解释看作方法,而伽氏则将其看作本体,提出"解释本体"的核心观点;第四,不同的真理观。传统阐释学是一种符合论的命题真理观,而伽氏的当代阐释学则是一种本体论的真理观,将"理解"作为此在之存在方式,其本身就是真理;第五,当代阐释学哲学原则是关系性、对话性、开放性和历史性。这也是传统阐释学所没有的。

第二,对艺术经验的解释

伽氏认为:"艺术的经验在我本人的哲学解释学中起着决定的,甚至是左右全局的重要作用。"①他以其当代阐释学理论对于艺术经验作了全新的阐释。他说,如果我们在艺术经验的关连中去谈游戏,那么,游戏是"指艺术作品本身的存在方式"②。也就是说,伽达默尔认为从艺术经验的角度审视游戏,游戏就是艺术作品本身的存在方式。他认为,游戏的特点首先是其特具的"此在"的本体性特征;游戏还具有游戏者与观者"同戏"的特点,这是艺术的本质,也是其人类学基础,人性特点之所在;再就是游戏还是一种"创造物",艺术家通过自己的艺术创造实现艺术的"转化",即由日常的功利生活转入审美的生活。最根本的是游戏具有一种"观者本体"基本特征。伽氏指出,"观者就是我们称为审美游戏的本质要素所在"③。他认为,艺术表现实质上是通过接受者的再创造使之获得艺术本身存在方式的过程。他认为,游戏只有在被玩时才具体存在,而作为具有游戏特点的艺术作品也只有在被观赏时才具体存在,也就是说只有依赖于观者的艺术经验艺术作品才具体存在。这种"观者本体"的作用表现在两个方面,一是只有通过观者的欣赏和创造,艺术才能超越日常功利进入

---

① 转引自蒋孔阳、朱立元主编《西方美学通史》第七卷,上海文艺出版社1999年版,第 230 页。
② [德]伽达默尔:《真理与方法》,第 146 页。
③ 同上书,第 186 页。

审美状态;二是只有通过"观者"的意向性构成作用才能使作品成为审美对象。这种对于观者构成功能的突出强调就使阐释论美学有别于认识论美学,也有别于完全不讲文本的"接受美学"。

伽氏认为,象征是艺术作品的显现方式。他说:"总之,歌德的话'一切都是象征'是解释学观念最全面的阐述。"①象征之所以成为艺术作品的显现方式,完全是由艺术作为游戏的非功利性质决定的。而这里所说的象征不是一物对于另一物的象征,而是指一物对于"存在"、"意义"的象征。由此形成巨人的"解释学空间",召唤理解者沉浸在"在与存在"本身的遭遇之中,体认那流逝之物中存在的意义。

因为伽氏以海德格尔的存在论现象学为其哲学基础,所以特别地重视艺术存在的时间特性问题。他认为,节日就是艺术存在的时间特性。时间性是阐释学美学不同于传统美学的重要内容,包含历史性、现时性与共时性等内涵。而节日庆典则是伽氏研究艺术经验时间性的重要对象。因为,庆典具有同时共庆性、复现演变性和积极参与性等等特点,由此区别于日常的经验进入特有的审美世界,并使作为阐释的艺术具有了现时性。这种节日庆典的狂欢共庆性进一步成为艺术的人类学根源。

第三,对艺术作品意义的理解

对于艺术作品意义的理解成为阐释学美学的核心。正是因为解释具有本体的性质,所以作品只有在解释中才能存在。而其中心问题是理解的历史性,主要包含"时间间距"、"视界融合"与"效果历史"等内容。

首先是"时间间距",指两次理解之间的差距。伽氏指出,"艺术知道通过其自身意义的展现去克服时间的间距。"②事实证明,只有通过两次理解的交流,出现新的理解才能消除时间的"间距"。在这里,关键是对前人

---

① 转引自王岳川《现象学与解释学文论》,山东教育出版社 1999 年版,第 223 页。

② [德]伽达默尔:《真理与方法》,第 244 页。

理解,也就是"前见"的态度。传统的所谓"客观重建说",是否定前见的。但伽氏却对前见总体上持一种肯定的态度,认为前见是一种重要的历史传统。在理解过程中通过对话对其进行过滤,去伪存真,消除时间间距,形成新的理解。

其次是"视界融合",指文本的原初视界与解释者现有视界的交融产生一种新的视界,更多地包含过去与现在、古与今对话交融之内涵。在这里,从"观者本体"的角度出发,视界交融的重点是解释者,是当下。

最后是"效果历史",指历史的真实与历史的理解相互作用产生的效果。伽氏指出:"一种正当的阐释学必须在理解本身中显示历史的真实。因此,我把所需要的这样的一种历史叫做'效果历史'。"①这里,重点是主体与客体的交融,通过理解消除两者的疏离,求得新的统一,主体与客体两者之间是一种互为主体的对话的关系。

第四,审美理解的语言性

语言是伽氏阐释学理论的三大领域之一,构成其美学思想的本体论基础。伽氏认为,所谓阐释学就是把一种语言转换成另一种语言,因而是在处理两种语言之间的关系。他认为审美理解的基本模式是一种对话,对话都需预先确定一种共同语言,同时也创造一种共同语言。而人则是一种具有语言的存在,通过艺术的语言,审美主体不仅理解了艺术作品,同时也理解了自身。

第五,关于审美教化

伽氏阐释学美学具有浓郁的人文色彩,他特别地强调了审美的教化。他说:"现在教化就是紧密地与文化概念连在了一起,而且首先表明了造就人类自然素质和能力的特有方式。"②这就将其阐释学美学引向文化,引向造就人类的素质的方向。而且,他充分论述了自席勒以来强调审美教

---

① [德]伽达默尔:《真理与方法》第二版序言,第 39 页注 1。
② 同上书,第 11 页。

育的重大意义。他说:"从艺术教育中形成了一个通向艺术的教育,对一个'审美国度'的教化,即对一个爱好艺术的文化社会的教化,就进入了道德和政治上的真正自由状态中,这种自由状态应是由艺术所提供的。"①在此,伽氏不仅深入论述了审美教化的内涵,而且论述了其导向道德和政治自由的巨大作用。将阐释学美学引向审美教化,又将审美教化强调到改造国家社会的高度,这恰恰表明了伽氏强烈的社会责任意识。

伽氏还论述了当代审美教化的特点。首先是审美观念的刷新直接影响到审美教化,这就是"对19世纪心理学和认识论的现象学批判"②。这种批判标志着当代审美观念的转型,要求从认识论转到现象学为哲学基础的当代阐释学美学的轨道上来。由此,在审美教化过程中突出了观者主体的作用和同戏共庆的人类学特征。再就是对于审美教化所凭借的艺术作品,伽氏也作了自己的阐释。那就是,他提出了"审美体验所专注的作品就应是真正的作品"这样的见解。所谓"真正的作品"就是目的、功能、内容、意义等非审美要素的撇开。也就是说,伽氏认为,真正的作品只能同审美体验相连,在游戏中存在,通过象征显现。在这里,伽氏对审美教化,即美育,作了阐释学的全新的理解。尽管伽氏的阐释学美学有着十分明显的主观唯心主义和相对主义的弊病,但其对美学和美育的全新理解却对我们深有启发。

九

德里达是当代法国最著名的哲学家和美学家之一。他生活于1930年至2004年,是当代著名的解构论哲学与美学的创立者与代表人物,也是当代最具震撼力的理论家之一。他出生于法属阿尔及利亚近郊的一个犹

---

① [德]伽达默尔:《真理与方法》,第119页。
② 同上书,第120页。

太家庭,19岁赴法进入著名的巴黎高师,师从黑格尔研究家伊波利特潜心攻读哲学史,受到萨特与加缪等存在主义哲学家的深刻影响。1960年任教于巴黎大学,1965年回巴黎高师教授哲学史。20世纪70年代起定期赴美讲学,影响日渐扩大。特别是美国耶鲁大学每年邀请德里达讲学并主持学术研讨会,一批美国优秀的青年学者都不同程度地接受解构论哲学与美学,并应用于批评实践,在全美乃至整个西方学术界引起巨大反响,被称为"耶鲁学派"。德里达于1966年在美国霍普金斯大学召开的"批评语言和人文科学国际座谈会"上发表"人文科学话语中的结构、符号和游戏"的重要学术演讲,使其一举成名。这篇演讲也被誉为当代解构理论的奠基之作。1967年,德里达出版《论文字学》、《书写与差异》与《言语与现象》三本著作,全面推出其解构主义哲学与美学理论。德里达的解构理论在当代哲学与美学领域产生极大影响和强烈震动,特别是其以"解构"作为核心范畴的解构论美学思想是美学领域的又一次重要的思想解放,具有发聋振聩的作用。

第一,德里达的解构理论

"解构"是德里达解构理论特有的哲学思维与理论观念。所谓"解构"[deconstruction],当然是针对着结构主义理论二元对立的稳定的思维模式。但它又不完全是颠覆,也不是简单地颠倒结构中双方的位置,而是反对任何形式的中心,否认任何名目的优先地位,消解一切本质主义的思维模式。"解构"是对一切"本体论"的批判和对一切"在场的形而上学"的超越。所谓"本体论"即为传统哲学中以一种物质的或精神的实体作为世界的本原,"解构论"则否认存在这种本源。因为,所谓"在场的形而上学"即是将上述实体作为现成的事物,作为本质。解构就是对这种现成的事物和本质的超越。"解构"也是对"逻各斯中心主义"的一种反拨。所谓"逻各斯",即希腊语"Logos",指语言、定义,泛指理性与本源,是一种关于世界客观真理的观念,是一种对于中心性的渴求。它也是自柏拉图以来的一种形而上学的二元对立,所谓内与外、初与始、中心与边缘都被一一区别对待,且中心决定边缘。解构论就是要打破这种传统的"逻各斯中心主义",力主消除中心、消除理性、消除"逻各斯"。

"解构"也是德里达所运用的特有的哲学思维方法。这是在传统理论中寻找其自身的"解构"因素,将其加以扩展,从而达到拆解这一理论体系的方法和路径,这也是一种以子之矛攻子之盾的从内部瓦解的方法。因此,解构并不丢弃结构,而是从结构的方法入手,进行一点一点的拆解。德里达本人便是从哲学史的研究入手进行解构的。

以上就是德里达"解构"理论的基本内涵,也是其哲学与美学理论的基本立场和方法。除了"解构"这一中心范畴之外,还有一个重要范畴就是"去中心"[decentrement]。"中心"本是传统"逻各斯中心主义"及结构主义理论的核心概念。德里达运用结构主义理论自身存在的悖论对其进行消解。他说:"中心可以悖论地被说成是既在结构内又在结构外,中心乃是整个整体的中心,可是既然中心不隶属于整体,整体就应当在别处有它的中心,中心因此也就并非中心了。"①就这样,德里达以中心既可在整体内又可在整体外的悖论消解了结构主义的中心理论。"去中心"是德里达的"解构"理论的重要内涵,使其哲学与美学理论走向开放性、相异性和多元性,从而为我们开辟了新的思想维度。

第二,论文字学——解构哲学与美学之经典

德里达的论文字学,即对传统文字学理论的研究,成为其解构理论实践的经典。德里达指出,文字成为一切语言现象的基础。他认为,从古代希腊以来由于逻各斯中心主义的统治形成语音中心主义,语音与文字的二元对立,语音对于文字的统治,文字成为"搬运尸体的工具"、"符号的符号"。他认为,这是一种二元对立,应该通过去中心消解这种二元对立。也就是通过对语音中心主义的解构,确立文字是一切语言现象之基础的观

---

① [法]雅克·德里达:《书写与差异》下册,三联书店2001年版,第503页。

念。德里达指出:"文字先于语言,而又后于语言,文字包含语言",文字"既外在于言语,又内在于言语,而这种言语本质上已经成了文字"①。在这里,德里达通过其解构理论对传统的语音中心主义进行了解构,提出文字是一切语言现象基础的重要观点。

同时,德里达还提出"文本之外无它物"的重要观点,这是他的语言理论,也是他的哲学与美学理论的核心观点。他说,根据文本中心观点,"我们认为文本之外空无一物"②。这就是说,解构理论通过不断的解构,对于"在场"的消解,最后只剩下"文本"——文字与符号,别无他物。这是一种对于意义和本源的解构,对于作者的"放逐"。

不仅如此,德里达还进一步对于西方的人种中心主义进行了批判,对于东方文化,特别是中国的汉字给予极大推崇,认为汉字是一种哲学性文字。德里达抨击索绪尔语言学特别推崇欧洲以拼音为特点的表音文字的倾向,他说,"我们有理由把它视为西方人种中心主义"③。他认为,"中文模式反而明显地打破了逻各斯中心主义"④。借用莱布尼茨的话来说,"汉字也许更具哲学特点并且似乎更多的理性考虑"⑤。

第三,解构哲学与美学的阅读理论

德里达的解构还是一种崭新的以子之矛攻子之盾的阅读理论。他首先提出,阅读就是辨认言语的"分延"。在这里需要先对"分延"这个概念作一个解释。"分延"是德里达自创的一个新词——"differance",是区分和推迟两个词的组合。他认为,一个词的意义并不像索绪尔所说的完全取决于它与其它词的差异,而是存在于它与其它词的交叠、贯串,从而使其意义的出现推迟,并且具有模糊性、多义性和边缘性,这就是所谓的"能指的滑

---

① [法]雅克·德里达:《论文字学》,上海译文出版社1999年版,第346页。
② 同上书,第63页。
③ 同上书,第235页。
④ 同上书,第35页。
⑤ 同上书,第115页。

动"。他认为阅读即辨认言语的"分延"。他说,阅读活动是"在言语中辨认文字,即辨认言语的分延和缺席"①。这是一种全新的解构理论阅读观,认为阅读不是把握作者的原意、文本的内涵和读者的视角,而是着眼于文本自身言语的"分延",在能指的滑动、意义的区分与推迟中辨认意义的交叉、模糊、流动与内在矛盾。也就是说,这种阅读实际上是一种解构,是求异而不是求同。

德里达还提出,解读文本就是对于痕迹的追随。这里,首先要解释一下"痕迹"这个解构理论中的范畴。在德里达看来,所谓"痕迹"既非自然的东西,也非文化的东西;既非物理的东西,也非心理的东西;既非生物的东西,也非具有灵性的东西。他说,"痕迹"是"无目的的符号生成过程得以可能的起点"②。也就是说,"痕迹"是意义解构后作为能指的符号得以自由滑动的起点;它既是起源的消失又是起源的未曾消失,因此"痕迹成了起源的起源"③。由此可见,"痕迹"相当于现象学"悬搁"之后被悬搁物的作用和影响。因此,德里达说,"关于痕迹的思想不可能与现象学决裂"④。但总体上说"痕迹"是玄虚的,因此对"痕迹"的追随也就是意义的消解。可见,德里达的阅读理论就是以其《论文字学》为范本的解构理论,无论是"分延"还是"痕迹"都是一种解构。当然,痕迹毕竟还是"起源的起源"、"现象学中的悬搁物",因而还并非是完全的摧毁与颠覆。

第四,作为解构论批评方法的"替补"

"替补"是德里达解构论的批评方法。我们还是先来解释一下"替补"概念。"替补"[supplementarite]是德里达的一种解构策略,具体地体现于他的文字学理论之中。他认为,在传统的语言学理论中言语与文字处于二元对立结构,以言语为主,文字是言语的替补。这就说明,在言语主导的排

---

① [法]雅克·德里达:《论文字学》,第 116 页。
② 同上书,第 65 页。
③ 同上书,第 87 页。
④ 同上书,第 88 页。

他逻辑的背后还存在着一种借助于文字的增补逻辑。这种增补逻辑就是一种不安定因素,从而构成传统语音中心主义的解构力量。在《论文字学》一书中,"增补逻辑"借用了卢梭的以文字替补言语的观点,但他却将其发展为一种解构言语中心主义的解构批评模式,从而成为德里达批评理论的示范,这种德里达的批评实际上就是一种解构式的批评。

第五,"延异"、"互文性"与概念、学科边界的新阐释

德里达解构理论的基本特点就是交融性与模糊性,这一点恰恰成为当代消解概念与学科边界的理论根据。他的"延异"理论消解了概念的边界。因为,在语言学之中,所指与能指、语音与文字、意义与符号等等主次关系在"延异"理论中统统是相对的,可以颠倒的。他说:"严格说来,这等于摧毁了符号概念以及它的全部逻辑。这种取消边界的做法突然出现在语言概念的扩张抹去其全部界限之时,这无疑不是偶然的。"①

他的"互文性"理论则进一步消解了文本与类别之间的界限。所谓"互文性"[intertextuality]是指任何文本都是对其它文本的吸收和转化。它说明文本的互用、符号的关联、语言在自由活动中留下的轨迹及其在差异中显出的价值。由此说明,尽管这种留下的"轨迹"与"价值"仍有其意义,但毕竟"作者已死",文本绝对意义消失。这既打破了文本的边界,又打破了学科的边界。

这种对于概念与学科边界的新阐释在德里达本人则是打破了哲学与文学的界限,因而引起学术界的非难,以至在 1992 年英国剑桥大学授予德里达荣誉博士学位时引起分析哲学家们对其跨越学科边界的批评。而在当前,则有"耶鲁学派"重要代表之一美国希利斯·米勒教授等有关当代文学与文艺学边界的挑战与讨论。这些讨论都与德里达的解构理论密切相关,也在相当程度上反映了当前美学与文学的现实,值得我们思考。

无疑,德里达的解构理论是存在着诸多弊端的,例如理论内在的矛盾

---

① [法]雅克·德里达:《论文字学》,第 8 页。

性、概念的不稳定性、用语的艰涩难懂以及最后必将走向自身的解构等等。但德里达的解构理论还是有着十分重要的意义的。它首先是时代的产物，充分反映了当下在后现代信息社会背景下文艺与商品、审美与生活以及哲学与文学诸多概念范畴边界交融扩张的特点，也充分反映了当代理论家进一步冲决主客二分思维模式的努力。更重要的是德里达的解构理论代表了新一次的思想解放，是对束缚人性的工具理性的又一次有力地冲决。诚如美国当代新实用主义理论家 R. 罗蒂所说："人们将记住德里达，但不是因为他发明了一种被称之为解构的方法——乃是因为他们使他们的读者的想象力获得了解放。"[①]的确，德里达的解构理论不仅是想象力的又一次解放，而且也是人性的又一次解放。正是从这个角度，它给美学与美育理论提供了诸多启示。

十

以上，我们从当代人生美学转向的角度论述了当代西方九位美学家的有关美学理论。现在我们要简单地归纳一下这些理论对于我们当代美育理论建设的启示。

第一，充分反映了当代人生美学转向的趋势

西方古代美学从柏拉图开始的对于美的理念的探讨历程，总体上来说是一种本质主义美学的趋势。发展到近代美学，特别是以黑格尔美学为其代表的德国古典美学，更成为一种脱离生活实际的思辨哲学美学。从1831 年黑格尔逝世之后，思辨哲学与美学的时代走向终结。美学开始突破思辨哲学与美学的旧规而走向人生美学之路。以叔本华为代表的"艺术是人生花朵"论，成为突破思辨哲学与美学的先声。这也成为整个 20 世纪

---

① [美]R. 罗蒂：《这个时代最有现象力的哲学家——德里达》，《世界哲学》2005年第 2 期。

美学发展总的趋势。从尼采开始直至当代,人生美学基本成为整个西方美学的主调。正是从这个角度来讲,我们认为整个西方当代美学大都是立足于人的自由解放和生存质量的提升,因而从广义上来说就是审美教育。特别是西方当代人文主义美学更以人的深度关怀为其主旨,从而彰显出其美育教化的基本特点。

第二,当代西方美学同人的美育教化有关的三大主题

这些美学理论充分体现了与美育教化密切相关的三大主题。其一是不断地突破主客二分的思维模式。近代以来,由于工业革命的影响,工具理性及其主客二分思维模式占据统治地位,极大地影响了人的思想解放、人的全面发展与人文学科的建设,也成为对于人的一种无形的精神压抑。因此,突破主客二分思维模式就具有人的解放的意义,也成为当代西方哲学—美学的主题。从叔本华的生命美学开始,尼采的唯意志美学、克罗齐的表现论美学、杜威的实用主义美学、弗罗伊德的精神分析美学、海德格尔的存在论美学、杜夫海纳的现象学美学、伽达默尔的阐释学美学以及德里达的解构论美学等,都是以突破主客二分思维模式为其目标的。其中,当代西方现象学哲学与美学方法,在突破主客二分思维模式方面更是取得了划时代的重大进展,而德里达的解构论哲学与美学则是对主客二分思维模式的最彻底的突破。这种对于主客二分思维模式的突破,不仅具有突破工具理性的重要意义,而且对于实现感性与理性、科技与人文、人与自然的统一,以及人的全面完整发展都具有极为重要的指导作用。其二是对于人性的深度探索。从 18 世纪席勒在《美育书简》中提出美育的目标是对于分裂的人性的统一起,对于人性统一的深度探索就成为西方美学家共同的目标。西方当代哲学与美学着重探索了人性中的非理性内涵及其在审美实践中的意义。无论是叔本华的对生命意志的探索、尼采对酒神精神的张扬、克罗齐对直觉即表现的研究、杜威在经验论中对其生物机能的阐发、弗罗伊德的潜意识理论、海德格尔的"此在"在世状态的论说,还

是现象学中的"意向性"直观,阐释学美学对于人的"同戏"本性的重视,解构论对于思想"延异"的论述等等,都着眼于对人性的挖掘,对人性的提升,并且进一步成为当代美学与美育的基本论题。其三是对当代性的诉求。事实证明,美育的提出是席勒对资本主义现代性的反思,是一种试图解决资本主义分裂人性的努力。因而,从美育的诞生就能看出它是一个极具时代性与实践性的学科,这也许便是美育不同于美学之处。正因此,美育始终贯穿着一种当代性的诉求,20世纪以来的西方当代美学与古典美学不同之处就在于此。从叔本华美学对于黑格尔的有力批判,到尼采对于一切传统理论的批判并宣布"上帝已死",到弗罗伊德对于当代精神疾患的关注而提出人的"潜意识"问题,到杜威建立在当代美国现实工商社会基础之上的实用主义美学的产生等等,都说明西方当代美学的当代性诉求的特质。特别要强调的是,20世纪60年代以来,西方社会逐步进入后工业时代,出现了明显的后现代问题。后现代作为对于现代性的反思与超越,在西方当代美学中有着充分的反映。从席勒以来,美育的提出就是为了解决资本主义扭曲人性的弊端,超越资本主义"异化"与工具理性束缚成为贯穿20世纪之后的西方当代哲学 美学的思想脉络。其中存在论美学对于资本主义技术统治的批判显现出浓郁的时代色彩。而德里达的解构论哲学与美学虽然有其明显的弊端,但其所贯穿的对于现代性"逻各斯中心主义"的有力批判与超越却是反映了某种时代的要求。

第三,当代西方美学的最终目标都归结为对"自由"与"人的诗意地栖居"的追求

席勒在著名的《美育书简》中将美育的宗旨归结为"自由",也就是人的解放与全面发展。当代西方美学继承了这一精神,并始终将"自由"作为美学研究的最终目标。无论是叔本华的"补偿论"、尼采的"形而上慰藉论"、杜威的"平衡论"、弗罗伊德的"升华论"都是旨在探寻人性的自由发展,特别是以海德格尔为代表的当代存在论美学,更是将人性的自由、真

理的显现与美的创造视为同格,最终将理论落脚点归结为"人的诗意地栖居",这正是当代哲学与美学共同需要解决的课题,更是时代的需求。由此可见当代西方美学所灌注的强烈人文精神,正是其成为广义美育的真谛所在。

第四,唯心主义是当代西方美学的共同弊病

西方当代美学所面对的超越现代性、实现人性解放的课题具有极高的现实性,但其所借助的理论武器却是唯心主义的,几无例外者。尽管这些理论家也已意识到症结所在并试图超越,由此他们提出了"回归生活世界"的命题。但这种"回归"仍以唯心主义为基础,从而不免使其理论出现许多内在的矛盾,甚至最后将会走上自我解构之路,这恰是当代西方美学共同弊病之所在。

(2005 年 8 月)

5. 关于当代美育理论建构的答问

记者(以下简称问)：很高兴能有这个机会采访您。首先想问您的问题是，您是什么时候开始研究、倡导美育的？

曾繁仁(以下简称答)：我是从20世纪80年代初开始研究并倡导美育的。当时对"文化大革命"之中"四人帮"对人类文明的践踏、对美丑颠倒所造成的恶劣影响深有感触。我认为，作为一名美学教师应该站出来通过倡导美育恢复几千年人类文明的尊严，唤起广大人民长期被压抑的审美天性，鼓励广大青年追求美的理想。我从1981年开始为山东省高校干部培训班开设美育讲座，1982年5月在《山东高教研究》发表第一篇美育论文《美育初探》，1985年12月在山东教育出版社出版第一本美育专著《美育十讲》，2000年在陕西师范大学出版社出版《走向21世纪的审美教育》一书。

问：我们知道，您现在担任着教育部人文社会科学重点研究基地山东大学文艺美学研究中心主任。就美育研究工作来说，近年来中心有何打算？

答：从2000年起，教育部为加强人文社会科学学科建设在全国高校建设100多个人文社科重点研究基地，我们山东大学文艺美学研究中心被确定为重点研究基地之一，从2001年初开始启动。在我们基地最初立项的三个重大研究项目中，"审美教育的理论与实践"被确定为重大项目之一。该项目的科研工作进展顺利，将以"艺术审美教育书系"的形式在河南人民出版社出版系列研究成果。中心于 2002 年夏天在青岛召开"审美与艺术教育国际学术研讨会",共有国内外代表 130 多人参加,其中海外代表 30 多人,包括佛克玛、迪隆、青木孝夫等著名学者。会后出版了会议论文集《中西交流对话中的审美与艺术教育》。

继该项目之后,中心又于 2002 年确定了另一个"美育当代性问题研究"的重大项目,侧重于探索审美教育在当代我国走向现代化过程中所具有的价值意义与所起的作用。本项目目前正在进行中,定于 2004 年春由项目参加者有关专家一起共同研讨有关问题。

我们中心还结合山东省审美教育的实际,在深入研究与实际调查的基础上就本省的审美教育提出咨询报告,业已引起有关部门的高度重视。

问:您曾经提出:"美育的根本任务是培养生活的艺术家,实现新世纪人类和谐发展的美好理想。"您能谈一谈这方面的看法吗?

答:1985 年我在《美育十讲》一书中借用苏联一位理论家的话,将美育的根本任务确定为"培养生活的艺术家",主要是为了将美育与专业的艺术教育相区别。专业的艺术教育是以培养具体的艺术技能为其目的,但美育却是通过审美力的培养,使受教育者逐步确立一种审美的态度,即以审美的态度对待自然、社会、他人和自身,这就是"生活的艺术家"的含义。

1999 年,面对新世纪的即将到来、现代化的深入发展和知识经济初见端倪,我又在《论美育的现代意义》一文中,重新强调美育的根本任务是培养"生活的艺术家",实现新世纪人类和谐发展的美好理想。随着时间的推移,现在愈来愈感到美育所承担的"培养生活的艺术家"的根本任务实在是太重要了。我国正在实现的现代化无疑是中华民族复兴的必由之路,但现代化在给社会和人民带来繁荣富强和文明发达的同时,也带来了市场拜物盛行、工具理性膨胀、自然生态恶化与精神疾患蔓延等负面影响。

这实际上就是一种人的生存状态美化与非美化的二律背反。要解决这样的二律背反当然主要依靠国家行政、法律和道德的手段，克服社会的阴暗面，追求正义公平。此外，非常重要的就是凭借审美的手段，培养广大人民特别是青年一代成为"生活的艺术家"，树立审美的世界观，以审美的态度对待自然、社会、他人和人自身，既要肯定在场的健康的审美的快感与享受，更要超越在场的快感与物欲进入不在场的意义的追寻、精神的提升，实现更高层次的审美的诗意的存在。

正是在这样的意义上，我是完全赞成中国高教学会美育专业委员会会长仇春霖教授提出的"当代主导性的世界观应该是审美的世界观"这一重要观点的。由此，我们可以说，当代美育培养"生活的艺术家"的根本任务就是培养一种"审美的态度"，即"审美的世界观"。这里就涉及审美教育中技能、知识和态度三者的关系问题。有的学者强调技能和知识，有的则强调"审美的态度"。我认为三者是统一的，须臾难分。实践证明，在审美教育过程中，技能是基础，知识是前提，而审美的态度则是目的。

问：您刚才谈到了美育与专业的艺术教育的区别。我们知道，除了山东大学的工作外，您现在还担任教育部艺教委高校教学指导组的组长。您能否也顺便谈一谈对大学教育有什么规划，同时进一步再谈谈美育与艺术教育的关系？

答：2003年4月，教育部艺术教育委员会换届时，我进入艺教委担任常委和高校教学指导组组长。这是教育部和艺术教育界同行对我的信任，深感责任重大。

艺教委作为教育部在艺术教育方面的咨询机构仍将继续在艺术教育的教学、科研和人才培养方面发挥咨询指导作用。作为高校教学指导组主要协助教育部进一步落实1999年6月第三次全国教育工作会议颁布的《关于深化教育改革全面推进素质教育的决定》及教育部《学校艺术教育工作规程》，以深化课程改革为核心，加强教师队伍建设为关键，继续推进我国高校的艺术教育工作。目前计划围绕不同类型高校艺术教育课程建设这个总题目,在教学计划、教材建设、队伍培养和科学研究等方面发挥咨询指导作用。

就你所问的第二个问题,我觉得美育和艺术教育还是共通的。美育目前已经进入我国教育方针,成为素质教育的重要组成部分。它的基本内涵主要是作为人的基本素质的审美力的培养,而美育的实施可以通过自然美、社会美与艺术美等多种途径,而艺术美则是最重要,也是最基本的途径。因为,艺术美是美的最重要的物化形态,是进行审美教育的最好的途径。因此,可以说艺术教育是美育的最基本也是最重要的形式。正因为如此,人们也就常常把学校的美育称作艺术教育。

问:现在我们回到刚才谈论的话题,您主张当代美育应培养"生活的艺术家",这个主张和您在《中国新时期审美教育的发展》一文中所谈到"既要使之成为国家意识,又要使之成为全民意识"的提法是一致的。能否具体谈一谈这句话中"国家意识"、"全民意识"的内涵?为什么会得出这样的一个结论?

答:我在《中国新时期审美教育的发展》一文中提到:"从对美育的认识来说,应强调既要使之成为国家意识,又要使之成为全民意识。"我的这一看法是在对历史经验的总结中得出的。所谓"国家意识"就是要使美育成为国家的重要方针政策,成为教育方针的组成部分,这样美育的发展才有了国家支持的强有力的后盾。

新中国成立后的长时期内我们是将美育包含在德育之中,没有独立地纳入国家教育方针,这是使一段时间内我国美育事业发展较为缓慢的重要原因之一,美育也由此成为所有教育环节最为薄弱的一环,在一定程度上影响了人的全面发展。1999年3月九届全国人大二次会议的《政府工作报告》在教育方针中给予美育以应有的地位。1999年6月召开的全国第三次教育工作会议更将美育纳入素质教育的有机组成部分,提到关系国家民族前途命运的高度。作为国家意识,对美育的这种高度的认识给广大美育工作者以巨大鼓舞,给我国新世纪的美育事业以巨大推动,使我国美育建设迎来了最好的发展时期。但仅仅有国家意识还不够,还必须使之成为全民意识,即成为全社会的共识,才能使美育工作的各项措施得以落到实处。

从历史上看,20世纪初叶,我国著名教育家蔡元培在担任国民政府教育总长时就曾将美育列入教育方针,使之成为国家意识。但随着蔡元培的离任,美育即从教育方针中删去。鲁迅曾在日记中愤然写道:"闻临时教育会议,竟删美育,此种豚犬,可怜可怜?"这除了充分说明反动军阀的愚昧无知,同时也说明由于当时国民认识水平较低,美育没有成为全民意识,从而动摇其国家意识的地位。

当前,我国正处于经济、文化、社会变革时期,由传统的计划经济迅速地向市场经济转变,由传统的精英文化转到大众文化的勃兴,由封闭型的社会走向开放。人们精神文化生活的空前扩大,更加丰富多彩,但也面临包括审美在内的精神文化低俗化、西方化、平面化等种种问题。在这样的情况下,美育成为"全民意识"的重要性愈加突出,应该在全体人民中逐步形成一种对健康文化、民族文化的倡导和追求的风尚。这样才有利于作为国家教育方针组成部分的美育的实施。也就是说,美育的实施不仅是国家的责任、学校的责任,而且是家庭的责任、全社会的责任。这就是我所强调的美育的"国家意识"与"全民意识"的统一。

问:从您刚才的话可以得出这么一个结论,不知是否恰当,其实美育所承担的社会角色是非常重要的。但是从现实情况来看,目前美育理论研究总体上还是一个比较薄弱的环节。您觉得应该如何加强这些薄弱环节的建设,有哪些重大的美育理论问题需要加以深入研究?

答:的确,目前美育理论研究是一个十分薄弱的环节,由于它的滞后,也极大地影响了美育的学科建设和美育事业的进一步推进。我认为,对于美育理论研究的加强应从这样四个维度着手。

第一个维度是吸收国际美育研究的新成果。美育的概念是席勒于1795年在《美育书简》一书中提出的,迄今已200多年。这200年,特别是20世纪以来的100多年西方的哲学与美学研究发生了巨大的变化。生命哲学、存在主义哲学、实用主义哲学、现象学哲学、分析哲学、阐释学哲学等真是异彩纷呈,都对美育理论产生重要影响。由于西方当代哲学——美学的一个重要特点是对人的现实生存状态的关注,追求人通过对现实的超越走向澄明之境,实现人的"诗意地栖居"。从这个角度说,当代西方关注现实人生的美学也就是广义的美育。在当代西方,在哲学的层面,美学具有一种同美育合一的趋势。同时,由于当代西方教育领域出现超越"唯智主义"倾向,强调"通识教育",于是出现加德纳的"多元智能"理论和戈尔曼的"情商"理论等。这就是一种美育实践化的趋势。而自然科学,特别是20世纪作为"脑的世纪",在脑科学方面所取得的巨大进展,为我们深入认识美育发挥作用时的大脑活动过程提供了更多的可能。这就是当代美育研究的科学化趋势。总之,西方当代在美育研究中出现的以上三种趋势都值得我们借鉴。

第二个维度是对美育的当代意义的深入探索。美育的提出是为了应对工业化过程中十分严重的"异化"现象。当前,经济社会发生巨大变化,市场经济已经形成,知识经济初见端倪,城市化趋势日益加速。在这样的形势下,美育所特有的沟通科学主义与人文主义、物质文明与精神文明、人与自然、生理与心理的功能很值得我们深入地进行研究。

第三个维度是美育在具体的教育实践领域的实施问题,其中十分重要的是美育实施过程中的评价问题。目前我们各类学校仍然采用应试教育的"统一的"测试模式。在这种测试模式中,美育与德育都没有其地位,而且也无法测评美育的成绩。这样就必须采用"情景化的个人的"测试模式,才有利于包括美育在内的素质教育的推行。但这种"情景化的个人的"

测试模式实践起来难度非常大，需要在实践的基础上进行理论探索和总结。

第四个维度是具有中国特色的美育理论的研究。我国从古至今有着十分悠久的"诗教"、"乐教"的美育理论与实践传统，需要而且应该给予很好的总结，并结合当代实际进行必要的转化，逐步建立具有中国特色的美育理论体系，打破美育理论研究的西方话语中心的局面。

问：您这四个维度的归纳，总结性是很强的，也很全面地触及了当前存在的一些问题。在其中，您也对这个问题提出了个的见解。那您现在正从事哪些方面的美育理论研究呢？

答：我目前主要从事这样三个方面的美育理论探索。第一，在基本理论方面，我试图突破传统的主客二分认识论思维模式，探索当代存在论美育理论。美育理论是由西方传入并建立在协调感性与理性的主客二分认识论思维模式基础之上的。自1831年黑格尔去世以来，西方哲学与美学领域即已开始了对主客二分思维模式的突破，逐步实现由主客二分到关系性的有机整体以及由认识论到当代存在论的转换。实践证明，当代存在论美学——美育思想具有十分重要的理论价值与现实意义。因为，当代社会已逐步进入后工业社会阶段，在人类社会走向富裕繁荣的同时，市场拜物、工具理性膨胀、激烈的竞争、快速的节奏都给人以巨大的压力，人的生存状态面临美化与非美化的二律背反。在这样的形势下，必须倡导一种以超越在场的现实功利、追寻深层意义为其特色的当代存在论美学—美育理论，造就审美的生存的一代新人。

第二，在中国传统美育理论的发掘与转换方面，着重探讨中国古代"中和论"美学—美育思想的当代价值问题。中国古代的"中和论"美学—美育思想是一种迥异于西方主客二分思维模式的古典形态的存在论美学与美育理论，包含着十分丰富深刻的"天人合一"、"位育中和"、"阴阳相生"、"道法自然"的内涵，具有十分重要的当代价值。

第三,在美育实践的自然科学基础方面,着重探索脑科学与美育的关系。众所周知,美育同心理学有着十分密切的关系,特别是"神经心理学"更对美育研究有着重要作用。将"神经心理学"引入美育学科,深入探讨美育与脑科学的关系,探讨美育活动及其效果的神经科学机制与规律,有利于在美育研究中将社会科学研究同自然科学的实证研究相结合。在这一方面,我已于2001年写了专文,并发表在同年《文史哲》的第4期。我准备继续探讨这一问题,也希望有更多的青年学者参加,特别是希望有自然科学背景的青年学者参加。

我总的感觉是美育研究是一项十分重要的事业,需要一代又一代的学术工作者投身于这一事业之中。我们这一代人由于历史等多种原因,在学术研究方面有诸多局限。因此,新的美育科研事业的开拓还有待于广大中青年学者,他们的学术背景与自身素质都很好,已经并将会做出更加重要的贡献。这正是美育学科建设的希望所在,也是我们这一代学人的希望所在。

问: 谢谢您接受我们的采访。

答: 不客气。

(原载《美育通讯》2004年第1期,采访者为张江艺)

6. 关于加强审美教育提高语文素养的答问

记者（以下简称问）：曾老师，随着教育体制改革的不断深入，人们对传统语文教育的弊端进行了深刻反思，您是怎么看待我国传统语文教育的？

曾繁仁（以下简称答）：中国传统语文教育可以分为科举制度之前、科举制度时期和科举制度废除以后三个阶段。科举制度以前，中国的语文教育推崇孔子的"兴观群怨"说，人的思想和行为活动要求遵循"兴于诗，立于礼，成于乐"的君子意识，是一种"成人"教育。科举制度时期，教育的目的是为了"朝为田舍郎，暮登天子堂"，追求一举成名，功利性太强了。科举制度废除之初，又恢复了私塾教育——"读经"。当然，读经也有可取之处。比如《三字经》和《百家姓》是旧社会读书人要接受的最基本的"成人"教育，我们的父辈、祖父辈中的读书人大都是这样走过来的。尽管私塾教育也培养出了理工科方面的成功人士，但正如鲁迅和郭沫若所说，私塾教育是对孩子的一种戕害。对待我国的传统语文教育，我们要有所分析、有所扬弃。

问：您认为语文教学、语文素养和民族文化振兴之间是一种怎样的关系？您认为语文素养总体上包括哪些方面？

答：语文课是非常重要的基础课。现在的学校教育非常重视国文、英语和数学这三门课所谓"国英数"。当今时代，计算机技能也是一门基础课，可以称作"国英数计"。教育要培养有文化的人，不是培养自然的人或者"功利的人"。学习语文是为了继承传统文化,提高自身素养,学习英文是为了促进对外交流,学习数学和计算机,是学习科学文化的基础。从现在的教育理念来看,语文基本上反映了人的生存方式和思维方式。语文教学和语文素养关系到一个人的可持续发展,关系到他的思维方式和他的价值取向。可以说,语文是百年大计的根基,今天对语文的重视还没有达到这种程度。原因在于,现在人们把语文作为一门孤立的学科,作为一门单纯的知识课来学,缺少对语文教育的完整理解。

进入市场经济社会以来,受功利主义影响,人们没有把语文教学和语文素养放在应有的位置,由此已经产生了一些不良后果,比如出现了在语文考试中中国学生比外国留学生水平差等怪现象。

经济发展是硬道理,文化的发展也应该是硬道理,其中既有人文因素,也有文化因素。文化建设和人文素质的培养都需要以语文为依托。从另一个角度讲,一个民族的发展和这个民族文化的传承,不可能靠一个人的生理因素把民族文化的东西积淀到 DNA 上,我们所能做的就是靠一代代的文化典籍的记载,靠一代代人的口耳相传与教育传承。文化传承离不开语文,语文教育失误影响的不只是一代人,而是几代人。

在全球化背景下,我国目前经济上不占优势,科技上也不占优势。但是,我们是有五千年历史的文明古国,在经济和科技方面我们可以向欧美学习,但在文化方面不能从西方照搬。各国文化有特定的历史条件和特殊的发展环境,如果中国文化和美国文化如出一辙,那是不可思议的。一个民族要在世界民族之林有一席之地,必须要有文化的复兴。语文教育是文化复兴的基本途径,如果语文教育没有得到发展、没有得到振兴,就谈不上国家的文化复兴。

语文素养包括这样几个层面:听说读写是应用层面,典籍的掌握是文化层面,将对中国语言文化的领会和运用有机地统一起来,是语文素养的较高层面,也是一个人最基本的语文素养。人的行为品格、人的生存方式和行为方式,都会与语文素养紧密联系。现在有些学生语言表达文不通字不顺,连听说读写的基本要求都达不到,以致语文老师要花费许多时间给这些学生纠正错别字,这个问题值得引起重视。

问:您多年从事审美教育研究,您觉得语文教学在审美教育方面有哪些特征?

答:语文教学与审美教育的关系是很密切的。所谓审美,就是对某一事物肯定性的情感判断。情感是内在的,它可以外化成物质的东西,比如线条或者音乐等等;情感也可以外化成语言文字,文学作品通过语言文字给人以陶冶,作用是非常大的。中国传统语言记录的大量文化典籍,是古人留给我们的宝贵财富,能够让我们在漫长的人生旅途中享用不尽,它可以滋养人的一生。三千年前的《诗经》里面的很多语言一直存活到现在,成为现代汉语的灵魂和构成要素之一。一个人无论是踌躇满志还是遭遇坎坷,都可以在唐诗、宋词、元曲和明清小说中,或者在其他古代文化典籍中得到精神慰藉、获得心灵启迪。中国文化归根结底是生命的文化,是美好生成的文化。五千年来,我们的传统文化一直传承下来,滋养着一代又一代人。语文教学对塑造审美生成的一代新人具有非常重要的作用。

现在我们国家提出建立和谐社会,和谐社会很重要的就是每一个人必须用和谐的态度来对待社会、自然和自身。这就要具备审美的态度,要有语言文化修养。一个语言粗俗的人不可能是一个有较高文化素养的人,也不可能确立审美的态度。

问:前几年,语文教育界提出要淡化文言文教学,减轻文言文在中学语文教学中的分量,您觉得这种观点有道理吗?

答:我国古代文化遗产是由文言文传承下来的,文言文教学不应该淡化,而应该有一个合理的科学的比例。优秀的文言作品凝聚着传统文化遗产,应该一代代传授给后人。比如《诗经》、《离骚》、《史记》、《左传》、乐府民歌、唐诗宋词、明清小说等经典篇章,都应该让后人有所了解。有些篇章应该背熟,要融入血液里、渗透到心灵里。

从另一方面说,重视文言文教学也不能走极端。当前海内外的一些儒学专家倡导读经,但我认为读经只能是少数人的事,语文教学只能选择朗读背诵少量的经典篇章。要求学生熟读《十三经》或"四书五经"是不现实的。

问:最近几年,高考作文中有些学生用文言文或诗歌答卷,这里所谓的文言文实际上文白夹杂;所谓的诗歌,是现代自由体诗。对这种现象我们应该如何评价?

答:我觉得用文言文写作要经过专门的训练,因为文言作品有特定的结构规律和语言规范。今天的中小学语文教育大概很难承受严格的文言文教学要求,现在的高中生想写出一篇规范的文言文,难度是很大的。

有所高校的一位博士生用文言文写的论文,我看的时候比看真正的文言文难多了。看这篇论文用了比平常多一倍长的时间,因为作者没有经过基本的文言文写作训练,用词比较生僻,有些词我必须查字典。中学生用文言文答卷不应该倡导,在大学里,从事古典文学研究的,特别是从事古汉语和古典文献研究的,他们可以尝试着写文言文。据说,台湾学生有文言文写作课,他们是怎样进行的,我们可以交流。

语言文学方面的硕士生、博士生,可以学习文言文写作,中学生不必学习文言写作,毕竟大部分中学语文老师也不见得能写出规范的文言文。白话诗歌有它的规律,诗歌答卷可以是一种尝试,但写一些不规范的打油诗就没有什么意义了。写古典诗歌更需要经过专门训练。

问:现在我国从中小学,甚至从学前班开始就非常重视英语教学。在高校里,非外语专业学生几乎用一半的时间学习英语,对各级各类学校的"外语热"您是如何理解的?

答:在全球化背景下重视英语教学是必要的。我们要学习借鉴外国的先进文化,中国的科学文化要走向世界,英语起着非常关键的作用。英语教学不能违背语言教学规律,要把英语当成一种活的语言。从学前班开始学习英语还是有必要的,高中毕业生应该具备基本的英语听说读写能力,到了大学阶段,就应该学习专业英语了。可是现在的本科生和研究生仍然需要进行基础英语补习,而国外许多母语为非英语的国家,学生在初中阶段,简单的英语听说能力就已经具备了,到了高中阶段,听说读写能力进一步提高。按照我国学生的智力水平和教师的敬业精神,是完全能够做到的。因此,仅仅重视是不够的,关键是要转变教学理念。语文、数学、英语和计算机,这几门课应该是中小学的重点课程。

问:20世纪90年代后期,特别是2000年前后,文学界出现了"八零后"现象,即1980年以后出生的青少年进入专业文学创作领域。您认为青少年进行文学创作会不会对他们的成长带来不良影响?

答:"八零后"是重要的文学现象、文化现象和社会现象。据说这些年轻人进行文学创作,有的写得还算不错。有些作品写的蛮有青春气息,反映了青少年对于青春的思考。这些年轻人有的会走上文学创作道路,有的可能会走上其他道路,社会应该给予他们更多的关心和爱护,引导他们健康发展。年长的作家们可以把自己的经验,自己的感受,自己的想法告诉他们。作家的成长需要特定的条件,不是凭才气和一篇作品就可以成功的。一个作家,特别是知名作家必须要有一定的文化积淀,必须要对社会有足够深刻的思考。对这些上世纪80年代出生的有志于文学创作的年轻人,应该给予关心和爱护,少一点居高临下的指责,多一点平等的对话。

问:20世纪五六十年代,语文的工具性特征备受重视,近几年语文教学突出强调工具性与人文性的统一,您对这个问题是如何看待的?

答:语文的工具性特征和人文性特征要辩证地看待,二者应该统一起来。语文归根结底是一门提高人的文化素养的课程,文化素养主要体现在听说读写的应用上,这两个方面必须结合起来。有些老师把语文课讲得索然无味,这样的语文教育是失败的。中华民族的文化积淀如此丰富,语文课应该是生动有趣的,但是如果偏重工具性特征,侧重知识传授,学生将非常厌倦这门课。工具性与人文性的统一归根结底要集中到提高人的语文素养上来,目前受教师素质和考试体制的制约,要做到这一点还有许多问题需要解决。

(原载《现代语文》2006年第18期,采访者为桑哲)

7. 我国美育事业进一步
  发展的重要平台

——写在《全国普通高等学校公共艺术类课程指导方案》颁布之际

一

《全国普通高等学校公共艺术类课程指导方案》已经由教育部于 2006 年 3 月 8 日下发,这是我国新时期美育事业发展的重要平台。新时期以来我国美育事业发展迎来了自己的春天,国家对美育事业极为重视,先后出台了一系列促进其发展的重要措施。我们认为,具有重要的里程碑意义的措施起码有四个。一是改革开放初期教育部成立艺术教育委员会,表明国家教育系统高层次高度关注美育事业;二是 1999 年 6 月国家召开第三次全教会议颁布《全面推进素质教育的决定》,将美育正式列入素质教育的有机组成部分,表明美育正式列入国家教育方针;三是 2000 年教育部发布由部长签署的《学校艺术教育规程》,表明美育在一定的程度上进入教育部的法规;四是这次教育部颁布《全国普通高等学校公共艺术类课程指导方案》,表明艺术教育正式进入我国高等学校的课程体系。

《方案》的指导原则就是国务院 1999 年 6 月 13 日颁发的《全面推进素质教育的决定》与教育部 2002 年第 13 号令《学校艺术教育规程》。《决定》要求:"高等学校应要求学生选修一定学时的包括艺术在内的人文学科课程。"13 号令第六条明确规定:"普通高等学校应当开设艺术类必修课或者选修课。"在教育部办公厅下发本方案的通知与方案的导语中都明确地指出了这一点。方案导语指出本方案的指导原则就是:"推动普通高等学校公共艺术教育的课程设置和教学工作步入规范化、制度化的轨道,促进普通高等学校艺术教育工作的健康开展。"这里所说的"规范化、制度化"不仅阐释了制订方案的指导原则,而且阐述了方案的重要意义,从一定的角度来说方案的颁布不仅标志着我国公共艺术类课程的设置和教学步入"规范化、制度化"的轨道,而且也标志着我国整个艺术教育事业逐步步入"规范化、法制化"的轨道,使我们的美育与艺术教育事业有了"课程方案"这样一个非常重要的抓手。因此,可以说方案无论对于我们整个艺术教育工作,还是对于我们艺术教育课程的建设都是有着极其重要的价值与意义的,为我们艺术教育工作的进一步发展提供了一个很好的平台,也是我们艺术教育工作进一步前进的机遇,我们应该很好地运用这个平台,抓住这个机遇,将艺术教育工作向前推进一步。

正因为《课程指导方案》的极为重要的价值与意义,所以教育部体卫艺司对于起草这个方案非常重视,于 2004 年 7 月 26 – 27 日在北京成立了方案起草课题组并召开了研讨会,后来又连续两次分别在北京与山东召开有关研讨会,并向 2005 年的美育研究会征求意见,听取了有关专家的建议,几易其稿,并经高教司等有关司局的协调,后经部领导批准才形成今天的正式文件。可以说,这个方案是领导部门、专家与高等学校有关教师共商的成果,是我们广大艺术教育工作者集体智慧的结晶。因此,我们要非常重视并珍惜这个《方案》。

二

《课程指导方案》的内涵极为丰富,它首先指出了课程的适用范围与性质。在课程的适用范围上,《方案》指出"本方案适用于全国普通高等学校非艺术类专业"。这就明确地将其与艺术专业的课程区别开来,说明它是一种非专业的公共类课程,适用于除艺术专业外的全体学生。关于课程的性质,《方案》明确指出,公共艺术类课程属于"限定性选修课"。这是在实行学分制的选课制中一种既不同于必修课程,又不同于选修课程的课程类别,既具有一定的灵活性又具有一定的强制性,应该说比较适合艺术类课程的特点。

在课程的地位上,《方案》提出公共艺术类课程"与高等学校其他公共课程同样是我国高等教育课程体系的重要组成部分"。这里的"同样是"是关键词,非常重要,为公共艺术类课程奠定了"我国高等教育课程体系的重要组成部分"的地位,说明它与公共政治课、公共体育课与公共外语课具有同等重要的地位。

关于课程的作用,请大家注意三个关键词:即艺术类课程对于"塑造健全人格具有不可代替的作用";是"实施美育的主要途径";是"艺术教育工作的中心环节"。这三个关键词是非常重要的,充分阐明了公共艺术类课程的重要意义与作用。

关于课程的目标,《方案》首先点明了公共艺术课程是一种"人文素养"的教育,这就将这类课程与专业的艺术教育区别开来,说明它不以专业的训练为其旨归而以"人文素养"的提高为其目标,是一种"人的教育"、"人格的教育";其次,《方案》说明这类课程应该"吸纳中外优秀艺术成果",阐明了课程的继承性与开放性;最后,《方案》特别地阐述了这类课程旨在"促进德智体美全面和谐发展",进一步强调了课程的素质教育性质与目标,这个素质教育的目标就是著名的"三全"原则,即"面向全体学生,贯穿教育全过程,立足于学生的全面发展"。

关于课程的设置,《方案》提出了课程设置的刚性要求。那就是一个"应将"与两个"至少"。所谓一个"应将",就是"应将公共艺术教育课程纳入个专业本科的教学计划之中"。两个"至少",则为每个学生"至少选修一门并通过考试"或者是"至少取得两个学分",达到以上要求的学生"方可毕业"。

在课程的类型上,《方案》实际上设计了三类课程:一类为理论课,方案中提出"艺术导论",当然还可以有"大学美育"等等有关课程;第二类为艺术鉴赏类课程,所谓鉴赏就强调了课程应有明确的价值评判性;第三类即为任选类的艺术赏析课,当然还包括各校根据自己的特点开设的各种专题与讲座等等。

关于开课的要求,《方案》明确规定:"教育部部属高校、211工程学校,以及省属重点学校应开足开齐上述课程。其他学校应该努力创造条件,通过2到3年的努力尽快予以开设。"

在保障方面,《方案》首先提出了管理的问题,强调了"应有专门的公共艺术管理部门和教学机构"。再就是关于教师队伍建设,《方案》提出了一个带有某种刚性要求的公共艺术教师数量的比例。那就是"应占在校学生总数的0.15%－0.2%,其中专职教师人数占艺术教师总数的50%"。也就是说,一所万人大学至少应有15名艺术教育教师,其中专职从事艺术教育的教师应至少有7名。从这个要求来说目前能够达到的高校不是很多,因此我们的任务非常繁重,但没有起码的教师队伍保证艺术教育课程的开设与建设等于是一句空话。在条件方面,《方案》在经费的比例上没有明确表述,但提出各校应按"规程"要求"配备公共艺术课程所需的专用教室和器材"。

三

我们首先应站在当前全面贯彻科学发展观与社会主义荣辱观的高度,充分认识《课程方案》的重要作用,切实加以贯彻施行。最近国家提出科学发展观与社会主义荣辱观,对于社会主义精神文明建设给予了更加充分的重视。这对于高等学校加强人文文化素质教育都是极好的机遇。科学发展观强调了"以人为本"与"建设和谐社会",这就必将要求我们的青年一代确立审美的人生观,以审美的态度对待自然、社会、他人与自身,这样才能建设人与自然、社会美好相处的和谐社会。社会主义荣辱观则进一步强调了应该确立广大人民特别是青年一代的荣辱、善恶与美丑的价值评判观念与能力。这些对于我们的美育与艺术教育事业都提供了强大的理论武器与精神推动力量。我们应站在这样的高度提高对美育与艺术教育工作的认识,提高对于贯彻《课程方案》的认识,认真地学习与贯彻《课程方案》。首先要在我们高校艺术教育机构结合科学发展观与社会主义荣辱观的学习制订贯彻方案的具体措施,并将这些措施主动向学校领导汇报,争取领导的理解与支持。

其次是以《课程方案》的贯彻为契机,逐步克服目前存在的艺术教育工作上的阻碍,推动艺术教育事业的进一步发展。我们应该认识到《课程方案》的贯彻是艺术教育发展的很好契机,我们应该抓住这个契机解决问题,缩短差距,推动事业发展。关于这些差距,2003 年 12 月教育部在上海召开的"全国普通高校艺术教育工作研讨会"曾总结了三个"不到位":一是一些高校的领导对艺术教育的认识还不到位,学校缺乏对艺术教育的统一领导与规划;二是高校的艺术教育课程的设置和师资配备还不到位,没有一支比较稳定的教师队伍,难以有计划地开设艺术教育课;三是一些高校对艺术教育的管理还不到位,艺术教育的管理体制还没有建立,艺术教育还没有归口管理的部门,有的还处于多头管理或者管理无序的状态。这三个"不到位"总的来说还是有相当针对性的,《课程方案》的实施就是解决以上问题的重要措施之一,是我们克服差距,推动艺术教育事业前进的极好契机。

再就是应充分认识艺术教育的特性,把握艺术教育课程特点,遵循学科与教育规律,使艺术教育真正起到全面提高学生素质的作用。美育或艺术教育与其他教育和课程相比有其特殊的性质与特点，我们要很好地把握其特殊的性质与特点，认识其规律，发挥艺术教育课程的育人作用。目前，艺术教育已经作为大学教育体系的有机组成部分，与其他课程具有"同样性"，这是我们要特别强调的方面，绝对不能使艺术教育变成不被重视的"另类"课程。但另外的一方面，艺术教育或者说美育又的确是具有自己的特殊性，它是不同于其他学科与课程的。其特殊性就是艺术教育或美育作为学科的智性要求与它自身的非智性本性的矛盾，以及与此相关的艺术教育与美育作为学科的考评要求与其自身的不可考评性的矛盾、艺术教育与美育作为学校教育的阶段性与其作为人性教育的终身性的矛盾。首先，艺术教育或美育只有建立某种知识体系才能成为学科，而只有作为学科才能在大学教育中具有自己的应有位置。20世纪60年代，美国曾发生过艺术教育与美育的是否能够构成学科的争论。有一种观点强调艺术是一种经验，具有模糊性，因而不能成为学科。但另一种观点则强调艺术教育或美育也具有知识性的一面，坚持其应该成为学科。不过，两者在艺术教育进入大学教育体系的问题上却是完全一致的。其实，艺术教育或美育的确既有可以构成某种知识体系的一面，因而应该进入大学教育体系，同时它从本性上来说又的确是一种情感的经验的形态，是具有某种模糊性的，因而具有与智性不同的性质。这两种特性其实是兼具的，我们应将艺术教育作为一种特殊的学科与课程来对待，一方面立足于它的智性特点，搞好学科与教材建设，同时又看到其非智性特点，在课程要求、科学研究与学科建设等方面不能将其与其它智性类学科同样看待。其次，我们要看到艺术教育与美育作为学科的评估要求及其自身的教育质量难以评估的矛盾。因此，在具体评估方式与考评指标体系的设计上要充分考虑其特点，既要有硬的指标，也要有软的指标。在对于学生的考试中则应有更多地从考评效果出发的个体式考评，而以划一式考评作为补充。在处理艺术教育与美育作为学校教育的阶段性与人性教育的终身性的矛盾时，主要在于我们不将艺术教育的立足点放在知识的传授上,而将立足点放在审美观的培养与对审美和艺术的终身不变的兴趣的培养之上,这样的艺术教育与美育才能使学生终身受益。目前,国际上流行的"通识教育"将其目标定位在"应变力、思考力、创造力"的培养,即所谓通识教育的"ABC"[Adaptability Brainpower Creativity],应该对我们是一种启发。

最后是共同努力,采取措施,将《课程方案》落到实处。我们都知道,一个好的方案最重要的在于落实,要将其真正落到实处。无疑,方案的落实需要借助一定的行政力量。我们将会进一步争取更多的行政措施,例如体卫艺司有关领导与同志曾经考虑并仍在努力地将课程方案的检查列入高校本科评估的指标体系之中。同时,既然已经有教育部13号令,那么,有关部门也可以据此组织必要的检查评估。这些工作有关部门肯定要适当进行。但主要还是依靠各高校领导与从事艺术教育的同志进一步提高认识,从百年树人与中华民族振兴的高度看待美育在人才培养之中的重要作用,这样才能真正将"课程方案"落实好。我们相信,在我们当前落实科学发展观与社会主义荣辱观的大好形势下,在我们前一段工作的基础上,《课程方案》的实施与我们的整个美育工作一定会做得更好。

(本文为作者在 2006 年 8 月在烟台召开的
"全国美育研讨会"上的主题发言)

8. 现代性视野中的
   美育学科建设

　　美育学科的发展从来都是同人类社会的发展步伐紧密相关的。在工业化之前,人类社会只有美育活动而没有严格意义上的美育学科。美育学科的产生,应以1795年席勒发表《美育书简》为标志,该书意在通过美育解决资本主义工业化所带来的"人性的分裂"。而二战之后,美国哈佛大学等名校针对教育的科技化、工具化和职业化倾向,提出了包含艺术与其他人文学科的"通识教育"。20世纪80年代,美国盖蒂艺术中心为使美育更加规范化并列入课程体系,提出以学科为基础的艺术教育。在我国,首倡并实施美育学科建设者为蔡元培,他将美育列为教育方针的五个方面之一。新中国成立之初,我国提出"德、智、体、美和生产技术"全面发展的培养目标。不过,美育学科建设的真正起步,则是改革开放之后的事儿。我国不仅把美育正式写进教育方针,而且将其提到"素质教育的有机组成部分"并"具有不可替代的作用"的高度。教育部于1998年和2002年先后发布了《全国学校艺术教育总体规划(1998-2001)》与《全国学校艺术教育发展规划(2001-2010)》。前一个规划带有拨乱反正、恢复美育学科的性质。后一个规划则已立足美育学科的建设和发展,内涵丰富而切实可行。同时,我国还组织成立了全国性的艺术教育委员会和其他与美育相关的学术组织,出版了数量可观的美育教材和论著,极大地推动了美育学科的发展。

　　美育作为美学和教育学的交叉学科,它的发展必将极大地推动这两个相关学科本身的发展。从美学来说,美育学科的发展将使美学学科由抽象的本质主义的探讨回归人的生活世界;从教育学来说,美育学科的发展为科学教育和人文教育构筑了沟通二者的桥梁,从而提高素质教育的质量和水平。而从整体的社会发展来说,面对日益加快的工业化、城市化、信息和市场化步伐,美育学科的发展对于不断膨胀的工具理性、精神焦虑与市场拜物是一种人文精神的疗治和补缺。可以认为,在当代,美育学科的发展承担着培养一代新人的重任。

从长远建设来看,美育学科的发展须在现代性视野下遵循学科自身的规律加以推进。这就要求我们立足于中国现代化过程中存在的人的生存状态"美化"和"非美化"的二律背反现实,从学科建设所必具的"拥有一个有机的知识主体,各种独特的研究方法,一个对本研究领域的基本思想有着共识的学者群体"①这一基本要求出发,开展学科建设工作。这里,所谓"拥有一个有机的知识主体",就是从美育学科的"审美力的培养"这一基本范畴出发,面对当前信息化时代大众传媒与文化产业高速发展的形势,吸收当代美学领域富有价值的现象学、阐释学、存在主义、语言学美学和文化诗学等的精华,构建具有新的内涵的当代美育理论体系,并做到占今中外各种美育资源的综合运用。从我国古代来说,源远流长的"中和论"美育思想的价值,就在于它以"天人合一"为哲学基础,以天、地、人交汇融合为指归,最后落脚于文与质、外在与内在、入世与出世高度统一的"君子"的培养。它与西方古代感性与理性二分的"和谐论"美育思想迥异,有着重要的当代价值,应予批判地继承。

可惜的是,这种"中和论"美育思想的价值长期以来没有引起学术界足够的重视。对于西方美育思想,我们除了要重视古希腊以来"和谐论"美育传统之外,还更应重视西方现代,特别是 20 世纪以来以突破传统"主客二分"思维模式为特征、以追求人的"诗意的生存"为目标的美学与美育思

---

① [美]华勒斯坦:《学科、知识、权力》,第 13 页。

潮,从中吸取有价值的成分。当然,我们还应重视我国现代以来以王国维、蔡元培、鲁迅为代表的美育思想传统,对于近五十年来,包括新时期以来的美育理论和实践经验,更应给予充分重视和继承发扬。总之,我们应该在诸多资源的基础上来建设中国特色的当代美育学科体系。

所谓"独立的研究方法",是指美育作为交叉学科应立足于理论与应用的统一,吸收当代心理学、社会学、教育评价体系与脑科学的种种方法和成果,逐步形成相对独立的当代美育研究方法。其中,尤其要重视当代教育评价体系的探讨和脑科学的发展。从教育评价体系来说,目前存在两种教育评价测试体系,即为划一性的智商测试体系和以个人为中心的情景式评价测试体系。如果机械地依照智商评价测试体系,则美育与德育等非智力教育一定会被放到不重要的位置,从而走上应试教育的道路。因此,只有遵循以个人为中心的情景式评价测试体系,美育才可能拥有其应有的地位。只是这方面的具体操作难度较大,还需要进一步探索。由于美育同教育学科紧密联系,它同心理学,特别同"神经心理学"与脑科学研究密切相关,如我们所熟悉的美育所特具的"开发右脑"、"情感升华"、"肯定性的情感评价"等,都同神经心理学和脑科学有关。因此,美育学科的建设和发展有必要借鉴脑科学的成果,使之具有自然科学的重要支撑。

至于"有着共识的学者群体",目前应侧重从现有艺术教育队伍出发,通过行政和学术的渠道来采取措施尽快提高其实际能力和水平。同时,还应吸收相关学科的学者参与研究,逐步形成一支同我国美育学科发展相适应的质高量足的美育学术队伍。应该说,从时代需要和学科自身发展两方面来说,我国的美育学科必将逐步走向成熟、取得更大发展。

(原载《光明日报》2003年12月23日)

9. 培养学会审美的生存的一代新人,实现构建和谐社会目标

最近,我国在科学发展观的指导下提出了构建和谐社会的战略目标。这是我国面向21世纪之际在总结国际国内社会发展经验的前提下提出的具有划时代意义的重要发展战略,反映了符合国际潮流和我国特色的社会转型的必然趋势,也是马克思主义在当代的新发展和有中国特色社会主义理论的进一步丰富。它包含了极为深刻的内涵,为我国包括美学在内的人文社会科学的发展开辟了更加广阔的天地,提出了一系列新的需要回答的重要课题,需要我们更加深入地探索思考。我们认为,从美学学科的独特视角思考构建和谐社会问题,当前最重要的就是培养学会审美的生存的一代新人。这是构建和谐社会的应有之意,也是实现构建和谐社会目标的根本动力之一。众所周知,构建和谐社会是一种极为重要的社会转型。我国的社会主义和谐社会既不同于资本主义建立在剥削与侵略基础之上的社会模式,也不同于我国曾有的"以阶级斗争为纲"的社会模式,当然也与传统的仅仅遵循经济发展一个维度的社会发展模式有别。它是一种新的物质与精神、经济与文化、人与自然以及生存与发展高度和谐、协调统一的社会发展模式。这种社会发展模式的核心是对于"以人为本"的落实。也就是在社会发展和建设目标之中将人的和谐美好的生存提到中心的位置。这是我国社会发展和建设目标由"物本"到"人本"的根本转变,包含着前所未有的浓郁的人文内涵。从美学的角度看,所谓人的和谐美好的生存归根结底就是"审美的生存",也就是说,构建和谐社会首先

应该培养学会审美的生存的一代新人。这是对马克思有关共产主义理论的继承发展。马克思认为，共产主义社会就是"人的自由发展的社会"，也就是"每一个人的自由发展是一切人的自由发展的条件"。按照马克思的观点，这种人的自由发展就是"人也按照美的规律建造"，是对于一切压迫人的剥削制度的消灭。而从20世纪以来诸多西方哲人的思考来说，所谓人的和谐美好生存，如海德格尔所说就是对传统的人的单纯"技术栖居"超越而达到人的"诗意地栖居"，如马尔库塞所说就是对资本主义工业文明中"单向度人"的克服而走向人的审美的生存。总之，人的和谐美好生存就是人的诗意地栖居，审美的生存。这不仅是我国和谐社会建设的目标所在，而且也是我国和谐社会建设的重要动力之一。因为，所谓诗意地栖居，审美的生存不仅是人的一种生存状态，而且更是人的一种生存态度。"审美的生存的人"是一种将审美提到本体的高度，使之成为一种世界观，从而以审美的态度对待他人、自然与自身的人。只有依靠这种具有审美世界观的人，才能建设人人都能美好生存的和谐社会。因此，培养学会审美的生存的一代新人就成为构建和谐社会的重要任务。这就将美学提到当代世界观建设的本体的高度，将审美教育提到美学的中心位置。

审美的生存的一代新人应以审美的态度对待他人，这是社会美好和谐发展的重要保证，也是人类社会文明发展的尺度之一。它既不同于社会达尔文主义"弱肉强食"的理论，也不同于萨特存在主义"他人是地狱"的悲观论，也与传统资本主义的"极端的个人中心主义"的理论有别。这些传统理论是以旧的"主客二元对立"思维模式为其哲学基础的，张扬一种主体与客体、物质与精神、个人与他者、人与自然的二元对立，是一种对于"单向度"利益追求的结果。以审美的态度对待他人，则是以20世纪以来逐步发展深化的"共生共荣"理论为其指导的。20世纪以来许多有识之士深刻思考"主客二元"思维模式在西方资本主义现代化过程中所造成的种种弊端，提出"西方的没落"、"文明的危机"等等重要论断。我国在十年"文革"和东欧巨变之后也深刻反思了"以阶级斗争为纲"等社会主义发展的旧的模式的严重弊端。当代西方哲人在反思的基础上提出了"主体间性"理论和"交流对话"理论,我国也在有中国特色社会主义理论中正式提出"以人为本"的命题。这些理论观点的核心是以审美的态度对待他人,以共生、共荣、共赢与共同美好生存为其目标。以这样的审美的态度处理国与国的关系,我国追求"和平的崛起",以世界各国人民的共同美好生存为其指归;以这样的审美的态度处理国内发展过程中出现的地区、城乡与贫富巨大差距,就应通过法律、财税与行政等种种手段缩小这种差距。同时,大力张扬一种回报社会、关爱弱者的"仁爱"精神。这是一个成熟社会所应具有的美好健康的社会风气,是促进社会和谐的重要的良好社会品德,应该成为社会主义精神文明的重要内容。

审美的生存的一代新人应以审美的态度对待自然。这是一个非常重要的崭新的课题,关系到我国社会主义现代化的前途命运和我国人民的生存生活,特别在我国经历了非典、禽流感与松花江污染之后,更值得国人深思。长期以来,特别是工业革命以来,人们一直信奉"人类中心主义"观念,力主"人是自然的主宰"、"人是自然的立法者"、"自然是人的奴仆"等等错误的观念。正是在这些错误观念指导下,工业革命以来人类肆意掠夺自然,污染环境,造成一件件严重的生态灾难,向人类敲响了警钟。这些生态灾难以无可回避的事实告诉我们,人类既不能也不可能成为自然的主宰者,人类只能成为自然的朋友。早在20世纪60年代,著名的美国生态学家莱切尔·卡逊就指出,人类正处在或者是破坏自然走向毁灭或者与自然为友走向美好生存的"十字路口上";其后,巴西著名的诺贝尔生存权利奖获得者卢岑贝格提出人类应该以审美的态度对待地球母亲。此后,在西方出现了一系列有关生态哲学与生态伦理学的理论观点,也出现了生态批评、生态文学、生态文艺学与环境美学等等与审美有关的理论形态。我国早在20世纪90年代就提出了可持续发展战略,同时美学界也提出了生态美学的理论,此后,又将这一理论发展为生态存在论审美观。这是中国美学工作者结合中国的文化与国情在美学领域的一个理论创新,是美学工作者社会责任的体现。众所周知,以审美的态度对待自然在我国显得特别紧迫与特别重要。我国是有着13亿人口的大国,经济与社会发展中资源与环境的压力非常巨大,如果再不以审美的态度对待自然、尊重自然,不仅我国的经济建设与社会发展无法正常进行,而且我国人民的正常生活都难以为继。笔者写作本文时正在加拿大维多利亚大学访学,面对眼前地广人稀、生态良好的自然环境,对于我国应以审美的态度对待自然有着更深的感受。事实证明,大力倡导以审美的态度对待自然,发展当代生态审美观不仅是美学学科建设的需要,更是当代我国社会与经济建设的需要。

　　审美的生存的一代新人还应以审美的态度对待自身。长期以来,尽管人们对他人与自然的关爱不够,但对自身的关爱则更少。这恰是现代社会发展的一种二律背反,也就是社会的繁荣发展与人的生存状态常常处于相悖的情形。就是说,社会越发展而人的生存状态反而越加紧张、越有压力。在这样的情况下,进一步发扬建设当代马克思主义人学理论是十分必要的。这实际上是解决一个为什么发展的问题,应该理直气壮地将社会经济发展落实到人的美好生存,特别是每个人自身的美好生存之上。这就需要在理论建设中,特别是美学理论建设中实现由传统认识论到现代存在论的转型,将人的生存问题提到理论建设应有的高度。要继承发展马克思有关人学理论成果。马克思早在1844年1月就在著名的《〈黑格尔法哲学批判〉导言》中提出"人本身是人的最高本质"的著名命题,并将其奠定在"必须推翻那些使人成为受屈辱、被奴役、被遗弃和被蔑视的东西的一切关系"的历史唯物主义基础之上。此后,马克思又在著名的《共产党宣言》与《资本论》中又提出"无产阶级只有解放全人类才能解放自己"的重要思想，使其人学理论更趋全面合理。可见，人的自身的"自由解放"始终是马克思十分关心的重要人学课题。20世纪以来，西方现代众多哲学与美学家面对资本主义社会妨碍人的美好生存的事实，将人的自身的生存问题提到本体的地位，试图通过由遮蔽到澄明的展开，实现人的诗意地栖居，甚至明确提出应以审美的态度对待人自身的论题。这些理论构成了西方现代人文主义思潮的重要内容，都各有其价值，值得我们有分析地加以借鉴。我们应该在上述理论的基础上构建中国当代的人学理论，将以审美的态度对待人自身作为这一人学理论的应有之意。人自身的审美生存除了物质的条件之外，精神的文化的生活则是更加重要的条件。当前，我国文化生活在社会主义市场经济推动下逐步走向多元，影视文化不断发展，大众文化日渐勃兴，人们在从未有过的广度上接受如此丰富多彩的文化与审美的享受。但由于盲目经济利益的驱动，导致庸俗低劣文化在一定程度上泛滥，使人们健康的精神生态受到某种威胁。许多有识之士，包括生活在海外的爱国华裔学者都担心在这种低劣文化的狂欢中可能会使某些人丧失人之为人的灵魂。因此，在当前的形势下，在保证文化与文学艺术丰富多样发展的前提下，适当净化文化市场，杜绝低俗文化，已经成为国人在精神生活上得以审美的生存的迫切需要，也是我们美学工作者与文艺工作者的责任之所在。美学在现代文化与文学艺术建设中应充分发挥价值判断，特别是审美价值判断的功能，以鲜明的理论旗帜与审美批判的功能为现代人们在精神生活上的审美的生存发挥引导的作用。

人应以审美的态度对待自身，还包括一个应以审美的态度对待我国传统文化的问题。文化是人的精神家园，是一个民族之根。有位学者曾经深刻地指出，中国文化就是中国人生活的依靠，是中国人的生活方式、观念和主张。在当前全球化的语境下，我们中国人有一个身份与文化定位问题。也就是说，我们只有继承发扬中国的优秀传统文化，才能在世界民族之林确定自己应有的位置。这是我们十多亿中国人的精神栖息之所,否则我们在精神上将无所依归。事实证明,具有五千年文明历史的中国文化是悠远丰富的,足以滋润过去和现代中国人的心灵。中国文化以其特有的风貌和传统彪炳于中国和人类史册,并将在新的时代继续发扬光大。费孝通曾以"位育中和"四字作为中国文化的精髓,这正是镌刻在孔庙大殿上的四个大字。"位育中和"出自《礼记·中庸》,即所谓"喜怒哀乐之未发谓之中,发而皆中节为之和。中也者,天下之大本也;和也者天下之达道也。致中和,天地位焉,万物育焉"。这实际上体现了中国古代建立在"天人合一"理论之上的"共生"思想,也就是《中庸》所说的"万物并育而不相害,道并行而不相悖"。中国古代典籍中则还有"和为贵"、"和而不同"、"和实生物,同则不继"、"生生之为易"等等思想,这说明中国古代传统文化历来是将人与人、人与社会、人与自然的共生作为生活的准则的。而《易经》之中以"太极化生"为其代表的有机整体论思维则成为几千年来中国人的思维与生活生存方式,它所表述的"天行健,君子以自强不息"与"地势坤,君子以厚德载物"的思想生动地反映了中华民族奋斗不息与宽厚仁爱的民族精神。这些都具有极为重要的当代价值,值得我们结合现实加以改造和继承发扬。我们只有深深地立足于民族文化之根上,才能找到自己深厚的精神依归,真正做到在精神生活之中的审美的生存。

邓小平在谈到建设有中国特色的社会主义时曾经说道"关键的问题是教育",并提出培养"四有"新人的目标,可谓一语中的。当前实现构建和谐社会的目标关键的问题也在培养学会审美的生存的一代新人。这是人的生存方式的重大转变,是将审美观作为当代主导性世界观建设的极为重要的文化工程,任重而道远。它不仅对我们美学工作者提出了新的更高的要求,而且也是全社会的共同责任。但我们有信心逐步完成这一任务,同时也要以此为契机改造和建设我们的美学学科,逐步实现美学学科的现代转型,以便更好地完成培养学会审美的生存的一代新人的重要任务。

(本文的主要部分以"培养学会审美的生存的一代新人"标题发表于《光明日报》2006年4月24日第8版)

10. 关于美育当代发展的几个问题

一、美育的当代意义

席勒在《美育书简》中继承康德的理论,将美育的意义界定为属于情感领域的审美能力的培养,试图以此疗治资本主义工业化过程中人的异化问题。这当然是有其道理的。但随着时代的发展,资本主义现代化过程中一系列更深层矛盾的暴露,美育的意义应有其新的内涵。特别是当前人类社会进入 21 世纪之际,包括我国在内的现代化面临一系列新的挑战和机遇。因此,在这种新的形势下应将美育的意义从审美能力的培养进一步提升到培养学生确立健康的审美态度,学会审美地生存。这也就凸显了美育在当代社会发展中的重要性。这是因为,在当前现代化的过程中出现明显的美化和非美化的二律背反的情形。一方面,当代社会的工业化、市场化、城市化和现代化给人类带来了现代文明和物质的富裕,生活空前地走向美化。另一方面,上述现代化过程又不可避免地带来了工具理性盛行、金钱崇拜、人与人之间的隔膜等等负面影响,导致了人的生活的非美化。这种种非美的现实状况对包括青年学生在内的青年一代形成巨大的压力和诱惑,可能导致他们选择非美的生存方式。例如,对于物质欲望的过度追求,价值取向的低俗,情绪的压抑乃至罹患精神疾病等等。这种情形如果任其扩大蔓延,后果将不堪设想。这是当代青年一代培养中十分紧迫和重要的课题。解决这一重要课题，当然可以依靠德育和法制教育等等渠道。但美育也是不可或缺的重要渠道之一。美育通过审美力的培养可以逐步使青年学生建立一种超越物欲情趣的、高尚的审美态度。在当代，这种审美态度不同于过去的审美观念，而是成为一种根本的人生态度，做到以审美的态度对待他人、社会、自然和自身。这就是仇春霖教授所讲的审美观成为当代最重要的世界观。西方当代著名教育家也认为，当代教育的目标是培养学生具有知识、能力和态度三要素，而态度最具根本性。审美态度又是态度之重要内涵。

二、美育的当代地位

我国第三次全教会《关于深化教育改革，全面推进素质教育的决定》对美育的当代地位已经作了明确的界定。该决定指出，美育"对于促进学生全面发展具有不可替代的作用"。这个"不可替代的作用"就是美育的当代地位。但近年来不断有学者撰文认为，美育属于德育的组成部分。这实际上是自觉或不自觉地否定了美育的"不可替代的作用"的界定，我们从来都认为美育与德育有着十分密切的关系，甚至也认为美育应该成为德育的十分重要的手段。但这并不等于说德育可以代替美育，犹如智育同德育密切相关但德育却不可代替智育。现在就要充分论证美育在素质教育中的"不可替代的作用"。我认为可以从三个大的方面阐述。第一方面就是前面论述的美育的当代审美世界观的培养作用，不再赘述。第二个方面就是美育的文化养成作用。这就是说美育是一种如何做人的教育，是一种人性的教育，也是一种文化与文明的教育。一个人无论学习了多少科学知识和技能，如果没有经过审美的教育，那么他就不是一个完整的人，不是一个真正有文化的人，或者说他就是一个人性有缺陷的人、人格不健全的人。为什么这么说呢？因为，审美是人的天性，是人与动物的重要区别。康德在《判断力批判》中指出,审美是人的文明的表现,一个居住在荒岛上的人绝对不会有对于美的追求,不会去修饰自己。他说,"只有在社会里他才想到,不仅做一个人,而且按照他的样式做一个文雅的人"。席勒则明确认为,审美是人与动物的根本区别。他在《美育书简》一书中指出,人从野人之中脱离出来具有人性的标志就是"对艺术的喜爱"。我国古代《乐记》则将能不能欣赏音乐作为人与动物的根本区别,所谓"知声而不知音者,禽兽是也"。第三个方面是美育在教育的各个方面具有综合中介作用,也就是说美育具有沟通德育与智育、科学教育与人文教育、左脑和右脑的重要作用。这同美育本身的特点有关。因为美育是感性与理性、形象与思想、理性与情感、情与境以及言与意的直接统一,这种直接统一的特点就使其具有了沟通教育中的各个方面的功能。而美育沟通左右脑的作用也已被当代脑科学的发展所证明。因为美育作为形象思维活动主要凭借右脑,美育不仅可开发右脑而且可使左脑得到休息、恢复,从而进一步激活其功能。对于美育在教育中的这种综合作用,孔子早就在《论语》中有所论述。他在《泰伯》篇中有一句名言:"兴于诗,立于礼,成于乐。"也就是说,在他看来一个君子的培养需要通过学习诗歌等文学作品得到知识的启发,并通过学习礼节制度掌握道德行为规范,但最后要成为真正的君子则要凭借乐教。孔子这里的"成",带有综合、完成、成功等多重意思,说明他对乐教的综合作用的高度重视。综合上述,美育的特有作用是任何其他教育所不可代替的。在当代,我们可以说没有美育的教育是不完全的教育,而没有接受美育的学生就一定会在人格发展和文化结构上存在严重缺陷,无法应对当代社会挑战。

三、美育的当代发展

美育的当代发展首先要确立正确的教育理念,真正将美育放到教育的"不可替代"的位置之上。其次应将美育落实到具体的课程建设之中,而且将其融入我国整个教育系统课程建设体系之中,使之走上正规的课程建设的轨道。因为课程教育是当代学校教育的主渠道,只有将美育纳入学校课程体系建设,才能落实美育的"不可替代"的地位。同时,要使美育得到真正发展还应加强美育的学科建设。美育是教育的一个不可缺少的方面,这已经成为共识。但对于美育是否能成为一种学科的问题,目前的看法还有分歧。其实发达国家早已将美育作为一个学科进行建设。此外,构成美育的有关美学和艺术理论、艺术鉴赏和艺术技艺本身的科学性和体系性等,也要求学科建设。即便是美育本身也有其自身的规律,应该对其进行系统的研究。总之,美育的学科建设是美育事业发展的需要。而构成一个学科所必备的三个方面就是美育学科建设的主要内容,那就是相对完备的理论内涵、相对完备的研究方法和相对稳定的学科队伍。美育事业要继续向一定的深度发展,应该在以上学科建设的三个方面努力。目前,美育事业尽管有了明显发展,但仍未走出边缘化的状态。其表现就是教育部的课程、科研和学位等重要方面的工作和资源中美育所占份额很少。例如,当前正在进行的学位建设、教学评估、社科评奖、精品课程和名师评选等重要工作和资源中,美育几乎无法介入。我认为,只有加强美育的学科建设才有可能在这些重要工作和资源中占有应有的份额。

四、当代美育的队伍建设

教育事业发展的根本保证在教师,美育的当代发展同样如此。目前,可以说我国高校所有的教育环节中美育是最薄弱的环节,其原因除了认识和政策的原因外,主要就是我们的队伍相对薄弱。因此队伍建设应放在重要位置。目前要根据课程需要逐步配齐教师,再在保证教学的基础上发展科研。同时要通过各种渠道和途径提高教师队伍的水平,改善结构。当然,还要有相关政策给美育师资队伍的建设以支持。例如,出台符合美育事业实际的职称评定办法和岗位津贴办法等。同时,我们美育教师自身应自强自律,努力工作,不断提高水平,做出更多成绩,通过有为争取有位。

总之,我国当前美育事业处于从未有过的良好发展时期,我们应抓住这一大好时机进一步推进我国美育事业的发展。

(原载《美育通讯》2006年第1期)

第三编
生态美学论——由人类中心到生态整体

1. 当代生态美学的发展与美学的改造

古典美学以主体与客体、理性与感性的对立统一为其主线，发展到 19 世纪中叶黑格尔的"美是理念的感性显现"而达到顶峰。从此，美学领域从叔本华开始，就迈出了突破古典美学、开创现代美学的美学学科改造的艰难而漫长的道路。可以说，整个 20 世纪至今都是以突破这种主客二分的美学范式为其主要任务的。20 世纪 60 年代以来，一种以生态批评为其先导的生态美学伴随着时代的脚步悄然兴起，并逐步呈现出迅速发展之势。所谓生态美学，即是在生态危机愈来愈加深重的历史背景之下产生的一种符合生态规律的当代存在论美学，包括人与自然、社会及人自身的生态审美关系。它的产生与发展标志着古典的认识论美学到现代的存在论美学的转型所具有的现实紧迫性与理论完备性，因而意义深远。本文试图在目前所掌握材料的基础上，尽量从理论的广度与深度的结合上探讨生态美学这一新型的美学理论形态的产生、基本内涵、主要原则及其重要意义，以期引起更多的美学工作者的重视并投入到这一逐步在国内外成为热点的生态美学（或称生态批评）的探索与讨论之中。但论题本身的重要及困难，特别是材料的缺乏，决定了本文也仍然是一种带有某种冒险性的探索，只是希望它同时成为一种有意义的探索。

一

生态美学的产生是一种时代的需要，是同人与自然的矛盾日趋尖锐、深重的生态危机极大地威胁着人类的生存这一现实状况相伴随的。其实，在漫长的历史中人同自然的关系一直是处于较为和谐的状态的。只是在进入大规模工业化后的近三百多年的时间内，人类借助空前发达的科学技术对自然进行了强有力的开发与改造，包括化学农药与肥料的施用、运用机械对森林与草原的砍伐与开发、工业废水与汽车废气的污染以及带有毁灭性的战争和核武器的试验运用等等。这些都对自然造成极大的破坏，对人类的生态造成极大的威胁，逐步引起有识之士严重的关注。正是在这样的背景下，美国海洋生物学家、著名作家莱切尔·卡逊（Rachel Carson）于1962年出版了《寂静的春天》一书，引发了围绕此书而展开的一场历时数年的争论。莱切尔·卡逊（1907－1964）是美国海洋生物学家和著名作家，曾写过《在海风下》、《环绕着我们的海洋》、《海洋边缘》等著作。从1958年开始，卡逊把全部注意力转到了危害日益严重的杀虫剂使用问题上来，她花费了四年的时间遍阅美国官方和民间关于杀虫剂使用和危害情况的报告。在详细的调查研究的基础上，她于1962年写成了《寂静的春天》一书。卡逊以严格实证的科学态度和激情澎湃的艺术家的情怀无情地揭露了美国农业、商业为追逐利润而滥用农药的事实，对不分青红皂白地滥用DDT等杀虫剂而造成的生物与人体的危害进行了有力的抨击。卡逊并没有就事论事地批判杀虫剂的滥用，而是将其笔触深入到环境的破坏对人的生存的极大危害以及人与自然的关系等等社会的、价值的和哲理的层面。书名《寂静的春天》就有深刻的寓意。本来，春天到来，万物复苏，百鸟争鸣，鲜花怒放，应当是喧闹的、灿烂的、充满生气的。但正是因为DDT等杀虫剂的滥用，导致了鸟类和昆虫的死亡、牲畜和人类的患病，使得喧闹的春天成为寂静而毫无生气的春天。这是一种多么可悲而又惊人的现实啊！卡逊在书中的开头就虚构了美国中部的一个村镇，这个村镇坐落在繁荣的农场中间，曾经是一种美不胜收的景象。"春天，繁花像白色的云朵点缀在绿色的原野上;秋天,透过松林的屏风,橡树、枫树和白桦闪射出火焰般的彩色光辉,狐狸在小山上叫着,小鹿静悄悄地穿过了笼罩着秋天晨雾的原野。"①但从某一天开始,一个奇怪的阴影遮盖了这个地区,一切都开始变化,一些不祥的预兆降临到村落,到处是死神的幽灵,喧闹的春天沉寂下来了。她写道:"这是一个没有声息的春天。这儿的清晨曾经荡漾着乌鸦、鸫鸟、鸽子、樫鸟、鹪鹩的合唱以及其他鸟鸣的音浪,而现在一切声音都没有了,只有一片寂静覆盖着的田野、树林和沼泽。……不是魔法,也不是敌人的活动使这个受损害的世界的生命无法复生,而是人们自己使自己受害。"②这就是为了所谓征服自然、消灭害虫的目的而滥用DDT等杀虫剂所导致的严重后果。卡逊十分激愤地写道:"当人类向着他所宣告的征服大自然的目标前进时,他已写下了一部令人痛心的破坏大自然的记录,这种破坏不仅仅直接危害了人们所居住的大地,而且也危害了与人类共享大自然的其它生命。"③最后,卡逊从人类面临生存抑或灭亡的存在论的高度指出,人类正处于保护自然与破坏自然的十字路口上,并大声喊出了为人类提供生存的最后唯一的机会是"让我们保住我们的地球"④。这就是莱切尔·卡逊这位将自己的一生都奉献给了环保事业的伟大女性在生态危机已经十分严峻的时刻,从生死存亡的高度向人类发出的警告。因此,可以毫不夸张地说,《寂静的春天》是划世纪的经典之作,是一本改变了世界的书,它开拓了生态学的新纪元,也是生态批评的发轫之作。正如美国记者小弗兰克·格雷厄姆(FrankGraham,Jr.)在1970年出版的《〈寂静的春天〉续篇》中所说,"《寂静的春天》以其文学上的成就,问世后的影响及在全世界享有的盛誉而受到评论界异口同声的推崇,从而

---

① [美]莱切尔·卡逊:《寂静的春天》,科学出版社1979年版,第3页。
② 同上书,第4、5页。
③ 同上书,第87页。
④ 同上书,第292页。

跻身于经典著作的行列"①。莱切尔·卡逊是一位不平凡的女性,她为了自己所挚爱的科学与环保事业而终身未婚。从 1958 年春天她就开始了写作《寂静的春天》的计划,一开始定名为《人类与地球作对》。她与欧美各国科学家广泛接触,并从事规模庞大的研究工作,阅读了几千篇论文和文章。在书籍的撰写过程中,卡逊经历了老母辞世的悲哀和自己从 1960 年就发现恶性肿瘤并接受化疗的痛苦。卡逊以坚韧的毅力和巨大的奉献精神终于完成了全书的写作,并于 1962 年 6 月 16 日开始在《纽约人》杂志分三次登完该书的缩写本,全书则由霍顿·米夫林公司于 1962 年 9 月份出版。但缩写本一发表就在政府、化学工业界和农业界引起轩然大波,其猛烈程度出乎人们意料之外。《纽约时报》1962 年 7 月 22 日的一条消息的标题称:"《寂静的春天》现在成了嘈杂的夏日。"②其出版也受到某些利益集团的直接阻挠。一些颇具影响和权力的科技界与企业界人士对莱切尔·卡逊及其《寂静的春天》大加挞伐。轻则说卡逊是在编造一部"科幻小说",重的则攻击该书"科学上错误,事实上失真,方法不科学,倾向有害"③。甚至无耻地对卡逊女士进行人身攻击。在书稿出版不久,联邦害虫控制审查委员的一次会议上,一位颇有名气的委员竟说:"她是个老处女,干吗那么关心遗传问题?"④一时有关《寂静的春天》与杀虫剂问题的辩论成为美国全国性的热点问题,不仅报刊讨论,而且成为国会辩论的议题。哥伦比亚广播公司的电视记录系列节目《CBS》于 1963 年 4 月 3 日专门安排了一项题为"莱切尔·卡逊的《寂静的春天》"的节目。肯尼迪总统的科学顾问委员会花了 8 个月调查杀虫剂的应用情况,并于 1963 年 5 月 15 日在《基督教科学箴言报》发表调查结果,大字标题是:"莱切尔·卡逊

---

① [美]小弗兰克·格雷厄姆:《〈寂静的春天〉续篇》,科学技术文献出版社 1988 年版,第 8 页。
② 同上书,第 48 页。
③ 同上书,第 54 页。
④ 同上书,第 49 页。

被证明正确。"①但斗争并没有止息,工业界、企业界与某些被经济利益所驱动的科学家仍在干着攻击、诋毁卡逊的勾当。但这位伟大的女性却从未动摇过,也从未屈服过。令人遗憾的是,可怕的癌症终于在1964年4月14日夺去了她的生命。但她的事业和精神却是永恒的。正是在她及其《寂静的春天》的推动下,1969年美国国会通过了《国家环境政策法》,并建立了专门环境保护机构"改善环境质量委员会"。1971年1月,尼克松总统在国情咨文中指出,保护环境"是美国人民在70年代必须关注的一个主要问题"。表面上看,卡逊及其《寂静的春天》所引发的争论是有关杀虫剂利弊的争论,实际上这是一次人类应取何种生存方式之争。也就是说,人类应该采取同自然对立的生存方式呢?还是应该采取同自然协调的生存方式?卡逊认为,当前由杀虫剂所引起的环境污染灾害完全是由人类所采取的同自然对立的生存方式决定的。她说:"今天,我们所关心的是一种潜伏在我们环境中的完全不同类型的灾害——这一灾害是在我们现代的生活方式发展起来之后由我们自己引入人类世界的。"②

从更深的层面上看,《寂静的春天》所引发的还是一场哲学的革命。也就是说,以其为开端出现了一种足以刷新人们的思想观念和改变人类生活状态的深层生态学。生态学是德国博物学家海克尔（Ernst Heinrich Haeckel, 1834 – 1919）于1866年提出的,是一种研究生物之间及生物与非生物环境之间关系的学科,属于自然科学范围。以卡逊的《寂静的春天》为开端,生态问题被引向社会的、价值的领域,成为对人与自然的关系进行"为什么"、"是什么"等深层的哲学与伦理的追问,从而出现了主要属于社会科学领域的深层生态学。卡逊通过人类对杀虫剂的运用所引起的严重的生态危机认识到人与自然不应该是一种敌对的关系,而应该是一种和谐共生的关系。她认为,生物学问题同时也是一个哲学问题。她说,"控

---

① [美]小弗兰克·格雷厄姆:《〈寂静的春天〉续篇》,第79页。
② [美]莱切尔·卡逊:《寂静的春天》,科学出版社1979年版,第193页。

制自然"这个词是一个妄自尊大的想象产物,是生物学和哲学还处于低级幼稚阶段时的产物,并且明确提出,"我们应该与其他生物共同分享我们的地球"①。人与其他生物共生共享,就是卡逊提出的一个新颖的极富哲学意味的存在论命题,成为逐步发展的深层生态学的开端与有机组成部分。1973年,挪威哲学家阿伦·奈斯(Arne Naess)在《探索》(Inquiry)杂志上发表了《浅层生态运动和深层、长远的生态运动:一个概要》一文,正式提出"深层生态学"的概念。所谓"深层生态学",就是一种深层追问的生态学,它强调的是"问题的深度"。奈斯提出,"形容词'深层'强调了我们问'为什么……'、'怎样才能……'这类别人不过问的问题","这是一类价值理论、政治、伦理问题"②。奈斯的深层生态学思想包括哲学观和实践观两个方面,前者面向学术,后者面向大众,其思想体系分四个层次。第一层次为"上帝与宇宙是一体的";第二层次为"自然自身有价值";第三层次为由以上原则引出的"有机农业"、"废品回收"、"多步行"等具体结论;第四层次为更实际的决定,如"骑车上班"、"回收办公用纸"、"参加荒野协会的保护行动"等。在以上推演的基础上建立起奈斯称之为"生态智慧T"的深层生态学思想体系,诸如自我实现,生命多样性、复杂性、共生等等。③ 1984年4月,在美国自然保护主义者约翰·缪尔(John Muir)诞生日的那天,深层生态学的两位重要人物奈斯和乔治·塞欣斯(George Sessions)在美国加利福亚州的死亡谷(Death Valley)做了一次野外宿营,并对十多年来深层生态学的发展进行了总结性的长谈。在此基础上共同起草了一份深层生态学运动应遵循的8条原则纲领:①地球上人类和非人类生命的健康和繁荣有其自身的价值(内在价值,固有价值)。就人类目的而言,这些价值与非人类世界对人类的有用性无关。②生命形式的丰富性和多样性

---

① [美]莱切尔·卡逊:《寂静的春天》,科学出版社1979年版,第313页。
② 转引自雷毅《深层生态学思想研究》,清华大学出版社2001年版,第25页。
③ 同上书,第38、39页。

有助于这些价值的实现,并且它们自身也是有价值的。③除非满足基本需要,人类无权减少生命形态的丰富性和多样性。④人类生命和文化的繁荣与人的不断减少不矛盾,而非人类生命的繁荣则要求人口减少。⑤当代人过分干涉非人类世界,这种情况正在迅速恶化。⑥因此我们必须改变政策,这些政策影响着经济、技术和意识形态的基本结构,其结果将会与目前大有不同。⑦意识形态的改变主要是在评价生命平等(即生命的固有价值)方面,而不是坚持日益提高的生活标准方向。对数量的大(big)与质量上的大(great)之间的差别应当有一种深刻的认识。⑧赞同上述观点的人都有直接或间接的义务来实现上述必要的改变。他们认为,这8条纲领并不是一种系统的哲学,而只是深层生态学的一种共同的立场与基础。①但我们认为,这8条纲领的确是较全面地概括了深层生态学的基本内容和新的发展。奈斯是一位十分谦逊和宽容的哲学家,他把自己的深层深态学称作"生态智慧T",说明他将自己有关深层生态学的理论完全看成仅仅是个人的一种见解(T),其他人也可以提出自己有关生态学的见解(生态智慧A、B、C……)。

  同时,在20世纪后半期,深层生态学又成为后现代思潮的重要组成部分。后现代思潮主要有两种派别,一是以法国的福柯、德里达、拉康为代表的解构的后现代,二是以美国的大卫·雷·格里芬(Griffin. D. R)与大卫·伯姆等人倡导的建设性的后现代。后一种建设性的后现代更多地赞成对现代性的批判继承和反思超越,并创造新的经济文化形态。这种建设性的后现代思潮就包括丰富的深层生态学的思想。诚如美国圣巴巴拉后现代的研究中心主任和过程研究中心执行主任大卫·雷·格里芬所说:"后现代思想是彻底的生态主义的,它为生态学运动所倡导的持久的见识提供了哲学和意识形态方面的根据。事实上,如果这种见识成了我们新文化范式的基础,后世公民将会成长为具有生态意识的人,在这种意识中,

---

① 参见雷毅《深层生态学思想研究》,第53页。

一切事物的价值都将得到尊重,一切事物的相互关系都将受到重视。我们必须轻轻地走过这个世界,仅仅使用我们必须使用的东西,为我们的邻居和后代保持生态的平衡,这些意识将成为常识。"①他还十分深刻地把这种深层生态学原理概括为"生态论的存在观"。他说:"现代范式对世界和平带来各种消极后果的第四特征是它的非生态论的存在观。生态论的观点认为每个人都彼此内在地联系着,因而每个人都内在地由他与其他人的关系以及他所做出的反映所构成。"②这就将深层生态学作为当代存在论哲学的重要资源和组成部分,从而十分明确地标示着深层生态学的出现。而从哲学或世界观的维度来说,则是进一步地由认识论到存在论的跨越。在当代,我们可以说,人们不仅仅要认识世界和改造世界,更重要的是要在同世界的和谐平等的对话中获得审美的生存。这就是时代所给予我们的深刻启示。

与深层生态学的发展相应,一种新颖的文学批评形态逐步兴起,这就是生态批评(ecocriasim)。生态批评出现于 20 世纪 70 年代,1974 年美国学者密克尔出版专著《生存的悲剧:文学的生态学研究》,提出"文学的生态学"这一术语,主张批评应当探讨文学所揭示的"人类与其他物种之间的关系",要"细致并真诚地审视和发掘文学对人类行为和自然环境的影响。"同年,美国学者克洛伯尔在《现代语言学会会刊》发表文章,将"生态学"和"生态的"概念引入文学批评。1978 年,鲁克尔特在《衣阿华评论》冬季号上发表题为《文学与生态学:一项生态批评实验》的文章,首次使用了"生态批评"一词,明确提倡"将文学与生态学结合起来",强调批评家"必须具有生态学视野",认为文艺理论家应当"构建出一个生态诗学体系"。1985 年,现代语言学会出版弗莱德里克·威奇编写的《环境文学教学:材料、方法和文献资源》。1991 年,英国利物浦大学教授贝特出版专著《浪漫

---

① [美]大卫·雷·格里芬:《后现代精神》,第 227 页。
② 同上书,第 224 页。

主义的生态学》。在这部书里,贝特使用了"文学的生态批评"(Literary ecocriticism)。有学者认为,这一著作的问世标志着英国生态批评的开端。同年,现代语言学会举办议题为《生态批评:文学研究的绿色化》的研讨会。1992年,"文学与环境研究会"(简称ASLE)在美国内华达大学成立,这是一个国际性的生态批评学术组织。1994年,克洛伯尔出版专著《生态批评:浪漫的想象与生态意识》。1995年,ASLE首次学术研讨会在科罗拉多大学召开,会议收到两百多篇学术论文。同年,第一家生态批评刊物《文学与环境跨学科研究》出版发行。人们一般把ASLE的这次会议看作生态批评倾向和潮流形成的标志。同年,哈佛大学英文系的布伊尔教授出版专著《环境的想象:梭罗、自然、自然文学和美国文化的构成》,这部书被誉为"生态批评的里程碑"。1996年,第一本生态批评文学论文集《生态批评读本》出版,这是生态批评入门的首选文献。1998年,英国第一本生态论文集《书写环境:生态批评和文学》出版。同年ASLE第一次大会的会议论文集出版。1999年夏季的《新文学史》是生态批评专号。2000年6月在爱尔兰科克大学举行多学科学术研讨会《环境的价值》。同年10月,在台湾淡江大学举办议题为《生态话语》的国际生态批评讨论会。2000年出版多种生态批评专著和论文集。2001年布伊尔出版新著、麦泽尔主编的《生态批评的世纪》与ASLE第四届年会都对生态批评进行了全面的回顾与总结。2002年初,弗吉尼亚大学出版社推出了"生态批评探索丛书"。2002年3月,ASLE在英国召开题为"生态批评的最新发展"的研讨会。①

以上,我以相当的篇幅介绍了生态批评在西方,特别是美英的发展历程。现在我们应该进一步弄清楚生态批评到底是一种什么样的批评。正如英国批评家理查德·克里治在《书写环境:生态批评和文学》的前言中指

---

① 参见王诺《生态批评:发展与渊源》,载鲁枢元主编《精神生态与生态精神》,南方出版社2002年版,第239—244页。

出,生态批评是"一门新的环境主义文化批评"①。美国文艺理论家加布理尔·施瓦布指出:"现在有新发起的批评理论,我们一般称之为'生态批评',它主要研究关系到环境保护问题的全球化的政治设想。生态批评理论包含了一系列的在环境危机和环境灾难研究之外的与生态有关的话题。它包括对生态政治运动的批评分析、全球化和生态破坏对人类以及更广泛意义上的物种的健康的影响,对生态基因多样性和自然资源的保护,以及针对生态问题的国家和超越国家的集团的政治的发展。从另一种意义上说,生态批评理论是对哲学意义上的人类和自然概念的历史批评,包括它们对种族和性别社会建构的巨大影响。"②总之,生态批评实质上是一种文化批评,即以深层生态学的理论为指导,通过文学艺术这种形式对社会与生态有关的问题进行评价,或者是通过理论批评的形式对文学艺术中涉及生态的问题进行评价。但无论如何这是审美的物化形态——文艺与深层生态学的一种结合,从而为生态美学的产生奠定了实践的基础。

从我们目前所能掌握到的材料来看,迄今为止未见有国外的学者论述生态美学的专著与专文。生态美学这一理论问题是我国学者从20世纪90年代中期开始提出的。此后逐步引起较多关注,2000年以来有更多的论著出版和发表,并有多次专题的学术讨论会。徐恒醇的专著《生态美学》,也于2000年在陕西教育出版社出版。与此相关的还有鲁枢元的《生态文艺学》、曾永成的《文艺的绿色之思——文艺生态学引论》。本人也于2002年发表专论《生态美学:后现代语境下崭新的生态存在论美学观》,并被《新华文摘》转载。本人在文章中明确提出,生态美学即"是一种人与自然和社会达到动态平衡、和谐一致的处于生态审美状态的崭新的生态

---

① 转引自王诺《生态批评:发展与渊源》,第239-244页。
② [美]加布理尔·施瓦布:《理论的旅行和全球化的力量》,《文学评论》2002年第2期。

存在论美学观"①。生态美学之所以在我国产生并发展,除了我国古代有着丰富的深层生态学理论资源之外,更重要的是我国当前美学理论建设的需要。我国当代美学长期以来受前苏联的教条主义美学和德国古典美学的影响至深。大家所熟知的"典型论"美学更多受到前苏联客观论美学影响,而"实践论"美学则更多受到德国古典美学影响,二者均未摆脱传统的主客二分的认识论模式,难有突破。在这样的情势下,以倡导人与自然融合、和谐为其主旨的深层生态学犹如一股春风,给中国美学带来了活力与希望,从而催生了生态美学的诞生与发展。

二

美学作为艺术哲学,从学科的发展来说最重要的突破应该是作为美学的理论基础的哲学观的突破。生态美学从美学学科的发展来说最重要的突破,也可以说最重要的意义和贡献,也就在于它的产生标志着从人类中心过渡到生态整体、从工具理性世界观过渡到生态世界观,在方法上则是从主客二分过渡到有机整体。这可以说是具有划时代意义的,意味着一个旧的美学时代的结束和一个新的美学时代的开始。有人问:生态美学最基本的原则是什么?我们回答,生态美学的基本原则就是不同于传统的"人类中心"的生态整体哲学观。还有人问:我们人类考虑问题就应该以人为本,怎么会从生态着眼呢?他们把这种"生态整体"看作是一种乌托邦。我们回答:由"人类中心"到生态整体的过渡是一个宏观的哲学观的转向(我们姑且将其称作哲学观的"生态学转向"),是历史、时代发展的必然结果,与具体工作和生活中是否"以人为本"不是一个层次的问题。

生态美学之所以难以被人接受,首先就在于这种"生态整体"的哲学

---

① 《生态美学:后现代语境下崭新的生态存在论美学观》,载《陕西师大学报》2002 年第 3 期,《新华文摘》2002 年第 9 期转载。

观让人难以接受。其实,这是十分必然的事情。因为,人类中心的哲学观已经统治人类几千年了,而且西方美学学科的产生与发展又与人类中心的哲学观紧密相连。早在古希腊时期,智者的代表人物普罗泰戈拉就有一句脍炙人口的名言:"人是万物的尺度。"而古希腊最重要的理论家柏拉图则在《理想国》第七章中提出著名的"地穴理论",把包括自然在内的可见世界统统比喻为地穴囚室。①亚里士多德也在《政治篇》中认为,动植物都是为人类而存在的。他说:"动物出生之后,植物即为了动物而存在,而动物则为了人类而存在,其驯良是为了供人役使或食用,其野生者则绝大多数为了人类食用,或者穿用,或者成为工具。如果自然无所不有,必求物尽其用,此中结论便必定是:自然系为了人类才生有一切动物。"②许多学者认为,作为西方文化源头之一的基督教也是主张"人类中心"的,《圣经》中《创世记》1:25至1:30:"神说:我们要照着我们的形象,按着我们的样式造人,使他们管理海里的鱼、空中的鸟、地上的牲畜和全地,并地上所爬的一切昆虫。神就照着自己的形象造人,乃是照着他的形象造男造女。神就赐福给他们,又对他们说:要生养众多,遍满地面,治理这地,也要管理海里的鱼、空中的鸟和地上各样行动的活物。""神说:看那,我将遍地上一切结种子的蔬菜,和一切树上所结有核的果子,全赐给你们作食物。至于地上的走兽和空中的飞鸟,并各样爬在地上有生命之物,我将青草赐给他们作食物,事就这样成了。"文艺复兴时期是人性复苏时期,是以人道主义为旗帜反对宗教禁欲主义的重要时期,在人类历史上创造了辉煌的文化成就。但文艺复兴时期也是"人类中心"哲学观进一步发展完善的时期。请看,莎士比亚在《哈姆雷特》中所写的对人的歌颂的一段著名的独白:"人是一件多么了不得的杰作!多么高贵的理性!多么伟大的力量!多么优秀的外表!多么文雅的举动!在行为上多么像一个天使!在智慧上多么像一

---

① 柏拉图:《理想国》,商务印书馆1986年版,第276页。
② 转引自冯沪祥《人、自然与文化》,人民文学出版社1996年版,第412页。

个天神！宇宙的精华！万物的灵长！"西方近代哲学的代表培根写出《新工具》一书，将作为实验科学的工具理性的作用推到极致，不仅可以认识自然，而且能够支配自然。这就是培根的"知识就是力量"的重要内涵。德国古典哲学的开创者康德则提出了著名的"人为自然界立法"的著名观点，认为："范畴是这样的概念，它们先天地把法则加诸现象和作为现象的自然界之上"①。黑格尔之后，哲学和美学领域就开始了对主客二分哲学思潮方法的突破，但"人类中心主义"的突破却仍需待以时日。因此，西方现代哲学在很长的时间内仍是人类中心主义。现象学以其现象学还原方法突破了主客二分的思维模式，但早期现象学仍是"人类中心主义"，其现象学还原方法所"悬搁"的则是包括自然在内的各种实体，而保存的则是以"自我"为核心的"意向性"，是一种自我的构造性。这种"自我"是世界的本原，从而成为"自我创造非我"。因而，这仍是"自我本原"的"人类中心主义"。存在主义沿用现象学方法，将包括自然在内的一切实体都看成"虚无"，极力膨胀人的自由、自我设计、自我选择、自我规定本质，仍然是人类中心主义。诚如萨特所说："世界从本质上说是我的世界。……没有世界，就没有自我性，就没有人；没有自我性，就没有人，就没有世界。"②

20世纪60年代以来，由于二战对人类所造成的巨大破坏、环境灾难的加剧以及深层生态学思想的逐步产生等等原因，工具理性世界观与主客二分思维模式的极大局限越来越明显地显现出来，从而促使法国著名哲学家福柯(Michel Foacoult)于1966年在《词与物》一书中宣告工具理性主导的"人类中心主义"的哲学时代的结束，并将迎来一个新的哲学新时代。福柯指出："在我们今天，并且尼采仍然从远处表明了转折点，已被断

---

① 转引自赵敦华《西方哲学简史》，北京大学出版社2000年版，第436—437页。
② 同上书，第205页。

言的,并不是上帝的不在场或死亡,而是人的终结。"①这里所谓"人的终结"就是"人类中心主义"的终结。他进一步阐述说:"我们易于认为:自从人发现自己并不处于创造的中心,并不处于空间的中间,甚至也许并非生命的顶端和最后阶段以来,人已从自身之中解放出来了;当然,人不再是世界王国的主人,人不再在存在的中心处进行统治……"②这个新的哲学时代是什么样的时代呢?福柯以"考古学"这一解构的特质予以初步说明,而美国神学家托马斯·贝里(Thomas Berry)则给予了明确的界定。他认为:"现代社会需要一种宗教和哲学范式的根本转变,即从人类中心主义的实在观和价值观转向生物中心主义或生态中心主义的实在观和价值观。"③生态中心主义或者更准确地将其表述为生态整体的实在观与价值观,就是深层生态学。它的产生其实是一场哲学的革命。正如著名的"绿色和平哲学"所阐述的那样:"这个简单的字眼'生态学',却代表了一个革命性观念,与哥白尼天体革命一样,具有重大的突破意义。哥白尼告诉我们,地球并非宇宙中心;生态学同样告诉我们,人类也并非这一星球的中心。生态学并告诉我们,整个地球也是我们人体的一部分,我们必须像尊重自己一样,加以尊重。"因此,生态整体哲学观或深层生态学的产生是对传统哲学观与价值观基本范式的一种颠覆,它必然引起思想界的巨大震动。长期以来,围绕着生态整体观究竟是反人类中心主义(mis-anthropocentric)的还是反人类的(mis-anthropic)问题存在着激烈的争论。可以说,对生态整体观的所谓潜在的反人类倾向的指责始终没有停止。即使像前美国副总统阿尔·戈尔这样一位具有强烈环保意识的政治家也认为生态整体观具有反人类的倾向。他在一本题为《濒临失衡的地球》的书中,一方面大力宣传环保意识,另一方面又指责深层生态学(生态整体观)具有反人类的

---

① [法]福柯:《词与物》,上海三联书店2001年版,第503页。
② 同上书,第454页。
③ 转引自雷毅《深层生态学思想研究》,第121页。

倾向。他说:"有个名叫'深层生态主义者'的团体现在名声日隆。它用一种灾病来比喻人与自然的关系。按照这一说法,人类的作用有如病原体,是一种使地球出疹发烧的细菌,威胁着地球基本的生命机能。深层生态主义者把我们人类说成是一种全球癌症,它不受控制地扩张,在城市中恶性转移,为了自己的营养和健康攫取地球以保证自身所需的资源。深层生态学的另一种说法是,地球是个大型生物,人类文明是地球这个行星的艾滋病毒,反复危害其健康和平衡,使地球不能保持免疫能力……。他们犯了一个相反的错误,即几乎完全从物质意义上来定义与地球的关系——仿佛我们只是些人形皮囊,命里注定要干本能的坏事,不具有智慧或自由意志来理解和改变自己的生存方式。"①戈尔的这段论述,无疑包含了很多偏见。生态整体观恰恰不是从物质意义上来定义人与地球的关系,而是从地球和人类共同持续生存的高度来理解人与地球的关系。而且,它也不是一种消极的"灾病观",而是立足于向前和建设发展的一种"建构的后现代主义"。当然,更重要的是,这种"生态整体观"哲学有其充分的理论合理性,是从一种全新的、同时也是科学的意义上来阐释人类与地球的关系,它意在说明人类与地球的关系不是什么"人类中心"而应是人与地球的共荣共存。首先,地球与人的关系,不是什么"人类中心",而是地球对于人类具有一种本源性的地位。也就是说,人类是由地球所构成的自然系统中产生出来的,地球是人类之母。自然史证实,地球的历史在 45 亿年之上,而人类的出现最终也只有 400 万年左右。而且,人类是地球之上生命演化的过程中产生的,人类的生命得以维持也要完全依赖地球所提供的空气、食物与环境。正是从这个意义上,我们认为绝不是人类主宰地球、控制自然,而恰恰是地球与自然是人类的本源。恰如莱切尔·卡逊在《寂静的春天》中所说,"人是大自然的一部分","假若没有能够利用太阳能生产出人类生存所必需的基本食物的植物的话,人类将无法生存","人类忘记了自己的起

---

① 转引自雷毅《深层生态学思想研究》,第 136、137 页。

源,又无视维持生存最起码的需要"①。由此可知,地球与自然对于人类的本源性就是"生态整体"哲学观的重要内涵。其次,人对于地球和自然具有一种依存性。这就是生态学中的生命链的客观规律,使之提高到哲学和价值论的高度。正如卡逊在《寂静的春天》中所说,这是一种生命环链,"这个环链从浮游生物的像尘土一样微小的绿色细胞开始,通过很小的水蚤进入噬食浮游生物的鱼体,而鱼又被其它的鱼、鸟、貂、浣熊所吃掉,这是一个从生命到生命的无穷的物质循环过程"②。这种生命环链应该讲是生态学的一个客观规律,但从深层的哲理上理解却可揭示出人同地球自然的依存性是这种生命链意义上的依存。它说明:①这个生命环链是一种客观规律,人类只能遵从,无法随意控制,更不能加以破坏;②人只是这个生命环链之一环,他不能代替其它环链,也不可能离开其他环链;③人类只有尊重并维护这个生命环链才能得以生存。《寂静的春天》出版后,卡逊在为全国妇女书籍协会准备的一篇报告中说:"我的每一本书都试图说明,地球上的一切生物都是互相关联的,每一物种都与其他物种联系着;而所有物种又与地球相关。这是《我们周围的海洋》和其中几本关于海洋的书的主题,也是《寂静的春天》的主题。"③其三,人类与地球及自然不是相互对立的,而是一种有机的整体构成。这是生态整体哲学观最重要的理论观念,是其区别于主客二分的传统思维模式最基本之点。正如美国环境哲学家 J. B. 科利考特所说:"我们生活在西方世界观千年的转变时期——一个革命性的时代,从知识角度来看,不同于柏拉图时期和笛卡儿时期。一种世界观,现代机械论世界观,正逐渐让位于另一种世界观。谁知道未来的史学家们会如何称呼它——有机世界观、生态世界观、系统世

---

① [美]莱切尔·卡逊:《寂静的春天》,第 194 页。
② 同上书,第 64 页。
③ [美]小弗兰克·格雷厄姆:《〈寂静的春天〉续篇》,第 53 页。

观……?"①美国著名物理学家卡普拉认为,"新范式可以被称为一种整体论世界观,它强调整体而非部分。它也可以称为一种生态世界观,这里的'生态'一词是深层生态学意义上的"②。这种有机整体生态世界观的重要特点是将"主体间性"(inter-sub-jectivetat)的观点引入整体论哲学观之中,使得人与自然的关系不是自我与他者的对立的、分裂的关系,而是我和你两个主体间平等对话的关系。人与自然事物一样都是生命环链这一关系之网中的一个点,是一种处于平等地位的"关系中的自我"(Self-in-relation)。但生态论有机整体世界观中的平等又不是绝对的平等,而是每个存在物在生命环链所处位置中所具有的生存、繁衍和充分体现自身的应有的权利意义上的平等。人类和动植物在生命环链中所处的位置不同,因而都应充分具有生存、繁衍和体现自身的权利。人类当然应有自己的权利,但人类的这种权利应以尊重其他物种的权利为其前提。诚如奈斯于1984年同塞欣斯所起草的深层生态学8条行动纲领之三所说:"除非满足基本需要,人类无权减少生命形态的丰富性和多样性。"③因此,这种生态整体论世界观包含了对人的基本权利的充分尊重,同时又将这种尊重扩大到生命环链中的其他物种。由此可见,这种生态世界观不仅不是反人类的,而且实际上是一种更宽泛的人道主义——普世性的仁爱情神。

生态整体哲学观的产生还得到了自然科学的支持,那就是从20世纪60至70年代以来在地球科学中产生了一个分支学科——地球生理学(Geophysiology)。地球生理学是于1968年由海洋生物学家、美国加州火箭推进实验室月球与行星研究太空计划的生命科学顾问詹姆斯·拉伍洛

---

① [美]J. B. 科利考特:《罗尔斯顿内在价值:一种解构》,《哲学译丛》1999年第2期,第25页。
② 转引自雷毅《深层生态学思想研究》,第122、123页。
③ 同上书,第53页。

克(James Loletock)首次提出的。这就是著名的该亚(Gaia)假说——地球女神：地球医学的实证科学 (Gaiai he practical Science of plan etaig Medicine)。地球生理学是用大气分析的方法探测行星是否存在生命所得出的结果。也就是通过大气分析的方法,发现地球是完全不同于火星与金星的具有强大生命力的球体。因此,拉伍洛克视地球为一个地理的体系,犹如活的生物。因此,这是一种对大型生命系统如地球的一种整体论科学。同时,它也是一种严谨的科学,针对地球这个大型生命体系的特性进行研究,从而成为实验科学——行星医学的基石。这门科学所探测的范围是：地球生物圈作为一个生命体,这个生命体健康吗？以此为出发点对这颗行星步入中年之际做一番彻底的检视。其结果让人既迷惘又恐惧,就像其他步入中年的生命形态,地球也曾遭受一些打击,甚至是一些严重的打击,但已达到了完全的复原,而现在地球却生病了,并且病得很重,人类的活动应该是造成问题的一个因素。地球生理学就应该对地球所得疾病进行探测,并研究其前途、疗救的措施等等。拉伍洛克的工作从20世纪60年代初期即已开始,但第一篇讨论地球为一个自我调整体系的论文较晚才得以发表。直到1988年美国地球物理联合会(AGU)才选择地球女神该亚(Gaia)作为会议的主题之一。拉伍洛克认为,所谓生命绝不仅仅指通常意义上的生殖,而是指一个能够进行能量与物质交换并使之内部维护稳定的体系。按照这样一种观点,地球恰恰是这样一个有机生命体,它利用太阳的能量并且照行星的尺度进行一种新陈代谢作用。地球从太阳光吸取高等级的自由能,并排出低等级的能量于太空,同时地球在其内部的内太空里也交换其化学物质。这就使地球上大气圈处于不寻常的化学不平衡状态,其还原与氧化气体是以高度反应混合的方式并存。与此相对,在金星与火星之上,大气层则接近平衡状态,仅具有惰性气体。而要维护地球大气圈的还原与氧化的稳定状态,必须通过生物每年通过光合作用补充充足的甲烷和氧气。假如地球上的生物突然不见了,所有构成地圈、水圈与大气圈的上百种元素将会彼此共同反应，直到没有任何更进一步的反应发生，从而达到一种平衡的状态。那时，地球这颗星球将会成为一个炽热、无水气的一片死寂之地，不再适合人类的居住。正如著名的生态学家何塞·卢岑贝格所说："我们的地球还远未达到一种化学平衡状态，如果地球上没有生命，那么这里很可能会发生与金星相似的情况。我们的海洋也会蒸发枯竭，水会从这个世界上消失，虽然我们比之金星距离太阳要远一些，但是地球表面的温度也会高出 200 摄氏度。"①试想，这是一种多么可怕的景象啊！而地球生物圈得以存在又与海洋、河流、岩石、土壤等等非生物密切相关，因而地球的生物与非生物系统构成一个有机整体的体系。这就使地球生理学将研究岩石圈演化过程的地球科学与研究生物圈演化过程的生命科学结合了起来，从而形成一种新的地球生理学这一分支学科。地球生理学使地球成为一个有机整体的生命体系，而人类只是这生命体系的一种，既不能成为中心，也不能成为主宰。拉伍洛克指出："关键的是星球的健康，而不是个体有机物种的利益，它既不与广泛的人类中心主义也不与已建立的科学相一致；在盖亚，人类只是另一物种，而不是这种星球的所有者与管理者；人类的未来取决于与它的适当关系，而不是自身利益无休止的满足。"②由此可知，拉伍洛克所提出的地球生理学——该亚假说实际上已经在自然科学的基础上提升到科学哲学的高度，成为生态整体哲学思想的重要支撑。

三

生态美学从根本上来说还是一种存在论美学，即生态存在论美学

---

① ［巴西］何塞·卢岑贝格：《自然不可改良》，三联书店 1999 年版，第 57、58 页。

② 转引自郇庆治《欧洲绿党研究》，山东人民出版社 2000 年版，第 229 页。

观。这一美学观的提出应该归功于德国当代哲学家海德格尔（Martin Heidegger）。他首先提出了人"诗意地栖居"这一著名命题。1943年,海德格尔为纪念诗人荷尔德林逝世一百周年写了《追忆》一文,对荷尔德林的诗歌"追忆"进行阐释。针对荷氏的"充满劳绩,然而人诗意地,栖居在这片大地上",海氏阐释道:"一切劳作和活动,建造和照料,都是文化。而文化始终只是并且永远就是一种栖居的结果。这种栖居就是诗意的。"①海氏在这里提到了人类"诗意地栖居"的目标,但却将其同劳作和建造等人的活动紧密相联系,仍处在"人类中心主义"的思想体系之中。在此前的1936年前后,海氏在《艺术作品的本源》的演讲中将真理的敞开即诗意地栖居归之于"世界与大地的争执",即所谓"作品建立一个世界与创造大地,同时就完成了这种争执。作品之作品存有就在世界与大地的争执的实现过程中"②。虽然将古典美学的感性与理性的矛盾置换成真理遮蔽与敞开的矛盾,从而在摆脱主客二分的思维模式上有了突破性的进展,但真理的遮蔽与敞开仍依赖于"世界与大地的争执",而世界对大地仍处于统治地位,"人类中心主义"的思想禁锢仍未突破。因此,"诗意地栖居"和"真理的敞开"等重要的具有当代性的美学观念的提出仍未达到生态世界观的高度。只是到了晚年,海氏才在1959年6月6日于慕尼黑库维利斯首府剧院举办的荷尔德林协会上所作的演讲报告提出了具有生态思想的"天地人神四方游戏说"。他说:"于是就有四种声音在鸣响:天空、大地、人、神。在这四种声音中,命运把整个无限的关系聚集起来。但是四方中的任何一方都不是片面地自为地持立和运行的。在这个意义上,就没有任何一方是有限的。或没有其他三方,任何一方都不存在。它们无限地相互保持,

---

① [德]马丁·海德格尔:《荷尔德林诗的阐释》,第107页。
② [德]马丁·海德格尔:《林中路》,时报文化出版社有限公司1994年版,第30页。

成为它们之所是,根据无限的关系而成为这个整体本身。"①这就说明,当代美学的发展仅仅突破主客二分的思维模式、由认识论进入存在论还是远远不够的,还必须进一步突破"人类中心主义"哲学观,进入"生态整体观"的哲学高度。海氏的"天地神人四方游戏说"就不仅是存在论的,而且是生态论的,是一种崭新的生态存在论美学观。从目前我们接触到的材料来看,海氏的"天地神人四方游戏说"应该是有关生态审美观的首次的,同时也是最完备的表述。对于海氏的这一表述,目前理论界,包括西方的生态批评界都重视得不够。西方生态批评学界过于就事论事,而其文学的生态批评也尚未能上升到生态存在论审美观的高度。海氏的生态存在论审美观包含着极为丰富的内涵。他首先无情地批判了西方现代由技术的"促逼"所形成的人类中心主义。他说:"这种关涉在今天普遍地以一种依然鲜有思索的促逼触及人。也就是说,这片大地上的人类受到现代技术之本质连同这种技术本身的无条件的统治地位的促逼,去把世界整体当作一个单调的、由一个终极的世界方式来保障的、因而可计算的贮存物(Bestmld)来加以订造。向着这样一种订造的促逼把一切都指定入一种独一无二的拉扯之中。这种拉扯的阴谋诡计把那种无限关系的构造夷为平地。那四种'命运的声音'的交响不再鸣响。"②所谓现代技术的"促逼",就是人类滥用技术,无限制地掠夺和破坏自然所造成的"支配性暴力",即强大的压迫。其结果是把人与自然之间融通和谐的"无限关系的构造夷为平地",而"天地神人四方游戏"的"那四种'命运的声音'的交响不再鸣响"。这就必然导致人类试图对宇宙空间加以"订造"的"人类中心主义"。海氏指出,"欧洲的技术——工业的统治区域已经覆盖整个地球。而地球又已然作为行星而被带入星际的宇宙空间之中,这个宇宙空间被订造为人类有规划的行动空间。诗歌的大地和天空已经消失了。谁人胆敢说何去何从

---

① [德]马丁·海德格尔:《荷尔德林诗的阐释》,第210页。
② 同上书,第221页。

呢？大地和天空、人和神的无限关系似乎被摧毁了"①。在这里，海德格尔作为哲学家的远见的确令人佩服，他在四十多年之前就已经预见到某些超级大国不仅妄图称霸地球，进而妄图称霸宇宙空间的事实。但这种称霸或曰"支配性的暴力"，其后果即是对人与自然和谐统一的生态协调关系的破坏。海氏的生态存在论审美观恰以此为其哲学基础。他所依据的恰恰就是"天地神人四方游戏说"和"大地与天空的亲密性之整体"的观念。他形象地将这种状况比喻为婚礼式的节日和庆典。他说："婚礼乃是大地和天空、人类和诸神的亲密性之整体。它乃是那种无限关系的节日和庆典。"②这就是说，海氏认为既不是人类中心，也不是生物中心，而是天空和大地结成亲密的整体才具有无限发展的空间。而大地和天空、人类与诸神，人与自然的亲密结合就犹如盛大的婚礼，将给人类带来幸福和美好前途的节日和庆典。这里所谓"大地和天空的亲密性之整体"就是"人与自然和谐协调的生态整体"，恰好说明海氏力倡"生态整体"，拒斥"人类中心"，这构成了海氏美学思想中生态观的深刻内涵。而海氏的生态存在论美学观作为存在论美学所遵循的乃是存在论现象学的方法，即是将美归结为真理的显现，其过程则是由存在者到存在、由在场到不在场、由遮蔽到解蔽（澄明）。他说："美乃是以希腊方式被经验的真理，就是对从自身而来的在场者的解蔽，即对（自然、涌现），对希腊人于其中并且由之得以生活的那种自然的解蔽。"③这里所说的"解蔽"具有"悬搁"与"超越"之意，即将外在杂芜的现实和内在错误的观念加以"悬搁"，从而显露出事物本真的面貌；同时也是对功利主义和物质主义的一种"超越"，进入思想的澄明之境，从而把握生活的真谛。在已经摆脱"人类中心"、接受"生态整体"的情况之下，海氏的美学思想中的"悬搁"与"超越"当然包含着环境保护和生

---

① [德]马丁·海德格尔：《荷尔德林诗的阐释》，第 218 页。
② 同上书，第 214 页。
③ 同上书，第 197 页。

态整体的新的内涵。这一点可从他对艺术家和艺术的要求中看出。海氏认为:"他对希腊人来说,有待显示的东西,亦即从它本身而来闪现者,也就是真实(das waher),即美。因此之故,它就需要艺术,需要人的诗意本质。诗意地栖居的人把一切闪现者,大地和天空和神圣者,带入那种自为持立的、保存一切的显露之中,使这一切闪现者在作品形态中达到可靠的持立。"①在海氏看来,作为真理显现的美,必须借助于艺术,而艺术创造又有赖于"诗意地栖居的人"及"人的诗意本质"。只有这样,才能将一切闪现者,包括大地和天空和神圣者带入艺术作品之中。这就要求艺术家应具有"人的诗意本质",即大地和天空"结成亲密的整体"的生态意识,这样才能在艺术作品中体现出大地和天空以及神圣者协调和谐的生态观念。

四

生态美学既然是一种由人与自然的关系生发出来的美学思想,那么,除了我以上谈到的生态整体、生态存在论审美观等具有高度哲理性的原则之外,它还有些什么样的同自然有关的绿色原则呢?对这个问题可以有许多不同的概括,但我们认为还是稍微宏观一点为好,同时也不能从一个极端直到另一个极端。最近,美国所编《新文学史》中介绍了杰·帕理尼对生态批评原则的阐释。他指出,生态批评是"'一种向行为主义和社会责任回归的标志';它象征着那种对于理论的更加唯我主义倾向的放弃。从某种文学的观点来看,它标志着与写实主义重新修好,与掩藏在'符号海洋之中的岩石、树木和江河及其真实宇宙的重新修好'"②。也许帕理尼这一段概括在一定程度上反映了美国当代生态批评的现实,但从理论上来说却有着某种明显的片面性。上述原则中所倡导的"社会责任回归"和"对于

---

① [德]马丁·海德格尔:《荷尔德林诗的阐释》,第198页。
② 转引自王宁编《新文学史》,清华大学出版社2001年版,第298页。

理论的更加唯我主义倾向的放弃"无疑是正确的、十分重要的，但其对抹杀人与动物区别的行为主义心理的全盘肯定，对传统写实主义的弘扬以及对现代派艺术夸张变形技巧的否定等等都未必正确。因此，很难说帕理尼的五原则就是具有科学性的生态批评原则。

我个人认为，生态美学或生态批评除了要遵循上述生态整体观、生态存在论审美观的基本理论指导之外，从稍微宏观的角度来说，从人与自然的关系的角度还可概括为尊重自然、生态自我、生态平等与生态同情四原则。是否可以将上述内容说成是生态美学四个重要的绿色原则呢？本文将其作为个人的一得之见，提出来供学术界同仁参考。尊重自然，是生态美学或生态批评的首要原则。针对长期以来人类对自然的轻视与掠取，从自然是人类生命与生存之源的角度，人类也应对自然保持充分尊重的态度。有了尊重，才会热爱，才会自觉的保护珍惜。这也应该成为生态美学与生态批评的重要组成部分。当代著名环境伦理学家泰勒(Paul Taylor)所著当代西方环境伦理学中理论架构最为完整的一部书的书名就是"尊重自然"。荷兰植物保护工作者布里吉博士认为："生命是一个超越了我们理解能力的奇迹，甚至在我们不得不与它进行斗争的时候，我们仍需要尊重它。"①"生态自我"(Ecological self)，是当代深层生态学的一个十分重要的理论观点，即是将"自我"从狭义的局限于人类的"本我"扩大到整个生态系统的"大我"，说明人和其他生物具有同样的实现自我的权利，成为"主体间性"理论在生态理论中的具体体现。正如雷毅在详述奈斯的深层生态学时所说："他用'生态自我'(Ecological self)来表达这种形而上学的自我，以表明这种自我必定是与人类共同体、与大地共同体的关系中实现。自我实现的过程是人不断扩大自我认同范围的过程，也是人不断走向异化的过程。随着自我认同范围的扩大与加深，我们与自然界其他存在的疏离感便会缩小，当我们达到'生态自我'的阶段，便能'在所有存在物中

---

① 转引自莱切尔·卡逊《寂静的春天》，第288、289页。

看到自我,并在自我中看到所有的存在物'。"①"生态平等",也是深层生态学"普遍共生"的一个重要原则,即指所有生物都享有自己在生命环链中所应有的平等发展的权利。正如德维(BillDev—e11)与雷森(George Lessions)在1985年讨论深层生态学时所说深层生态学的基本含义,即在肯定以生命为中心的平等性,认为所有在此地球上一切万物都有平等的生存权利、平等的发展权利,乃至于平等的机会,以充分实现其潜能。②要承认生态万物的多样性,因为正是这多种多样、相生相克的生物群落构成了环环相扣,紧密依存的生命环链。而每一个物种都在自己所处的生命环节上有其特殊的位置与作用。所谓"生态平等"就是尊重这种生命环节中的位置与作用,使之享有自己的生存与发展的权利。所谓"生态同情"即指深层生态学的生态智慧中所包含的对万物生命所怀有的一种仁爱精神。因为,深层生态学所面对的不是冷冰冰的毫无知觉的客观事物,而是活生生的生命,不仅动物、植物,甚至连岩石、土壤、海洋和河流也是生命体系不可缺少的有机组成部分。因此,深层生态学不仅是一种客观的哲理,而且包含终极关怀的情怀和悲悯同情的博爱精神。正如奈斯所说:"深层生态学的另一个基本准则是:随着人类的成熟,他们将能够与其他生命同甘共苦。当我们的兄弟、一条狗、一只猫感到难过时,我们也会感到难过;不仅如此,当有生命的存在物(包括大地)被毁灭时,我们也将感到难过。"③

那么,这种生态美学或生态批评中的绿色原则应如何在文学艺术中体现呢?从广义的生态存在论审美观的角度说,这是一种审美观念与文艺观念的更新,一种新的艺术精神的重铸。而从更为具体的绿色文艺的意义上来说,我认为可以从这样三个方面界定。首先,从题材上来说,应以人与自然友好和谐的关系为其题材。例如泰戈尔《园丁集》79:

---

① 雷毅:《深层生态学思想研究》,第46、47页。
② 参见冯沪祥《人、自然与文化》,人民文学出版社1996年版,第71页。
③ 转引自雷毅《深层生态学思想研究》,第44页。

> 我常常思索,人和动物之间没有语言,他们心中互相认识的界线在哪里。
>
> 在远古创世的清晨,通过哪一条太初乐园的单纯的小径,他们的心曾彼此访问过。
>
> 他们的亲属关系早被忘却,他们不变的足印的符号并没有消灭。
>
> 可是忽然在那无言的音乐中,那模糊的记忆清醒起来,动物用温柔的信任注视着人的脸,他用嬉笑的感情下望着它的眼睛。
>
> 好像两个朋友戴着面具相逢,在伪装下彼此模糊地互认着。

泰戈尔在诗中以感人的笔触描写了人与动物的亲缘历史与友好相处的现实关系,在题材上就是选择的人与自然友好和谐的题材。

其次,从态度上应取对自然歌颂的态度。中国当代作家徐刚在其《伐木者,醒来!》中写道:

> 我要趁此机会告诉亲爱的读者,我正努力用诗的语言来进行我现在的写作,不是为了证明我是诗人,而是因为大自然太美妙、太神奇了。我相信如同没有一支画笔可以绘出秋日森林的景致一样,也没有一首诗能够深邃地抒发自然之美,我们能做的,只是点点滴滴。

徐刚在书中以诗歌的语言歌颂了葱郁的天目山、武夷山,奔腾的黄河、长江,神奇的戈壁,但也无情地鞭挞了那些大自然的破坏者,爱憎分明,反映了作者自觉的环保意识。

最后,也是更为重要的是,作者应通过作品的描述引发读者有关人与环境的哲思。莱切尔·卡逊在《寂静的春天》的最后写道:

"控制自然"这个词是一个妄自尊大的想象产物,是当生物学和哲学还处于低级幼稚阶段时的产物,当时人们设想中的"控制自然"就是要大自然为人们的方便有利而存在。应用昆虫学上的这些概念和做法在很大程度上应归咎于科学上的蒙昧。这样一门如此原始的科学却已经被用最现代化,最可怕的化学武器武装起来了;这些武器在被用来对付昆虫之余,已转过来威胁着我们整个的大地了,这真是我们的巨大不幸。①

这一段可说是全书的点睛之笔,将杀虫剂之争提升到了人与自然的关系是控制还是顺应这样的哲学的高度,给世人以深刻的警示。而"'控制自然'这个词是一个妄自尊大的想象产物"也成了一个著名的哲理名言。

五

　　生态美学所涉及的一个重要的,同时又引起诸多争论的问题就是"世界的返魅"问题以及与之有关的自然美与宗教美学问题。所谓"魅",即是一种神秘感。它起源于远古时代,当时人类处于蒙昧时代,科技尚不发达,因而将自然现象都看作是"神灵凭附"、"万物有灵"。远古的神话、传说就同这种"魅"的观念紧密相关,使人们领略到人类童年时代的生活与精神风貌。但随着科技的发展,人们对于自然现象有了更多的了解,不再存有神秘之感,古代神话传说似乎也失去其应有的魅力。这就是所谓"世界的祛魅"。20世纪初,马克斯·韦伯(M. Weber,1864—1920)就曾提出"世界的祛魅"(disenchantment of the world)这一概念。但20世纪后期随着人类社会进入"后工业时代",深感自然界的许多神奇的规律远未,甚至永远不

---

① [美]莱切尔·卡逊:《寂静的春天》,第313页。

可能被人类穷尽,而深层生态学的出现又使人感受到大自然无穷的魅力,所以又有人提出"世界的复魅"(Reenchantment of the world)。"世界的复魅"也是深层生态学的有机组成部分,并同生态美学与生态批评紧密相关。由上述可见,人类的发展实际上经历了"魅—祛魅—复魅"这样一个曲折的历史发展过程。当前所提"世界的复魅"实际上是后现代思潮对科技时代主客二分、人与自然对立的思维模式的一种批判。它也并不是要求回到远古的神话时代,而是要求恢复对自然的必要的敬畏,重新建立起人与自然的亲密和谐关系。正如 J. 华勒斯坦(J. Wallerstein)所说:"世界的复魅是一个完全不同的要求。它并不是在号召把世界重新神秘化。事实上,它要求打破人与自然之间的人为界限,使人们认识到,两者都是通过时间之箭而构筑起来的单一宇宙的一部分。'世界的复魅'意在更进一步地解放人的思想。"①

"世界的复魅"的具体内容是什么呢？主要是针对科技时代工具理性主义对人的科学认识能力的过度夸张,对大自然的伟大神奇魅力的完全抹杀,从而力主恢复自然的神奇性、神圣性和潜在的审美性。所谓"大自然的神奇性",就是指大自然和地球是十分复杂的生命体,人们的科技再发展也无法穷尽其秘密。因而大自然永远对人有一种神奇之感,这就是它的一种无穷的魅力。莱切尔·卡逊曾多次讲到"生命是一个奇迹"。她说:"譬如说,相信自然界的大部分是人类永远干涉不到的,这是很愉快的。人可能毁坏树林,筑坝拦水,但是,云、雨和风都是上帝的。生命之流古往今来永远按着上帝为它指定的道路流淌,不受人类的干扰,因为人类只不过是那溪流中的一滴水而已。"②所谓"大自然的神圣性",主要是从大自然是人类的生命之源的角度来说的,人类不仅来自大自然,而且人类今天的繁衍、生存与发展也都依赖于大自然。大自然、地球是人类的母亲！难道对于

---

① 转引自鲁枢元《文艺生态学》,陕西人民教育出版社 2000 年版,第 82 页。
② [美]小弗兰克·格雷厄姆:《〈寂静的春天〉续篇》,第 14 页。

生我、养我的母亲不应充满神圣的敬意吗？诚如卢岑贝格所说，"这也就意味着，对于美丽迷人、生机盎然的该亚，我们必须采取一个全新的态度来重新看待她。我们需要对生命恢复敬意"①。至于"大自然潜在的审美性"，则是一个争议性颇大的问题。当代深层生态学家从生命的具有独自的"内在价值"出发，认为大自然也具有自己的美学价值，从而否定了审美是人类特有的情感判断的观念。例如，卡逊认为："我们继承的旷野的美学价值就如同我们继承我们山中的铜、金矿脉和我们山区森林一样多。"②"和平绿色宣言"也认为，"生态学广阔无边之美，真正提醒我们，应如何去了解和欣赏众生之美"③。我们认为，大自然特具的蓬勃的生命、斑斓的色彩、对称的比例的确具有无限的美的魅力，但作为自然美，还应是人的一种审美价值判断。因此，大自然的美的魅力是一种潜在的审美性，也是需要给予承认并充分重视的。

"世界的复魅"问题也同原始宗教和当代宗教息息相关，因而涉及宗教与生态美学的关系问题。本来宗教所特具的终极关怀精神就同生态理论有着密切关系，特别是东方宗教，力主"普度众生"，因而将其仁爱精神扩大到万物众生。天台宗《法华经》称："一切众生皆成佛道，若有闻法者，无一不成佛。"印度教认为，"什么叫做宗教？悲悯一切万物生命，就是宗教"。伊斯兰教主张万物同一，指出："它们不只是地球上的动物，也不只是用双翼飞的生物，它们如同你们一样，也是人类。"奈斯的深层生态学的形成就深受东方佛教和甘地哲学的影响。基督教源自西方，在其阐释过程中颇多人类中心主义影响。对基督教阐释中的人类中心主义，赫胥黎(A. Huxi-ley)较早提出批判。他说："比起中国道教和远东佛教，基督教对

---

① [巴西]何塞·卢岑贝格：《自然不可改良》，三联书店1999年版，第57-58页。
② [美]莱切尔·卡逊：《寂静的春天》，第74页。
③ 转引自冯沪祥《人、自然与文化》，第532页。

自然的态度,一直是令人奇怪的感觉迟钝,并且常常出之以专横与残暴的态度。他们把《创世记》中不幸的说法当作暗示,因而将动物看成东西,认为人类可以为了自己目的,任意剥削动物而无愧。"① 1966 年 12 月,美国科学史家林恩·怀特在题为《我们时代生态危机的历史根源》的演讲中,把生态危机的根源直接归因于基督教,对基督教的教义提出了严厉的批评,要求人们重新考虑圣经教义和确定基督教信仰中人与自然的关系,由此引发了一场基督教与生态危机关系的激烈争论,并导致生态神学的兴起。不少基督教人士开始了将基督教信仰同生态学相衔接起来探索。英国教会全国大会 1970 年宣言:"我们让动物为我们工作,为我们载重,为我们娱乐,为我们赚钱,也为我们累死。在很多地方,我们利用它们,却毫无感念与悲悯,也毫不关心,真是充满自大与自私。人类常常把快乐建筑在其万物痛苦之上,人道精神因而荡然无存。"这样的反思应该说还是比较深刻的。不仅如此,基督教还从正面提出要求,他们借用启示录第七章的一句话"地与海,并树木,你们不可伤害",并加以发挥。基督教奎克教会宣示:"让仁慈的精神能够无限伸展,让仁慈能够对上帝创造的一切万物,均表示至爱与体贴。"德国神学家莫尔特曼(Jurgen Molt Mann)更是提出"生态创造论"这一较为系统的生态神学理论体系。他否定了人类的中心地位,提出人类处于上帝与万物之间的中介地位,"是以,人既不具有决定万物存有的能力,也不可以视万物仅为满足自己的手段和工具,一方面因为人不是绝对的,另一方面因为万物各自有其本性,正因如此,人于受造的自然界乃有这一器重的角色需要扮演"②。而深层生态学本身也具有某种宗教倾向。卡普拉就认为,深层生态学"将要求一种新的哲学和宗教基

---

① 转引自冯沪祥《人、自然与文化》,第 418 页。
② [德] 莫尔特曼:《创造中的上帝》中译本导言,汉语基督教文化研究所 1999 年版。

础"①。但我们认为深层生态学并不是宗教世界观,而是在科学和社会学基础之上的一种哲学和价值论的思考,它同生态神学还有着明显区别。而对于神学家们的生态学研究,总的来说,基督教神学的生态学转向,将基督教的普世精神延伸到有关人类前途命运的生态危机,应该是给予肯定的,而对于许多神学家超越宗教范围的生态学研究成果更可看作当代生态学研究的宝贵资源之一。

六

  生态美学的提出与发展还有利于在新的世纪中国美学进一步走向世界,形成中西美学平等对话的良好局面,从而结束美学领域长期以来的欧洲中心主义的态势。众所周知,无论是奈斯所提出的深层生态学,还是海德格尔"天地神人四方游戏说"都受到东方哲学——美学,特别是中国哲学与美学的重要影响,吸收了中国传统文化资源。因此,生态美学的进一步发展必将为中国传统哲学——美学走向世界开辟更加广阔的天地。中国古代有着极为丰富的生态哲学——美学资源,这一点已为世界各国理论家所重视,我们完全应该进一步对其进行研究,使之实现现代转化,成为新世纪中国美学发展的重要资源与机遇。中国古代长期的农业社会生产与生活环境以及特有的文化传统,形成了不同于西方主客二分的"天人合一"、"位育中和"的哲学与伦理学思想传统。这是中国传统文化的主线。在漫长的岁月中,中国传统文化对宇宙人生、伦理道德的探索从来就没有离开过人与自然和谐协调这样一条主线。《礼记·中庸》将这种"天人合一"、"位育中和"提到宇宙人生根本的高度,指出"中也者,天下之大本也,和也者,天下之达道也。致中和,天地位焉,万物育焉"。要做到"天人合一"、"位育

---

① 转引自雷毅《深层生态学思想研究》,第 124 页。

中和",就必须顺应人和自然万物的规律,从而促进天地的化育发展。这就是:"唯天下至诚,为能尽其性;能尽其性,则能尽人之性;能尽人之性,则能尽物之性;能尽物之性,则可以赞天地之化育;可以赞天地之化育,则可以与天地参矣。"同时,又要求做到"万物并育而不相害,道并行而不相悖",才能达到"此天地之所为大也"之境界。中国传统文化正因为主张"天人合一",所以反对"人类中心",力主"生态整体"。老子指出:"域中有四大,而人居其一焉。人法地,地法天,天法道,道法自然。"(《老子·二十五章》)人只是与天、地、道并存的"四大"之一,最后归之为"自然"。中国古代文化顺应自然,主张不要违逆天时,强调"夫'大人'者与天地合其德,与日月合其明,与时合其序,与鬼神合其吉凶。先天而天弗违,后天而奉天时"。(《周易·文言传》)中国古代历来对天地自然怀抱着敬畏亲近的情感,将天地比作自己的父母,将万物比作自己的同胞,对自然赐予自己的食物都怀着深深的感恩之情。北宋哲学家张载在《西铭》篇中说:"乾称父,坤称母,予兹藐焉,乃混然中处,故天地之塞,吾其体;天地之师,吾其师。民,吾同胞;物,吾与也。"这里提出的"乾父坤母"与"民胞物与"的思想都是十分有价值的古代生态智慧。中国古代有着历史久远的仁爱精神,这是中国特有的人文精神。但是,这种人文精神不同于西方文艺复兴以来的人文精神。前者将仁爱的范围扩大到自然万物,而后者仅仅局限于人,是典型的人类中心主义。孔子说:"己所不欲,勿施于人。在邦无怨,在家无怨。"(《论语·颜渊》)这里的"人"包含自然万物,只要将仁爱精神施与宇宙万物,就是在国在家都不留遗憾。中国古代传统文化由"道"之本体论出发,派生出"道在万物"的思想,从而得出宇宙万物平等的结论。《庄子·知北游》记述了庄子与东郭子有关"道在何处"的一段对话:"东郭子问于庄子曰:'所谓道,恶乎在?'庄子曰:'无所不在'。东郭子曰:'期而后可'。庄子曰:'在蝼蚁'。曰:'何其下邪'?曰:'在梯稗。'曰:'何其愈下邪?'曰:'在瓦甓。'曰：'何其愈甚邪？'曰：'在屎溺'。"在庄子看来，道存在于蝼蚁、梯稗、瓦甓、屎溺之中，因而这些事物都应是平等的。庄子还主张一种万物循环的"天均论"。《庄子·寓言》指出："万物皆种也，以不同形相禅，始卒若环，莫得其伦，是谓天均。天均者，天倪也。"这种"以不同形相禅，始卒若环"已具有生态学中生物环链和生物圈的思想雏形。老子还对打破了人与自然的和谐所造成的生态危机的严重情形作了预测。他说："昔之得一者：天得一以清；地得一以宁；神得一以灵；谷得一以盈，万物得一以生；侯王得一以为天下正。其致之也，谓天无以清，将恐裂；地无以宁，将恐废；神无以宁，将恐歇；谷无以盈，将恐竭；万物无以生，将恐灭；侯王无以正，将恐蹶。"(《老子·三十九章》)老子在这里描述的天崩地倾，神乱谷竭，物灭国败的生态危机景象够触目惊心了，的确是以最简洁的语言向我们预示了几千年后的"寂静的春天"。

综上所述，生态美学的兴起与发展意义至为重大。它标志着美学学科的发展结束了一个旧的时代，进入了一个新的时代。也就是说，美学学科由工具理性主导的认识论审美观时代进入到以生态世界观主导的生态存在论审美观时代。生态美学的内涵极为丰富，包含了由人类中心到生态整体、由主客二分思维模式到有机整体思维模式、由主体性到主体间性、由认识论审美观到存在论审美观、由对自然的轻视到绿色原则的引入、由自然的祛魅到新的复魅、由欧洲中心到中西平等对话等一系列极为重大的转化。而且，生态美学的发展也标志着美学学科进一步从学术的象牙之塔进入到现实生活，开始关注人类的前途命运。但这只是一个新的开端。由于生态哲学与生态伦理学本身尚有许多不成熟之处以及美学研究的艰难，我们还会面对诸多难题与挑战，需要在马克思主义基本理论的指导之下，以开拓创新的精神去攻克难关、取得新的进展。同时，我再次说明，有关生态存在论审美观的看法只是我个人的一得之见，浅陋之处在所难免，其意在抛砖引玉、求教于同道,以期促进美学学科的改造与发展。

(原载《中国美学》2004年第1期,商务印书馆2004年版)

2. 马克思、恩格斯与生态审美观

生态审美观是20世纪70年代以后出现的一种崭新形态的审美观念,是在资本主义极度膨胀导致人与自然矛盾极其尖锐的形势下,人类反思历史的成果。如果说活跃于19世纪中期与晚期的马克思与恩格斯早就提出了这一理论形态,那肯定是不符合事实的。但作为当代人类精神的导师和伟大理论家,他们以极其深邃的洞察力和敏锐的眼光对人与自然的生态审美关系已有所分析和预见,那是一点儿也不奇怪的。就我们目前的研究来看,这种分析与预见的深刻性同样是十分惊人的,是新世纪我们深入思考与探索生态审美观问题的极其宝贵的理论指导与重要的思想资源。这里需要特别说明的是,由于生态审美观的核心内容是人与自然的和谐协调,因此同生态哲学观具有高度的一致,所以本文所论涉及马、恩大量的生态哲学观,也同生态审美观密切相关。

马、恩的共同课题——创立具有浓郁生态审美意识的唯物实践观

生态审美观的核心是在人与自然的关系上一方面突破了主客二分的形而上学观点,同时也突破了"人类中心主义"的观点,力主人与自然的和谐平等、普遍共生。因而生态审美观是一种具有当代意义与价值的哲学观。研究表明,马克思、恩格斯创立的唯物实践观就包含浓郁的生态审美

意识，完全可以成为我们今天建设生态审美观的理论指导与重要资源。

马克思与恩格斯的理论活动开始于19世纪中期，当时的紧迫任务是批判以黑格尔为代表的唯心主义和以费尔巴哈为代表的旧唯物主义。这两种理论都带有形而上学与人类中心主义的倾向，将主体与客体、人与自然放置于对立面之上。黑格尔尽管创立了唯心主义辩证法，试图将主体与客体、感性与理性的对立加以统一。但仍是统一于绝对理念的精神活动之中，完全排除了自然的客观实在性。费尔巴哈倒是充分肯定了自然的客观实在性与第一性，但他不仅抹杀了人的主观能动性与客观实践性，且将人视为自然的创造者，断言人的本质即是神的本质。诚如马克思所说："费尔巴哈想要研究跟思想客体确实不同的感性客体，但是他没有把人的活动本身理解为客观的[gegenst ndliche]活动。所以，他在《基督教的本质》一著中仅仅把理论的活动看作是真正人的活动，而对于实践则只是从它的卑污的犹太人活动的表现形式去理解和确定。所以，他不了解'革命的'、'实践批判的'活动的意义。"①恩格斯则通过自然科学与哲学关系的探讨明确宣布了形而上学的反科学性。他说："在自然科学中，由于它本身的发展，形而上学的观点已经成为不可能的了。"②于是，在批判唯心主义与旧唯物主义的基础之上，马克思与恩格斯创立了以突破形而上学为其特点的新的世界观。这个新的世界观就是我们所熟知的唯物主义实践观。这是一种迥异于一切旧唯物主义的、以主观能动的实践为其特点的唯物主义世界观。马克思指出："从前的一切唯物主义———包括费尔巴哈的唯物主义———的主要缺点是：对事物、现实、感性，只是从客体的或者直观的形式去理解，而不是把它们当作人的感性活动，当作实践去理解，不是从主观方面去理解。"③对于这种唯物主义实践观突破传统哲学形而上学弊

---

① 《马克思恩格斯选集》第一卷，第16页。
② 《马克思恩格斯选集》第三卷，第521页。
③ 《马克思恩格斯选集》第一卷，第16页。

端的丰富内涵,马克思在《1844年经济学哲学手稿》中有更为具体而详尽的阐释。马克思指出:"我们看到,主观主义和客观主义、唯心主义和唯物主义、活动和受动,只是在社会状态中才失去它们彼此间的对立,并从而失去它们作为这样的对立间的存在;我们看到,理论的对立本身的解决,只有通过实践方式,只有借助于人的实践力量,才是可能的;因此,这种对立的解决绝不只是认识的任务,而是一个现实生活的任务,而哲学未能解决这个任务,正因为哲学把这仅仅看作理论的任务。"①马克思认为,主观主义和客观主义、唯心主义和唯物主义、活动与受动、人与自然之间的对立,从纯理论的抽象的精神领域是永远无法解决的,只有在人的能动的社会实践当中才能解决其对立,从而使其统一。这实际上是通过社会实践对人与自然主客二分的传统思维模式的一种克服,因而使其能够构成生态审美观的重要哲学基础。而且,应该引起我们重视的是,马、恩所创立的唯物实践观中包含着明显的尊重自然的生态意识。马克思认为:"我们在这里看到,彻底的自然主义或人道主义,既不同于唯心主义,也不同于唯物主义,同时又是把这二者结合的真理。我们同时也看到,只有自然主义能够理解世界历史的行动。"②马克思在这里所说的"自然主义"和"人道主义"都是费尔巴哈的自我标榜,但费氏所说的自然主义和人道主义都是人与自然的分裂,因而是不彻底的。马克思认为,彻底的"自然主义"和"人道主义"应该是人与自然在社会实践中的统一。这样才能真正将唯物主义与唯心主义加以结合,并真正理解人与自然交互作用中演进的世界历史的行动。由此可见,在马克思的唯物实践观中包含着"彻底的自然主义"这一极其重要的尊重自然、自然是人类社会发展重要因素的生态意识。

在这里还应引起我们重视的是,马克思的唯物实践观不仅包含明显的生态意识,而且包含明显的生态审美意识。这就是非常著名的马克思有

---

① 《马克思恩格斯选集》第四十二卷,第127页。
② 同上书,第167页。

关"美的规律"的论述。马克思在《1844年经济学哲学手稿》中论述到人的生产与动物的生产的区别时讲了一段十分重要的话。他指出:"诚然,动物也生产。它也为自己营造巢穴或住所,如蜜蜂、海狸、蚂蚁等。但是动物只生产它自己或它的幼仔所直接需要的东西;动物的生产是片面的,而人的生产是全面的;动物只是在直接的肉体需要的支配下生产,而人甚至不受肉体需要的支配也进行生产,并且只有不受这种需要的支配时才进行真正的生产;动物只生产自身,而人则自由地对待自己的产品。动物只是按照它所属的那个种的尺度和需要来建造,而人却懂得按照任何一个种的尺度来进行生产,并且懂得怎样处处都把内在的尺度运用到对象上去;因此,人也按照美的规律来建造。"①首先,我想说明的是,马克思所说的"人也按照美的规律来建造"之中包含着明显的生态意识。也就是说,所谓"美的规律"即是自然的规律与人的规律的和谐统一。马克思这里所说"尺度"(standards)其含义为"标准、规格、水平、规范、准则",结合上下文又包含"基本的需要"之意。所谓"任何一个种的尺度"即广大的自然界各种动植物的基本需要,"美的规律"要包含这种基本需要,不能使之"异化",变成人的对立物。这已经带有承认自然的价值之意。因为,承认自然事物的"基本需要",必然要承认其独立的价值。而所谓人的"内在的尺度"(Interentstandard),按字面含义即为"内在的、固有的、生来的标准和规格",即是人所特有的超越了狭隘物种肉体需要一种有意识性、全面性和自由性。但这种有意识性的特性应该在承认自然界基本需要的前提之下,这就是自然主义与人道主义的结合,人与自然的和谐统一,也就是"按照美的规律来建造"。其次,我认为,马克思在《1844年经济学哲学手稿》中所说的"按照美的规律来建造"是其所创立的崭新世界观——唯物实践观的必不可少的重要内容,具有极其重要的理论价值与时代意义。马克思曾

---

① 《马克思恩格斯选集》第四十二卷,第96、97页。

在《关于费尔巴哈的提纲》中说道:"哲学家们只是用不同的方式解释世界,而问题在于改变世界。"①由于这个提纲是马克思于1845年春在布鲁塞尔写在笔记本中的,当时并未准备发表,因而不可能展开。为此,我认为马克思这里所说的"改变世界"应该包含"按照美的规律来建造"。所以,马克思这一段话更完整的表述应是:哲学家们只是用不同的方式解释世界,而问题在于改变世界,按照美的规律来建造。这样完整表达的唯物实践观就包含了浓郁的生态审美意识。

我们说马克思、恩格斯的唯物实践观中包含浓郁的生态审美意识,不仅有以上关于"物种的尺度"的论述的依据,而且在其他的论述中马克思与恩格斯也有与生态观相关的论述。马克思在《1844年经济学哲学手稿》中多处论述人是自然的一部分,从而提示出人与自然平等的生态观念。他在论述人的生存与自然界的联系时指出:"人靠自然界生活。这就是说,自然界是人为了不致死亡而必须与之不断交往的、人的身体。所谓人的肉体生活和精神生活同自然界紧密相联系,也就等于说自然界同人自身紧密相联系,因为人是自然界的一部分。"②"人靠自然界生活",这是一个亘古不变、不可动摇的客观事实。从人的肉体生活来说,人的生存所必需的食物、燃料、衣服和住房均来源于自然界。而从人的精神生活来说,自然界不仅是自然科学的对象,而且是艺术、宗教、哲学等一切意识活动的对象,"是人的精神的无机界,是人必须事先进行加工以便享用和消化的精神食粮"。③而且,马克思认为,作为人本身来说,是同一切动植物一样是有生命力、有感觉和欲望的自然存在物。他说:"人直接地是自然存在物。人作为自然存在物,而且作为有生命的自然存在物,一方面具有自然力、生命力,是能动的自然存在物;这些力量作为天赋和才能、作为欲望存在于人身上;另一方面,人作为自然的、肉体的、感性的、对象性的存在物,和动植

---

① 《马克思恩格斯选集》第一卷,第19页。
②③ 《马克思恩格斯选集》第四十二卷,第95页。

物一样,是受动的、受制约的和受限制的存在物……"①马克思在这里充分地肯定了人作为自然存在物的自然属性,包含自然力、生命力、肉体的与感性的欲望要求等等。正是从这个角度说,人本来就是自然的一部分,同自然共存亡、同命运。但人的本质毕竟是其社会性,人是社会关系的总和,人的自然属性都要被其社会属性所统帅,而其社会性集中地表现为社会实践性。人只有通过"按照美的规律来建造"的社会实践才能实现人与自然、自然主义与人道主义的统一。正如马克思所说:"只有在社会中,人的自然界的存在对他说来才是他的人的存在,而自然界对他说来才成为人。因此,社会是人同自然界的完成了的本质的统一,是自然界的真正复活,是人的实现了的自然主义和自然界的实现了的人道主义。"②也就是说,在马克思看来,即使作为社会的人,其本质也要求其实现与自然的统一。恩格斯则在《自然辩证法》中论述了人与自然的关系。其中,十分重要的是以雄辩的事实阐释了劳动在从猿到人转变过程中的巨大作用,从而论述了人类起源于自然的真理。恩格斯指出:"正如我们已经说过的,我们的猿类祖先是一种社会化的动物,人,一切动物中最社会化的动物,显然不可能从一种非社会化的最近的祖先发展而来。随着手的发展,随着劳动而开始的人对自然的统治,在每一个新的进展中扩大了人的眼界。"③这就说明,人类是猿类祖先在劳动中逐步演化进步、发展而来,因而自然是人类的起源,动物是人类的近亲。同时,恩格斯还揭示了包括人类在内的自然界的一些特性。首先是自然界的运动性和相互联系性。恩格斯指出:"我们所面对的整个自然界形成一个体系,即各种物体相互联系的总体,而我们在这里所说的物体,是指所有的物质存在,从星球到原子,甚至直到以太粒子,如果我们承认以太粒子存在的话。这些物体是互相紧密联系

---

① 《马克思恩格斯选集》第四十二卷,第167页。
② 同上书,第122页。
③ 《马克思恩格斯选集》第三卷,第510页。

的,这就是说,它们是相互作用着的,并且正是这种相互作用构成了运动。"①恩格斯在这里所说的"整个自然界形成一个体系"的观点已经包含了生态学中有关生态环链的思想,因而是十分珍贵的。而且,恩格斯作为一个坚定的唯物主义者,就在其同唯心主义展开激烈斗争的过程中,他也充分地阐述了大自然的神秘性、神奇性和许多自然现象的不可认识性,也就是说承认了某种程度的"自然之魅"。恩格斯在论述宇宙的产生与前途时说了一段意味深长的话,值得我们深思。他说:"有一点是肯定的:曾经有一个时期,我们的宇宙岛的物质把如此大量的运动——究竟是何种运动,我们到现在还不知道——转化成了热,以致(依据梅特勒)从这当中可能发展出至少包括了两千万个星的种种太阳系,而这些太阳系的逐渐灭亡同样是肯定的。这个转化是怎样进行的呢?至于我们太阳系的将来的Caputmortuum是否总是重新变为新的太阳系的原料,我们和赛奇神甫一样,一点也不知道。"②恩格斯在这里一连用了两个"不知道",说明即使是坚定的唯物主义者面对浩渺无垠的宇宙和诡谲神奇的自然也不能不承认其所特具的神奇魅力。这对我们当前生态美学研究中正在讨论的"自然的祛魅"与"自然的复魅"问题是深有启发的。

马克思:异化的扬弃——人与自然和谐关系的重建

生态审美观的产生具有深厚的现实基础,主要是针对资本主义制度盲目追求经济利益对自然的滥伐与破坏,以及所造成人与自然的严重对立。马克思将这种"对立"现象归之为"异化",并对其内涵与解决的途径进行了深刻的论述,给当今生态审美观的建设以深刻的启示。1844年4月

---

① 《马克思恩格斯选集》第三卷,第492页。
② 同上书,第460页。

至8月,马克思在巴黎期间写作了极其重要的《1844年经济学哲学手稿》。这部手稿具有重要的理论与学术价值,是马克思唯物实践论崭新世界观的真正诞生地。这部著作十分集中地论述了资本主义社会中"异化劳动"问题,深刻地分析了"异化劳动"的内涵,产生"异化劳动"的资本主义私有制原因,以及扬弃异化劳动、推翻资本主义私有制、建设共产主义制度的根本途径。有关经济学和政治学方面的问题已有许多论著作了深刻阐述,此不赘述。我着重从异化劳动中人与自然的关系解读一下马克思的理论观点。应该说,在这一方面马克思也给我们留下了极其宝贵的理论财富。首先,我想谈一下对"异化"这一哲学范畴的看法。"异化"作为德国古典哲学的范畴,是德文"Entfremdung"的意译,意指主体在一定的发展阶段,分裂出它的对立面,变成外在的异己的力量。因为,德国古典哲学中包含着"绝对理念的分裂"、"人类本质与抽象人性的分裂"等等,因而带有明显的抽象思辨色彩和人性论意味。因此,"异化"一度成了一个禁谈的词语。但我认为,"异化"不仅从微观上反映了某种自然与社会现象,如自然物种的"变异"、社会发展中制度的变更等等。而且,从宏观方面说,恰恰是马克思与恩格斯所指出的否定之否定规律。在黑格尔是绝对理念演化的"正、反、合",而在马克思与恩格斯则是事物的肯定、否定、否定之否定的重要规律。恩格斯将之称为是其"整个体系构成的基本规律"。① 马克思在《1844年经济学哲学手稿》中论述了劳动由人的本质表现(肯定)到异化(否定),再到异化劳动之扬弃重新使之成为人的本质(否定之否定)问题,这些论述应该说是具有深刻哲学与政治学意义的。而在劳动中人与自然的关系,恰也经过了这样一种肯定(人与自然和谐)、否定(自然与人异化)再到否定之否定(重建人与自然的和谐)的过程。这正是马克思有关人与自然关系深刻认识之处。马克思认为,自然界在社会劳动中是必不可少的对象和生产材料。正如他所说,"没有自然界,没有感性的外部世界,工人

---

① 《马克思恩格斯选集》第三卷,第484页。

什么也不能创造。它是工人用来实现自己的劳动、在其中展开劳动活动、由其中生产出和借以生产出自己的产品的材料。"①正因此,自然界成为生产力的重要组成部分。马克思认为,社会生产力是指具有一定生产经验和劳动技能的劳动者,利用自然对象和自然力生产物质资料时所形成的物质力量。它表明的是人与自然界的关系,是人们影响自然和改造自然的能力。由此可见,社会劳动恰是人与自然的结合、有机的统一。在自有人类以来的漫长时间内,在社会劳动的过程中,人与自然从总体上来说都是统一协调的。但自私有制产生之后,特别是资本主义制度产生以来,在社会劳动中自然与人出现异化,自然成为人的对立方面,而且有愈演愈烈之势。诚如马克思所说,"异化劳动使人自己的身体,以及在他之外的自然界,他的精神本质,他的人的本质同人相异化。"②这里的"异化"包含人的身体、自然界、精神本质和人的本质等,自然界是其重要方面之一。首先,自然界作为生产产品的有机部分,在异化劳动中同劳动者处于异己的、对立的状态。马克思指出,"当然,劳动为富人生产了奇迹的东西,但是为工人生产了赤贫。劳动创造了宫殿,但是给工人创造了贫民窟。劳动创造了美,但是使工人变成畸形。劳动用机器代替了手工劳动,但是使一部分工人回到野蛮的劳动,并使另一部分工人变成机器。劳动生产了智慧,但是给工人生产了愚蠢和痴呆。"③这就是说,工人在改造自然的劳动中创造了财富和美,但这些却远离自己而去,自己过着一种贫穷、丑陋、非自然与非美的生活。其次,社会劳动中自然与人的异化还表现在劳动过程中对自然的严重破坏与污染。本来,社会劳动是人"按照美的规律来建造",是人与自然的和谐统一,但异化劳动却使自然受到污染和破坏。马克思在批判费尔巴哈的直观的唯物主义所谓"同人类无关的外部世界"观点时,谈到

---

① 《马克思恩格斯选集》第四十二卷,第92页。
② 同上书,第97页。
③ 同上书,第93页。

一切的自然都是"人化的自然",工业的发展就使自然界受到污染,甚至连鱼都失去了其存在的本质——清洁的水。他指出,"但是每当有了一项新的发明,每当工业前进一步,就有一块新的地盘从这个领域划出去,而能用来说明费尔巴哈这类论点的事例借以产生的基地,也就越来越少了。现在我们只来谈谈一个论点:鱼的'本质'是它的'存在',即水。河鱼的'本质'是河水。但是,一旦这条河归工业支配,一旦它被染料和其他废料污染,河里有轮船行驶,一旦河水被引入只要把水排出去就能使鱼失去生存环境的水渠,这条河的水就不再是鱼的'本质'了,它已经成为不适合鱼生存的环境。"①这就说明,现代工业的发展,使自然环境严重污染,被污染的河水不再成为鱼的存在的本质,反而成为其对立面了,当然也就同人处于异化的、对立的状态。还有一种现象,那就是异化劳动中人对自然的感觉和感情的异化。这一点常常被人忽视,但马克思却敏锐地抓住了它。马克思认为,社会劳动是人的本质力量的对象化、自觉的意识和欲望的实现,因此人在劳动中应该感到十分的幸福和愉快,但异化劳动却是一种强制的劳动,是人的本质的丧失、肉体的折磨、精神的摧残。所以劳动者在感觉和感情上是一种痛苦和沮丧。在这种情况下,人对自然的感觉和感情也会发生异化,即使是面对如画的河山和亮丽的风景,处于痛苦和沮丧状态中的劳动者也是绝对不会欣赏的。马克思指出:"忧心忡忡的穷人甚至对最美丽的景色都没有什么感觉;贩卖矿物的商人只看到矿物的商业价值,而看不到矿物的美和特性;他没有矿物学的感觉。因此,一方面为了使人的感觉成为人的,另一方面为了创造同人的本质和自然界的本质的全部丰富性相适应的人的感觉,无论从理论方面还是从实践方面来说,人的本质的对象化都是必要的。"②这就是说,只有完全排除了异化状态的劳动,人在劳动中才能真正处于一种幸福和愉快的状态,才能真正实现人的本

---

① 《马克思恩格斯选集》第四十二卷,第369页。
② 同上书,第126页。

质力量的对象化，以便培养同人的本质和自然界的本质相适应的人的感觉，从而真正欣赏大自然的良辰美景，进而使工业生产成为人同自然联系的中介，成为人的审美力能否得到解放的重要标尺。

马克思认为，"我们看到，工业的历史和工业的已经产生的对象性的存在，是一本打开了的关于人的本质力量的书，是感性地摆在我们面前的人的心理学"。①但是，资本主义工业化恰恰是对人的本质力量对象化的否定，是对人与自然关系的极大疏离，是对人的审美的感觉和感情的压抑。这就说明，大自然本身尽管具有潜在的美的特性，但如果人的审美的感觉被异化，也不会同自然建立审美的关系。这就揭露了资本主义私有制不仅剥夺了人应有的物质需求，而且剥夺了人的包括审美在内的精神需求。有鉴于上述异化劳动中劳动者的被残酷地奴役、人与自然的空前对立、人的生存环境的日益恶化，马克思明确地提出了扬弃异化、扬弃资本主义私有制、建设共产主义社会、重建人与自然和谐协调关系的美好理想。马克思十分敏锐地看到了导致异化劳动的根本原因就是资本主义私有制。他说，"私有制使我们变得如此愚蠢而片面，以致一个对象，只有当它为我们所拥有的时候，也就是说，当它对我们来说作为资本而存在，或者它被我们直接占有，被我们吃、喝、穿、住等等的时候，总之，在它被我们使用的时候，才是我们的……"又说，"因此，一切肉体的和精神的感觉都被这一切感觉的单纯异化即拥有的感觉所代替"。②这就是说，马克思认为资本主义私有制制度使一切对象变成私欲所有，成为资本。这才是劳动异化，特别是自然与人异化的根本原因。马克思对资本主义制度中视为万能的货币的揭露就可充分看到这一制度对异化劳动，包括自然与人的异化之中所起的决定性作用。马克思指出，"莎士比亚特别强调了货币的两个特性：(1) 它是有形的神明，它使一切人的和自然的特性变成它们的对

---

① 《马克思恩格斯选集》第四十二卷，第 127 页。
② 同上书，第 124 页。

立物,使事物普遍混淆和颠倒;它能使冰炭化为胶漆。(2)这是人尽可夫的娼妇,是人们和各民族的普遍牵线人。使一切人的和自然的性质颠倒和混淆,使冰炭化为胶漆——货币的这种神力包含在它的本质中,即包含在人的异化的、外化的和外在化的类本质中。它是人类的外在的能力。"①以上,马克思明确地指出,货币是使人的和自然的性质颠倒这种异化现象产生的"神力"。这种神力的具体表现就是对利润、私欲和短期经济效益的不顾一切的追求,这恰是造成资源的过度开采、环境的严重污染和自然与人的异化的根本原因。所以,为了解决这种十分严重的异化劳动、自然与人的疏离的问题,马克思提出了"私有财产的扬弃"这一十分重要的思想。他说,"因此,私有财产的扬弃,是人的一切感觉和特性的彻底解放;但这种扬弃之所以是这种解放,正是因为这些感觉和特性无论在主体上还是在客体上都变成人的。……因此,需要和享受失去了自己的利己主义性质,而自然界失去了自己的纯粹的有用性,因为效用成了人的效用。"②很明显,私有财产的扬弃之所以会成为异化的扬弃,马克思认为主要是感觉复归为人的感觉,需要丢弃了利己主义性质、与自然界的关系丢弃了纯粹的功利性,从而得到彻底的解放。这种人的解放和人与自然和谐关系的重建就是共产主义社会的建立。正如马克思所说:"共产主义是私有财产即人的自我异化的积极的扬弃,因而是通过人并且为了人而对人的本质的真正占有;因此,它是人向自身、向社会的(即人的)人的复归,这种复归是完全的、自觉的而且保存了以往发展的全部财富的。这种共产主义,作为完成了的自然主义,等于人道主义,而作为完成了的人道主义,等于自然主义,它是人和自然之间、人和人之间的矛盾的真正解决,是存在和本质、对象化和自我确证、自由和必然、个体和类之间的斗争的真正解决。它是历

---

① 《马克思恩格斯选集》第四十二卷,第153页。
② 同上书,第124、125页。

史之谜的解答,而且知道自己就是这种解答。"①这真是一个极为深刻的理论阐释,包含着极为丰富的哲学内涵:1. 共产主义作为人的自我异化的扬弃即是私有财产的扬弃;2. 这种扬弃是人的自觉性在保留以往发展全部财富的基础上向更高层次的复归,是一种哲学上的否定之否定;3. 共产主义作为完成了的自然主义,由于包含着人这个最高级的自然存在物,因而等于人道主义;而共产主义作为完成了人道主义,由于将人的自由自觉性延伸到自然领域,所以又等于自然主义;4. 共产主义的实质是人与自然、人与人、存在与本质、对象化与自我确证、自由与必然、个体与类之间矛盾的解决;5. 这就是人类从历史和自身局限中摆脱出来并得到解放的历史之谜的解答,但这是一个由低到高的否定之否定的永无止境的历史过程。在这里,共产主义是私有财产(资本主义私有制)的积极扬弃,从而真正解决人与自然、人与人之间的矛盾,实现人道主义与自然主义的统一,实现人的真正解放是其主旨所在。这是一百多年前,马克思对于资本主义私有制所造成的自然与人以及人与人之异化现象及其解决的深刻思考,具有极强的理论的与现实的意义。如果说,当代"深层生态学"是对生态问题进行哲学和价值学层面的"深层追问"的话,那么马克思在《1844 年经济学哲学手稿》中已对人与自然的关系进行了社会学的反思,并将其同社会政治制度紧密联系。马克思这种沉思的当代价值应该是显而易见的。

恩格斯:辩证唯物主义自然观的创立——人与自然统一的哲学维度

生态审美观从其主要内涵是阐述人与自然的生态审美关系来说,恩格斯所创立的辩证唯物主义自然观应成为其哲学基础。这一自然观包

---

① 《马克思恩格斯选集》第四十二卷,第 120 页。

含着批判人类中心主义、唯心主义和强调人与自然的联系性,人的科技能力在自然面前的有限性等等。恩格斯关于这方面的丰富论述,值得我们学习借鉴。众所周知,恩格斯于 1873 – 1886 年写作了著名的《自然辩证法》。这部论著的主旨在于创立辩证唯物主义自然观,从而进一步丰富了马克思主义的世界观,同时也是对当时自然科学重大发现的总结和对自然科学领域形而上学和唯心主义进行批判。当时,资本主义私有制度之下的工业的发展进一步激化了人与自然的矛盾,环境的污染和资源的过度开采日渐严重,对人与自然的关系以及人的科技能力进行哲学的审视已是迫在眉睫的事情。这就是《自然辩证法》写作的背景。诚如恩格斯所说,"我们在这里不打算写辩证法的手册,而只想表明辩证法的规律是自然界的实在的发展规律,因而对于理论自然科学也是有效的"①。对于这部理论界已有深入研究的论著,当我带着当代生态方面的理论问题进行重新阅读时,真是感到从未有过的亲切并且获得了许多新的体会。首先,我发现,恩格斯的自然辩证法并不是像某些人曾经理解的那样主要讲的是人与自然的对立、人对自然的支配。恰恰相反,恩格斯的重点讲的是人与自然的联系,强调人与自然的统一,批判"人类高于其他动物的唯心主义"观点,而且对人的劳动与科技能力的有限性与自然的不可过度侵犯性进行了深刻的论述。读后深感这些论述对于当前批判"人类中心主义"传统观念具有极强的现实意义与价值。在谈到辩证法时,恩格斯给予了明确的界定,"阐明辩证法这门和形而上学相对立的、关于联系的科学的一般性质"②。谈到自然界时,恩格斯认为整个自然界是"各种物体相互联系的总体"③。而且,恩格斯借助细胞学说,从人类同动植物均由细胞构成与基本结构具有某种相同性上论证了人与自然的一致性,批判了人类高于动物

---

① 《马克思恩格斯选集》第三卷,第 485 页。
② 同上书,第 484 页。
③ 同上书,第 492 页。

的传统观点。他指出,"可以非常肯定地说,人类在研究比较生理学的时候,对人类高于其他动物的唯心主义的矜夸是会极端轻视的。人们到处都会看到,人体的结构同其他哺乳动物完全一致,而在基本特征方面,这种一致性也在一切脊椎动物身上出现,甚至在昆虫、甲壳动物和蠕虫等身上出现(比较模糊一些)。……最后,人们能从最低级的纤毛虫身上看到原始形态,看到简单的、独立生活的细胞,这种细胞又同最低级的植物(单细胞的菌类——马铃薯病菌和葡萄病菌等等)、同包括人的卵子和精子在内的处于较高级的发展阶段的胚胎并没有什么显著区别……"①恩格斯在这里把"人类高于其他动物"的观点看作"唯心主义的矜夸"并给予"极端轻视",这已经是对"人类中心主义"的一种有力的批判。而这种批判是从比较生理学的科学视角立足于包括人类在内的一切生物均由细胞构成这一事实出发的,因而是十分有力的。

不仅如此,恩格斯还从人类由猿到人的进化进一步论证了人与自然的同源性。他说:"这些猿类,大概首先由于它们的生活方式的影响,使手在攀援时从事和脚不同的活动,因而在平地上行走时就开始摆脱用手帮助的习惯,渐渐直立行走。这就完成了从猿转变到人的具有决定意义的一步。"②他还从儿童的行动同动物行动的相似来论证这种人与自然的同源性。恩格斯指出:"在我们的那些由于和人类相处而有比较高度的发展的家畜中间,我们每天都可以观察到一些和小孩的行动具有同等程度的机灵的行动。因为,正如母腹内的人的胚胎发展史,仅仅是我们的动物祖先从虫豸开始的几百万年的肉体发展史的一个缩影一样,孩童的精神发展是我们的动物祖先,至少是比较近的动物祖先的智力发展的一个缩影,只是这个缩影更加简略些罢了。"③恩格斯由此出发,从哲学的高度阐述

---

① 《马克思恩格斯选集》第四卷,第337、338页。
② 《马克思恩格斯选集》第三卷,第508页。
③ 《马克思恩格斯选集》第一卷,第517页。

了人与动物之间的"亦此亦彼"性,从而批判了形而上学主义者将人与自然截然分离的"非此即彼"性。而这种"亦此亦彼"性恰恰就是由于事物之间的"中间阶段"而加以融合和过渡的。他说:"一切差异都在中间阶段融合,一切对立都经过中间环节而互相过渡,对自然观的这种发展阶段来说,旧的形而上学的思维方法就不再够了。辩证法不知道什么绝对分明的和固定不变的界限,不知道什么无条件的普遍有效的'非此即彼!'它使固定的形而上学的差异互相过渡,除了'非此即彼!'又在适当的地方承认'亦此亦彼!'并且使对立互为中介;辩证法是唯一的、最高度地适合于自然观的这一发展阶段的思维方法。"①由此可见,将人与自然对立的"人类中心主义"不恰恰就是恩格斯所批判的违背辩证法而力主"非此即彼"的形而上学吗?但是,人类毕竟同动物之间有着质的区别,那就是动物只能被动地适应自然,而人却能够进行有目的的创造性的劳动。恩格斯指出:"人类社会区别于猿群的特征又是什么呢?是劳动。"②正因此,动物不可能在自然界打上它们的意志的印记,只有人才能通过有目的劳动改变自然界,使之"为自己的目的服务,来支配自然界"。③19世纪70年代以来,由于科学技术的发展、工业化的深化和资本主义对利润的无限制追求,造成了两种情形,一是人类对自己改造环境的能力形成一种盲目的自信,二是人类对环境的破坏日渐严重,逐步形成严重后果。恩格斯指出:"当一个资本家为着直接的利润去进行生产和交换时,他只能首先注意到最近的最直接的结果。一个厂主或商人在卖出他所制造的或买进的商品时,只要获得普通的利润,他就心满意足,不再去关心以后商品和买主的情形怎样了。这些行为的自然影响也是如此。当西班牙的种植场主在古巴焚烧山坡上的森林,认为木灰作为能获得高额利润的咖啡树的肥料足够用一个时

---

① 《马克思恩格斯选集》第三卷,第535页。
② 同上书,第513页。
③ 同上书,第517页。

代时,他们怎么会关心到,以后热带的大雨会冲掉毫无掩护的沃土而只留下赤裸裸的岩石呢?"①这就将自然环境的破坏同资本主义制度下利润的追求紧密相连,不仅说明环境的破坏同资本主义政治制度紧密相关,而且同人们盲目追求经济利益的生产生活方式与思维模式紧密相关。同时,环境的破坏也同科技的发展导致人们对自己的能力过分自信从而肆行滥伐和掠夺自然的观念和行为有关。恩格斯在描绘在科学的进军下宗教逐渐缩小其地盘时写道:"在科学的猛攻之下,一个又一个部队放下了武器,一个又一个城堡投降了,直到最后,自然界无限的领域都被科学所征服,而且没有给造物主留下一点立足之地。"②这就说明科学与宗教对自然界领域的争夺,最后科学志满意得地认为"自然界无限的领域"都被其所征服。但是,恩格斯从人与自然普遍联系的哲学维度敏锐地看到,人类对自己凭借追求经济利益的目的和科技能力对自然的所谓征服是过分陶醉、过分乐观的。他说:"但是我们不要过分陶醉于我们对自然界的胜利。对于每一次这样的胜利,自然界都报复了我们。每一次胜利,在第一步都确实取得了我们预期的结果,但是在第二步和第三步却有了完全不同的、出乎预料的影响,常常把第一个结果又取消了。"③这是一段非常著名的经常被引用的话,说得的确非常深刻、非常精彩,不仅讲到人类不应过分陶醉于自己的能力,而且讲到人类征服自然的所谓胜利必将遭到报复并最终取消其成果,从而预见到人与自然关系的矛盾激化以及生态危机的出现。

恩格斯还由此出发对人类进行了必要的警示:"因此我们必须时时记住:我们统治自然界,绝不像征服者统治异民族一样,绝不像站在自然界以外的人一样,——相反地,我们连同我们的肉、血和头脑都是属于自然

---

① 《马克思恩格斯选集》第三卷,第 520 页。
② 同上书,第 529 页。
③ 同上书,第 517 页。

界,存在于自然界的……"①这就是说,对自然的破坏最后等于破坏人类自己。恩格斯并没有仅仅停留于此,而是从辩证的唯物主义自然观的高度抨击了欧洲从古代以来并在基督教中得到发展的反自然的文化传统,进一步论述了人"自身和自然界的一致"。他说:"但是这种事情发生得愈多,人们愈会重新地不仅感觉到,而且也认识到自身和自然界的一致,而那种把精神和物质、人类和自然、灵魂和肉体对立起来的荒谬的、反自然的观点,也就愈不可能存在了,这种观点是从古典古代崩溃以后在欧洲发生并在基督教中得到最大发展的。"②这是一段极富哲学意味的科学的自然观,也是科学的生态观,即使放到今天都极富启示和教育意义。恩格斯在抨击人们过分迷信自己科技的能力时并没有完全否认科技的作用,他相信科学的发展会使人们正确理解自然规律,从而学会支配生产行为所引起的比较远的自然影响。他说:"事实上,我们一天天地学会更加正确地理解自然规律,学会认识我们对自然界的惯常行程的干涉所引起的比较近或比较远的影响。特别从本世纪自然科学大踏步前进以来,我们就愈来愈能够认识到,因而也学会支配至少是我们最普通的生产行为所引起的比较远的自然影响。"③由此说明,恩格斯并没有把科学放到与自然对立的位置上,而关键在于运用和掌握科学技术的人,如何运用科学的武器去掌握并遵循自然规律,促使人与自然的和谐协调。恩格斯的这些理论观点,对当前讨论科技与生态的关系是极具指导价值的。但是,恩格斯认为,最后解决人与自然的根本对立的途径是通过社会主义革命建立一种"能够有计划地生产和分配的自觉的社会生产组织"。他说:"只有一种能够有计划地生产和分配的自觉的社会生产组织,才能在社会关系方面把人从其余的动物中提升出来,正像一般生产需经在物种关系方面把人从其余的

---

① 《马克思恩格斯选集》第三卷,第518页。
② 同上。
③ 同上。

动物中提升出来一样。历史的发展使这种社会生产组织日益成为必要,也日益成为可能。一个新的历史时期将从这种社会生产组织开始,在这个新的历史时期中,人们自身以及他们的活动的一切方面,包括自然科学在内,都将突飞猛进,使以往的一切都大大地相形见绌。"①恩格斯认为,人盲目地追求经济利益,造成人与自然以及人与人的关系的失衡,实际上是人的自由自觉本质的一种异化,是向动物的一种倒退,而只有这种"有计划地生产和分配的自觉的社会生产组织"才是人从动物中的提升,人的本质的复归,这就是一个新的社会主义历史时期的开始。我想,我们中国已经开始了这样的历史时期,消除盲目经济利益的追求已经成为可能,只要我们进一步完善"有计划地生产和分配的自觉的社会生产组织",就一定能使人与自然、人与人的关系进一步和谐协调,从而实现人类审美的生存。

恩格斯曾经指出:"我们只能在我们时代的条件下进行认识,而且这些条件达到什么程度,我们便认识到什么程度。"②作为一个马克思主义历史主义者,恩格斯讲得的确非常深刻。由此我们也可认识到马、恩生态审美观的不可免的历史局限性。因为19世纪中期,资本主义还处于发展的兴盛期,人与自然的矛盾还没有突出出来。只是在20世纪中期以后,人与自然的矛盾才日渐突出,环境问题十分尖锐,人类社会不仅出现了马、恩所揭示的经济危机,而且出现了他们所未曾看到的生态危机。因此马、恩对环境问题尖锐性的论述肯定还有所不够,但是,他们所作的包含生态审美意识的唯物主义实践观和辩证唯物主义自然观,以及有关共产主义是人与自然和谐协调关系重建的论述,都带有普遍的世界观的指导意义,不仅克服了西方传统的主客二分形而上学思维模式,而且对长期禁锢人们头脑的"人类中心主义"也有所突破,成为我们今天建设新的生态审美

---

① 《马克思恩格斯选集》第三卷,第458页。

② 同上书,第562页。

观的理论基础。当然,我们还应在此基础上与时俱进,结合新时代的实际,吸收各有关重要成果,建设更加具有时代特色并有更加丰富内涵的生态审美观。

(原载《陕西师大学报》2004 年第 5 期)

3. 试论当代生态美学观的基本范畴

当代生态美学观的提出与发展已经形成不可遏止之势,它不仅成为国际学术研究的热点,而且在我国也越来越被更多的学者所接受。但对其研究的深入除了迅速地将这种研究紧密结合中国实际,真正实现研究的中国化之外,那就是抓紧进行理论范畴的建设。前一个方面的工作我们已经逐步开展,将有另文论述。本文只想集中论述当代生态美学观的范畴建构问题。众所周知,所谓"范畴"是"人们对客观事物本质和关系的概括。源于希腊文 Kategoria,意为指示,证明"①。这就说明,作为学科范畴就是对于学科研究对象本质与关系的概括,包含着指示与证明的功能。因此,作为当代美学新延伸与新发展的生态美学观的提出也必然意味着人们对于审美对象本质属性与关系有新的认识与发展,也必然意味着会相应地出现一些与以往有区别的新的美学范畴。由于当代生态美学观是一种新的正在发展建设中的美学观念,我们对其范畴的探讨只能是一种尝试。因此,我在这里尝试着对与之有关的七个范畴进行力所能及的简要论述。

"生态论的存在观"。 这是当代生态审美观的最基本的哲学支撑与文化立场,由美国建设性后现代理论家大卫·雷·格里芬首先提出。他的《和平与后现代范式》一文在批判现代工具理性范式时指出,"现代范式对世界和平带来各种消极后果的第四个特征是它的非生态论的存在观"②。

---

① 《哲学大辞典》(修订版),上海辞书出版社 2001 年版,"范畴"条目。
② [美]大卫·雷·格里芬:《后现代精神》,第 224 页。

由此，他从批判的角度提出"生态论的存在观"这一极为重要的哲学理念。这一哲学理念是对以海德格尔为代表的当代存在论哲学观的继承与发展，包含着十分丰富的内涵，标志着当代哲学由认识论到存在论、由人类中心到生态整体以及由对于自然的完全"祛魅"到部分"返魅"的过渡。从认识论到存在论的过渡是海德格尔的首创，为人与自然的和谐协调提供了理论的根据。众所周知，认识论是一种人与世界"主客二分"的在世关系，在这种在世关系中人与自然从根本上来说是对立的，不可能达到统一协调。而当代存在论哲学则是一种"此在与世界"的在世关系，只有这种在世关系才提供了人与自然统一协调的可能与前提。他说"主体和客体同此在和世界不是一而二二而一的"。①这种"此在与世界"的"在世"关系之所以能够提供人与自然统一的前提，就是因为"此在"即人的此时此刻与周围事物构成的关系性的生存状态，此在就在这种关系性的状态中生存与展开。这里只有"关系"与"因缘"，而没有"分裂"与"对立"。诚如海德格尔所说，"此在"存在的"实际性这个概念本身就含有这样的意思：某个'在世界之内的'存在者在世界之中，或说这个存在者在世；就是说：它能够领会到自己在它的'天命'中已经同那些在它自己的世界之内同它照面的存在者的存在缚在一起了"②。他又进一步将这种"此在"在世之中与同它照面并"缚在一起"存在者解释为是一种"上手的东西"。犹如人们在生活中面对无数的东西，但只有真正使用并关注的东西才是"上手的东西"，其他则为"在手的东西"，亦即此物尽管在手边但没有使用与关注因而没有与其建立真正的关系。他将这种"上手的东西"说成是一种"因缘"。他说"上手的东西的存在性质就是因缘。在因缘中就包含着：因某种东西而缘，某种东西的结缘"③。这就是说人与自然在人的实际生存中结缘，自然是人的

---

① [德]马丁·海德格尔：《存在与时间》，三联书店1987年版，第74页。
② 同上书，第64页。
③ 同上书，第103页。

实际生存的不可或缺的组成部分,自然包含在"此在"之中,而不是在"此在"之外。这就是当代存在论提出的人与自然两者统一协调的哲学根据,标志着由"主客二分"到"此在与世界",以及由认识论到当代存在论的过渡。正如当代生态批评家哈罗德·弗洛姆所说"因此,必须在根本上将'环境问题'视为一种关于当代人类自我定义的核心的哲学与本体论问题,而不是有些人眼中的一种围绕在人类生活周围的细枝末节的问题"①。"生态论的存在观"还包含着由人类中心到生态整体的过渡的重要内容。"人类中心主义"从工业革命以来成为思想哲学领域占据统治地位的思想观念,一时间"人为自然立法"、"人是宇宙的中心"、"人是最高贵的"等等思想成为压倒一切的理论观念。这是人对自然无限索取以及生态问题逐步严峻的重要原因之一。"生态论的存在观"是对这种"人类中心主义"的扬弃,同时也是对于当代"生态整体观"的倡导。当代生态批评家威廉·鲁克特指出,"在生态学中,人类的悲剧性缺陷是人类中心主义[与之相对的是生态中心主义]视野,以及人类要想征服、教化、驯服、破坏、利用自然万物的冲动"。他将人类的这种"冲动"称作"生态梦魇"。冲破这种"人类中心主义"的"生态梦魇"走向"生态整体观"的最有力的根据就是"生态圈"思想的提出。这种思想告诉我们,地球上的物种构成一个完整系统,物种与物种之间以及物种与大地、空气都须臾难分,构成一种能量循环的平衡的有机整体,对这种整体的破坏就意味着生态危机的发生,必将危及类的生存。从著名的莱切尔·卡逊到汤因比,再到巴里·康芒纳都对这种生态圈思想进行了深刻的论述。康芒纳在《封闭的循环》一书中指出"任何希望在地球上生存的生物都必须适应这个生物圈,否则就得毁灭。环境危机就是一个标志:在生命和它的周围事物之间精心雕琢起来的完美的适应开始发生损伤了。由于一种生物和另一种生物之间的联系,以及所有生物和其

---

① [美]切瑞尔·格罗菲尔蒂主编:《生态批评读本》,美国乔治大学出版社1996年版,第16、38、133页。

周围事物之间的联系开始中断，因此维持着整体的相互之间的作用和影响也开始动摇了,而且,在某些地方已经停止了"①。由此可知,一种生物与另一种生物之间的联系以及所有生物和周围事物之间的联系就是生态整体性的基本内涵,这种生态整体的破坏就是生态危机形成的原因,必将危及人类的生存。按照格里芬的理解,生态论的存在观还必然地包含着对自然的部分"返魅"的重要内涵。这就反映了当代由自然的完全"祛魅"到对于自然的部分"返魅"的过渡。所谓"魅"乃是远古时期由于科技的不发达所形成的自然自身的神秘感以及人类对它的敬畏与恐惧。工业革命以来,科技的发展极大地增强了人类认识自然与改造自然的能力,于是人类以为对于自然可以无所不知。这就是马克斯·韦伯所提出的借助于工具理性人类对于自然的"祛魅"。正是这种"祛魅"成为人类肆无忌惮地掠夺自然从而造成严重生态危机的重要原因之一。诚如格里芬所说"因而,'自然的祛魅'导致一种更加贪得无厌的人类的出现：在他们看来,生活的全部意义就是占有,因而他们越来越噬求得到超过其需要的东西,并往往为此而诉诸武力"②。他接着指出,"由于现代范式对当今世界的日益牢固的统治,世界被推上了一条自我毁灭的道路,这种情况只有当我们发展出一种新的世界观和伦理学之后才有可能得到改变。而这就要求实现'世界的返魅'[the reenchantment of the world],后现代范式有助于这一理想的实现"③。当然,这种"世界的返魅"绝不是回复到人类的蒙昧时期,也不是对于工业革命的全盘否定,而是在工业革命取得巨大成绩之后的当代对于自然的部分的"返魅",亦即部分地恢复自然的神圣性、神秘性与潜在的审美性。正是在上述"生态论存在观"的理论基础之上才有可能建立起当代的人与自然以及人文主义与生态主义相统一的生态人文主义,从而成为

---

① [美]巴里·康芒纳:《封闭的循环》,吉林人民出版社1997年版,第7页。
② [美]大卫·雷·格里芬:《后现代精神》,第221页。
③ 同上书,第222页。

当代生态美学观的哲学基础与文化立场。正因此,我们将当代生态美学观称作当代生态存在论美学观。

"**天地神人四方游戏说**"。 这是由海德格尔提出的重要生态美学观范畴,是作为"此在"之存在在"天地神人四方世界结构"中得以展开并获得审美的生存的必由之路。当然,海氏在这里受到中国古代特别是道家的"天人合一"思想的影响,但又具有海氏的现代存在论哲学美学的理论特色。很明显,海氏在这里提出"天地神人四方游戏说"是对于西方古典时期具有明显"主客二分"色彩的感性与理性对立统一的美学理论的继承与突破。其继承之处在于"四方游戏"是对于古典美学"自由说"的继承发展,但其"自由"已经不是传统的感性与理性对立中的自由融合,而是人在世界中的自由的审美的生存。当然,海氏"四方游戏说"是有一个发展过程的。最初海氏有关"此在"之展开是在"世界与大地的争执"之中的。在这里,世界具有敞开性,而大地具有封闭性,世界仍然优于大地,没有完全摆脱"人类中心"的束缚。他说"世界是在一个历史性民族命运中单朴而本质性的决断的宽阔道路的自行公开的敞开状态 [Offenheit]。大地是那永远自行锁闭者和如此这般的庇护者的无所促迫的涌现。世界和大地本质上彼此有别,但却相依为命"。又说"世界与大地的对立是一种争执[Streit]"①。直到20世纪40年代之后,海氏才完全突破"人类中心主义"走向生态整体,提出"天地神人四方游戏说"这一生态美学观念。他说"天、地、神、人之纯一性的居有着的映射游戏,我们称之为世界[Welt]。世界通过世界化而成其为本质"②。这里"四方游戏"是指"此在"在世界之中的生存状态,是人与自然的如婚礼一般的"亲密性"关系,作为与真理同格的美就在这种"亲密性"关系中得以自行置入,走向人的审美的生存。他在1950年6月

---

① [德]马丁·海德格尔:《林中路》,时报文化出版企业有限公司1994年版,第29页。

② 《海德格尔选集》(下),三联书店1996年版,第1180页。

6日名为《物》的演讲中以一个普通的陶壶为例说明"四方游戏说"。他认为,陶壶的本质不是表现在铸造时使用的陶土,以及作为壶的虚空,而是表现在从壶中倾注的赠品之中。因为,这种赠品直接与人的生存有关,可以滋养人的生命。而恰是在这种赠品中交融着四方游戏的内容。他说"在赠品之水中有泉。在泉中有岩石,在岩石中有大地的浑然蛰伏。这大地又承受着天空的雨露。在泉水中,天空与大地联姻。在酒中也有这种联姻。酒由葡萄的果实酿成。果实由大地的滋养与天地的阳光所玉成"。又说"在倾注之赠品中,同时逗留着大地与天空、诸神与终有一死者。这四方[Vier]是共属一体的、本就是统一的。它们先于一切在场者而出现,已经被卷入一个唯一的四重整体[Geviert]中了"①。他认为,壶中倾注的赠品泉水或酒包含的四重整体内容与此在之展开密切相关,其作为美是一种关系性的过程并先于一切作为实体的在场者。由此可见,此在在与四重整体的世界关系中其存在才得以逐步展开,真理也逐步由遮蔽走向澄明,与真理同格的美也得以逐步显现。

"诗意地栖居"。 这是海氏所提出的最重要的生态美学观之一,具有极为重要的价值与意义。因为,长期以来,人们在审美中只讲愉悦、赏心悦目,最多讲到陶冶,但却极少有人从审美地生存,特别是"诗意地栖居"的角度来论述审美。而"栖居"本身则必然涉及人与自然的亲和友好关系,包含生态美学的内涵,成为生态美学观的重要范畴。海氏在《追忆》一文中提出"诗意地栖居"美学命题。他先从荷尔德林的诗开始,荷诗指出:"充满劳绩,然而人诗意地栖居在这片大地上。"然后,他接着说道"一切劳作和活动、建造和照料,都是'文化'。而文化始终只是并且永远就是一种栖居的结果。这种栖居却是诗意的"②。实际上"诗意地栖居"是海氏存在论哲学

---

① 《海德格尔选集》(下),第1172、1173页。
② [德]马丁·海德格尔:《荷尔德林诗的阐释》,商务印书馆2000年版,第107、218—220页。

美学的必然内涵。他在论述自己的"此在与世界"之在世结构时就论述了"此在在世界之中"的内涵,就包含着居住与栖居之意。他说"'在之中'不意味着现成的东西在空间上'一个在一个之中';就源始的意义而论,"之中"也根本不意味着上述方式的空间关系。'之中'['in']源自 innan,居住,habitare,逗留。'an'['于']意味着:我已住下,我熟悉、我习惯、我照料;它有 colo 的含义;habito[我居住]和 diligo[我照料]。我们把这种含义上的'在之中'所属的存在者标识为我自己向来所是的那个存在者。而'bin'[我是]这个词又同'bei'[缘乎]连在一起,于是'我是'或'我在'复又等于说:我居住于世界,我把世界作为如此这般熟悉之所而依寓之、逗留之"①。由此可见,所谓"此在在世界之中"就是人居住、依寓、逗留,也就是"栖居"于世界之中。而如何才能做到"诗意地栖居"呢?其中,非常重要的一点就是必须要爱护自然、拯救大地。海氏在《筑·居·思》一文中指出"终有一死者栖居着,因为他们拯救大地——拯救一词在此取莱辛还识得的古老意义。拯救不仅是使某物摆脱危险;拯救的真正意思是把某物释放到它的本己的本质中。拯救大地远非利用大地,甚或耗尽大地。对大地的拯救并不控制大地,并不征服大地——这还只是无限制的掠夺的一个步骤而已"②。"诗意地栖居"即"拯救大地",摆脱对于大地的征服与控制,使之回归其本己特性,从而使人类美好地生存在大地之上、世界之中。这恰是当代生态美学观的重要旨归。在这里需要特别说明的是,海氏的"诗意地栖居"在当时是有着明显的所指性的,那就是指向工业社会之中愈来愈加严重的工具理性控制下的人的"技术地栖居"。在海氏所生活的 20 世纪前期,资本主义已经进入帝国主义时期。由于工业资本家对于利润的极大追求,对于通过技术获取剩余价值的迷信,因而滥伐自然、破坏资源、侵略弱国成为整个时代的弊病。海氏深深地感受到这一点,将其称作是技术对

① [德]马丁·海德格尔:《存在与时间》,三联书店 1987 年版,第 67 页。
② 《海德格尔选集》(下),第 1193 页。

于人类的"促逼"与"暴力",是一种违背人性的"技术地栖居"。他试图通过审美之途将人类引向"诗意地栖居"。他说"欧洲的技术——工业的统治区域已经覆盖整个地球。而地球又已然作为行星而被算入宇宙的空间之中,这个宇宙空间被订造为人类有规划的行动空间。诗歌的大地和天空已经消失了。谁人胆敢说何去何从呢?大地和天空、人和神的无限关系被摧毁了"。他针对这种情况又说道"这个问题可以这样来提:作为这一岬角和脑部,欧洲必然首先成为一个傍晚的疆土,而由这个傍晚而来,世界命运的另一个早晨准备着它的升起?"①可见,他已经将"诗意地栖居"看作是世界命运的另一个早晨的升起。在那种黑暗沉沉的漫漫长夜中这无疑带有乌托邦的性质。但无独有偶,差不多与海氏同时代的英国作家劳伦斯在其著名的小说《查太莱夫人的情人》中通过强烈的对比鞭挞了资本主义社会极度污染的煤矿与工于计算的矿主,歌颂了生态繁茂的森林与追求自然生活的守林人,表达了追求人与自然协调的"诗意地栖居"的愿望。

"家园意识"。　当代生态审美观中"家园意识"的提出首先是由于在现代社会中由于环境的破坏与精神的紧张人们普遍产生一种失去家园的茫然之感。诚如海氏所说"在畏中人觉得'茫然失其所在'。此在所缘而现身于畏的东西所特有的不确定性在这话里当下表达出来了:无与无何有之乡。但茫然失其所在在这里同时是指不在家"。又说"无家可归是在世的基本方式,虽然这种方式日常被掩盖着"②。这就说明,"无家可归"不仅是现代社会人们的特有感受,而且作为此在的基本展开状态的"畏"则具有一种本源的性质,而作为"畏"必有内容的"无家可归"与"茫然失其所在"也就同样具有了本源的性质,可以说是人之为人而与生俱来的。当然,在现代的各种冲击之下这种"无家可归"显得愈加强烈。由此,"家园意识"就

---

① [德]马丁·海德格尔:《荷尔德林诗的阐释》,第 15 页。
② [德]马丁·海德格尔:《存在与时间》,第 228、331 页。

成为具有当代色彩的生态美学观的重要范畴。海氏在1943年6月6日为纪念诗人荷尔德林逝世一百周年所作的题为《返乡——致亲人》的演讲中明确提出了美学中的"家园意识"。因为,他着重评述诗人一首题为《返乡》的诗。所以,他说道"在这里,'家园'意指这样一个空间,它赋予人一个处所,人唯有在其中才能有'在家'之感,因而才能在其命运的本己要素中存在。这一空间乃由完好无损的大地所赠与。大地为民众设置了他们的历史空间。大地朗照着'家园'。如此这般朗照着的大地,乃是第一个'家园'天使"。又说"返乡就是返回到本源近旁"①。在这里,海氏不仅论述了"家园意识"的本源性特点,而且论述了它是由"大地所赠与",阐述了"家园意识"与自然生态的天然联系。是的,所谓"家园"就是每个人的休养生息之所,也是自己的祖祖辈辈繁衍生息之地,那里是生我养我之地,那里有自己的血脉与亲人。"家园"是最能牵动一个人的神经情感之地。当代生态美学观将"家园意识"作为重要美学范畴是十分恰当的。当代著名生态哲学家福尔摩斯·罗尔斯顿在伯林特主编的《环境与艺术》的第十章"从美到责任:自然美学和环境伦理"中指出"当自然离我们更近并且必须在我们所居住的风景上被管理时,我们可能首先会说自然的美丽是一种愉快——仅仅是一种愉快——为了保护它而做出禁令似乎不那么紧急。但是这种心态会随我们感觉到大地在我们脚下,天空在我们头上,我们在地球的家里而改变。无私并不是自我兴趣,但是那种自我没有被掩盖。而是,自我被赋予形体和体现出来了。这是生态的美学,并且生态是关键的关键,一种在家里的在它自己的世界里的自我。我把我所居住的那处风景定义为我的家。这种兴趣导致我关心它的完整、稳定和美丽"。他又说道"整个地球,不仅是沼泽地,是一种充满奇异之地,并且我们人类 我们现代人类比以前任何时候更加——把这种庄严放进危险中。没有人,在世界

---

① [德]马丁·海德格尔:《荷尔德林诗的阐释》,第24页。

上有一席之地的人,能够被逻辑上或者心理上对它不感兴趣"①。在这里,罗尔斯顿更为现代地从"地球是人类的家园"的崭新视角出发,论述了生态美学观的"家园意识"。他认为,人类只有一个地球,地球是人类生存繁衍并有一席之地的处所,只有地球才使人类具有"自我";因而,保护自己的"家园",使之具有"完整、稳定和美丽"是人类生存的需要,这就是"生态的美学"。正是由于"家园意识"的本源性,所以它不仅具有极为重要的现代意义和价值,而且成为人类文学艺术千古以来的"母题"。从古希腊《荷马史诗》的著名的《奥德修斯》的漫长返乡之程和中国古代《诗经》的"归乡之诗",到当代著名的凯利金的萨克斯曲《回家》和中国歌手腾格尔的《天堂》,都是以"家园意识"的抒发而感动了无数的人,而李白的"抬头望明月,低头思故乡"更加成为千古传颂的名句。"家园"成为扣动每个人心弦的美学命题。

"场所意识"。 如果说"家园意识"是一种宏大的人的存在的本源性意识,那么"场所意识"则是与人的具体的生存环境以及对其感受息息相关。"场所意识"仍然是海德格尔首次提出的。他说:"我们把这个使用具得以相互联属的'何所往'称为场所"。又说:"场所确定上手东西的形形色色的位置,这就构成了周围性质,构成了周围世界的切近照面的存在者环绕我们周围的情况","这种场所的先行揭示是由因缘整体性参与规定的,而上手的东西之为照面的东西就是向着这个因缘整体性开放的"②。在海氏看来,"场所"就是与人的生存密切相关的物品的位置与状况。这其实是一种"上手的东西"的"因缘整体性"。也就是说,在人的日常生活与劳作当中,周围的物品与人发生某种因缘性关系,从而成为"上手的东西"。但"上手"还有一个"称手"与"不称手"以及"好的因缘"与"不好的因缘"这样的

---

① [美]阿诺德·伯林特:《环境与艺术》,刘悦笛等译,重庆出版社2007年版,第91页。文中英文[place]译为"处所",亦可译为"场所"。

② [德]马丁·海德格尔:《存在与时间》,第128、129页。

问题。例如，人所生活的周围环境的污染、自然的破坏，各种有害气体与噪音对于人的侵害，这就是一种极其"不称手"的情形，这种环境物品也是与人"不好的因缘"关系，是一种不利于人生存的"场所"。当代环境美学家伯林特则从人对环境的经验的角度探索了生态美学观之中的"场所意识"问题。他说："比其他的情景更为强烈的是，通过身体与'场所'[Place]的相互渗透我们成为了环境的一部分，环境经验使用了整个的人类感觉系统。因而，我们不仅仅是'看到'我们活生生的世界；我们步入其中，与之共同活动，对之产生反应。我们把握场所并不仅仅通过色彩、质地和形状，而且还要通过呼吸，通过味道，通过我们的皮肤，通过我们的肌肉活动和骨骼位置，通过风声、水声和交通声。环境的主要的维度——空间、质量、体积和深度——并不是首先和眼睛遭遇，而是先同我们运动和行动的身体相遇。"①这是生态美学观的新的美学理念，与传统的审美凭借视觉与听觉等高级器官不同。伯林特认为，当代生态美学观的"场所意识"不仅仅是视觉与听觉意识，而且包括嗅觉、味觉、触觉与运动知觉的意识。他将人的感觉分为视觉、听觉等保持距离的感受器与嗅觉、味觉、触觉与运动知觉等接触的感受器，这两类感受器都在审美中起作用。这不仅是新的发展，而且也符合当代生态美学的实际。从存在论美学的角度，自然环境对人的影响绝对不仅是视听，而且包含嗅味触与运动知觉。不仅噪音与有毒气体会对人造成伤害，而且沙尘暴与沙斯病毒更会侵害人的美好生存。当然，从另外的角度，从更高的精神的层面，城市化的急剧发展，高楼林立，生活节奏的快速，人与人的隔膜，人与自然的远离，居住的逼仄与模式化，人们其实都正在逐步失去自己的真正的美好的生活"场所"。这种生态美学的维度必将成为当代文化建设与城市建设的重要参照。这是一种"以人为本"观念的彰显，诚如伯林特所说"场所感不仅使我们感受到城市的一致

---

① [美]阿诺德·伯林特：《环境与艺术》，刘悦笛等译，第8页。

性，更在于使我们所生活的区域具有了特殊的意味。这是我们熟悉的地方，这是与我们有关的场所，这里的街道和建筑通过习惯性的联想统一起来，它们很容易被识别，能带给人愉悦的体验，人们对它的记忆中充满了情感。如果我们的邻近地区获得同一性并让我们感到具有个性的温馨，它就成了我们归属其中的场所，并让我们感到自在和惬意"①。

"参与美学"。 这是伯林特明确提出的。他说"首先，无利害的美学理论对建筑来说是不够的，需要一种我所谓的参与美学"。②又说："因而，美学与环境必须得在一个崭新的、拓展的意义上被思考。在艺术与环境两者当中，作为积极的参与者，我们不再与之分离而是融入其中"③。在这里，所谓"参与美学"本来就是当代存在论美学的基本品格。因为，当代存在论美学就是对于传统主客二分美学理论的突破，是通过主体的现象学描述所建立起来的审美经验。当代生态美学观同样如此，它首先是突破了康德的主客二律背反的无利害的静观美学，这种静观美学必然导致人与自然的二分对立。而当代生态美学观则主张人在自然审美中的主观构成作用，但又不否定自然潜在的美学特性。罗尔斯顿将自然审美归结为两个相关的条件，那就是人的审美能力与自然的审美特性的结合，只有两者的统一，在人的积极参与下自然的审美才成为可能。他说"有两种审美品质：审美能力，仅仅存在于欣赏者的经验中；审美特性，它客观地存在于自然物体内。美丽的经验在欣赏者的体内产生，但是这种经验具备什么？它具有形式、结构、完整性、次序、竞争力、肌肉力量、持久性、动态、对称性、多样性、统一性、同步性。互依性、受保护的生命、基因编码、再生的能源、起源，等等。这些事件在人们到达以前就在那里，一种创造性的进化和生态系统本性的产物；当我们人类以美学的眼光评价它们时，我们的经验被置于自

---

① [美]阿诺德·伯林特：《环境美学》，湖南科技出版社 2006 年版，第 66 页。
② 同上书，第 134 页。
③ [美]阿诺德·伯林特：《环境与艺术》，刘悦笛等译，第 7 页。

然属性之上"①。他以人们欣赏黑山羊的优美的跳跃为例,认为黑山羊由于在长期的进化中获得身体的运动的肌肉力量,因而能够优美地跳跃。但只有在人类的欣赏中,这种跳跃与人的主观审美能力相遭遇,这才产生了审美的体验。

"**生态批评**"。 1978 年,美国文学研究者威廉·鲁克尔特在《衣阿华州评论》冬季号发表了一篇文章,题为"文学与生态学:生态文学批评的实验",第一次使用了生态批评的概念。从此,"生态批评"就成为社会批评、美学批评、精神分析批评与原形批评之后的另外一种极为重要的文学批评形态,成为当代生态美学观的重要组成部分与实践形态,并很快成为蓬勃发展的"显学"。"生态批评"首先是一种文化批评,是从生态学的特有视角所开展的文学批评,是文学与美学工作者面对日益严重的环境污染将生态责任与文学美学相结合的一种可贵的尝试。鲁克尔特在陈述自己写作此文的原因时说道,"即诗歌的阅读、教学、写作如何才能在生物圈中发挥创造性作用,从而达到清洁生物圈、把生物圈从人类的侵害中拯救出来并使之保持良好状态的目的,同样,我的实验动机也是为了探讨这一问题,这一实验是我作为人类一份子的根本所在"。面对严重的环境污染,他向文学和美学工作者大声疾呼:"人们必须开始有所作为"②。环境美学家伯林特更进一步强调"美学与伦理学的基本联结"③。罗尔斯顿则倡导一种"生态圈的美"④。实际上,有的环境保护就是从审美的需要出发的。罗尔斯顿指出,美国的大峡谷的保护就是从其美丽与壮观考虑的,从这个角度说"自然保护的最终历史基础是美学"⑤。但从当代生态美学观来说,伦

---

① [美]阿诺德·伯林特:《环境与艺术》,刘悦笛等译,第 86 页。
② [美]切瑞尔·格多菲尔蒂卡编:《生态批评读本》,美国乔治亚大学出版社 1996 年版,第 112、114 页。
③ [美]阿诺德·伯林特:《环境与艺术》,刘悦笛等译,第 15 页。
④ [美]阿诺德·伯林特:《环境与艺术》,刘悦笛等译,第 84 页。
⑤ [美]阿诺德·伯林特:《环境与艺术》,刘悦笛等译,第 83 页。

理与美学的统一还是最根本的原则，因为环境对于人类来说并不都是积极的，噪音既是对于人的知觉的干扰，也是对于人的身体健康的危害，因而噪音就既非善的也非美的。由此可见，环境伦理学与美学的统一就是生态批评的最基本的原则。生态批评理论家们相信艺术具有某种能量，能够改变人类，这种能量就是改变人们的心灵，从而转变他们的态度，使之从破坏自然转向保护自然。弗朗西斯·庞吉在《万物之声》中指出，我们应该拯救自然，"希望寄托在诗歌中，因为世界可以借助诗歌深入地占据人的心灵，致使其近乎失语，随后重新创造语言"。也许，生态批评家们将文学艺术的作用估价的过高了，但通过审美教育转变人们的文化态度，使之逐步做到以审美的态度对待自然，这种可能性还是有的。但愿我们都朝这个方向努力，以图有所收获。

我们正处于一个转型的时代，人类社会正在由工业文明转向生态文明，人类也逐步由人类中心转向环境友好。与之相应，我们时代的美学观念也应有一个转型，当代生态美学观的提出就是这种转型的努力之一。但愿我们的努力能引起更多的人们的参与，能够对当代美学的发展起到一点作用。

(原载《文艺研究》2007年第4期)

4. 当代生态文明视野中的生态美学观

生态美学是20世纪90年代中期，在世界范围内由工业文明向生态文明转型和各种生态理论不断发展的情况下，由中国学者提出的一种崭新的美学观念。它以人与自然的生态审美关系为出发点，包含人与自然、社会以及人自身的生态审美关系，是一种包含着生态维度的当代存在论审美观。实际上，它是美学学科在当代的新发展、新延伸和新超越。

一

20世纪中期以来，工业文明所造成的生态危机日益严重，对人类的生存构成极大威胁。于是一种崭新的对工业文明进行反思和超越的生态文明应运而生。《光明日报》2004年4月30日发表的"论生态文明"一文指出："目前，人类文明正处于从工业文明向生态文明过渡的阶段。"又说："生态文明是人类文明发展的一个新的阶段，即工业文明之后的人类文明形态。"[1]我国政府最近提出了科学发展观以及生态文明的发展道路问题。我国对生态文明的肯定与强调恰是建设有中国特色社会主义现代化道路的重要表征之一，是对资本主义工业文明的重要超越。事实证明，以资本主义制度为基础的工业文明难以超越自身局限并解决人与自然的矛盾。因为，资本自身无限增值的本性、帝国主义无限掠夺的本性和资本主

---

[1] 《光明日报》2004年4月30日第1版。

义社会无限张扬的个人主义价值观都必然导致人对自然的无限压榨和掠夺。其实,人类社会对传统工业文明的批判和新的社会文明的转型早在20世纪60年代即已开始。1962年,美国著名海洋生物学家莱切尔·卡逊在其具有里程碑意义的名著《寂静的春天》中,对传统工业文明所引起的严重环境污染进行了有力的揭露和深刻的反思。她在该书的最后提出了著名的人类社会处于交叉路口的名言。她说:"现在,我们正站在两条道路的交叉口上。这两条道路完全不一样。我们长期以来一直行驶的这条道路使人容易错认为是一条舒适的、平坦的超级公路,我们能在上面高速前进。实际上,在这条路的终点却有灾难等待着。这条路的另一条岔路——是条很少有人走的岔路——为我们提供了最后唯一的机会让我们保住我们的地球。"①卡逊在这里所说的舒适的路,即是我们习以为常的工业文明所坚持的经济无限增长,最后引起生态危机的灾难之路。而她所说的另一条路,则是唯一可选择的保住地球环境的生态文明之路。1970年,美国举办了第一个"地球日",标志着"生态学时代"的开始。1972年,联合国召开首届环境会议,发布《人类环境宣言》。1973年,英国著名历史学家阿诺德·汤因比在《人类与大地母亲》的第八十二章"抚今追昔,以史为鉴"的最后写道:"人类将会杀害大地母亲,抑或将使她得到拯救?如果滥用日益增长的技术力量,人类将置大地母亲于死地,如果克服了那导致自我毁灭的放肆的贪欲,人类则能够使她重返青春,而人类的贪欲正在使伟大母亲的生命之果——包括人类在内的一切生命造物付出代价。何去何从,这就是今天人类所面临的斯芬克斯之谜。"②汤因比以其历史学家的远见卓识,从当代生态哲学"生态圈"理论的高度,又一次提出了人类面临何去何从的问题,给人类以深刻的警示。

---

① [美]莱切尔·卡逊:《寂静的春天》,科学出版社1979年版,第292页。
② [英]阿诺德·汤因比:《人类与大地母亲》第八十二章,上海人民出版社2001年版,第529页。

随着社会经济的转型,必然要求包括美学在内的文化随之转型。著名的罗马俱乐部发起人贝切伊认为人类对于自然的无限扩张实质上是"人类文化发展的一个巨大过失"。①而著名环保组织塞拉俱乐部的前任执行主席麦克洛斯基则明确指出,随着社会转型需要一场价值观和世界观的革命。他说:"在我们的价值观、世界观和经济组织方面,确实需要一场革命。因为,文化传统建立在无视生态地追求经济和技术发展的一些预设之上,我们的生态危机就根源于这种文化传统。工业革命正在变质,需要另一场革命取而代之,以全新的态度对待增长、商品、空间和生命。"②生态文明的到来对美学也提出了一系列新的课题,要求工业文明时代理性主导下的美学理论进行必要的转型,以适应生态文明新形势的要求。1984年12月10日,当代法国著名美学家杜夫海纳与澳大利亚著名哲学家帕斯默应日本著名美学家今道友信之邀聚会东京,就生态文明时代的生态伦理学以及与之有关的美学问题交换了意见。正如今道友信在开场白中所说:"20世纪后半叶,由于科学技术的发展,人类的生活环境与以前相比,发生了决然不同的变化。过去,说到环境,在公共方面,主要只是指自然;此外,也多少涉及个人的文化环境。然而今天,技术关联已经成为环境。因此,我认为有必要根据这种生活环境的激变而树立新的伦理,提倡eco-ethica[生态伦理学]。Eco是ecologh[生态学]的eco,是希腊语中的家、住处一词的引申,也就是生存环境。因此,生态伦理学就意味着适应人的生存环境的伦理学,它是包含着解决在现代科学技术的环境中产生的新问题的思考。——与此相同,在美学上也产生了极大的问题。"③格林·洛夫则在《重新评价自然》一文中提出:"承认自然的优先地位,承认建立包

---

① 转引自徐崇温《全球问题与"人类困境"》,辽宁人民出版社1986年版,第165页。
② 转引自王偌《欧美生态文学》,北京大学出版社2003年版,第69页。
③ [日]今道友信:《美学的将来》,广西教育出版社1997年版,第261、262页。

括人类与自然在内的新伦理学和美学的必要性。"①在西方,生态批评作为生态美学的实践形态从20世纪70年代以来蓬勃发展,逐渐成为显学。英国《卫报》发表影响很大的文章"在绿色团队里"做出了分析。该报认为,结合了社会批评、女性主义批评和后殖民批评的生态批评必将成为文学批评的主流。②与此同时,生态哲学、生态伦理学、生态政治学等生态方面的各种理论繁荣发展。就是在这样的形势下,我国美学工作者结合我国的实际情况,借助于丰富的传统生态智慧,提出了生态美学这一崭新的美学理论观念,成为我国美学和文艺学领域的一个亮点。

当代包括生态批评在内的"文学的生态学"和"生态美学"的兴盛标志着文艺理论和美学理论的重要转折,表明当代文艺理论和美学理论建设中"生态维度"的重要和生态视角的"不能缺席"。当前,癌症、艾滋病的泛滥,特别是2003年非典的蔓延,更加成为包括文艺学和美学在内的文化建设中重视生态维度的契机。这不仅可以彰显文艺学、美学在使人类获得自由解放和审美生存之中的重要作用,而且也可以充分体现文艺学和美学工作者的高度社会责任和对人类前途命运的终极关怀精神。

二

西方文学生态学和生态批评的哲学基础是西方当代生态哲学,主要是挪威哲学家阿伦·奈斯的"深层生态学"和德国哲学家海德格尔的当代生态存在论哲学。阿伦·奈斯主要通过对生态问题的深层追问,深入到价

---

① [美]彻丽·格罗费尔蒂、哈罗德·弗罗姆:《生态批评读本:文学生态学的里程碑》,美国乔治亚大学出版社1996年版,第239页。Glen A. love."Revaluing Nature", The Ecocriticism Reader: Landmarks in Literary Ecology, ed. Cheryll and Harold Fromm [Athens: the University of Georgia Press, 1996]. pp. 237–238.

② 转引自王偌《生态批评:发展与渊源》,鲁枢元主编《精神生态与生态精神》,南方出版社2002年版。

值论与社会层面,探索"怎么样"、"为什么"等深层根源,并由此提出"生态自我"、"生态平等"与"生态共生"等生态智慧。海德格尔的生态存在论哲学则立足于人与自然的平等游戏,以由遮蔽走向澄明之境、实现人的"诗意地栖居"为旨归。这些理论的价值和贡献自然很大。它们都是对传统的主客二分思维模式与主体性观念的突破,包含着有机整体和"主体间性"等当代生态哲学内涵,成为当代哲学转型的重要表现。但它们又都具有浓厚的唯心主义倾向和神秘主义色彩。因此,我们要在吸收上述理论有价值成分的前提下,将我们的生态美学观奠定在马克思的唯物实践存在论的哲学基础之上。马克思与恩格斯于 1845－1846 年在《德意志意识形态》中将共产主义者称作"实践的唯物主义者"。①这种实践唯物主义是马克思哲学观的核心所在。尽管由于时代的原因,他们不可能具有彻底的生态观念,在其价值观中对"生态价值"有所忽视,在其哲学观中也没有将"自然维度"放到应有的位置。但其实践唯物观却仍然具有重大的哲学突破性。不仅是对唯心主义的突破,更是对古典哲学主客二分思维模式的突破,也是对传统机械唯物主义认识论哲学的突破,从而成为具有当代意义的唯物实践存在论哲学,并包含着极有价值的审美与生态的内涵。这种唯物实践观迥异于当代西方包括生态哲学在内的各种哲学形态。它不是从抽象的观念和意识出发,而是从活生生的社会生活出发。诚如马克思所说,"不是意识决定生活,而是生活决定意识"。②因而,这一理论对于我们今天探讨生态美学中人与自然的生态审美关系就显示出特有的优势,具有重要的指导意义。而这一理论作为对于传统机械唯物认识论的突破,其对当代存在论的深层启示也是十分明显的。马克思首先对于"存在"作了不同于西方现代存在主义哲学的唯物主义阐释。他认为,"存在"不是一种观念的精神状态,而是人的实际生活过程。他说:"意识在任何时候都只能是被意

---

① 《马克思恩格斯选集》第一卷,第 48 页。

② 同上书,第 31 页。

识到了的存在。而人们的存在就是他们的实际生活过程。"①马克思又指出,对于包括事物、现实和感性在内的人的存在不能像主客二分的旧唯物主义那样只是从客体的或主观的形式去理解,而必须"把它们当作人的感性活动,当作实践去理解"。②这就是马克思的哲学出发点,也是唯物实践存在论的应有之义。马克思还十分明确地将生产实践当作"人类生存的第一个前提"。更为重要的是,马克思还把通过社会实践对私有财产的积极扬弃作为人的一切感觉和特性获得彻底解放的必要前提。他说:"因此,私有财产的扬弃,是人的一切感觉和特性的彻底解放;但这种扬弃之所以是这种解放,正是因为这些感觉和特性无论在主体上还是在客体上都变成人的。"③而所谓"人的一切感觉和特性的彻底解放"就是同"非人"的生存状态相对立的人的审美的生存。我们认为,对于马克思唯物实践存在论应该给予完整的准确的理解,也就是应该将其前后相关的论著结合起来理解。这样,马克思的唯物实践存在论就必然地包含着他所创立的崭新的审美观,以及明显的生态意识。同时,我们在研究马克思的唯物实践存在论时应持一种与时俱进的发展的态度,吸收 20 世纪以来哲学发展,特别是生态哲学发展的崭新成果,将其补充进马克思的唯物实践存在论之中。这实际上就是一种发展了的当代形态的马克思主义唯物实践存在论。以这种理论作为当代生态美学的哲学基础,就将生态美学奠定在科学的哲学理论根基之上,从而避免了西方当代生态理论诸多唯心和神秘的消极因素。

准确理解马克思主义唯物实践存在论,并将当代生态美学奠定在马克思主义唯物实践存在论基础之一,对我国美学的发展具有特别重要的意义,将成为新的生态美学与传统的实践美学相衔接的桥梁。众所周知,我国从 20 世纪五六十年代到七八十年代,曾经几代美学工作者的共同努

---

①② 《马克思恩格斯选集》第一卷,第 16 页。
③ 《马克思恩格斯全集》第四十二卷,第 124 页。

力,创立了影响甚大的实践美学,成为新中国成立后美学研究的重要成果,在当时具有重要的理论价值和时代先进性。但随着社会文化与哲学的转型,实践美学必然要随之发展并被新的理论观念所超越。我们认为,当代生态美学观的提出就是对实践美学的一种超越。但这种超越并不是对实践美学的抛弃,而是建立在对实践美学继承的基础之上。当代生态美学观以马克思唯物实践存在论作为哲学基础就是对实践美学的一种继承,当然也是一种在新时代的超越和发展。其超越之处主要表现于以下四个方面。其一,是由美的实体性到关系性的超越。众所周知,实践美学力主美的客观性,将美看作不以人的意志为转移的客观实体。而生态美学观却将美看作人与自然之间的一种生态审美关系。这就突破了对美的主客二分的僵化理解,将其带入有机整体的新的境界。其二,是由主体性到主体间性的超越。实践美学特别张扬人的主体的力量、人对自然的驾御,当有其正确之处;但其不当之处在于,完全将美看作"人的主体性的最终成果"。①这就完全抹杀了自然的价值,表现出明显的人类中心主义色彩。而生态美学观则将主体性发展到"主体间性",强调人与自然的"平等共生"。这是一种新的哲学转型在美学研究领域的反映。其三,在自然美的理解上由"人化的自然"到人与自然平等共生亲和关系的超越,也是由"自然的祛魅"到部分的"自然的复魅"的过渡。实践美学关于自然美完全是用通过社会实践而来的人对自然的"人化"来加以解释的。这实际上同工业革命以来所力倡的"自然的祛魅"相一致,而完全抹杀了自然所特具的不完全为人所了解的魅力。关于自然美,李泽厚说道:"自然美的崇高,则是由于人类社会实践将它们历史地征服之后,对观赏[静观]来说成为唤起激情的对象。所以实质上不是自然对象本身,也不是人的主观心灵,而是社会实践的力量和成果展现出崇高。"对于诸多未经人类改造的自然对象如

---

① 《李泽厚哲学美学文选》,湖南人民出版社1981年版,第161页。

何会成为审美对象问题,李泽厚解释道:"只有当荒漠、火山、暴风雨不致为人祸害的文明社会中,它们才成为观赏对象。"①这当然是完全抹杀了自然对象本身特有的包括其潜在审美价值在内的魅力,应该说这种观点是不全面的。而生态美学观则在承认自然对象特有的神圣性、部分的神秘性和潜在的审美价值的基础上,从人与自然平等共生的亲和关系中来探索自然美问题。这显然是美学领域的一种突破和超越。其四,是由美的单纯认识论考察到存在论考察的超越。实践美学过于强调审美的认识的层面,而相对忽视了审美归根结底是人的一种重要的生存方式与审美所必须包含的生态层面。而生态美学观却将审美从单纯的认识领域带入崭新的存在领域,并将不可或缺的自然的生态的维度带入审美领域。这不能不说是一个重要的超越。

三

生态美学观最重要的理论原则是生态整体主义原则,从而成为对于长期占统治地位的"人类中心主义"原则的突破和超越。众所周知,长期以来,特别是欧洲 17 世纪开始理性主义的兴起,导致人类中心主义的兴盛。英国弗兰西斯·培根力倡"新工具论",鼓吹"工具理性"和"人类中心"。他坚信人类是"自然的主人和所有者",声称自己"已经获得了让自然和它的所有儿女成为你的奴隶,为你服务的真理"。这个真理就是:"如果我们考虑终结因的话,人可以被视为这个世界的中心;如果这个世界没有人类,剩下的一切将茫然无措,既没有目的也没有目标,——整个世界一起为人服务;没有任何东西人不能拿来使用并结出果实。"②法国的勒内·笛卡儿提出著名的"我思故我在",把具有理性精神的人推到决定包

---

① 李泽厚:《批判哲学的批判》,人民出版社 1979 年版,第 404 页。
② 转引自王偌《欧美生态文学》,第 158 页。

括自然在内的一切事物的极端。德国古典哲学的开创者伊曼努尔·康德则提出著名的"人为自然立法"的观点。他说:"范畴是这样的概念,它们先天地把法则加诸现象和作为现象的自然界之上。"①这种传统的理性主义的"人类中心主义"理论,从20世纪中期以来就受到当代各种哲学理论的挑战。1961年法国著名哲学家雅克·德里达在《书写与差异》之中提出了著名的"去中心"的理论观点。他运用结构主义方法最后得出"去中心"的解构主义结论。他在文中揭示出一个中心既可在结构之内又可在结构之外因而并不存在的悖论。他由此得出结论说:"这样一米,人们无疑就得开始去思考下述问题:即中心并不存在,中心也不能以在场者形式去被思考,中心并无自然的场所,中心并非一个固定的地点而是一种功能、一种非场所,而且在这个非场所中符号替换无止境地相互游戏着。"②法国哲学家米歇尔·福柯则于1966年在《词与物》中明确提出了"人的终结",即"人类中心主义的终结"的结论。他说:"在我们今天,并且尼采仍然从远处表明了转折点,已被断言的,并不是上帝的不在场或死亡,而是人的终结。"他又说:"我们易于认为:自从人发现自己并不处于创造的中心,并不处于空间的中间,甚至也许并非生命的顶端和最后阶段以来,人已从自身之中解放出来了;当然,人不再是世界王国的主人,人不再在存在的中心处进行统治……"③这其实是一场哲学的革命,即从人类中心主义转向生态整体主义。诚如美国环境哲学家J.B.科利考特所说:"我们生活在西方世界观千年的转变时期——一个革命性的时代,从知识角度来看,不同于柏拉图时期和笛卡儿时期。一种世界观,现代机械论世界观,正逐渐让位于另一种世界观。谁知道未来的史学家会如何称呼它——有机世界观、生

---

① 转引自赵敦华《西方哲学简史》,北京大学出版社2000年版,第436、437页。
② [法]雅克·德里达:《书写与差异》,三联书店2001年版,第505页。
③ [法]米歇尔·福科:《词与物》,三联书店2001年版,第503、454页。

态世界观、系统世界观……"①这种新的生态世界观就是突破"人类中心主义"的生态整体主义世界观。它的产生具有重大意义,正如著名的"绿色和平哲学"所阐述的那样:"这个简单的字眼:生态学,却代表了一个革命性观念,与哥白尼天体革命一样,具有重大的突破意义。哥白尼告诉我们,地球并非宇宙中心;生态学同样告诉我们,人类也并非这一星球的中心。生态学并告诉我们,整个地球也是我们人体的一部分,我们必须像尊重自己一样,加以尊重。"②

生态整体主义最主要的表现形态就是当代深层生态学,其核心观点就是"生态平等",也就是主张在整个生态系统中包括人类在内的万物都自有其价值而处于平等地位,这是对传统人类中心主义哲学观和价值观的颠覆,因此引起巨大震动。长期以来,围绕生态整体主义中之"生态平等"观是反人类中心主义还是反人类,展开了激烈的争论。对生态平等观之反人类倾向的指责始终没有停止过。美国前副总统阿尔·戈尔是一位具有强烈环保意识的政治家,但他也认为生态整体主义之生态平等观具有反人类倾向。他在大力宣传环保意识的名著《濒临失衡的地球》中就认为深层生态学之生态平等观具有反人类倾向。他说:"有个名叫'深层生态主义者'的团体现在名声日隆。它用一种灾病来比喻人与自然关系。按照这一说法,人类的作用有如病原体,是一种使地球出疹发烧的细菌,威胁着地球基本的生命机能。……他们犯了一个相反的错误,即几乎从物质意义上来定义与地球的关系——仿佛我们只是些人形皮囊,命里注定要干本能的坏事,不具有智慧或自由意志来处理和改变自己的生存方式。"③戈尔的这段论述包含了不少偏见。因为,生态整体主义之生态平等观恰恰

---

① [美]J. B. 科利考特:《罗尔斯顿内在价值:一种解构》,《哲学译丛》1999 年第 2 期,第 25 页。

② 转引自冯沪祥《人、自然与文化》,人民文学出版社 1996 年版,第 532 页。

③ 转引自雷毅《深层生态学思想研究》,清华大学出版社 2001 年版,第 136、137 页。

不是从物质的意义上来定义人与地球的关系，而是超越了当前的物质利益，从人类与地球持续美好发展的高度着眼来界定两者的关系。更为重要的是，生态整体主义之生态平等观是对人类中心主义的抛弃，而绝不是什么反人类。因为生态整体主义所主张的"生态平等"，不是人与万物的绝对平等，而是人与万物的相对平等。如果是绝对平等那当然会限制人类的生存发展，从而走上反人类的道路。而相对平等即为"生物环链之中的平等"。人类将会同宇宙万物一样享有自己在生物环链之中应有的生存发展的权利。只是不应破坏生物环链所应有的平衡。正如阿伦·奈斯所说，生态整体主义之生态平等则是"原则上的生物圈平等主义，亦即生物圈中的所有事物都拥有的生存和繁荣的平等权利"。①莱切尔·卡逊在《寂静的春天》中具体论述了这个生物环链。她说："这个环链从浮游生物的像尘土一样微小的绿色细胞开始，通过很小的水蚤进入噬食浮游生物的鱼体，而鱼又被其它的鱼、鸟、貂、浣熊所吃掉，这是一个从生命到生命的无穷的物质循环过程。"②这种生命环链是生态学的一个客观规律。但从生态整体主义深层生态学的哲学高度理解却揭示出一系列当代性的有关人的生态本性和新的生态人文主义的哲学思想。

本来，人文主义就是一个历史的范畴，它产生于欧洲 14—16 世纪文艺复兴时代，旨在摆脱经院哲学和教会束缚，以人道主义反对封建宗教统治，提倡关怀人、尊重人、以人为中心的世界观。18 世纪法国资产阶级革命时期又以"自由、平等、博爱"的口号将其充实。我国民主革命和社会主义革命时期对其进行改造，倡导革命的人道主义和社会主义人道主义。生态美学所贯彻的生态整体主义哲学观虽然突破了传统的人类中心主义，但却不是对人文主义的抛弃。它实际上是生态文明时代的一种新的人文精神，是一种包含了"生态维度"的更彻底、更全面、更具时代精神的新的

---

① 转引自雷毅《深层生态学思想研究》，清华大学出版社 2001 年版，第 49 页。
② [美]莱切尔·卡逊：《寂静的春天》，第 48 页。

人文主义精神。也可将其叫做生态人文主义精神。首先,它突破"人类中心主义",从人类可持续发展的崭新角度对人类的前途命运进行一种终极关怀。因为,只有人与自然处于和谐协调的生态审美状态,人类才能得到长久的审美的生存。所以,佩西倡导一种把人类同其它生命带到更紧密联系的"新人道主义"。这种"新人道主义"是"从人的总体性和最终性上来看人,从生活的连续性上来看生活"。① 其次,它是对人的生态本性的一种回归。长期以来,人们在思考人的本性时,涉及人的生物性、社会性、理性与创造语言符号的特性等,但从未有人从生态的角度来考察人的本性。生态哲学与美学则从生态的独特视角,揭示出人所具有的生态本性,包括人的生态本源性、生态环链性和生态自觉性等,主要是人的生态环链性。人类只有自觉地遵循生态本性,保持生态与生物环链之平衡,才能获得美好的生存。人的生态本性决定了人具有一种回归与亲近自然的本性,人类来自自然,最后回归自然,自然是人类的母亲。因此,回归与亲近自然是人类的本性。近代资本主义工业化过程中出现的人对自然的掠夺破坏,是人的回归与亲近自然本性的异化。而以生态整体主义哲学为其支撑的生态美学恰是对人的亲近自然本性的一种回归。其本身就是最符合人性的。再次,它是对环境权这一最基本人权的尊重。1972 年联合国环境会议发布《人类环境宣言》,第一次从人权的高度提出人所应该享有的环境权问题。《宣言》指出:"人类有权在一种能够过尊严和福利的环境中,享有自由、平等和充足的生活条件的基本权利,并且负有保护和改善这一长期和将来世世代代的环境的庄严责任。"这就是说,在良好的环境中享有自由、平等和充足的生活条件,过一种有尊严和福利的生活是基本人权所在。而以生态整体主义哲学为支撑的生态美学就是力倡在良好的环境中人类"诗意地栖居"。同时,以生态整体主义哲学为支撑的生态美学观还倡导人类对其它物种的关爱与保护,反对破坏自然和虐待其它物种的行为。这其实是人

---

① 参见王诺《欧美生态文学》,第 55 页。

的仁爱精神和悲悯情怀的一种扩大,也是人文精神的一种延伸,它的最终目的是使人类的生存进入更加美好文明的境界。总之,以生态整体主义哲学为支撑的生态美学观尽管突破了传统的人类中心主义哲学,但却不是对人类的反动和对人文精神的抛弃,而恰恰是在新时代对人类前途命运的一种更长远持久的终极关怀,是人文主义精神在新时代的发扬和充实。

四

对生态美学观内涵的深刻阐述,当今应首推德国哲人海德格尔,海氏因而被誉为"生态主义的形而上学家"。①海氏并没有提出"生态美学"这个概念,但他晚年深刻的美学思考实际上就是一种具有很高价值的生态美学观。他于20世纪50年代初期和50年代末期提出著名的"天地神人四方游戏说"。1958年,海氏在《语言的本质》一文中指出:"时间—游戏—空间的同一东西[das selbige]在到时和设置空间之际为四个世界地带[相互面对]开辟道路,这四个世界地带就是天、地、神、人—世界游戏[weltspiel]。"②但海氏的这一表述也不是全面的。我们从生态美学观是当代美学的新发展的角度将生态美学观的内涵归结为这样五个方面。

人的生态本性自行揭示之生态本真美。 在当代存在论哲学—美学之中,所谓"存在"即是人的本性,也就是"真理",而真理之自行揭示即为美。海德格尔指出,"美是一种方式,在其中,真理作为揭示产生了"。③而所谓"揭示"即指作为人之本性的"存在"由遮蔽通过解蔽而走向澄明之

---

① 参见土俉《欧美生态文学》,第44页。
② [德]马丁·海德格尔:《走向语言之途》,时报文化出版企业股份有限公司1993年版,第184页。
③ [德]马丁·海德格尔:《诗歌、语言、思想》,文化艺术出版社1991年版,第56页。

境。具体地说,即是人的生态本性突破工具理性的束缚得以彰显。英国当代作家戴维德·赫伯纳·劳伦斯的《查太莱夫人的情人》以鲜明生动的形象描写展示了一系列对比:机器林立的煤矿与自然风光的森林、甲壳虫般的矿业主克里福特与充满自然原始气息的守林人梅勒士、康妮原本的毫无爱情的生活同她与守林人之间的正常而缠绵的爱情。正是通过这种鲜明的对比,有力地批判了工具理性的泛滥对人的压抑,讴歌了人的自然的生态本性的健康与美好。

天地神人四方游戏之生态存在美。 海氏提出著名的"天地神人四方游戏说",标志着他由前期的"世界与大地争执"之"人类中心主义"到生态存在论审美观的转变。包含着宇宙、大地、人类与存在的无所束缚、交互融合与自由自在的和谐协调关系,反映了人的符合生态规律的存在之美。张承志的中篇小说《北方的河》,通过对于黄河等中国北方五条大河充满激情的描写,充分揭示了这五条大河与两岸人民休戚与共的血肉联系,表现了两岸人民粗犷、深沉与不屈的民族性格。这就从一个侧面讴歌了中国北方人民的生存之美。

自然与人的"间性"关系的生态自然美。 生态美学观在自然美的观念上,力主自然与人的"平等共生"的"间性"关系,而不是传统的认识论美学"人化自然"的关系。中国古代有着大量的符合这种"间性"关系的生态自然美的作品。李白的五绝《独坐敬亭山》:"众鸟高飞尽,孤云独去闲。相看两不厌,唯有敬亭山。"该诗以明白晓畅的语言抒写了主人公与敬亭山在静谧中的"相看两不厌"的朋友般的情感交流,是一种真正的人与山"平等共生"的自然生态之美。相反,有的作品在特定的时代曾经有其价值,但因其过分表现"自然的人化",因而违背了自然生态美的规律。例如有一首写于20世纪20年代题为《笔立山头展望》的诗,写道:"黑沉沉的海湾,停泊着的轮船,进行着的轮船,数不尽的轮船,一枝枝的烟筒都开着了朵朵黑色的牡丹呀!哦哦,20世纪的名花!近代文明的严母呀!"这种实际上对工业污染的歌颂是违背自然生态之美的。

人的诗意地栖居之生态理想美。 海氏在《荷尔德林诗的阐释》阐发了人的"诗意地栖居"①的重要命题,成为生态存在论审美观的生态理想美。所谓"诗意地栖居"是针对工具理性过分发展之"技术地栖居"而言的。其意在人类通过"天地神人四方游戏",从而建造自己的美好的物质家园和精神家园,获得审美的生存。庄子在《马蹄篇》中所描写的"同与禽兽居,族与万物并"的"至德之世"就是这样的符合生态理想美的社会。当然,这带有浓厚的乌托邦性质。但当代,在生态危机日益严重的情况下,却出现了反乌托邦的文学。例如,加拿大作家玛格丽特·阿特伍德的近作《羚羊与秧鸡》就是这样一部反乌托邦的科幻小说。作品写到,在未来的某一年,由于人类滥用科技,放纵贪欲,破坏环境,因而造成人类自我毁灭,世界一片愁云惨雾,暗淡无光。②作品的反乌托邦批判不仅具有深刻的警世意义,而且也寄寓了作家建设人的"诗意地栖居"的生态社会的审美理想。

审美批判的生态维度。 从资本主义工业化开始以来,许多有识之士就对其进行了激烈的批判。其中就包括审美的批判,以席勒的《美育书简》为其代表。当代,在对资本主义现代化的审美批判之中又加进了生态的维度。这就是逐渐成为"显学"的文学艺术的生态批评。其开创性著作就是莱切尔·卡逊的《寂静的春天》。卡逊在书中虚构了一个美国的中部城镇,曾经繁荣兴旺,鲜花盛开,百鸟齐鸣,人畜旺盛。但突然,"一个奇怪的寂静笼罩了这个地方",到处是死神的幽灵,这就是滥用农药所造成的严重副作用。卡逊的批判开了当代生态批评的先河,并成为其范例。我国当代作家徐刚在长篇报告文学《伐木者,醒来!》中以其对大自然的挚爱之情,有力

---

① [德]马丁·海德格尔:《荷尔德林诗的阐释》,商务印书馆2000年版,第198页。

② [加]玛格丽特·阿特伍德:《羚羊与秧鸡》,韦青奇、袁霞译,译林出版社2004年版。

地批判了大森林的滥伐者,成为我国当代生态批评的力作之一。

五

我国是有着五千多年历史的文明古国。我国古代作为以农业为主的国家,对于人与自然的关系,对于生态问题积累了丰富的经验,有着长期领先于世界的智慧成果。这就是我国古代生态哲学和美学思想特别繁荣发达,领先于世界,并至今闪耀着夺目光辉的重要原因。众所周知,我国早在2500年前的先秦时期就形成了"天人合一"的哲学思想,特别是道家的"道法自然"的理论,成为世界上最早的也是最彻底的深层生态学思想。这一思想,几千年来惠及我国人民与世界人民。"天人合一"是一种十分宏观的人与宇宙万物关系的哲学理论。它在我国古代各种理论形态中有着特有的内涵。儒家"天人合一"思想侧重于人道,道家"天人合一"思想则侧重于天道,但"和"却是其共同的内涵。恰如孔子在《论语》中所说"和为贵",既包括社会人事也包括宇宙万物。这就是我国古代的基本哲学原则,也是一种生态哲学原则。后来儒家提出十分有价值的"乾父坤母"、"民胞物与"等生态思想,特别是道家思想成为人类古代彻底而完备的生态哲学与美学理论的可贵财富。道家生态哲学和美学思想十分丰富。其主要为:"道法自然"之宇宙万物运行规律理论;"道为天下母"之宇宙万物诞育起源理论;"万物齐一"之人与自然万物平等关系理论;"天倪"论之生物环链思想;"心斋"与"坐忘"之古典生态现象学思想;"至德之世"之古典生态社会理想等。由此可知,中国古代老庄道家生态理论达到非常高的深层生态学的理论高度。非常值得重视的是,道家生态哲学和美学思想的现代意义之彰显,集中地反映在与德国哲人海德格尔的"四方游戏说"等当代生态哲学和美学思想与之某种契合之中。海氏哲学与美学思想的明显转变集中反映在他20世纪50年代以后的理论成果之中,正是他受到中国道家思想较大影响之时。因为,从 1946 年开始由他提议,他与中国学者萧师毅一起翻译老子的《道德经》。翻译进行了 3 个月,尽管仅仅翻译了 8 章,但对海氏的影响至为深远。从 20 世纪 50 年代开始海氏不仅在一些论著中直接涉及老庄的"道",而且将其思想融入自己的学术之中,形成了独具特色的当代存在论生态哲学和美学思想。①海氏在论述真理之由遮蔽到澄明之敞开时,引用了老子的"知其白,守其黑"的名言。而在他后来的讲学中论述存在论不同于认识论、存在是对日常此在之超越时,他举了庄子著名的《秋水篇》中庄子与惠子游于濠梁之上有关能否体悟鱼之乐的对话。而在他 20 世纪 50 年代后期所写《语言的本质》、《走向语言之途》等论文中更是多处运用道家思想。更为重要的是,海氏的"天地神人四方游戏说"明显地与老子的"域中有四大,人为其一"的理论密切相关。老子在《道德经》第二十五章中指出:"故道大,天大,地大,人亦大。域中有四大,而人居其一焉。"与此相关,海氏提出这四方游戏形成一种特有的非具时空感的言语所能表达的"寂静之音"。他说:"作为世界四重整体的开辟道路者,道说把一切聚集入相互面对之切近中,而且是无声无息地,就像时间到时,空间空间化那样寂静,就像时间—游戏—空间开展游戏那样寂然无声。我们把这种无声地召唤着的聚集——道说就是作为这种聚集而为世界关系开辟道路——称为寂静之音[dae Gelaut der Stille]。"②这同老子所说的"大音希声,大象无形,道隐无名"之间的某种契合关系是十分明显的。由此可见,海德格尔的"四方游戏说"之生态哲学—美学观就是中西古今文化交流对话的产物,是中国古代道家思想现代转型的重要表征之一。这也充分证明了中国古代生态智慧的重要理论意义与当代价值,说明生态美学的提出及其发展必将打破美学领域"欧洲中心"的局面,开辟中西交流对话

---

① 参见张祥龙《朝向事情本身》,团结出版社 2003 年版,第 213 页。
② [德]马丁·海德格尔:《走向语言之途》,时报文化出版企业股份有限公司 1993 年版,第 186 页。

的新时代。当然,道家生态智慧作为古典形态的理论,其当代运用还需结合现实进行必要的改造。

总之,生态文明时代的到来,前所未有地将独特的生态维度带到我们每个人面前。在我们面对生活,探索一切社会的、哲理的与美学的问题时都不可能绕开这一十分重要的生态维度。生态美学就是这一新的不可或缺的生态维度在美学研究中的引入,是一个我们必须认真面对和探索的新的美学理论观念。

(原载《文学评论》2005年第4期,
《新华文摘》2005年第6期转载)

5. 我们为什么提出生态审美观以及什么是生态审美观

马克思主义的最基本的实践品格决定了它是不断发展的、革命的、与时俱进的，马克思主义美学也同样具有这样的特性。我们正是在马克思主义美学这一基本特性的鼓励下从事当代生态审美观的研究的。国际上有关生态批评的实践如果以1962年莱切尔·卡逊出版《寂静的春天》为其开端，生态诗学则可以追溯到1978年鲁克尔特发表《文学与生态学》一文。我国则以1994年李欣福发表《论生态美学》一文为其开端。目前已经出版专著10部左右，大约有10名左右博士生选择生态审美观或生态批评为论文题目，发展得较快，希望学术界同行给予更多关注与参与。现在主要从两个方面报告我们的研究情况。

我们为什么提出生态审美观？如果让我们用一句话概括这一问题，那么，我们的回答就是为了适应现实的需要。目前，生态问题已经非常紧迫地提到整个人类以及我们每一个人面前，我们人文学者必须给予必要的关注。西方许多学者认为，这是人类的一种"生态责任"。面对如此严峻的环境问题，作为人文学者不应缺席与沉默。当然，这也是我们中国广大美学工作者的态度。

具体来说，生态审美观的提出适应了以下四个方面的现实需要。

首先，是为了适应当代社会由工业文明到生态文明转型的需要。20世纪60年代前后，人类社会开始由工业文明向生态文明转型。1972年联合国发布《人类环境宣言》，将环境问题提到了全人类面临的最紧迫的共同课题的高度。我国也于 20 世纪 90 年代提出可持续发展方针。2004 年 4 月 30 日,我国学者更加明确地提出:"人类文明正处于由工业文明向生态文明的过渡。"对于我国来说,环境与资源问题显得更加紧迫。我国以世界 9% 的土地养活世界 22% 的人口,森林覆盖率不到 14%,淡水为世界人均的四分之一。当前我国环境污染的严重性也是空前的,用温家宝总理的话说,就是"发达国家上百年工业化过程中分阶段出现的问题在我国已经集中出现"。在这种情况下,我们必须立即改变我们的发展模式和文化态度,走环境友好型发展之路,以审美的态度对待自然。

其次,是为了适应 20 世纪以来哲学领域从主客二分向主体间性以及由人类中心向生态整体转型的需要。19 世纪中期,黑格尔逝世之后,特别是 20 世纪以来,西方古典哲学走向终结,开始了西方现代哲学探索之路,逐步发生了由主客二分向主体间性以及由人类中心向生态整体的转型。以尼采的"酒神精神"的提出为开端,以胡塞尔与海德格尔的现代现象学与存在论哲学为标志,其后德里达提出"去中心",福柯提出"人的终结",阿伦·奈斯提出"深生态学"等等,都反映了这一转型的发生与进行。美学是与哲学紧密相连的,哲学的转型必将引起美学的转型。

再次,是为了适应美学与文学自身从 20 世纪 60 年代以来逐步发生的由无视生态维度向充分重视生态维度的转型的需要。20 世纪 60 年代以来,生态批评、生态文学、生态诗学与环境美学逐步在国际学术界成为"显学"。1984 年日本美学家今道友信邀请杜夫海纳与帕斯默聚会东京研究新的生态伦理学及其与美学的关系,为美学界提出了十分重要的生态审美观的课题。此后,鲁克尔特在论述生态批评与生态诗学时则指出,对于生态问题"人们必须有所作为"。这是一位人文学者在面对严峻的生态问题现实时对同行的激励,我们也应响应这一激励,在同样严峻的中国生态问题面前"必须有所作为"。

最后,是为了适应新的经济全球化背景下振兴中国优秀传统文化的需要。在当前经济全球化的背景下,西方强势文化对我们的压力日益增强,而我国的现代化也需要新的中华文化的伟大复兴,我国人民在现代化的过程中也需要从优秀传统文化中寻找自己的精神家园。在这种情况下,优秀的中华传统文化的振兴成为历史发展的需要与必然要求。在中国优秀传统文化中,古代生态智慧是极为宝贵的思想财富。从传统的"天人合一"思想,到老子的"道法自然"观念、儒家的"民胞物与"思想、佛家的"善待众生"思想等等,都各有其值得借鉴的价值,并为国际学术界所看重,成为开展国际学术对话的极好领域。正如罗马俱乐部中国分部所说,老子几千年前所提出的"无欲"与"天人合一","正是人类正'道'的基本前提。并且老子的思想提供的价值观念真正切中了以西方文化为主体的现代文明异化的种种问题与要害,正是医治现代文明病的良方"。

那么,什么是生态审美观呢?

首先,生态审美观是一种当代生态存在论审美观。生态审美观是1994年由中国学者首次提出来的一种崭新的审美观。它有广义与狭义两种理解。狭义的理解指建立一种人与自然达到亲和、和谐的生态审美关系;广义的理解指建立人与自然、社会、他人、自身的生态审美关系,是一种符合生态规律的当代生态存在论生态审美观。我们主要在广义上理解和阐释生态审美观。

其次,生态审美观在一些重要的理论问题上有新的发展。从目前看,生态审美观还不能构成一个新的美学学科分支,而是美学学科在当代新的发展、新的延伸、新的丰富和新的立场。其发展主要表现于如下四点。其一,从美学学科的哲学基础来看,它标志着我国美学学科的哲学基础将由认识论过渡到当代存在论,从人类中心主义过渡到生态整体。我们认为,只有从当代存在论的立场才能理解人与自然的一致性,而传统认识论的立场无法理解这种一致性的。因为,传统认识论是"主体与客体二分对立"的在世结构,而当代存在论则是"此在与世界"的在世结构,人与包括自然在内的世界的关系是人的当下的生存状态,人与自然的统一成为必有之义,从而得以建构当代的生态人文主义。其二,从美学理论本身来看,它标志着我国美学理论将由无视生态维度、过分强调"人化的自然"过渡到重视并包含生态维度。其三,从人与自然的审美关系看,将从自然的完全"祛魅"过渡到自然的部分"复魅",也就是部分地恢复自然的神圣性、神秘性和潜在的审美性。其四,从审美研究的思维方式来看,将从传统的主客二分的思维模式过渡到消解主客的生态现象学方法。这是一种对过度膨胀的工具理性与极端私欲的"悬搁",达到人与自然的"平等共生"。

再次,生态审美观的具体内涵。对于生态审美观的具体内涵我们准备从四个方面介绍。第一,是生态审美观的文化立场。美国批评家施瓦布说,生态批评是一种文化批评。这就说明,生态美学观的提出首先是哲学与文化立场的重要转变。所以,有关哲学与文化的范畴成为生态美学观的最重要范畴。当然,这方面涉及的问题很多,只能举其主要的列出:1."生态存在论"——由美国的大卫·雷·格里芬首先提出,针对传统认识论与人类中心主义;2."有机世界观"——美国环境哲学家 J. B. 科利考特提出,包含有机整体的内涵,与笛卡儿的机械论世界观相对立;3."共生"理论——由挪威的阿伦·奈斯提出,包含人类与自然的相对平等、共生共荣,与人类战胜自然的传统观念相对立;4."生态环链理论"——由英国的汤因比与美国的莱切尔·卡逊等提出,包含人类是生态环链之一环以及享有生态环链之相对平等,也是与传统的人与自然对立理论相对立;5."该亚定则"——由英国科学家拉伍洛克提出,将地球比喻为古代神话中的地母"该亚",包含着敬畏自然与自然是有生命的理念,与传统的掠夺自然理论对立;6."复魅"——由大卫·雷·格里芬提出,包含对于自然部分神秘性的恢复与对自然的适度敬畏,与工业革命的完全"祛魅"相对立。第二,是西方生态美学范畴。西方生态美学范畴主要由海德格尔提出,当然还有一些理论家也作了贡献。其主要内容为:1."诗意地栖居"——海氏提出,包含人的审美的生存之意，与工业社会完全凭借技术的栖居相对立；2."家园意识"——海氏提出，包含人要回归最本真的与自然和谐相处的精神与生活家园之意，与当代工业社会人失去家园的茫然之感相对；3."四方游戏"——海氏提出，包含"天地神人"四方自由平等相处之意，与人类中心相对立；4."场所意识"——美国生态批评家格罗特费尔蒂提出，包含人赖以生存的地方以及对其记忆，针对工业化与城市化对于人的原生态的栖居地的破坏；5."参与美学"——美国环境美学家阿诺德在《环境美学》一书中提出，这是一种环境现象学美学，指出人在自然环境审美中人与自然的机缘性关系与意识的构成作用，与以康德为代表的静观的美学相对立，认为这种静观美学导致人与自然的二律背反。第三，是中国古代生态美学范畴。中国古代有着丰富的生态美学智慧，有待我们发掘，现举几例列出。1."天人合一"观念——《周易》中提出并阐发，包含天与人、人与自然有机统一的古代生态观念；2."风体诗"——《诗经》之主要文体，《说文》指出，所谓"风，从虫，凡声，风动虫生，故虫八日而化"，因此，"风体诗"即为反映人之生命律动以及与自然关系的"原生态"之艺术；3."比兴法"——《诗经》主要艺术创作手法，《说文》指出，所谓"比，密也"，"从两大也，两大者，二人也"，"兴"，"兴者，举也，谓两人共举一物"。由此可见，所谓"比兴"均指人与自然亲密、合作之意，是一种东方式的与自然平等的特有艺术表现手法，后来发展到"比德"、"意境"等艺术表现手法；4."饥者歌其食，劳者歌其事"——后汉何休所言"男女有所怨恨，相从而歌。饥者歌其食，劳者歌其事"，说明中国古代来自民间的艺术特别是民歌主要反映人的生命生存状况，其诗意集中于古代的生态存在论美学方面。如"怨怼诗"、"桑间濮上诗"、"思夫诗"、"怀归诗"、"乐诗"等等。第四，是审美批判的生态维度。当代美学以席勒为开端对资本主义开展了审美的批判，这正是美学的重要功能之所在。生态审美观在对现实的审美批判中增加了生态的维度，意义重大。《寂静的春天》对人类使用农药破坏土地与自然进行了有力的批判;美国作家赫尔曼·梅尔维尔在19世纪后期所写《白鲸》也是对人类有意与自然为敌的批判。他以形象的笔触深刻地抒写了"披谷德号"船长埃哈伯为了报复一只名叫莫比·迪克的抹香鲸曾经吞掉他一条腿的仇恨而誓死复仇并与自然为敌的行动,最后导致人鱼双亡。中国作家徐刚《伐木者,醒来!》是对滥伐森林的声讨,加拿大阿特伍德《羚羊和秧鸡》则是以反乌托邦的形式对人类滥用科技的批判,她以科学狂人秧鸡企图通过生物技术控制人类,最后在自己制造的病毒爆发时造成人类文明和自己的毁灭,从而有力地批判了违背自然规律的严重后果。

（本文为作者在中国社科院于2006年10月在北京香山召开的"马克思主义美学与和谐社会"学术研讨会上发言,后以《论生态审美观》的标题发表于《中国社会科学院院报》2006年11月30日第8版）

6. 试论人的生态本性与生态存在论审美观

生态美学是 1994 年由中国学者首次提出的。① 2001 年在西安召开的全国第一届生态美学研讨会上,我受国内外诸多学者的启发,提出了"生态存在论审美观"。②在我看来,生态美学是一种生态存在论审美观,本身还不能构成一个新的美学学科分支,只能是美学学科在当代新的发展、新的延伸和新的丰富。很明显,生态存在论审美观是建立在当代生态文明时代生态存在论哲学观的基础之上的。正是从当代生态存在论哲学观的独特视角,我们才拨开迷雾,真正认识到人所具有的生态本性与生态存在论审美观,并由此产生了一种由人的生态本性出发、包含着生态维度和生态存在论审美观的新人文精神。从这一新的理论视角出发,有必要对当代哲学理论、美学理论等给予必要的价值重估。

一

20 世纪 60 年代以来,人类社会和思想观念发生了巨大的变化。从人类社会方面来说,工业文明的畸形发展,造成了生态环境的重大污染破

---

① 李欣复:《论生态美学》,载《南京社会科学》1994 年第 12 期。
② 拙作《生态美学:后现代语境下新的生态存在论美学观》,载《陕西师大学报》2002 年第 3 期。本文以 2001 年 10 月本人在西安召开的全国第一届生态美学学术研讨会上的发言整理而成。

坏,这在严重危及人类生存发展的同时,也促使人类对现代工业文明进行必要的反思与探索超越之路。目前,人类社会正处于由工业文明到后工业文明或生态文明的过渡阶段。1962年,美国著名生态学家莱切尔·卡逊[Rachel Carson]在《寂静的春天》一书中,以"万物复苏繁茂生长的春天走向寂静"的深刻寓意对传统工业文明造成的严重环境污染进行了有力的揭露和批判,引起巨大反响。1970年,美国举办了第一个"地球日",它标志着"生态学时代"的到来。1972年,联合国召开首届环境会议,发布《人类环境宣言》。1991年,美国著名世界观察研究所发表《世界情况报告》,指出"世界正处于历史性的转折点,一个新的时代即将来临",在这个新的时代中,"拯救地球的战斗"将"成为建立世界新秩序的主旋律"。①我国从20世纪70年代以来开始逐步重视起生态问题,先后提出了可持续发展战略与科学发展观,并将生态文明作为社会经济发展的重要目标之一。社会的转型和生态文明时代的到来,必将引起思想理论观念上的重大变化,其重要表征就是长期以来一直被忽视、被漠视的自然维度开始进入到当代学术思想的视野之中。

众所周知,工业革命和启蒙运动以来,工具理性和"人类中心主义"在思想理论领域占据绝对优势,自然处于被主宰的地位。但自20世纪60年代以来,这种情况开始发生很大的变化,人类思想理论的焦点逐渐转移向自然和环境,各种生态理论层出不穷。"人类中心主义"观念受到严重挑战,自然的地位逐步提高,乃至被提高到关乎人类生存的本体论高度。当代生态存在论哲学观以及有关理论的产生与发展,是其最重要的代表。1973年,挪威哲学家阿伦·奈斯[Arne Naess]提出"深层生态学"理论,将生态维度引入哲学、价值理论、政治学和伦理学领域,阐述了"生态自我"、"生态平等"与"生态共生"等一系列生态哲学和生态伦理学观念。1995年,美国生态理论家霍尔姆斯·罗尔斯顿III[Holmes RolstonIII]出版《哲

---

① 参见余谋昌《生态伦理学》,首都师范大学出版社1999年版,第115页。

学走向荒野》一书,提出哲学的"荒野转向"[wild turn],他指出:"衡量一种哲学是否深刻的尺度之一,就是看它是否把自然看作与文化是互补的,而给予她以应有的尊重。"①从而正式确立了"自然维度"在当代哲学中的重要地位。同样是在20世纪90年代,美国著名生态理论家大卫·雷·格里芬[Griffin D.R]提出更具当代性的"生态论的存在观",②将生态问题与人的生存问题紧密联系起来,生态存在论哲学作为哲学学科的前沿方向开始引起人们的高度重视。中国生态理论家余谋昌对当代生态理论的存在论内涵也有极好的阐发,他反复强调说:"人和生命和自然界是相互依存的,人与自然作为完整的系统,人对自然的态度也就是对自己的态度,人对自然做了什么也就是对自己做了什么,人对自然的损害也就是对自己的损害";"环境问题的实质是人的问题,保护地球是人类生存的中心问题"。③除了学术界以外,国家主席胡锦涛在阐述科学发展观时也深刻地指出:"良好的生态环境是社会生产力持续发展和人们生存质量不断提高的重要基础。"④将生态环境看作是中国社会发展与人的生存质量提高的重要基础,这对于我们重新认识经济学、哲学领域中的一系列问题,具有重要的理论意义与指导作用。总之,生态文明时代的到来,生态存在论哲学观的提出,为我们更加深入地认识人的本性、人文精神的内涵以及一系列哲学美学问题,不仅提供了时代的条件与前提,同时也提供了更加先进的理论观念。

---

① [美]霍尔姆斯·罗尔斯顿 III:《哲学走向荒野》代中文版序,吉林人民出版社2000年版,第11页。
② [美]大卫·雷·格里芬:《后现代精神》,第224页。
③ 余谋昌:《生态伦理学》,第87页。
④ 胡锦涛:《在中央人口资源环境工作座谈会上的讲话》,载《光明日报》2004年4月5日。

二

从生态存在论哲学观出发,开辟了把握人的本性的新视角。众所周知,把握人的本性是人类精神生活的永恒主题。古希腊德尔斐神庙的墙上就镌刻着"认识自我"的铭文。但自古以来,在把握人的本性上却有着两种截然不同的路径。一是目前在许多领域仍然盛行的认识论路径,它以认识、把握人的抽象本质为最高使命。在这种路径下有人是理性的动物、人是感性的动物、人是政治的动物与人的本质是人本主义之"爱"等说法。①它们的片面性在于,对人的本性的把握完全脱离了现实生活实际,因为在现实生活世界中从来不存在具有上述抽象"本质"的人。恩斯特·卡西尔[Ernst Cassirer]试图从功能性的角度去突破认识论的局限,他把人的本性归结为创造和使用符号的动物。他说:"如果有什么关于人的本性或'本质'的定义的话,那么这种定义只能被理解为一种功能性的定义,而不能是一种实体性的定义。我们不能以构成人的形而上学本质的内在原则来给人下定义,我们也不能用可以靠经验的观察来确定的天生能力或本能来给人下定义。人的突出特征,人与众不同的标志,既不是他的形而上学本性,也不是他的物理本性,而是人的劳作[work]。正是这种劳作,正是这种人类活动的体系,规定和划定了'人性'的圆周。语言、神话、宗教、艺术、科学、历史,都是这个圆周的组成部分和各个扇面。"②卡西尔从创造和使用符号的"功能性"角度界定人的本性,应该说是一种突破的尝试,但却没有从根本上突破本质主义的束缚。因为,所谓创造和使用符号的能力仍然

---

① 以上是一种概括性的归纳,具体为:柏拉图认为人分有了"理念";亚里士多德认为"人是政治的动物";英国经验派哲学把人的本质归结为"感性"、"感觉";费尔巴哈认为人的本质是人本主义的"爱"。

② [德]卡西尔:《人论》,上海译文出版社1985年版,第67页。

是对人的本性的一种抽象描述,而实际上,在活生生的生命活动与创造与使用符号的抽象主体,仍然是不能完全画等号的。前者比后者要丰富、具体得多。

与认识论的本质主义路径相反,现代西方哲学家马丁·海德格尔[Martin Heidegger]提出一种"存在论与现象学"的方法,他说:"存在论与现象学不是两门不同的哲学学科而并立于其它属于哲学的学科。"①这在某种程度上是对存在论现象学的发展,它突破了认识论主客二分的本质主义窠臼,采取将一切实体性内容"悬置"从而"回到事情本身"的方法,直接面对"存在"本身。在这样一种哲学观与世界观中,人所面对的就不是"感性"、"理性"、"政治"、"爱"、"符号"之类的实体,而是人的"存在"本身;不是社会与自然的对立,而是生命与自然的原初性的融合。海德格尔对人的本性的认识与把握具有明显的现世性,也为当代生态存在论哲学与美学观提供了丰富的思想资源。海德格尔认为:"此在的任何一种存在样式都是由此在在世这种基本机制一道规定了的。"②德国哲学家沃尔夫冈·韦尔施指出:"人类的定义恰恰是现世之人[与世界休戚相关之人],而非人类之人[以人类自身为中心之人]。"所谓"现世性"就是指所有的人都是现实生活之人,而不是抽象的存在物。这种现实生活之人一时一刻也不可能离开自然和生态环境,是自然和生态环境中的存在者。这种对人的本性的把握还具有某种整体性。也就是说,不存在感性与理性、社会与自然二分对立之人,所有的生命都只能生存在万物相互交融的生态系统之中。正如罗尔斯顿所指出的:"我们的人性并非在我们自身内部,而是在于我们与世界的对话中。我们的完整性是通过与作为我们的敌手兼伙伴的环境的互动而获得的,因而有赖于环境也保有其完整性。"③这种对人性的把

---

① [德]马丁·海德格尔:《存在与时间》,第47页。
② 同上书,第145页。
③ [美]霍尔姆斯·罗尔斯顿III:《哲学走向荒野》代中文版序,第93页。

握还具有某种人文性。也就是说，真正的人性是充满着人文情怀的，而不应该是冷冰冰的工具理性，在其中深层存在的正是充满人文情怀的当代生态理念。与理性生命理念不同，当代生态理念充满着有史以来最强烈的人文情怀，如 1972 年的世界第一次环境会议就提出："只有一个地球，人类要对地球这颗小小的行星表示关怀。"1991 年，联合国环境规划署等国际机构在制定《保护地球——可持续生存战略》时指出："进行自然资源保护，将我们的行动限制在地球的承受能力之内，同时也要进行发展，以便使各地的能享受到长期、健康和完美的生活。"

从生态存在论哲学观的独特视角，可以把当代人的生态本性概括为三方面。第一，人的生态本原性。人类来自于自然，自然是人类生命之源，也是人类永享幸福生活最重要的保障之一。这一点非常重要，长期以来，人们在观念上更多地强调的是人与自然的相异性，而忽视了它们之间的相同性，这就很容易造成两者在实践上的敌对与分裂。正如恩格斯所说："特别是本世纪自然科学大踏步前进以来，我们就愈来愈能够认识到，因而也学会支配至少是我们最普通的生产行为所引起的比较远的自然影响。但是这种事情发生得愈多，人们愈会重新地不仅感觉到，而且也认识到自身和自然界的一致，而那种把精神和物质、人类和自然、灵魂和肉体对立起来的、反自然的观点，也就愈不可能存在了……"①第二，人的生态环链性。人的生态本性中包含的一个重要内容是，人是整个生态环链中不可缺少的一环，人人都具有生态环链性，个体一旦离开生态环链，就会失去他作为生命的基本条件，从而走向死亡。莱切尔·卡逊在《寂静的春天》中具体论述了作为生命基本条件的生态环链性。她说："这个环链从浮游生物的像尘土一样微小的绿色细胞开始，通过很小的水蚤进入噬食浮游生物的鱼体，而鱼又被其它的鱼、鸟、貂、浣熊所吃掉，这是一个从生命到

---

① 《马克思恩格斯选集》第三卷，第 518 页。

生命的无穷的物质循环过程。"①生态环链性是人的生态本性之基本内容,一方面,它反映了人与自然万物的共同性与密切关系。人与万物均为生物环链之一环,相对平等,他们须臾相连,一刻也不能分开。另一方面,它还包含着人与自然万物的相异性方面。因为人与自然万物又分别处于生态环链的不同环节,各有其不同的地位与功能。长期以来,人们完全从人与自然的相异性来界定人的本性,严重忽略了人与自然万物的共同性与密切关系。工业文明那种征服自然、掠夺自然的实践方式,正是以此为内在生产观念的。一旦意识到生物环链中人与自然的相同性,并根据它的基本原理来界定人的本性、人与自然的关系,不仅更加符合人的本性,也会使人类的思想与活动具有更高的科学性。第三,人的生态自觉性。人类作为生态环链之中唯一有理性的动物,他不能像动物那样只顾自己的生存,而对自然万物不管不问。人类不仅要维护好自己的生存,而且应该凭借自己的理性自觉维护生态环链的良好循环,维护其它生命的正常生存,只有这样,人类才能最终维护好自己的美好生存。罗尔斯顿认为,人类与非人类存在物的真正区别是,动物和植物只关心自己的生命、后代及其同类;而人类却能以更为宽广的胸襟维护所有生命和非人类存在物。他说,人类在生物系统中位于食物链和金字塔的顶端,"具有完美性",但也正是因为这个原因,"他们展示这种完美性的一个途径"是"看护地球"。②从生态存在论出发做出的对人的本性的新阐释,对于包括美学在内的当代人文学科必然要产生重要影响,为它们调整内在观念与学科框架提供新的哲学基础。

---

① [美]莱切尔·卡逊:《寂静的春天》,科学出版社 1979 年版,第 64 页。
② 参见余谋昌《生态伦理学》,第 136 页。

三

现在我们进一步探讨人的生态本性对当代美学研究的重要影响。长期以来自然在美学中是没有地位的。柏拉图提出"美即理念"说,将包括自然事物在内的现实世界排除在美学之外。黑格尔则将自己的美学称为"艺术哲学",将自然作为前美学阶段。当代生态文明时代的到来、生态存在论哲学观的提出和人的生态本性的确认,必然会将自然维度引入美学领域,极大提高自然在美学中的地位,这是对当代美学极为重要的改造和丰富。

从当代生态存在论的独特视角出发,生态哲学、人学和美学才必然地结合在一起,构成当代生态存在论审美观。在当代存在论哲学语境中,存在的澄明与真理、与美是一致的,它们的逻辑关系可以阐释为,"真理"是"存在"由遮蔽状态走向澄明之境,而这种"存在"的显现也就是"美"。另一方面,在当代生态哲学对人与自然亲和关系的特别强调中,也必然包含着极为浓郁的美学内涵。著名生态学者何塞·卢岑贝格在谈到地球——犹如大地女神该亚一样——具有生机勃勃的生命时,也曾使用了它有一种"美学意义上令人惊叹不已的观察与体悟",①由此可见在当代生态哲学与美学之间存在的内在一致性。在某种意义上讲,当代生态存在论审美观与海德格尔后期美学理论有着一种渊源关系。按照现代西方哲学史家的一般看法,以 20 世纪 40 年代前后为界,海德格尔美学思想经历了一个明显的变化过程,在前期,海氏是通过"世界与大地"的争执去实现"存在"的澄明的,所以仍然难以完全摆脱"人类中心主义"的束缚,而后期则由"人类中心主义"过渡到生态整体主义,提出了著名的"天地神人四方游戏说"。也正是因为这个后期的重要转向,西方理论界才将海氏誉为"生态主

---

① [巴西]卢岑贝格:《自然不可改良》,三联书店 1999 年版,第 63 页。

义的形而上学家"。①

在海德格尔后期美学思想中,生态存在论审美观已经相当明显,它可以概括为这样三个方面。

第一,真理自行揭示之生态本真美。对于真理,哲学史上有符合说和揭示说两种观点。前者是传统认识论的观点,主张主客二分,真理是通过认识产生的思想与某种实体的一种符合。这是一种本质主义的抽象真理论。而后者则是当代存在论的真理观,认为所谓符合说是混淆了存在者和存在,它反对本质主义的主客二分法,认为"真理"是存在自身通过遮蔽走向澄明的过程,它不是通过主体的意识活动达成的,而是"存在"自行揭示自身、自行显现自身的过程。正是在这种存在主义真理观的指导下,海氏提出了美是"真理"自行揭示、自行置入的重要观点。他说,"美是一种方式,在其中,真理作为揭示产生了"。②又说"艺术就是自行置入作品的真理"。③这里所说的"揭示"、"置入"都是指存在之由遮蔽通过解蔽而走向澄明之境,他所谓的"真理"也完全不同于认识论语境中的抽象"本质",正如海氏在解释凡·高的油画《鞋》与古希腊神殿时所指出的那样,所谓"存在"不是人的意识中的一个灰色的影像,而是一种与具体的存在者、与时间境域中具体展开的一切密不可分的有机整体。这与生态学视野中的人的存在,或者说与人的生态本性是完全一致的,正如美国的生态理论家小约翰·B. 科布指出:"生态学教导给我们一个非常简单的道理是,事物不能够从与其它事物的关系中分离出去。它们可能会从一组自然的关系中被转移到一组人为的关系当中[例如实验室],但当这些关系改变后,事物本身亦发生变化。"④因此可以说在海氏的"本真生存"之意中明显包含着

---

① 参见王佐《欧美生态文学》,第 44 页。
② [德]马丁·海德格尔:《诗歌·语言·思想》,第 56 页。
③ [德]马丁·海德格尔:《林中路》,第 21 页。
④ [美]大卫·雷·格里芬:《后现代科学》,第 149 页。

人的生态本性。人的生态本性的核心内涵是人的生物环链性,人作为生物环链之一环是须臾不能离开这个生物环链的,正如凡·高《鞋》不能离开农妇的日常生活,以及古希腊神殿不能脱离众神与朝圣的人群一样,一旦离开,就没有了"存在",也没有了"美"。

第二,天地神人四方游戏之生态存在美。海氏哲学尽管从一开始就试图突破主客二分的认识论范式,但很显然,在他早期并没有完全摆脱人类中心主义的影响,而是在相当的程度上保留着传统形而上学的明显痕迹。其中最明显的例子是,他将"世界"界定为"开放",把"大地"界定为"封闭","世界"优于"大地",两者处于矛盾状态中。而且正因为这个矛盾,存在才获得了由遮蔽走向澄明的可能。这种"世界"与"大地"的二元对立,无疑打上明显的人类中心主义烙印。他甚至还说:"自然作为对一定的在世界之内照面的存在者的存在结构范畴上的总体把握,是绝不能使世界之为世界被理解的。"①由于这个原因,尽管他批评传统认识论从存在者的角度出发去把握人与世界,因而迷失了自己,遗忘了存在,但由于受人类中心主义的影响,所以他并不能找到真正的存在。只有在他完成了从人类中心主义向生态整体主义的过渡之后,他对于"存在"的理解才上升到一种全新的境界。1958年,海氏在《语言的本质》一文中指出:"时间—游戏—空间的同一东西[das selhige]在到时和设置空间之际为四个世界地带相互面对开辟道路,这四个世界地带就是天、地、神、人—世界游戏[weltspieal]。"②这就是著名的"天地神人四方游戏说"。以后海氏还在多篇文章中从不同的角度谈到"四方游戏说",成为其后期哲学与美学理论的一大亮点。"四方游戏说"内涵丰富。首先,"四方"包含了宇宙、大地、存在和人,自然理所当然地被纳入其中。而"游戏"在西方美学中历来有"无所束缚、交互融合、自由自在"的内涵,它说明本来相互矛盾的"四方"在此

---

① [德]马丁·海德格尔:《存在与时间》,第81页。
② [德]马丁·海德格尔:《走向语言之途》,第184页。

已达到浑融一体的境界。而这里的"相互面对"则是对"游戏"性质的进一步补充,意在说明四者在交往中达到彻底平等的地步。此外,海氏还用"婚礼"、"亲密性"等来阐述四者之自由、平等与和谐。这就充分体现了人的生态本性,特别是人的生态环链性、生态平等性,同时它也是具有现世性的活生生的人之现实生存状态,只有在这种生存状态中,人才能走向真正的澄明之境。如果说处于"世界统治大地"中之人,绝对不会有真正自由之生存,也绝对不会真正追寻到存在并走向澄明之境,那么也可以说,只有"四方游戏"之人才使人的本真存在得以走向澄明。这是因为,处于"世界与大地"矛盾之中的人迷失了他的生态本性,而只有在"四方游戏"之结构中,他才找回了与世界万物和谐相处的生态本性。

第三,诗意地栖居之生态理想美。海氏是一个理想主义者,把他的所有的期望寄托在人类对于未来的创造,寄托在美的理想之上。其原因是,他对于他所处的时代的深深失望。他认为,资本主义发展到 20 世纪,由于过度迷信科技的力量,过度追求利润的增长,因而导致了自然环境的严重破坏,人的生存状态的恶化。他将这种情况比喻为技术的"促逼"。他说:"这片大地上的人类受到了现代技术之本质连同这种技术本身的无条件的统治地位的促逼,去把世界整体当作一个单调的、由一个终极的世界公式来保障的、因而可计算的储存物[Bestand]来加以订造。向着这样一种订造的促逼把一切都指定入一种独一无二的拉扯之中。这种拉扯的阴谋诡计把那种无限关系的构造夷为平地。"①这就是说,由于对科技的过分迷信,导致工具理性的无限膨胀,将世界的整体性、人类生活的无限丰富的关系性统统加以抹杀、夷为平地。无可否认,海氏有某种片面性,他没有看到现代科技的重要地位及其对于社会发展的重要贡献,但另一方面,我们也不能不佩服他对当代现实的深刻认识。科学技术本身的确是伟大的,但对它过分依赖和迷信的后果也同样是可怕的,它直接导致了工具理性

---

① [德]马丁·海德格尔:《荷尔德林诗的阐释》,第 221 页。

的恶性膨胀和人文精神的严重缺失,其结果之一就是生态环境受到严重破坏,并直接威胁到人类的现实生存。海氏将之喻为人类的茫茫黑夜,也许有点悲观,但人类对这样的文化危机如果还不警醒,难道不是真的掉进茫茫黑夜而难以自拔吗?

同西方的许多大理论家一样,海氏也把自己的希望寄托给古希腊,认为古希腊那种人与自然的和谐一致是人的本质的体现,而当代人与自然的对立则是人的本质的失落。他说:"希腊本身就在大地和天空的闪现中,在把神掩蔽起来的神圣者中,在作诗着运诗着的人类本质中,走近人之本质,在一个唯一的位置那里达到人之本质,而在这个位置上,人诗意的漫游已经获得了宁静,为的是在这里把一切都包藏入追忆之中。"①海氏在这里把大地、天空、神和人类的和谐统一作为人之本质,并与人的"诗意地漫游"联系在一起。然而由于这只是古希腊的情形,所以它又只能包藏在"追忆之中"。在这里他实际上已经阐述了人的生态本性,并将其与人的"诗意的漫游"的审美理想联系起来。人的生态本性直接体现在他多次提出的"诗意地栖居"②命题之中,所谓"诗意地栖居"是相对于"技术地栖居"而言的。前者是一种审美的生活方式,后者则是前者的异化,它背离了人的生态本性,是非人性的,也是非美的。只有突破现实的"技术地栖居"方式,才能实现人的"诗意地栖居"的审美的、本真的生存方式。这既是海氏的美的理想,也是他对生态理想美的不懈追求。从生态本真美、生态存在美和生态理想美三个层面看,在海德格尔晚期的美学思想中,已经将自然维度纳入审美领域,对于当代生态存在论审美观来说,是具有极其重要的理论与现实意义的。

---

① [德]马丁·海德格尔:《荷尔德林诗的阐释》,第 199 页。
② 同上书,第 198 页。

四

　　提出人的生态本性和生态存在论美学,也面临着一系列挑战和难题,其中最主要的是它与当前倡导的"以人为本"的人文主义精神是什么关系,强调了生态是否就会导致漠视人的生存?在这些问题上存在着相当尖锐的不同意见。以美国前副总统阿尔·戈尔为例,尽管他一方面是具有强烈环保意识的政治家,甚至写过环保论著《濒临失衡的地球》,但另一方面,他对当代深层生态学理论却持反对的态度,视之为一种"反人类"的危险理论。他说:"有个名叫深层生态学的团体现在名声日隆。它用一种灾病来比喻人与自然关系。按照这一说法,人类的作用有如病原体,是一种使地球出疹发烧的细菌,威胁着地球基本的生命机能。……他们犯了一个相反的错误,即几乎从物质主义来定义与地球的关系——仿佛只是些人形皮囊,命里注定要干本能的坏事,不具有智慧或自由意志来处理和改变自己的生存方式。"①戈尔的看法具有代表性,就是以为提倡生态学以及与之相关的理论会违背"以人为本"观念,甚至是与人类为敌。我们认为,以戈尔为代表的批评者,并没有真正理解深层生态学或其他相关的生态理论的深刻内涵。真正的科学生态理论是一种整体主义的生物环链理论,它将人的生存发展与自然联系在一起进行考虑。可以说,当代深层生态学、生态存在论哲学观和生态整体主义,以及我们提出的人的生态本性论与生态存在论审美观等,本身就是真正具有当代性的人的生存理论,它充分体现了当代世界的新人文精神。所以,有的理论家干脆将当代生态理论称作"生态人文主义"。它既与传统的人文主义有联系,同时又增添了新的时代内容,其中最主要的就是把自然维度纳入人文主义精神的框架之中,在传统"以人为本"的人文精神(如希腊名言"人是万物的尺度"、文艺复兴时

---

① 转引自雷毅《深层生态学研究》,第 136、137 页。

期对人性解放的呼唤和对人的感性欲望的歌颂,培根的"知识就是力量",康德的"人为自然立法"等)与当代的"生态存在论哲学观"(包括人的生态本性理论和生态存在论审美观等)之间建立了一种对话、交流渠道。这是符合时代需要的理论创新,它蕴涵着新时代人类长远美好生存的重要内涵,是人文主义精神在新时代的延伸和发展。

具体说来,人的生态本性理论及当代生态存在论哲学—美学,它们特有的新人文主义内容主要表现在这样几个方面。

第一,由人的平等扩张到人与自然的相对平等。"公正"与"平等"是人文主义精神的基本内涵。当代生态理论力主"生态平等",将人文主义的"公正平等"原则扩张到自然领域。有的论者据此批评当代生态理论排除了人类吃喝穿用等基本的生存权利,因此具有明显的反人类色彩。这其实是一种误解,因为当代生态理论所说的"生态平等"不是绝对平等,而是相对平等,也就是生物环链之中的平等。它的意思是,包括人在内的生物环链之上的所有存在物,既享有在自己所处生物环链位置上的生存发展权利,同时也不应超越这样的权利。深层生态学的提出者阿伦·奈斯所说的"原则上的生物圈平等主义",讲的就是这个意思。他说:"对于生态工作者来说,生存与发展的平等权利是一种在直觉上明晰的价值公理。它所限制的是对人类自身生活质量有害的人类中心主义。人类的生活质量部分地依赖于从与其它生命形式密切合作中所获得的深层次愉快和满足。那种忽视我们的依赖并建立主仆关系的企图促使人自身走向异化。"①

第二,人的生存权之扩大到环境权。人文主义的重要内容就是人的生存权,力主人生而具有生存发展之权利。这种生存权长期限于人的生活、工作与政治权利等方面,而当代生态理论却将这种生存权扩大到人的环境权,这恰是当代生态理论所具有的新人文精神内涵。美国于 1969 年颁布的《国家环境政策法》明确规定:"每个人都应当享受健康的环境,同时

---

① 参见雷毅《深层生态学研究》,第 51 页。

每个人也有责任对维护和改善环境作出贡献。"1970年,《东京宣言》明确提出:"把每个人享有的健康和福利等不受侵害的环境权和当代人传给后代的遗产应是一种富有自然美的自然资源的权利,作为一种基本人权,在法律体系中确定下来。"1972年,联合国《人类环境宣言》指出:"人类有权在一种能够过尊严和福利的生活环境中,享有平等、自由和充足的生活条件的基本权利,并且负有保证和改善这一代和世世代代的环境的庄严责任。"1973年在维也纳制定的《欧洲自然资源和人权草案》中,环境权作为一项新的人权得到了肯定。很明显,当代环境权包含享有美好环境和保护美好环境两方面的权利。前者为了当代和人类自身,而后者则是为了后代和其它生命与非生命物体,全面地概括了人的环境权利。

第三,将人的价值扩大到自然的价值。价值从来都是表述对象与人的利益之间的关系,维护人的价值向来是人文主义必不可缺的重要内容。但长期以来人们对于自然的价值却相当忽视,似乎河流、海洋、空气和水是天然存在的,本身不具有什么价值。当代生态理论突破了这一点,将人的价值扩大到自然领域,充分肯定了自然所具有的重大的不可代替的价值。1992年,罗尔斯顿在中国社科院哲学所的讲演中将自然的价值概括了13种之多:支持生命的价值、经济价值、科学价值、娱乐价值、基因多样性价值、自然史和文化史价值、文化象征价值、性格培养价值、治疗价值、辩证的价值、自然界稳定和开放的价值、尊重生命的价值、科学和宗教的价值等等。①自然价值的确认,对于进一步维护人的美好生存具有极为重要的意义,是人文精神的新的拓展。

第四,将对于人类的关爱拓展到对其它物种的关爱,这是人的仁爱精神的延伸。人文主义具有强烈的关爱人类,特别是关爱弱者的仁爱精神与悲悯情怀。当代生态理论将这种仁爱精神和悲悯情怀扩大到其它物种,力主关爱其它物种,反对破坏自然和虐待动物的不人道行为。1992年,联合

---

① 参见余谋昌《生态伦理学》,第66-68页。

国发布的《保护地球——可持续生存的战略》提出有关环境道德的原则，其中包括"人类的发展不应该威胁自然的整体性和其它物种的生存，人们应该像样地对待所有生物,保护它们免受摧残,避免折磨和不必要的屠杀"①。

第五，由对于人类的当下关怀扩大到对于人类前途命运的终极关怀。人文主义历来主张对人的前途命运的终极关怀，但却没有包含自然维度。当代生态理论将自然维度包含在终结关怀之中，使之具有更深刻丰富的内涵。特别是当代提出的可持续发展理论，就是从人类的长远发展出发，是终极关怀理论的丰富与发展。总之，生态存在论哲学—美学和有关人的生态本性的理论尽管突破了传统人类中心主义，但却不是对于人类的反动，而恰是新时代对人类之生存发展更具深度和广度的一种关爱，是新时代包含自然维度的新人文精神。

（原载《人文杂志》2005 年第 3 期）

---

① 参见余谋昌《生态伦理学》，第 146 页。

7. 简论生态存在论审美观

首先，我想说明为什么提出"生态存在论审美观"这一概念。我认为，生态美学问题归根结底是人的存在问题。因为，人类首先并且必须在自然环境中生存。自然环境是人类生命之源，也是人类健康愉快的生活之源，同时也是人类经济生活和社会生活之源。人类乃至人类的社会生活难道能够须臾离开自然环境吗？能够须臾离开大地、空气和水，乃至于地球吗？而"人类中心主义"所导致的日渐严重的资源匮乏和环境污染直接威胁到的就是人类的生存，是使人类生存状态非美化的重要原因之一。从环境恶化的遏制和自然环境的改善来说，最重要的不是技术问题和物质条件问题，而是态度问题，即人类应该以一种"非人类中心的"普遍共生的态度来对待自然环境，同自然环境处于一种中和协调、共同促进的关系，这其实就是一种审美的态度。因而，生态美学问题归根结底是一个人类的生存问题。生态美学问题还有更深层次的存在论美学缘由，即引起环境问题的短暂经济利益的追求，农药和化肥的生产使用，乃至环境的绿化美化、美好物质家园的营造等等，都是属于现象界的、在场的"存在者"，而我们恰恰就是要超越这些现象界的、在场的"存在者"，进入不在场的"存在"的层面，营造美好的精神家园，获得高层次的情感慰藉和精神升华。这就是一种审美的超越和升华，也正是生态美学的本意和精髓。海德格尔于1959年提出的"天地神人四方游戏说"，无疑是将生态观念纳入其存在论美学之中，从成为当代生态存在论审美观的典范表述之一。基于这种生态美学与当代而存在论美学在理论上的必然性的契合，所以我提出生态存在论审美观的概念,以就教于学术界同行。

我之所以特别重视生态存在论审美观,还有一个重要原因。那就是,在我看来,这一理论问题的深入研究必将有助于我国当代美学学科的改造和突破。我国是一个有着悠久文艺美学传统的文明古国,但一百多年来的美学研究却基本上沿着西方认识论美学主客二分的路径发展。当然,我们并不否认一百多年来我国的美学研究取得了长足的发展,出现了一批卓有成就的美学理论家。但这种美学研究受西方认识论美学影响至深,难有突破,甚至在马克思主义美学研究之中也有些论者不免用西方古典形态主客二分的认识论来阐释马克思主义美学。其实,马克思的唯物实践观的重要意义就在于突破了黑格尔和费尔巴哈的主客二分的认识论,从实践的主观能动的新的视角来阐释人类的社会活动。我们应该全面地、准确地、完整地理解马克思主义的经典,还其本来的面貌。我认为,应该把马克思的《关于费尔巴哈的提纲》和《1844年经济学哲学手稿》结合起来研究,这样得出的完整理论应该是:哲学家们只是以不同的方式解释世界,而问题在于改变世界,按照美的规律建造。从这样的马克思主义唯物主义实践观出发,不仅得不出美是"客观性与社会性统一"的结论,反而使我们充分注意到马克思更多地将审美同人在社会实践中的生存状态紧密相连。所以,探讨审美与唯物实践存在论的关系应该是一个十分重要的课题。正是从马克思主义实践观的深刻内涵和其他理论贡献来看,马克思与恩格斯的理论尽管产生于19世纪后半期,但他们的理论却超越了西方古典认识论主客二分思维模式,因而是面向新世纪的。从西方哲学史与美学史的发展来看,从19世纪后半叶开始,就有许多理论家试图突破以黑格尔为代表的主客二分的认识论思维模式,实现由认识论向存在论的转向。这一转向几乎成为20世纪以来西方哲学和美学的主潮,其中渗透着强烈的当代色彩与浓郁的人文精神,当然其中的非理性的、神秘的乃至没落颓废的倾向自是难以避免,但从其基本的研究成果来说,还是有着无可否认的时代先进性与现实意义的。但包括我在内的不少中国当代学者,总免不了以政治上的进步与反动、哲学上唯物与唯心、理性与非理性作为衡量理论成果的最重要维度,因而一段时间内难以客观而科学的认识和评价西方当代存在论哲学—美学的价值。但是,当前提出的"与时俱进"的指导思想给我们以重要启示,从时代发展的角度来看,我们的确应该更客观地认识和反思西方当代包括深层生态学和生态批评在内的一系列有关存在论的理论成果,应尽快摆脱以西方古代,特别是近代的主客二分的认识论思维模式来阐释马克思主义实践观,并将其作为我国当代美学理论的重要坐标。由此,我认为生态存在论审美观的提出,有利于我国当代美学学科的突破,即突破传统认识论的理论观念,人类中心主义的基本原则和主客二分的思维模式,实现由认识论到存在论的转化。这种转化主要应表现为:由认识论转化到存在论;由人类中心转化到生态整体;由主客二分转化到有机整体;由主体性转化到主体间性;由轻视自然转化到遵循美学与文学中的绿色原则;由自然的"祛魅"转化到自然的部分"复魅";由欧洲中心转化到中西平等对话。其中由"人类中心"转化到"生态整体"的问题,许多学界同仁感到难以接受,他们常常将"人类中心"与"以人为本"、"尊重人权"等等相提并论,由此提出质疑:"如果不以人为本,难道以物为本吗?"我以为,学界同仁在这个问题上的质疑存在一些误解。我们讲的"人类中心"与"生态整体"都是从哲学的发展阶段来说的,是属于哲学理念的问题,同日常生活中是否"以人为本"没有直接关系。最早提出这个问题的是法国理论家福柯,他于1966年在《词与物》一书中提出"人的终结"的问题。所谓"人的终结"就是"人类中心主义"的终结,也就是有人运用一种通俗但却不太准确的语言所说"人死了"。所谓尼采宣布"上帝死了",福柯宣布"人死了"。其实,"上帝死了"指的是理性的终结,而"人死了"则是宣告"人类中心主义"的终结、主体性的终结,走向生态整体和人与他人、他物平等对话的"主体间性"。而且,从"生态整体"的原则来说,并不是人类什么都不能做，食物和肉类不能吃，社会经济建设不能搞了，而是主张人同其他万物一样享有一种在"生物环链"之中应有的生存和发展的权利和地位。只要在这样的前提下，人类的生存和发展都是应该的。反之，如果违背这样的前提，人类的生存与发展破坏"生物环链"中其他物种的生存发展，那就必然造成其他物种的毁灭，破坏"生物环链"的有机结构，那岂不也危及人类自身的生存吗？因此，"生态整体"恰恰是最能维护人类自身权利和地位的。

再者，生态存在论审美观的发展有利于改变我国目前美学研究领域"欧洲话语中心"的现实，走向中西平等对话的新时期。我国目前美学与文艺学领域的"欧洲话语中心"就是同我们长期以来片面地遵循欧洲古代，包括近代认识论美学有关，这就形成有的学者所说的"失语症"。但由认识论到存在论的转化，特别是生态存在论审美观的提出，的确给中国传统美学以广阔的天地。因为，中国传统美学，特别是道家美学本身可以说就是生态存在论审美观。道家所力主的"道法自然"、"万物齐一"、"道为万物母"、"天倪"、"天道"等等观念，同当代深层生态学的"普遍共生"、"生物环链"、"内在价值"等等观念恰相契合。道家的"故道大，天大，地大，人亦大，域中有四大，而人属其一焉"，又的确被海德格尔"天地神人四方游戏说"所借鉴。道家提出的"坐忘"、"心斋"、"游心"，与存在论现象学中现象学还原之"悬搁"有异曲同工之妙。其他诸如中国传统文化中的"天人之际"、"位育中和"、"乾父坤母"、"民胞物与"、"己所不欲，勿施于人"等等均包含浓郁的生态存在论审美观内涵，并且有极强的当代意义。不仅如此，我国这些生态存在论审美观理论早在春秋时代即已提出，较之于当代西方人的认识早了2000多年，而其理论的深邃、严密均达到很高水平，成为人类文明史上的奇迹。总之，我国传统文化中有关生态存在论审美观的理论资源是极为丰富的，已逐步得到西方学者的重视和借鉴，但对其理论内涵和当代价值的研究阐发却是我们当代中国学人义不容辞的责任。这就为我们当前的美学研究提出新的重要课题,也为美学研究领域的中西平等对话开辟了广阔的天地。

生态美学的研究在我国还不到10年的时间,而且它本身涉及美学、深层生态学、生态哲学、生态伦理学、生态批评、经济学、社会学等诸多领域,仍有许多极为敏感而繁难的问题尚在讨论中,其争论的激烈程度也是空前的。本人期望能推动这一重要论题研究和讨论的深入。

(原载《贵州师范大学学报》2004年第1期)

8. 当前生态美学研究中的几个重要问题

我国从 1994 年提出生态美学论题，至 2004 年以来进入较为集中的研讨时期，迄今已举办大型学术研讨会四次，发表了一系列有影响的理论成果，逐渐成为理论热点之一。

为什么要研究生态美学以及生态美学能否成立，仍是引起关注的首要问题。我想，从目前看，研究生态美学至少有这样两个方面的重要意义。一是生态美学已经成为我国乃至世界经济社会发展中具有重要作用的环境文化这一新文化运动的重要组成部分，是反映社会前进方向的先进文化之一。最近我国提出协调发展的指导方针，包括"经济社会协调发展、城乡协调发展、人与自然和谐发展"。国家环保总局副局长潘岳 2004 年 10 月 29 日在《光明日报》发表"环境文化与民族复兴"一文指出："环境文化是人类的新文化运动，是人类思想观念领域的深刻变革，是对传统工业文明的反思和超越，是在更高层次上对自然法则的尊重。"又说："生态危机产生环境文化，环境文化的核心是生态文明。环境文化即是今天的先进文化。"毫无疑问，生态美学是环境文化这一人类新文化运动的必不可少的组成部分，因而其代表先进文化的意义自是十分明显。二是生态美学是当前伴随着哲学领域从 19 世纪中叶以来即已开始的理论转型而产生的当代美学革命的新方向。这就是突破近代哲学，特别是德国古典哲学以主客二分为特点的认识论思维模式走向新的当代存在论哲学。20 世纪以来由尼采发轫，提出"上帝已死"，即理性终结的重要命题，至 20 世纪中期,福柯又在《词与物》中提出"人的终结",即"人类中心主义"结束的重要结论,标志着当代哲学领域的重大突破,也为深层生态学和生态美学提供了强有力的哲学根据。诚如著名的《绿色和平哲学》所说,"生态中心"的理论与"哥白尼天体革命一样具有重大的突破意义。哥白尼告诉我们,地球并非宇宙中心;生态学同样告诉我们,人类也并非这一星球的中心"。因此,生态美学的提出就必然意味着一场新的美学革命的开始。对于生态美学的内涵,有狭义的将其界定为人与自然处于生态平衡的审美状态之说,而我则主张从广义的角度将其界定为包含人与自然、社会和人自身均处于和谐协调的审美状态的生态存在论美学观。其典范表述即为海德格尔于 1959 年 6 月 6 日库维利斯首府剧院荷尔德林协会的演讲中提出的"天地神人四方游戏说"①。此时,海德格尔突破了早年提出的"世界与大地的争执"这样的包含着世界统帅大地的"人类中心"的美学原则,将人的"诗意地栖居"奠定在人与自然和谐协调的坚实的"生态平等"的基础之上,成为极具代表性的生态存在论美学观。

目前,生态美学能否成立的核心问题是其最重要的哲学—美学原则"生态整体"原则能否成立。无疑,这一原则是对传统的"人类中心"原则的突破。但分歧很大,争论颇多。对于"生态整体"原则的批评集中在这一原则是否具有"反人类"的理论倾向。美国前副总统阿尔·戈尔在《濒临失衡的地球》一书中指出:"深层生态主义者把我们人类说成是一种全球癌症。"他认为,这是一种"反人类"的有害倾向。到底如何理解"生态整体"原则呢?它是不是真的"反人类"?这就牵涉到对"生态整体"原则所包含的最重要的"生态平等"的理解。如果"生态整体"原则中的"生态平等"是绝对平等,也就是说人与万物绝对平等,人不能触动万物。那就在实际上否定了人的吃穿住行的生存权利,这就是一种反人类的理论。但是,"生态整

---

① [德]马丁·海德格尔:《荷尔德林诗的阐释》,第 210 页。

体"原则中的"生态平等"是一种相对的平等,是万物所具有的在"生物环链"之中的平等以及在"生物环链"中所应享有的生存发展的权利。同样,人类也享有自己在"生物环链"之中的吃穿住行等生存发展的平等权利。所以,当代生态理论家大卫·雷·格里芬指出,人类"必须轻轻地走过这个世界,仅仅使用我们必须使用的东西,为我们的邻居和后代保持生态平衡"①。从这种"生态环链"之中的相对"生态平等"出发,"生态整体"原则主张"普遍共生"与"生态自我"的原则,主张人类与自然休戚与共,将人类的"自我"扩大到自然万物,成为人与自然是主体间平等对话的关系,即"主体间性"关系。因此,在"生态整体"理论之中,人类不仅不以自然为敌,而且成为自然之友,自然也在广义上成为人类生存发展的有机组成部分。由此可见,这种"生物环链"之中的平等,不仅不是反人类的,而且是对人类生存权利的尊重。当然,也是对自然万物生存权利的尊重。反之,则不仅是反人类的,而且是反生态的。而且,我们提出生态存在论美学观,其出发点就是从人的"诗意地栖居",即"美好的生存"出发,最后落脚于建设人类更加美好的"物质家园"和"精神家园"。因此,生态存在论哲学—美学之中有关生物环链中相对平等的观点,是具有理论和实践的合理性的。

  再就是关于自然的部分的"复魅",这也是当前生态美学研究中的一个重要问题。所谓"魅",即是远古时代科技不发达之时,人们将自然现象看作"神灵的凭附",主张"万物有灵"。远古的神话就同这种"魅"紧密相关。随着科技的发展,人们对自然现象有了更多的了解,不再有神秘之感,这就是"自然的祛魅"。20世纪后期,人们又提出"自然的复魅"问题。它是深层生态学和生态美学的有机组成部分。所谓"自然的复魅",不是回到远古落后的神话时代,而是对主客二分思维模式统治下迷信于人的理性能力无往而不胜的一种突破,主要针对科技时代工具理性对人的认识能力

---

① [美]大卫·雷·格里芬:《后现代精神》,第227页。

的过度夸张,对大自然的伟大神奇魅力的完全抹杀,从而主张一定程度的恢复大自然的神奇性、神圣性和潜在的审美性。所谓"大自然的神奇性",即指大自然对人类永远有一种神奇之感,科技的发展无法穷尽其秘密。所谓"大自然的神圣性",即指大自然是人类生命之源,地球是人类的母亲。因此,人类应该恢复对大自然的神圣的敬意。所谓"大自然潜在的审美性",即指大自然所特具的蓬勃的生命力、斑斓的色彩与对称比例,成为人的审美活动的极其重要的潜在条件,必须给予充分重视。

生态存在论是一种以"生态整体"为指导原则、以现象学为基本方法的崭新的哲学观。这种哲学观所运用的通过"悬搁"、"现象学还原"的方法与美学作为"感性学"的学科性质,即审美过程中主体超越对象的实体的非功利"静观"态度特别契合。所以,胡塞尔指出:"现象学的直观与'纯粹'艺术中的美学直观是相近的。"①海德格尔进一步指出:"美乃是以希腊方式被经验的真理,就是对从自身而来的在场者的解蔽,即对'自然、涌现',对希腊人于其中并且由之而得以生活的那种自然的解蔽。"②这里的"解蔽",具有"悬搁"与"超越"之意,即将外在芜杂的现实和内在错误的概念加以"悬搁",从而显露出事物本真的面貌;同时也是对功利主义和物质主义的一种"超越",进入思想的澄明之境,从而把握生活的真谛。在这里,生活的显现过程、真理的敞开过程与审美生存的形成过程都是统一的。正在这样的意义上,我们说生态存在论哲学观也就是生态存在论美学观。这种生态存在论美学观,将成为后工业时代具有主导地位的世界观。而将这种生态存在论美学观运用于文学艺术的批评实践即是著名的生态批评。生态批评所遵循的美学原则,是生态存在论的美学原则。这就是一种超越工具理性与功利目的人的"诗意地栖居"的原则。在此前提下还要遵循一系列"绿色原则"。美国的杰·帕理尼将其概括为:行为主义和社会责任的

---

① 倪梁康选编:《胡塞尔选集》下卷,上海三联书店 1997 年版,第 1203 页。
② [德]马丁·海德格尔:《荷尔德林诗的阐释》,第 179 页。

回归、唯我主义倾向的放弃、与写实主义的重新修好以及与掩藏在"符号海洋之中的岩石、树木和江河及其真实宇宙的重新修好"等五项原则①，一定程度上反映了当代美国生态批评的现实。但从理论上来说具有相当的片面性。特别是对抹杀人与动物区别的行为主义心理学的全盘肯定和对传统现实主义的无条件弘扬，以及对现代派艺术夸张变形技巧的全盘抹杀等等，都具有相当的片面性。因此，我们认为，生态批评的原则应该着眼于宏观，从文化批评的角度和生态整体与生态审美观的基本理论出发加以确定。由此，可概括为尊重自然、生态自我、生态平等与生态同情四项原则。所谓"尊重自然"，应该是生态美学和生态批评的首要原则。针对长期以来人类对自然的轻视和掠取，从自然是人类生命与生存之源的角度，人类都应该对自然持有十分尊重的态度。所谓"生态自我"，即将"自我"从局限于人类的"本我"扩大到整个生态系统的"大我"，说明其他生物与人类一样具有实现自我的权利。所谓"生态平等"，即是前已说到的包括人类在内的所有生物均享有在"生物环链"之中所应有的平等权利，是一种人与自然的"普遍共生"。所谓"生态同情"，即是生态美学所包含的对万物生命所怀抱的仁爱精神，是一种终极关怀的情怀和悲悯同情的博爱。

　　生态美学的建设必须借助于中国古代的生态智慧资源。但在对中国传统文化中生态智慧的评价目前也有分歧。蒙培元同志在《新视野》发表了一篇文章《中国哲学是深层生态学》，对中国传统文化中的生态智慧给予了全面的肯定。我是在总体上同意这篇文章的观点的。我认为，中国传统文化，特别是道家文化就是极富深刻内涵的深层生态学，成为当代深层生态学和生态美学的重要源头之一，并将成为其丰厚的理论宝库。我们可以粗略地看一下老庄道家六个有关生态问题的重要观点。一、"道法自然"，即从宇宙万物诞育生存总根源上揭示人与自然普遍共生、无为不争的普遍规律；二、"道为天下母"，从人与万物都根源于"道"，阐述"非人类

---

① 《新文学史》，清华大学出版社2001年版，第298页。

中心主义"的重要思想;三、"万物齐一",从"道"的"自然无为"本性阐述万物无贵贱高下之分均具有其"内在价值"的道理;四、"天倪"论,揭示了万物"不形相禅,始卒若环"的生物环链思想;五、"心斋"与"坐忘",揭示了通过"堕肢体,黜聪明,离形去知,同于大通"超然物外的修养达到生态存在论审美境界的过程;六、"至德之世"的理想生态社会,不仅揭示了破坏人与自然的和谐必然产生"天难"的严重生态危机,而且表述了建立"同与禽兽居,族与万物并"的生态社会的理想。由以上介绍可知,中国古代老庄道家生态理论已达到非常高的深层生态学的理论水平。

  生态美学的建设必须奠定在马克思的实践观的基础上。马克思的实践观是对费尔巴哈与黑格尔主客二分哲学的重要突破,将其机械的物质实体和精神实体加以抛弃而代之以主观能动的社会实践。它同时又同西方当代哲学——美学强烈的唯我主义意识性形成明显的反差,更显示其强烈的当代指导意义。但我们长期以来却以主观与客观、唯物与唯心的传统主客二分认识论对其解读,这实际上是一种误读。马克思的实践观不是通常意义上的认识论,而是包含着浓厚的存在论内涵,无论是他对人类历史第一前提的阐述、对"异化"的批判还是对人的社会性的论述,都没有离开当代存在论的视角。所以,我们认为马克思的实践观的重要内涵是实践存在论。而且,马克思的实践存在论中包含着丰富的生态理论内涵。例如,他对"彻底自然主义"的强调就包含着人类在社会实践中必须尊重自然、自然是人类社会实践重要因素的生态意识。而在论述"美的规律"时涉及"任何一个种的尺度"包含着动物的"直接的肉体需要",就在一定的程度上承认了自然的内在价值。他对"异化"的论述则包含着对资本主义生产中"自然与人的异化"的批判。这都说明,马克思的实践存在论包含着浓烈的生态意识。而且,由于《1844年经济学哲学手稿》与1845年写就的《关于费尔巴哈的提纲》是相继写作的,具有必然的紧密联系性。因此,我认为,将两者结合起来领会更能全面的理解马克思的实践观。这样,就可把马克思的实践观表述为:哲学家只是用不同的方式解释世界,而问题在于改变世界,按照美的规律建造。这样完整的表述的唯物实践观必然的包含了浓郁的生态审美意识,成为实践存在论生态审美观。

(原载《江苏社会科学》2004年第2期)

9. 生态美学研究的难点和当下的探索

　　生态美学从 1994 年由中国学者首次提出至今正好 10 年。10 年来,特别是 2001 年以来生态美学呈蓬勃发展之势。目前已有许多论著出版和发表,召开全国性会议 6 次,并有多名硕士生、博士生选择与此有关的毕业论文题目。生态美学已引起美学界和文艺理论界的广泛关注。但生态美学的确是一种极具前沿性的新兴的正在发展中的美学理论形态,在其研究过程中不可避免地遇到一系列难点问题。10 年来,特别是近 4 年来对于这些难点,美学界同仁进行了艰苦的探索。我想结合这一段时间的研究状况,对于这些难点谈一些自己的看法,提供给各位关注生态美学的学界同仁以参考和批评。

生态美学提出的背景

　　为什么要提出生态美学?有没有必要提出生态美学?这是人们首先关心的问题。有的学者认为已经提出过技术美学、生活美学、科学美学等等,但都没有很大的普世性,生态美学是否也会有类似的情况? 我们认为,生态美学与以上各种美学理论观念有很大差别,它应时代的需要而产生,具有很大的普世性与发展前景。目前的研究告诉我们,生态美学的提出完全是一种适应时代社会转型而发生的美学和文艺理论的转型。

　　众所周知,迄今为止人类社会已经经历了原始文明、农业文明和工业文明三种文明形态。目前正处于由工业文明向后工业文明,即生态文明转型的过程之中。《光明日报》2004年4月30日发表《论生态文明》一文指出,"目前,人类文明正处于从工业文明向生态文明过渡的阶段,""生态文明是人类文明发展的一个新的阶段,即工业文明之后的人类文明形态"。生态文明与工业文明的最大区别在于:工业文明只以人类的需要为经济和社会发展的唯一维度;而生态文明则不仅继续坚持人类需要的维度,同时也将自然和生态的维度包括在经济和社会的发展之中。正如我国环境总局副局长潘岳所说,我们"将以自然法则为依据来改革人类的生产和生活方式"。①

胡锦涛主席提出科学发展观,并指出应"坚持走生产发展、生活富裕、生态良好的文明发展道路"。他还明确提出,"良好的生态环境是社会生产力持续发展和人们生存质量不断提高的重要基础"。②将自然法则和生态环境作为人类发展生产和提高生存质量的依据和基础是完全崭新的理念,恰是生态文明时代的基本理论与思想观念。这种时代社会转型及其观念的重大转变必然要求美学和文艺理论与之相适应。这就是生态美学提出的社会时代背景。

而从世界范围来看,1972年国际环境会议的召开即已标志着国际上已经开始承认生态文明时代的到来。与之相应,国际美学界和文艺理论界也开始探讨与生态文明相关的美学和文艺理论观念的变革。1984年,日本美学家今道友信在东京约请法国美学家杜夫海纳和澳大利亚哲学家帕斯默探讨新时代的生态伦理学和美学问题。而20世纪90年代格林·杜夫则在《重新评价自然》一文中提出"建立包括人类和自然在内的新伦理学和美学"问题③。与此同时,从20世纪70年代以来,生态批评也成为

---

① 潘岳:《环境文化与民族复兴》,载《光明日报》2003年10月29日。
② 胡锦涛:《在中央人口资源环境工作座谈会上的讲话》,载《光明日报》2004年4月5日。
③ [美]彻丽尔·格罗费尔蒂、哈罗德·弗罗姆:《生态批评读本:文学生态学的里程碑》,第239页。

西方文学批评的重要方式之一,甚至逐渐成为"显学"。由此可见,生态美学的提出也是我国美学工作者对国际美学与文艺理论领域生态理论的一种回应,力图建立既具学术前沿性又具中国特色的生态美学理论,积极参与到有关生态美学、生态文艺学和生态批评的国际学术交流对话之中。

生态美学与马克思主义的关系

生态美学与马克思主义有什么关系?马克思主义作为产生于19世纪中期的理论形态对于产生于20世纪后期的生态美学有没有指导意义?这是人们关心的另一个重要问题。众所周知,西方环境美学、生态文艺学和生态批评的哲学基础是挪威哲学家阿伦·奈斯于1973年提出的"深层生态学",它包括"生态自我"、"生态平等"、"生态共生"等重要内涵,具有重要的理论价值,但却笼罩着浓厚的唯心主义和神秘主义色彩。我们认为一方面应该吸收"深层生态学"的有益内涵,但却应将生态美学奠基于在马克思唯物实践论的哲学之上,从而有效地克服西方生态理论的唯心主义和神秘主义,使之具有更强的科学性。

马克思的唯物实践论尽管产生于19世纪中期,但却正值西方哲学—美学由古典到现代的转型时期,它全面地概括总结了这种转型的深刻内涵,因而具有极大的理论深度和前瞻性。因而它即便在100多年后的今天也仍然具有极大的指导意义。它强调"生活决定意识"和人的主观能动作用,不仅有力地批判了唯心主义而且有力地突破了"主客二分"的传统思维模式。如果将《关于费尔巴哈的提纲》与其同时期的《1844年经济学哲学手稿》结合起来理解,马克思的唯物实践理论应包含这样的内容:哲学家们只是用不同的方式解释世界,而问题在于改变世界,按照美的规律来建造。这样,马克思唯物实践论之中就必然地包含着审美意识。

马克思《手稿》中也包含明显的生态意识,特别是其有关"美的规律"

的论述,对于"两个尺度"中"种的尺度"具有物种基本需要的阐释。由此可见马克思唯物实践论的重要价值。当然,马克思的理论毕竟诞生在19世纪中期前后,因而不可免地有着某种时代的局限。例如,他的哲学观中还没有将生态维度放到应有的高度,价值观中对生态价值的相对忽视等。但其科学性和现代价值却是十分明显的,如果对其持与时俱进的态度吸收当代生态理论成果,将会更加彰显其现代价值。

生态美学与实践美学的关系

实践美学是我国20世纪五六十年代和七八十年代两次美学大讨论的重要成果,标志着那个时期我国美学的发展水平,而且即便在当前仍有其价值。但它也不可避免地带有机械唯物论和传统认识论的时代局限。当前许多美学工作者对其进行批评并试图超越是完全必要的,但也应该对其有所继承。生态美学从坚持马克思唯物实践观的多重角度继承了实践美学,也超越了实践美学。其超越之处是:(1)由美的实体性到关系性的超越。实践美学力主美的客观性,而生态美学却将美看作人与自然社会之间的一种生态审美关系,从而将其带入有机整体的新的境界。(2)由主体性到主体间性的超越。实践美学特别张扬人的主体力量,将美看作"人的主体性的最终成果",而生态美学则将主体性发展到主体间性,强调人与自然的"平等共生"。(3)在自然美的理解上由"人化自然"和"自然的祛魅"到人和自然的亲和与自然的部分"复魅"的超越。实践美学完全将自然美归结为社会实践中自然的"人化"和"祛魅",而生态美学却承认自然美中自然的应有价值,进行部分的"复魅",主要是恢复自然的神圣性、部分的神秘性和潜在的审美性。(4)由美的单纯认识论考察到存在论考察的超越。实践美学过分强调审美的认识论和社会性层面,而生态美学却将审美从单纯的认识论领域带入崭新的存在论领域。

生态美学所包含的"生态平等"内涵

生态美学是以当代生态哲学和生态伦理学中"生态平等"理念作为其重要理论支撑的。但恰是这种"生态平等"理念遭到极为广泛的批评。最主要的批评就是认为"生态平等"必然导致"反人类"的严重后果。因为如果人与万物绝对平等,那就意味着人类无法生存发展。例如美国前副总统阿尔·戈尔就持激烈的批评态度。他认为这种人与万物绝对平等的观念是一种认为人类"威胁着地球基本的生命机能"的反人类的理论。这肯定是一种误解和偏见。因为包括生态美学在内的当代生态理论所力主的"生态平等"不是人与万物的绝对平等,而是人与万物的相对平等。这种相对平等也就是人与万物是一种"生物环链"中的平等。诚如阿伦·奈斯所说这种相对平等是"生物圈中的所有事物都拥有的生存和繁荣的平等权利"①。著名当代生态理论家大卫·雷·格里芬指出:"我们必须轻轻地走过这个世界,仅仅使用我们必须使用的东西,为我们的邻居和后代保持生态的平衡,这些意识将成为常识。"②

生态美学与人类中心主义的关系

这是生态美学研究中引起争论最多的问题。当代生态美学和其它生态理论的产生就是批判"人类中心主义"的结果。但批判"人类中心主义"是否就是批判人文主义精神和"以人为本"呢?如果否弃人文主义精神和"以人为本"观念,那么生态美学的合理性和合法性就是值得怀疑的。我们肯定的回答是:生态美学批判"人类中心主义",但却并不否弃人文精神和

---

① 转引自雷毅《深层生态学思想研究》,第49页。
② [美]大卫·雷·格里芬:《后现代精神》,第227页。

"以人为本"观念。因此当前生态美学研究中简单地对"人学"予以否定是不妥当的。

我们认为,目前对于包括生态美学在内的当代生态理论反"人类中心主义"是否正确的讨论应该跳出对于"人类中心主义"抽象的、非历史主义的理解,而应将其放到具体的历史的语境中理解。因为,"人类中心主义"是一个特定的历史的概念。它产生于17世纪的启蒙主义时代,由于科技的极大发展导致对于人的理性的极度崇拜,也由于资本主义经济中资本的极度贪欲的本性从而导致对于自然的无尽掠夺。

培根提出"新工具论",坚持人类是"自然的主人和所有者"。笛卡儿提出著名的"我思故我在"的命题,以人的理性作为人与万物的存在的根源。康德力主"人为自然立法"极力张扬人对自然的优势地位等等。可以肯定地说,这种"人类中心主义"对自然所持的是一种极其错误的理念,在这种理论指导下产生的近代认识论美学对自然也是采取一种错误的态度。这种"人类中心主义"理论从20世纪中期开始即在人类由工业文明逐步过渡到生态文明的形势下受到批判和淘汰。

1966年福柯提出的"人的终结",即"人类中心主义"的终结。此前,德里达提出"去中心"的重要理念,实际上是一种对于"人类中心主义"的解构。20世纪90年代后期,美国环境哲学家科利考特提出"有机世界观、生态世界观、系统世界观"这种新的生态整体主义世界观,以代替机械论的"人类中心主义"世界观。这种新的生态整体主义世界观不是对于人文精神和"以人为本"的否定,而是包含着一种新的人文精神。

众所周知,人文精神是一种对人类自身的尊重、关爱和关怀精神,是人类得以生生不息前进发展的精神力量。它是历史的、不断发展的。古代,有着古典的人文主义精神。文艺复兴时代,有着特定的以人性反对神性的人文主义精神;启蒙主义时代有着以"自由、民主、博爱"为内容的人文主义精神。我国古代有着特殊的以"仁爱"、"民本"为其内涵的古典人文精神。我国现代以来曾经提出"革命人道主义"和"社会主义人道主义"。

生态美学所包含的生态整体主义是生态文明时代的新人文精神。其具体内涵为:(1)突破"人类中心主义",从可持续发展的崭新角度对人类的前途命运进行终极关怀;(2)从非本质主义的"现世性"和人与自然的联系性的新角度界定"人是生态的人"的本性,是人的现实生态本性的一种回归;(3)是对人人有权在良好的环境中过一种愉快而有尊严生活的"环境权"这一基本人权的尊重;(4)倡导一种人类对其它物种关爱与保护的仁爱精神;(5)力主人与万物在"生物环链"之中的一种相对平等,包含着科学的精神;(6)作为当代生态存在论美学,追寻一种人的"诗意地栖居",是人学、美学和哲学的高度统一。

生态美学与现代化、工业化的关系

生态美学是后工业时代的产物,是人类对工业文明反思和超越的结果。因而生态美学研究中就不可避免地涉及对现代化、工业化和科学技术的评价问题。由于现代化同资本主义制度紧密相连,而且以"人类中心主义"和工具理性为其重要哲学理念,因而必然导致掠夺自然、破坏生态、环境污染的严重后果。正因此才有包括生态美学在内的各种当代生态理论的诞生。但绝不能因此对现代化、工业化和科学技术采取全盘否定的态度,而应采取历史主义的、实事求是的态度。

众所周知,现代化是历史的事件,人类文明的成果,在人类社会发展中起到巨大的作用。马克思与恩格斯在著名的《共产党宣言》中指出,资本主义现代化过程中,"资产阶级在它的不到一百年的阶级统治中所创造的生产力,比过去一切世代创造的全部生产力还要多,还要大"。[①]

---

① 《马克思恩格斯选集》第一卷。

因此，我们历来认为，从历史主义的角度出发对于资本主义现代化和工业化不应全盘否定，而应给予客观的评价。我常用美化与非美化的二律背反来评价现代化。至于科学技术，它们作为第一生产力在社会经济发展中的作用从来都是至关重要的，今后环境污染的改善，在文化态度问题解决之后仍然要依靠科学技术。只是人们对于科技的盲目崇拜以及由此产生的工具理性则是应该否弃的。

生态美学与基督教神学的关系

当代生态美学研究与基督教神学关系密切，其原因是当代许多生态理论家本身是神学家，而且在生态学之中灌注了某些神学内容，产生一系列生态神学理论，生态美学研究也深受这些理论影响。对此，我们认为应该要积极吸收基督教神学，特别是当代生态神学的有价值资源，以丰富生态美学内涵。

同时，也应从文化研究的视角来探索基督教神学和生态美学的关系，同以神学信仰为其旨归的基督教神学保持适当的距离。主要还是从文化资源吸收的角度着眼。事实证明，基督教神学是一种"上帝中心"的古典存在论哲学—美学理论，从人与万物因道同造、同在、同有其价值的角度来看，人与万物是平等的。而基督教文化特有的超越精神、悲剧精神和终极关怀精神对于当代生态美学的建设均有其重要意义。

另外，十分重要的是当代有些理论家对于基督教在生态方面的作用发表了一些比较尖锐的批评意见。1967年，美国史学家林恩·怀特在《我们的生态危机的历史根源》一文中指出，基督教的人类中心主义是"生态危机的思想文化根源"。[①]由此，引发了宗教界和学术界有关基督教同生态危机关系的论争。我们认为怀特的观点尽管同基督教"上帝中心"的原

---

① 参见王诺《欧美生态文学》。

意不尽相符,但基督教在其发展到启蒙运动之时也的确存在对其进行"人类中心"阐释的情形。正因此,当代许多宗教家试图对新的生态理论进一步阐释和补充基督教文化的有关内涵,甚至有的神学家提出应该增加有关环境保护的第十一诫等。

生态美学的内涵

　　生态美学的内涵到底是什么?生态学和美学之间有什么必然联系?目前对于生态美学有狭义与广义两种理解。狭义的理解将其局限于人与自然的生态审美关系,强调生态美是一种人与自然和谐协调的自然美。而广义的理解则以人与自然的生态审美关系为出发点,包含人与自然、社会以及人自身的生态审美关系,是一种符合生态规律的当代存在论审美观。我们倾向于广义的理解,认为它是一种以生态整体主义为哲学基础,包含主体间性的存在论美学,由遮蔽之解蔽走向澄明之境,追寻人的"诗意地栖居"。其典范表述即为海德格尔的"天地神人四方游戏说"。它突破"人类中心主义",走向天地神人四者的"相互面对",无限自由的协调和谐。其实质是突破技术的生存方式达到审美的生存方式,实现人的诗意地栖居。

　　由此可见,如果从认识论的角度倒真是很难将生态学和美学相结合。正是从存在论的角度生态学与美学才有了必然的联系。因为,在生态存在论美学之中,人与自然的和谐协调过程、现象的显现过程、真理的敞开过程、主体的阐释过程与审美存在的形成过程都是一致的。存在论哲学对于"诗意地栖居"的追寻说明其也就是一种本体论意义的美学。当然,生态美学本身包含的人对自然的亲和性也使其具有浓郁的美学意味。

关于生态美学学科建设问题

目前,关于生态美学是否构成一个严格意义上的学科,争论激烈。有的学者认为生态美学已经成为一个新兴的美学学科,而有的学者则认为生态美学根本不能成立。两种意见争锋相对,我个人一直取积极而低调的态度。我始终认为,生态美学是不是一个严格意义上的学科是一个客观存在的事实,不是通过争论可以解决的问题。目前更加需要的不是在是否成为学科问题上的争论而是生态美学学科本身的建设。众所周知,作为一个独立的学科需要具有相对稳定的理论体系、相对稳定的研究方法和相对稳定的学者群体三个方面的基本条件。很明显,生态美学在这三个方面目前还不完全具备。

因此,我们认为生态美学是一个十分重要的极具前沿性的美学理论问题,我们将其称作生态存在论审美观。但如前所述,这个生态存在论审美观从其包含前所未有的生态维度的角度来说,是具有十分崭新的理论内涵和极其重要的学术价值的;它的发展,随着人们对于生态文明时代认识和体验的加深,也必然会逐步取得更大的推进。而且,它会对美的本体意义问题、自然美问题、艺术美问题、中西美学交流问题和审美的批评问题产生重要的影响。我们也相信,它的发展还将使美学从未有过地贴近现实,并影响到人们的生活方式。当然,这只是我们作为一名美学工作者的良好期望,需要众多学者历经多年的艰苦努力。

(原载《深圳大学学报》2005 年第 1 期)

10. 生态美学——一种具有中国特色的当代美学观念

1994年，在生态问题日渐成为国内外学术热点的形势下，由中国学者提出了"生态美学"这一崭新的美学观念。许多中国理论工作者从生态文艺学、文艺的绿色之思、生态存在论审美观等多重视角对这一美学观念进行了丰富发展。"生态美学"同国际上日渐勃兴的"生态批评"、"环境美学"密切相关，但又有别于它们。它是一种具有中国特色的美学观念，是中国美学工作者的一个创意。它的提出对于中国当代美学由认识论到存在论以及由人类中心到生态整体的理论转型具有极其重要的意义。但它不是一个新的美学学科，而是美学学科在当前生态文明新时代的新发展、新视角、新延伸和新立场。它是一种包含着生态维度的当代生态存在论审美观。它以人与自然的生态审美关系为出发点，包含人与自然、社会以及人自身的生态审美关系，以实现人的审美的生存、诗意地栖居为其旨归。

生态美学在中国的产生有其历史的必然性。它是中国现代化事业深入发展，环境问题日趋尖锐的新形势对中国美学学科和美学工作者的一种现实呼唤。也是中国当代形态的马克思主义要求一切从实践出发、以解决现实问题为理论出发点的必然趋势。它实际上是当代社会由工业文明过渡到生态文明的历史必然趋势，是反映着科学发展观的当代先进文化的表征之一。实际上，它已经成为有中国特色的社会主义的有机组成部分，同我国当前提出的可持续发展方针、科学发展观和构建和谐社会的理论是一致的，是这些理论的重要内涵。而从美学学科本身来看，20世纪中期以来经过几代美学工作者的努力而创立的实践美学,尽管在历史上有着重要的贡献和不可抹杀的地位,但在新的时代它的确已经显现出诸多局限。特别是其所表现出的落后于时代的"认识论"理论支点和"主客二分"的思维模式,更具明显的局限,需要在新的形势下有新的发展和新的充实。许多中青年美学工作者提出的"后实践美学"就是这种形势的反映,对生态美学的提出与发展有着重要的启示作用。生态美学也是新时期中西交流对话的产物。它的提出主要借鉴了德国哲学家海德格尔后期有关"天地神人四方游戏"的哲学—美学理论。而海氏"四方游戏说"的提出又明显地借鉴了中国古代老庄的"道家"思想。特别是老庄的"域中有四大,而人居其一"等一系列生态智慧。诚如海氏在《从关于语言的一次对话而来》一文中所说,"运思的经验能否获得语言的某些本质,而这一本质将保证欧洲—西方的道说与亚洲—东方的道说以某种方式进行对话?在此对话中,从一个共同的本源中,涌流出来的东西在歌唱"[1]。也就是说海氏将他后期的理论看作是中西道说之间通过对话而涌流出来的一种歌唱。当然,我们还借鉴了莱切尔·卡逊在《寂静的春天》中所表现出来的具有当代色彩的生态观念及其批评实践,阿伦·奈斯的"深层生态学",罗尔斯顿的"荒野哲学",以及日渐成为"显学"的西方"生态批评"。当代我国包括生态美学观在内的生态文化的建设仍需通过中西交流对话的重要途径。当然,对于当代西方生态理论所表现出的唯心主义和神秘主义色彩也需进行必要的分析批判。

但生态美学仍然与上述西方各种生态理论有着重要的区别。首先,它坚持以马克思主义唯物实践观以及有关的自然观为其理论指导。当然,马克思与恩格斯由于时代的原因其生态观难免有其历史的局限,但马克思主义唯物实践观中所包含的"物质生产基础"、"实践世界"、"自然主义与人道主义的结合"、"按照美的规律建造"以及"不要过分陶醉于对自然界

---

[1] 《海德格尔选集》(下),第 1012 页。

的胜利"等等理论观点对于克服当代西方某些生态理论中的局限与弊端有着重要的价值。我们认为十分重要的是,马克思主义的唯物实践观在本质上是对西方启蒙主义哲学"主客二分"思维模式和"人类中心主义"理论的批判与超越,是一种具有无限生命力的崭新的以劳动实践为其基础的当代唯物主义实践存在论哲学,成为当代我国包括生态美学观在内的生态文化建设的理论支点。

而且,我们提出的生态美学观在借鉴西方理论的同时力图主要借鉴中国古代固有的生态智慧资源。包括儒家的"天人合一"、"和而不同"、"民胞物与"的生态思想;道家的"道法自然"、"万物齐一"等生态智慧。当然还有其它一些包含在哲学、文学艺术之中的宝贵生态智慧。对于中国传统生态智慧,目前学术界在理解和评价上尚有诸多不一致之处。我个人认为,我国传统生态智慧内涵之丰富及其所达到的高度是十分惊人的。它恰是我们建设当代包括生态美学观在内的生态文化的基本立足点和最重要资源。中国传统文化尽管有儒道佛各家,但其核心恰是费孝通先生所归纳的刻在孔庙大殿上的"中和位育"四个字。这四个字来源于《礼记·中庸》篇:"喜怒哀乐之未发,谓之中;发而皆中节,谓之和。中也者,天下之大本也,和也者,天下之达道也。致中和,天地位焉,万物育焉。"在这里,《礼记·中庸》将"中和论"提到宇宙运行、万物生长的根本性的高度上加以定位,应该讲是比较确切的。所谓"中和"其核心内涵即为"共生",恰是当代生态文化建设的重要源头。"中和"从其内涵来说首先是"和",即"和而不同"。这里划清了"和"与"同"的界限。"和"为万物共生共处共荣,而"同"则为党同伐异、追求划一。这就是中国古代传统文化中著名的"和而不同"理论观念的含义。这种"和而不同"的思想在西方直到1871年才由尼采在著名的《悲剧的诞生》一书中提出与之相似的酒神精神与日神精神两种生命本能的相互作用而诞育万物与艺术。"中和论"其次之意为"生",也就是说只有"和",万物才能滋生繁荣、生生不息。所谓"和实生物,同则不继"(《国语·

郑语》)、"生生之为易"(《周易·系辞上》)、"道生一,一生二,二生三,三生万物。万物负阴而抱阳,冲气以为和"(《老子·四十二章》)等等。这种中国古代"中和论"是迥异于西方古代"和谐论"的。"中和论"是一种建立在"天人合一"基础上的宇宙万物诞育运行理论。而"和谐论"则是建立在主客二分基础上的具体事物比例对称理论。在宇宙观上,"中和论"是一种"天人合一"理论,而西方古代之"和谐论"则是一种以主客二分为基础的"理念论";在外延上,"中和论"是一种极为宏观的"天人之和",而西方古代之"和谐论"则是一种微观的物质之和,追求世界是由"数"或"火"构成之物质根源和比例对称、黄金分隔之具体和谐;而在其内涵上,中国古代"中和论"思想是一种人生哲学,关涉到宇宙社会人生,以"善"的追求为其目标,而西方古代"和谐论"则主要是一种自然哲学,侧重于具体的物质存在,以"真"的追求为其目标。当然,这两种理论都是一种非凡的古代智慧,"中和论"思想绵延 5000 年,诞育了独具特色的中华文化。而西方"和谐论"则为西方的科技发展与现代化提供了理论支持。但从当代社会的可持续发展来看,中国古代"中和论"共生思想在解决当代文明危机之中重新绽放出绚丽的光彩。特别是"中和论"共生思想在构筑当代人与自然社会共荣共生新目标之中具有极为重要的现实意义与价值,被国际科技文化界所逐步认同。不仅有德国著名哲学家海德格尔对中国古代道家思想的借鉴,而且有多位诺贝尔奖获得者提出当代世界危机的解决应到 2500 多年前的中国孔子理论中去寻找智慧。这些看法的提出绝非偶然,充分说明中国传统的以"中和论"为代表的古代智慧在当代社会文化建设,特别是在当代生态文化建设中的重要价值。当然,中国古代的"中和论"思想作为前现代农业文明时期的产物必不可免地有其历史的局限性,其当代价值必须通过"批判的继承"才能得以发挥。我们应该遵循"古为今用"的方针,坚持"留其精华,去其糟粕"的原则,对其进行必要的改造,使之在当代发挥应有的作用。我们认为,中国传统生态智慧的最基本的局限性就在于它是一种前现代农业文明的产物,虽然包含人与自然平等共生的可贵内涵,但这种"共生",还是一种缺少科学精神的、低水平的。因而,这种"中和论"生态智慧必须经过必要的改造,注入现代科技精神,充实其"共生"内涵,提高其生存质量。但中国古代以"中和论"共生思想为代表的生态智慧在当代世界生态文化建设中重要作用的彰显,以及我国建设具有中国特色的生态文化的努力,都是新世纪突破"欧洲中心主义",弘扬中华文化,走向民族文化振兴的重大举措。

再就是我们提出的生态美学观是从中国当代的社会与理论的实际出发的。我们将生态美学观作为当代中国先进文化之一的生态文化建设的有机组成部分,自觉地以科学发展观与和谐社会建设的理论为指导,紧密结合中国的社会发展和理论建设实际。我国作为发展中国家,发展是硬道理。但我国同时又是资源贫乏的国家,而且作为社会主义社会我们必须避免资本主义制度盲目追求极大利润的弊端,坚持走人与自然和谐的真正的"以人为本"之路。这就是我国的国情与基本国策所在。

马克思早在《1844年经济学哲学手稿》中就提出了自然主义与人道主义及其与审美观的结合这样的重要论题,我们今天在生态美学建设中所要解决的最重要课题仍然如此。我们应努力建设一种以当代生态人文主义为指导的生态审美观。首先,应从生态存在论"此在"之"在世"出发确立人的生态本性观。长期以来我们总是离开人的现实生存抽象地来界定人的"感性"、"理性"、"人类之爱"等等本性。但生态存在论哲学观与美学观力主从"现世之人"出发来界定人的本性。而作为"现世之人"的最基本的特点就是人生存于生态环境之中,与生态环境须臾难分。这样,人的生态本性就是人的最基本的本性。它包括人来自于自然的生态本源性;人都处于生态环链之上并作为其生命最基本条件的生态环链性;人作为生态环链中唯一有理性的动物所具有的维护生态环境的生态自觉性等等。正是在人的生态本性理论的基础上,我们才得以构建新的生态人文主义精神。人文主义是西方文艺复兴时期提出的"以人为基本出发点"的理论观念。这一观念是一个历史的范畴,随着历史的发展而不断地发展变化。今天,在生态文明新时代,我们应该着力建设新的包含生态维度的人文精神,即生态人文主义精神。这就是由人的平等发展到人与自然在"生物环链"之中的相对平等;由人的生存权发展到人的生存权之中包括人的环境权;由人的价值发展到同时适度地承认自然的价值;将对于人的关爱发展到兼及对其它物种的适度关爱;将对于人类的当下关怀发展到对于人类前途命运的终极关怀。总之,当代生态美学观尽管突破了传统的人类中心主义,但却不是对于人类的反动,而恰是新时代对于人类生存发展更具深度和广度的一种关爱,是新时代包含生态维度的新的人文精神。生态人文精神集中地体现了人文观和生态观的统一。而生态观所要求的人与自然的亲和性本身就与审美观是一致的。诺贝尔生存权利奖获得者何塞·卢岑贝格将地球称作"美丽迷人、生机盎然"的地母该亚,并说这是一种"美学意义中令人惊叹不已的观察与体悟"。由此说明,生态观与美学观的一致性。

当前,有关生态观与人文观、审美观的统一问题是引起争论最多的问题。有些朋友将对于生态观的强调提到"反人类"的高度,有的则认为三者的统一是完全没有可能的。分歧与争论的激烈是空前的。我们认为,这是正常的现象,是没有任何奇怪的。因为当代生态存在论哲学观与美学观的建设,实际上是冲破统治人类头脑几百年的"主体性"、"人类中心"传统文化观念的一场革命,是一场改变人们基本观念的哲学的和文化的革命。既然是一场革命就必然要碰到思想的剧烈冲突与碰撞。我们认为对于生态观与人文观、审美观的统一这样崭新的理念,站在传统的认识论的立场是无法接受的。而只有站到当代存在论的哲学立场才能把握和理解。因为,从当代存在论的立场来看,传统认识论和现代所盛行的唯科技主义和工具主义之弊端就在于混淆了"存在者"与"存在"的界限,因而以"物"遮蔽了"人",走上无限崇尚科技与物质之路,从而使人的根本生存状态遇到极大威胁。而当代存在论所追求的恰是超越物之遮蔽,走向存在得以彰显的澄明之境。这种超越既是对物之迷恋的超越,也是对人与自然对立的超越。因为,恰从存在者均为存在之显现的意义上,万物具有某种平等性,理应处于和谐共处之境。而从认识论主客二分的角度人与自然是不可能"平等"的。这种"平等"与和谐共处恰是生态观与人文观的统一,是人类获得诗意地栖居的前提。而在当代存在论哲学之中,真理与美是同格的,存在之由遮蔽走向澄明,真理得以显现,其本身是"真",同时也是"美"。美即真理的自行显现。这就是生态观与人文观、审美观在当代存在论立场上的一致性。但有人却提出,当代生态文化反对"人类中心"即等于反对"以人为本"。其实,"以人为本"与"人类中心"是不可混同的。因为,"以人为本"是一种贯穿人类社会始终的关爱人及对人类终极关怀的人文精神。但"人类中心"则是启蒙主义工业革命时代的产物,以"我思故我在"、"人为自然立法"为其内涵。当然其中也贯穿着使人类走向文明和民主的启蒙主义时代的人文精神。但20世纪60年代以来,人类社会发生了巨大变化,工业文明逐步被新的生态文明所取代。"人类中心"及与之相关的"人与自然根本对立"的观念也作为一种历史的范畴被必然的扬弃,而代之以人与自然平等共处的生态整体观念。而启蒙主义时代的包含科学精神和民主意识的人文精神内涵则应于保留,并在新时代加以继承发扬,构建新的包含生态维度的人文精神,使人类更加美好地生存。有人对于这种新的生态人文精神的建设持保留态度,认为"人与自然是宿命的对立,不可能走向统一"。的确,人类要生存发展就必须改造自然,但这种"改造"的前提是人类得以在自然环境中持续美好的生存,而且是基于人类是大自然的一部分的这一基本事实。如果离开这一前提与事实,对大自然无度地滥伐,必将毁灭人类自身。早在1873年,恩格斯就在著名的《自然辩证法》之中批判了这种将人与自然相对立的观点。他说,"人们愈会重新地不仅感觉到,而且也认识到自身和自然界的一致,而那种把精神和物质、人类和自然、灵魂和肉体对立起来的荒谬的、反自然的观点,也就愈不可能存在了"。他还更加明确地指出,"我们连同我们的肉、血和头脑都是属于自然界,存在于自然界"①。问题的关键是如何才能在现实生活中求得人与自然的平等共生。恩格斯认为,资本主义制度对利润无限追求的本性必然导致其对于自然的无限掠夺。他说,"当西班牙的种植主在古巴焚烧山坡上的森林,认为木灰作为能获得最高利润的咖啡树的肥料足够用一个世代时,他们怎么会关心到,以后热带的大雨会冲掉毫无掩护的沃土而只留下赤裸裸的崖石呢?"因此,恩格斯期待一个"有计划的生产和分配的自觉的社会生产组织",将人类从资本主义所导致的经济危机和生态危机之中解救出来。而这样的"社会生产组织"就是克服资本主义"以物为本",坚持"以人为本"的社会主义制度。这就是我国正在实践的有中国特色的社会主义制度所要实现的重要目标之一。因此,摆脱人与自然的根本对立,走向人与自然的和谐发展,正是我国建设有中国特色社会主义主题中的应有之意。

目前,还有一个重要问题就是具体到生态美学观到底包含那些新的内涵。我们认为,它具体指人的生态本性突破工具理性束缚真理得以自行揭示的生态本真美;天地神人四方游戏的生态存在美;自然与人的"间性"对话关系的生态自然美;人的诗意地栖居的生态理想美以及审美批判的生态维度等等。当然,这只是一个轮廓式的意见,其具体内涵还需在总结古今中外各种文学艺术文本的基础上加以概括总结。特别是对于中国古代文学艺术和当代生态文艺的研究愈加重要。在这种研究的基础上,我相信一定能更好地概括出生态美学观的基本特征。但生态美学观作为后现代语境下生成的理论观念,本身是一种开放的、非中心的和共创的,它并不刻意追求理论的自足性,而以其理论的现实性与突破性为其旨归。这样,包括生态美学观在内的当代生态文化建设必将随着我国有中国特色

---

① 《马克思恩格斯选集》第三卷,第 518 页。

的社会主义实践的深入发展而不断深化。

(本文为作者在 2005 年 8 月 19 日青岛"当代生态文明视野中的美学与文学国际学术研讨会"上的发言)

11. 老庄道家古典生态存在论审美观新说

中国传统文化以儒道互补为其特点,这已成为学术界的共识。儒家作为中国封建社会的主流文化也是不争的事实,但以老庄为代表的道家文化在 20 世纪以来的现代化大潮中愈来愈显示出特有的价值与意义,从而引起东西方学术界的广泛重视。本文试从生态存在论审美观的角度探索老子与庄子哲学—美学思想的深刻内涵。可以毫不夸张地说,老庄哲学—美学思想的当代价值是难以估价的,它作为东方古典形态的、具有完备理论体系和深刻内涵的存在论哲学美学思想与人生智慧,业已成为人类思想宝库中的一份极为重要的遗产,也是当代人类疗治社会与精神疾患的一剂良药。

一

我们应该首先探讨老庄哲学—美学之中最基本的命题:"道法自然。"(《老子·二十五章》)这是东方古典形态包含浓厚生态意识的存在论命题,它深刻阐释了宇宙万物生成诞育、演化、发展的根源与趋势,完全不同于西方古代的"理念论"与"模仿论"等等以主客二分为其特点的认识论思维模式。唯其是存在论哲学与美学命题,才能从宇宙万物与人类生存发展的宏阔视角思考人与自然共生的关系,从而包含深刻的生态智慧,而不是仅从浅层次的认知的角度论述人对于对象的认识与占有。"道法自然"中的"道"乃是宇宙万物诞育的总根源,实际上也是宇宙万物与人类最根本的"存在"。老子说:"道可道,非常道。"(《老子·一章》)这里把"可道",即可以言说之道与"常道",即永久长存、不能言说之道加以区别。"可道"属于现象层面的在场的"存在者",而"常道"则属于现象背后的不在场的"存在"。道家的任务即通过现象界在场的存在者"可道"探索现象背后的不在场的存在"常道"。这是一个古典形态的存在论的命题。不仅如此,老庄还有意识地在自己的理论中将作为存在论的道家学说与作为知识体系的认识论划清了界限。他们把人的知识分为两种,一种是普通的知识,即所谓"知";一种是最高的知识,即所谓"至知"。对于普通的"知",老庄是否定的,主张"绝圣弃知"(《老子·十九章》)。而对于"至知",他们则是肯定的。庄子说:"知天之所为,知人之所为者,至矣。"(《庄子·大宗师》)也就是说,庄子认为能够认识到自然与人类社会的运行规律就是一种最高的知识,即"至知"。而这种"至知"只有"真人"借助于道才能获得。所谓"是知之能登假于道也若此"。(同上)这就进一步地说明,老庄所谓的"道"与通常的"知"是有着严格的界限的。既然"道"有在场与不在场之分,那么其表现形态就有"言"与"意"之别,所谓"言"即是"可道",所谓"意"即是"常道"。言与意有别,即有在场与不在场之别。但两者又有联系,即由"言"而领会"意"而又"得意忘言"。庄子说:"筌者所以在鱼,得鱼而忘筌;蹄者所以在兔,得兔而忘蹄;言者所以在意,得意而忘言。"(《庄子·外物》)在这里,庄子借助筌与鱼、蹄与兔的比喻,说明言与意的关系,实际上涉及语言与存在的关系。在他看来,语言作为声音的组合,属于在场的、现象界的,但却试图借以表达不在场的、现象背后的"道"(即存在)。但这种表达,在老庄看来几乎是不可能的。他们认为,作为宇宙万物诞育之根的"道"实际上只能意会,难以言传。因此,老子说:"大音希声,大象无形,道隐无名。"(《老子·四十一章》)庄子则说:"天地有大美而不言,四时有明法而不议,万物有成理而不说。"(《庄子·知北游》)也就是说,在老庄看来,作为大音、大象、大美之道是无法用声、形、名、言加以表达的，因其不在认识论的层面，而属于存在论的范围，所以只能借助审美的想象获得精神的自由，从而体悟道。中国古代艺术中影响深远的"意象"与"意境"之说，其文化根源就是道家的这一基本观念。而"道法自然"这一命题中的"自然"，即是同人为相对立的自然而然，无须外力，无劳外界，无形无言，恍惚无为，这乃是道的本性。正如庄子借老子之口所说："夫水之于汋也，无为而才自然矣。"（《庄子·田子方》）也就是说，"自然"好像是水的涌出，不借外力，无所作为，是一种"无为"，也是一种"无欲"。这正如老子所说的"故常无欲，以观其妙"。（《老子·一章》）"无欲"是指保持其本性而感于外物所触生之情的状态。"观"指"审视"，既不同于占有，也不同于认知，而是保持一定距离的观察体味。"观其妙"是指只有永葆自然无为的本性才能观察体味道之深远高妙。这里的"无欲"已经是一种特有的既不是占有也不是认知的，既超然物外，又对其进行观察体味的审美的态度。老子主张"无为而无不为"（《老子·三十七章》），也就是说只有无为才能做到无所不为。这里，无为与无不为是相应的，只有无为，才能做到无不为；相反如果做不到无为，也就做不到无不为。老子还进一步加以解释道："万物作焉而弗始，生而弗有，为而不恃，功成而弗居。夫唯弗居，是以不去。"（《老子·二章》）如果从人与自然的关系对这段话加以理解，那就是人类任凭万物自然兴起而不人为地对其最初的生长进行改造，生化万物而不占有，帮助万物生长有所作为而不因此无限制地对万物施为，对万物的生长取得成功而不因此自居为万物的中心。但也正因为不自居为中心，人类应有的发展和地位反而可以保存而不失去。老子还提出了一个重要的生态存在论审美观念，那就是"不争"的观念。他说："不尚贤，使民不争。"（《老子·二章》）这里所谓的"不尚贤"就是不过分地推崇世俗的多才多能之士，从而使人民不争功名而返回自然状态。而实际上老庄是将这种"不争"的思想扩大到人与自然的关系之中的，所谓"水善利万物而不争"（《老子·八章》）。也就是说，老子认为,道同水一样滋润而有利于万物却从不同万物相争。正是因为人类遵循道之"无为",不与万物相争,"故天下莫能与之争"。(《老子·六十六章》)

庄子则进一步将老子"无为"的思想发展为"逍遥游"的思想。"逍遥游"按其本义即通过无拘无束的翱翔达到闲适放松的状态。庄子特指一种精神的自由状态。他的逍遥游分"有待之游"与"无待之游"。所谓"有待之游"即有所凭借之游,日常生活中所有的"游"都是有待的,无论是搏击万里的大鹏,还是野马般的游气和飞扬的尘埃,其游均要凭借于风。而只有"游心"即心之游才"无待",即无须凭借,从而达到自由的翱翔。他说:"汝游心于淡,合气于漠,顺物自然而无容私焉。"(《庄子·应帝王》)这里的所谓"游心"即使自己的精神和内气处于淡漠无为的状态,顺应自然,忘记了自己的存在。这就是精神丢弃偏私之挂碍,走向自然无为,也是一种由去蔽走向澄明的过程,是一种真正的精神自由。这种精神自由可以任凭思想自由驰骋而体悟万物。所以,"逍遥游"、"游心"是对老子"道法自然"命题中"无为"内涵的深化与发展,包含着深刻的由去蔽走向澄明,从而达到超然物外的精神自由的审美的生存状态。

二

老庄的存在论哲学—美学观集中地表现于他们关于宇宙万物诞育生成的理论。他们认为宇宙万物诞育生成于"道"。"道"是什么呢?它不是物质或精神的实体,因而它不属于认识论范围,没有主体与客体之分;它属于存在论范围,是宇宙万物诞育生成乃至于"存在"的总根源,也是一种过程或人的生存的方式。西方主客二分的认识论思维模式是无法理解老庄所论之"道"及其道家思想的。老庄明确认为,宇宙万物,包括人类诞育生成的总根源都是"道",这就提出了一个人与万物同源的思想,从而使老庄的哲学—美学思想成为"非人类中心主义"的。老子说:"有物混成,先天地生。寂兮寥兮,独立不改,周行而不殆,可以为天下母。"(《老子·二十五章》)这就明确提出了"道为天下母"的观点。庄子则进一步提出"道为万物之本根"的思想。他说:"扁然而万物自古以固存。六合为巨,未离其内;秋毫为小,待之成体。天下莫不沉浮,终身不故;阴阳四时运行,各得其序;昏然若亡而存,油然不形而神;万物畜而不知。此之谓本根,可以观于天矣。"(《庄子·知北游》)庄子在这里没有点明"道"为万物之"本根",但他所说的万物生长、宇宙变化、四时运行所凭借的"本根"实际就是"道"。那么,"道"是如何成为宇宙万物之"母"或"本根"的呢?也就是说,"道"是如何创生宇宙万物的呢? 这就涉及一个中间环节,那就是"气论",也就是阴阳之气交汇中和以成万物。老子说:"道生一,一生二,二生三,三生万物。万物负阴而抱阳,冲气以为和。"(《老子·四十二章》)庄子借孔子之口说道:"至阴肃肃,至阳赫赫。肃肃出乎天,赫赫出乎地。两者交通成和而物生焉,或为之纪而莫见其形。"(《庄子·田子方》)这就说明老庄均认为宇宙万物的诞育生成是阴阳之气的交汇中和的结果。老子更具体地以人的生育比喻万物诞育之根。这就是中国古代道家的阴阳冲气以和化育万物的思想,是以存在论为根据的宇宙万物创生论。它完全不同于西方以认识论为基础的物质本体或精神本体以及基督教中的上帝造人造物。这是一种中和论哲学—美学思想,是中国传统哲学与美学的带有根本性的理论观点。正如《礼记·中庸》所说:"中也者,天下之大本也;和也者,天下之达道也。致中和,天地位焉,万物育焉。"这就将中和之理提升到大本、达道、天地有位、万物诞育的高度,可见其重要。由上述可见,这种中和论是一种存在论的哲学与美学理论,包含天人、阴阳交汇融合,万物诞育生成等等极为丰富的内涵,完全不同于西方发端于古希腊而完善于德国古典哲学的"和谐论"哲学与美学理论。"和谐论"完全以认识论为其理论根基,以主体与客体、感性与理性二分对立为其思维模式,以外在物质形式的比例、对称、黄金分割,乃至共性与个性之关系为其理论内涵。而中国古代道家的"中和论"则是阴阳的中和浑成,万物的生成诞育,是一种宏观整体上的交融合成。老庄认为,"中和"之道作用很大,不仅阴阳冲气以和可以诞育宇宙万物,而且,"中和"之道可以藉以治国、养身。总之,老庄的"道为天下母"的思想,使人与自然万物在生成上有了共同的本源,这正是老庄十分重要的生态存在论审美观的内涵之一。

三

老庄道家学说中还有一个十分重要的思想就是"万物齐一论",也就是说万物都是平等的,没有贵贱高下之分,不存在人类高于自然之说。这样一个重要思想也是来源于存在论,而不是来源于认识论的。因为,从认识论的角度,自然万物的确客观存在着长短优劣之别,所以不可能加以同等看待。而作为存在论,则力主任何事物均具有其"内在价值"。因此凡是存在的就是合理的,一切存在的都有自己独有的位置与价值,因而应该同其它事物同等看待。

老子有一段著名的话:"故道大,天大,地大,王亦大。域中有四大,而王居其一焉。"(《老子·二十五章》)这里所说的"王"即人之代表,王即人也。因此,道、天、地与人,人只是四域之一,从而确定了人与宇宙万物的平等地位。老子又说:"天地不仁,以万物为刍狗。"(《老子·五章》)因为,老子遵奉天道,反对孔子所倡导的局限于人际关系的仁学,所以他认为天地按天道运行而不按具有局限性的仁学运行,而天道是"道法自然"、"无为无欲"之说,因而对万物没有偏私之爱,一视同仁地将其看作是用于祭祀的草扎的狗,任其存在与销毁。这就说明,老子反对将人与万物分出贵贱,反对对人和万物有不平等的爱,而是主张将人与万物同样看作是平等的,没有伯仲高下之分。庄子在著名的《齐物论》中提出:"天地与我并生,而万物与我为一。"《庄子·秋水》篇假托河伯与北海若的对话阐述物无贵贱、人是万物之一的道理。所谓"号物之数谓之万,人处一焉;人卒九州,谷食之所生,舟车之所通,人处一焉"。这就是说茫茫宇宙之中,各类事物何止上万,而人只是其中之一;而在九州之内,谷食所生,舟车所通之处,人也只是万分之一。那么,为什么物无贵贱,人与万物是平等的呢?庄子认为,这是道家学说特有的内涵。还是在《秋水》篇,河伯问北海若:"若物之外,若物之内,恶至而倪贵贱?恶至而倪大小?"北海若答曰:"以道观之,物无贵贱;以物观之,自贵而相贱。以俗观之,贵贱不在己。以差观之,因其所大而大之,则万物莫不大;因其所小而小之,则万物莫不小;知天地之为稊米也,知毫末之为丘山也,则差数睹矣。"在这里,庄子提出了观察问题的不同视角:从道的角度看问题,万物齐一,物无贵贱;从一己的角度看问题,只能是贵己而轻物;从当时世俗的观念来看问题,只能遵循"富贵在天,生死有命"的天命思想,认为由天命决定而不在自己;从数量比较的角度来看,那就会因为认为它大就说它大,这样万物都会被看作大,也会因为认为它小就说它小,那么万物都会被看作小,大小是相对而言的,天地之大也可以被看作一粒小米,毫末虽小却又可将其看作大山,这都是从数量的角度难以比较的。后面所说"以差观之"即是从数量的角度,也就是从认识论的角度,因数量的相对性而难分伯仲。那么,为什么"以道观之,物无贵贱"呢?这是由"道"的"自然无为"的性质决定的。正因为"道"的本性是自然而然,顺其自然,无所作为,所以,从"道"的角度出发,事物本来就无所谓贵贱高下之分。当然,人与自然万物也就无所谓贵贱高下,更没有"中心"与"非中心"之别了。庄子认为,道是无所不在的,体现于一切事物之中,这正是决定"万物齐一"的根本原因。《庄子·知北游》中记载了庄子与东郭子的一段对话:"东郭子问于庄子曰:'所谓道,恶乎在?'庄子曰:'无所不在。'东郭子曰:'期而后可。'庄子曰:'在蝼蚁。'曰:'何其下邪?'曰:'在稊稗。'曰:'何其愈下邪?'曰:'在瓦甓。'曰:'何其愈甚邪?'曰:

'在屎溺。'东郭子不应。"这就说明,道甚至存在于通常被看成较为低级的蝼蚁、稊稗、瓦甓和屎溺之中。那么,从这些东西也体现了道的角度说,它们也是平等的。其意义还在于,这种观点具有某种生态存在论的意义,也就是说这些事物都是多姿多彩的生态世界中不可缺少的一员,因而有其存在之价值。庄子的道无所不在的观点非常重要,体现了一种古典形态的事物均具有其"内在价值"的观念。庄子还提出了一个著名的"无用之用"的命题,也就是说一个事物没有通常所说的优点和价值,但却正因此而得到长期生存的空间和时间,所以反而显得"有用"。当然这种"无用之用"还意味着某种事物,包括自然物自身所秉有的不向外显示的"内在价值",即所谓"德不形者",德之"内保之而外不荡也"。(《庄子·德充符》)德包含在内而不显露在外。庄子在《人间世》中还记载了一棵栎社树批评木匠说其无用的言论:"女将恶乎比予哉?若将比予于文木邪?夫柤、梨、橘、柚、果蓏之属。实熟则剥,剥则辱;大枝折,小枝泄。此以其能苦其生者也。故不终其天年而中道夭,自掊击于世俗者也。物莫不若是。且予求无所可用久矣,几死,乃今得之,为予大用。使予也而有用,且得有此大也邪?且也若与予也皆物也,奈何哉其相物也?而几死之散人,又恶知散木!"(《庄子·人间世》)这段话真是包含着深刻的生态存在论审美观念:第一,提出事物,特别是自然物"无所用之大用"的观点,所谓"无所用"是从世俗的功利与认知的角度判断的,而"大用"则是从生态存在论的角度判断的。因为生态存在论认为,任何事物,特别是自然物均有其"内在价值",这就是老庄的道无所不在、遍及万物的观点。第二,包含中国古代道家的生态存在论"无为无不为"的哲学思想,即"无用无不用"。所谓只有"无用"才能达到"无不用"的境界,如果刻意追求有用,反而会无用。这也警示我们人类,如果过分追求"有用"之经济与功利目的,滥伐资源,污染环境,最后必然走到资源枯竭、环境恶化的"无所用"之境地。第三,人类与自然万物都同样是物,在这一点上是平等的,因而不能以有用无用、用之多少这样的标准去要求它物,取舍它物,所谓"奈何哉其相物也",这实际上是老庄"万物齐一论"的深化,也是对统治人类的"人类中心主义"的有力批判。庄子在《人间世》的最后用"人皆知有用之用,而莫知无用之用也"作结。庄子的这段话是有感而发的,因为在庄子所在的时代无论是世俗的观念,还是影响极大的儒家学说,都是在"天命观"的前提之下主张人在万物之中为最贵。而且老庄尊重自然的观点,"万物齐一"的理论还遭到儒家学派的批判。荀子曾对庄子的自然观进行了批判,认为"庄子蔽于天而不知人"(《荀子·解蔽》)。荀子还在将人与自然万物相比较,认为人"最为天下贵也"。他说:"水火有气而无生,草木有生而无知,禽兽有知而无义,人有气有生有知亦且有义,故最为天下贵也。"(《荀子·王制》)曾子所著《孝经》则借孔子之口说道:"天地之性,人为贵。"由此可见,老庄的"万物齐一"的理论观点在当时可谓难能可贵。

四

老庄的论著中包含着大量的极其有意义的生态智慧,反映了人与自然的应有的关系。庄子提出的"天倪"与"天钧"的理论就包含着"万物不同,相禅若环"的生物链思想,具有重要的理论价值。庄子说:"万物皆种也,以不同形相禅。始卒若环,莫得其伦,是谓天钧。天钧者,天倪也。"(《庄子·寓言》)这就是说,庄子认为各种事物均有其种属,但以其不同的形状相互连接。从开始到最终互相紧扣好像环链,没有什么东西可同其相比,这是一种自然形成的循环变化的等同状态,也就是所谓天钧。在《齐物论》篇,庄子进一步从"万物齐一"的角度论述了"天倪"。庄子的"天倪"论是在其"道法自然"、"万物齐一"基本理论的统帅之下的,因而应从生态存在论审美观的角度理解。如果从通常的认识论理解,所谓"天倪"、"天钧"绝对是一种相对主义的、认识循环论的错误观点。而从生态存在论审美观的视角理解，可以看到其所包含的深意：1. 明确提出了事物构成环链的思想，所谓万物不同形相禅始卒若环；2. 形成事物环链的重要原因是事物之间具有更多的联系性和同一性，所谓"是不是，然不然"；3. 而形成事物环链的根本原因是它们都"寓诸无竟"，也就是有着共同的生命本原——"道"；4. 这种"天倪"的思想也是对"万物齐一"论的一种补充，那就是万物中的每一物所享受的平等都是在自己所处环链位置上的平等，而不要超出这个位置，这才是"无为而为"、"自然而然"。从这样的分析中可见，庄子的"天倪"说在某种程度上已经包含了生态存在论中生物链思想的基本内容，阐述了宇宙万物普遍共生、构成一体、须臾难分的普遍规律。老庄的道家学说中还包含人类应该尊重自然，按自然万物的本性行事，不要随便改变自然本性这样极为重要的生态观念。老子提出著名的"以辅万物之自然，而不敢为"(《老子·六十四章》)的思想，就是指尊重万物的自然本性而不要随意改变。庄子则通过一个寓言故事深化了这一理论。《庄子·至乐》篇中通过一个寓言故事提出了不应"以己养养鸟"，而应"以鸟养养鸟"的道理，要求我们人类充分尊重自然万物之本性，而不要将人类的观念、欲望和方式强加于自然。老子还有一个重要的生态思想，那就是著名的"三宝说"。老子说："我有三宝，持而保之：一曰慈，二曰俭，三曰不敢为天下先。慈，故能勇；俭，故能广；不敢为天下先，故能成器长。"(《老子·六十七章》)这"三宝"应该说都同道家的自然观有关。这里所谓"慈"不是儒家"仁者爱人"之慈，而是道家"道法自然"之慈，包含着"无为"、"无欲"、敬畏自然、尊重自然本性、不侵犯自然的内涵。而所谓"俭"即指性淡而不奢，不随便掠取自然，过一种符合自然状态的俭朴的生活；所谓"不敢为天下先"即为"不争"，要求人类尽量不同自然争夺生存的空间，不搞"人类中心主义"，而对自然采取一种平等相处的态度。只有珍视这"三宝"，按其要求行事，才能正确面对自然万物，同其融洽相处，自然资源才能得到广大的发展余地，人类和自然万物都能得到很好的生存。老子接着说："今舍慈且勇,舍俭且广,舍后且先,死矣。"也就是说,老子认为一旦丢弃了这"三宝"而走向反面,那么人类只有死路一条。应该说,这"三宝"是老子从存在论特有的视角对人与自然关系的生态规律的深刻总结,成为中国古代极其宝贵的生态智慧精华。

五

老庄对于如何掌握道家思想、遵循"道法自然"的生态存在论审美观行事有着深刻的论述与探讨。总的来说,老庄认为这种"道法自然"的道家学说不是依靠知识的学习所能掌握的,而是必须通过心灵的体悟、精神的修炼,从而达到一种摆脱物欲、超然物外的精神境界。这也恰是一种审美的境界与态度,从而使老庄的"道法自然"的生态存在论同审美恰相融合,成为一种生态存在论审美观。老子主要直接阐述"道"之内涵,但也对"道"的掌握进行了必要的论述。老子说:"多言数穷,不如守中。"(《老子·五章》)这里所谓"守中"就是一种精神的保养和修炼,具有特殊的含义。对于老子提出来的"守中",庄子将其发展为"坐忘"与"心斋"。《庄子·大宗师》篇假借孔子和颜回的对话提出并论述了"坐忘"之道:"仲尼蹴然曰:'何谓坐忘?'颜回曰:'堕肢体,黜聪明,离形去知,同于大通,此谓坐忘。'仲尼曰:'同则无好也。化则无常也。而果其贤乎!丘也请从而后也。'"这里所谓"坐忘"有三个要点:1."堕肢体",就是将自己的生理的要求、一切物欲,统统抛弃;2."黜聪明",就是彻底抛弃自己精神上一切负担,包括当时流行的儒家仁义之说和其它各种学说知识,还有日常生活的风俗之知识;3."离形去知,同于大通",就是说只有在生理上和精神上都丢弃负担之后,超越了一切物欲和所谓知识,才能体悟到自然虚静之道,与其相通。庄子还在提出来了著名的"心斋",所谓"心斋"即"唯道集虚"(《庄子·人间世》)。老庄的道家学说恰是通过这种"堕肢体,黜聪明,离形去知"的"坐忘"与"无听之以耳"、"无听之以心"、"唯道集虚"的"心斋",排除物欲的追求、纷争的世事及各种功利的知识,从而超越处于非美状态的存在者,直达到诞育宇宙万物之道,获得审美的存在。心之"无待"的逍遥游就是庄子所追求的审美的存在,所谓"坐忘"、"心斋"恰是一个由遮蔽走向解蔽,走向澄明之境的过程。庄子认为只有至人、神人、真人、圣人等等超凡脱俗之人才能达到离形去知、超然物外、通于道、达于德的"至乐"的审美的境界。老子的"守中",庄子的"坐忘"与"心斋"同当代现象学中所谓"本质还原"的方法是十分接近的,也是一种将现象界中的外物与知识加以"悬搁",通过凝神守气而去体悟宇宙万物之道的过程,最后达到"无待"之逍遥之游的"至乐"之境。这正是一个超越存在者走向审美的、诗意的存在的过程,用通常的认识论中可知与不可知等等范畴是无法理解的。

六

老庄还对符合生态存在论要求的"至德之世"有所预言,寄托了他们的美好理想,给后世以深刻的启示。他们首先论述了"道"与"世"的关系,也就是推行道家学说与社会发展的关系,总的观点是"道丧世丧,道兴世亦兴"。庄子说:"由是观之,世丧道矣,道丧世矣。世与道交相丧也,道之人何由兴乎世,世亦何由兴乎道哉!道无以兴乎世,世无以兴乎道,虽圣人不在山林之中,其德隐矣。"(《庄子·缮性》)老庄的所谓"世丧"即社会的衰败,既包括政治经济方面,也包括自然生态方面,因为在他们的宇宙观中"天、地、道、人"都在其中的。由此可见,生态问题归根结底是世界观问题,也就是庄子所说的"道之兴衰"问题。道兴则生态社会兴,人们可以按照"道法自然"、"清静无为"的观念建立一种"辅万物之自然而不敢为"的生活方式,从而建立人与自然普遍共生、中和协调,共同繁荣昌盛的生态型的社会。相反,道丧则生态社会丧,如果人们一旦违背"道法自然"的观念,以"人类中心"为准则,攫取并滥伐自然,人与自然的协调关系必然受到破坏,社会的衰败必然到来。鉴于当时的诸侯割据,战争频仍,社会黑暗,老子进一步地预见到生态和社会危机的到来。他说:"其致之。天无以清将恐裂,地无以宁将恐发;神无以灵将恐歇,谷无以虚将恐竭,万物无以生将恐灭,侯王无以贵高将恐蹶。"(《老子·三十九章》)在老子看来,只有得到"道",天地社会才能安宁。如果天失去道就无以清明并将崩裂,地失去道就无以安宁并将荒废,庄稼失去道就无以充盈并将亏竭,自然万物失去道就无法生长并将灭亡,君王失去道就无以正其朝纲并将垮掉。这应该是对"道与世"之关系的一种认识深化,是对"非道"所造成的生态与社会危机的一种现实描述与预见。《庄子·在宥》篇借鸿蒙之口进一步描述了这种"天难",即天之灾难:"乱天之经,逆物之情,玄天弗成,解兽之群,而鸟皆夜鸣,灾及草木,祸及止虫。噫!治人之过也。"这就深刻阐述了扰乱天道的所谓理论,违逆万物的所谓感情,所造成的恶果是使幽运的天道无法成功推行,扰乱了野兽的群居状态使之离散,使鸟儿失去常规而在半夜啼鸣,并使草木获得祸殃,连昆虫也不能幸免。庄子在这里写得更多的是人与自然的关系,指出在错误的理论观念指导下必然有错误的行动,从而破坏人与自然的关系,造成"天难"这样的生态危机。不仅如此,庄子鉴于"非道"的情形十分严重,还预言了千年之后的生态与社会危机。《庄子·庚桑楚》篇借"偏得老聃之道"的庚桑子之口说道,"吾语汝,大乱之本,必生于尧舜之间,其末存乎千世之后。千世之后,其必有人与人相食者也。"千年之后人与人之相食,可以理解为社会与生产的破坏形成灾年由严重的饥饿造成人与人相食,也可以理解为生态的严重破坏形成严重的生态危机,资源枯竭,环境恶化,人类失去了最基本的生存条件。这也是一种变相的"人与人之相食"——人破坏了生态,使人失去生存条件,从而难以存活,实际上是人自己残害了自己。不仅如此,老庄还对按其"道法自然"理论所建立的生态社会提出了自己的社会理想。老子说:"小国寡民,使有什伯之器而不用,使民重死而不远徙。虽有舟舆,无所乘之;虽有甲兵,无所陈之;使人复结绳而用之。甘其食,美其服,安其居,乐其俗。邻国相望,鸡犬之声相闻,民至老死不相往来。"(《老子·八十章》)老子这一段有关"小国寡民"的论述是十分著名的,许多人都耳熟能详,但过去对其批判的较多,主要认为这是一种倒退的、小农经济的社会理想,是一种消极落后的乌托邦。这些批判也都没有错,但大都局限于社会政治的、认识论的层面,而从存在论的视角来看应该讲还是有重要的理论价值:第一,这是对当时战国时期战争频仍、民不聊生、流离失所、动荡不安黑暗现实的有力揭露和批判,是对当时人民处于非美的生存状态的有力控诉;第二,追求一种节约、俭朴、安定、平衡,人同自然、社会和谐相处的生态型社会理想。这一社会理想就其所包含的生态存在论的内涵来说还是有积极意义的。相当长的时期内,人们衡量一个社会是否进步、唯一凭借的是生产力标准,似乎生产力前进了,社会就一定进步,而是完全忽略了生态的标准。目前,国际上通用一种生活质量的评价体系,在一定程度上已经将生态标准包括进去。老子正是从生态存在论的标准来衡量当时社会,认为当时人民处于一种非美的生存状态,从这个角度评价老子的社会理想,不能不承认其中包含着极有价值的成分。当然从历史的发展来看回到结绳记事之时是不可能的,只不过寄托了老子一种力图建立一个符合其"道法自然"理论观念的生态社会的理想,同孔子将其理想放在周代,及西方人对古希腊盛世的历久不衰的追求没有什么不同。

七

当我用极为简单的笔触,十分粗疏地将老庄道家生态存在论审美观作了一番勾勒之后,真是感慨系之。我深感自己面对的是一座直插云霄的理论高峰,而我只不过是走到峰下,要达到峰顶还要待以时日。我首先感到，老庄的生态存在论审美观已经达到非常高的理论水平，无论从理论的深邃，范畴的准确还是体系的严密来说都是高水平的，不仅在当时的世界思想理论史上处于前列，而且在今天仍然闪烁着不灭的智慧光芒。老庄道家思想中所涉及的"道为万物母"、"道法自然"、"万物齐一"、"天倪"、"天道"等等理论已经深刻地论述了当代深层生态学中所涉及的"普遍共生"、"生物环链"、"生态自我"、"生态价值"等等理论问题，而且有着独特的东方式的智慧。而老庄思想中所涉及的"常道与可道"、"无为与无不为"、"无欲"、"逍遥游"、"游心"、"心斋"、"坐忘"、"言与意"等等理论所具有的理论深度和意义也是不言而喻的。这就使我产生了两个问题：第一，长期以来许多人都说中国的哲学、美学和文艺学缺乏有体系的理论思维，只有体悟式的成果。但是，运用这样一种观点又如何解释像老庄道家思想这样的具有如此理论深度的理论现象呢？这种观点是否是近百年来西学东渐的形势下人们自觉或不自觉地以西方主客二分的认识论思维模式来要求和规范老庄等属于存在论范围的哲学—美学思想的结果？事实证明，老庄的生态存在论审美观已经构筑了一个完备而严密的理论体系。第二，为什么在老庄那样生产力极其不发达的农业社会会出现"道法自然"、"万物齐一"这样高水平的理论成果呢？有的理论家将老庄的存在论哲学与美学思想看作是前现代时期不够成熟的理论成果。但我却从中看到许多极富深意的当代内涵。马克思曾就古希腊史诗和莎士比亚戏剧同现代人相比，提出艺术的一定繁盛时期绝不是同社会的一般发展成比例的这样的观点。[①]那么，同是作为精神产品，在哲学与美学领域里是否也会有这样的情形呢？当我们面对老子、庄子、孔子，还有西方古代柏拉图、亚里士多德这些哲人的理论，我们真的会为其深邃之思所折服，并叹为观止，深感难以企及。这种感受，我相信会发生在我们每一个人身上。同时我也深深地体会到，老庄"道法自然"的生态存在论审美观已经真正成为中国古代文化的

---

① 《马克思恩格斯选集》第二卷，第113页。

源泉和取之不尽的宝库。无论是中医、气功、园林、建筑、艺术和中国人的生活和思维方式都自觉或不自觉地渗透着老庄道家思想的影响,它已成为中国传统文化艺术血脉之源。毋庸讳言,过去我们对这种影响的估计远远不够,总的评价上,对儒家学说的影响的评价超过对道家思想学说影响的评价。应该说这样的评价是不太准确的。其实,儒家思想对官方和政治学的影响较大,而道家思想则对民间,对艺术的影响更大,各有其千秋,并互相渗透。而且,老庄道家思想在国际上,特别是西方学术界影响巨大,成为西方当代存在论哲学 美学和深层生态学的重要源头,这已为许多西方当代理论家所承认。著名理论家海德格尔于1959年提出"天地神人四方游戏说",①标志着海氏对"人类中心主义"的突破,使其理论成为名副其实的当代生态存在论审美观。有充分证据表现,海氏这一思想肯定是受到老庄"域中有四大,而人居其一"的道家理论影响的。那么,到底为什么在2000多年前的战国时代产生的老庄生态存在论审美观会有这样高水平的理论成果呢?当然,首先是由时代决定的。中国古代有着高度发达的农业文明,在战国时期已经达到很高的水平,这就给老庄总结人与自然的关系提供了必要的前提。而战国时期的频繁战争,统治者的横征暴敛、穷奢极欲给人民带来深重的灾难,这也为老庄思考人的存在问题提供了必要的素材和切身的体验。再就是中国从上古以来悠久的文化传统,特别是春秋战国时期"百家争鸣"局面的出现,包括同老庄相对立的儒家文化的高度发展,都给老庄道家生态存在论审美观的产生以营养和动力。当然,老庄道家生态存在论审美观的产生同老子和庄子本人的文化素养、经历经验、聪明才智与勤奋努力都是分不开的。再就是,人类对宇宙人生哲理的体悟同社会发展并不是完全一致的,而是呈现波浪起伏之势。中国先秦时期与古代希腊都是人类智慧的高峰,产生了许多反映宇宙人生智慧的

---

① [德]马丁·海德格尔:《荷尔德林诗的阐释》,第210页。

经典,成为哺育人类的思想之源。老庄道家生态存在论审美观就是中国先秦时期产生的人类宇宙人生智慧之一,成为人类精神文化的高峰。当然,它作为一种文化遗产,在当代的作用还需经过"古为今用"的吸收消化与改造转换的过程。

(原载《文史哲》2003年第6期)

12. 试论《诗经》中所蕴涵的古典生态存在论美学思想

一

当前，生态存在论审美观的研究已经深入到对其具体美学内涵的探讨阶段。这种探讨的重要途径之一就是从生态存在论审美观的视角对某些经典作品进行审美解读，并从中探索某些规律性的东西。对我国古代著名诗歌总集《诗经》的生态审美观的解读就是我们的这种尝试之一。

我们之所以选择《诗经》，是因为《诗经》产生于公元前 11 世纪至前 5 世纪的五百多年之中，其中的某些作品可能运用了远古的传说与素材，但最后的写成却是这段时间。这一时期正是我国古代"天人合一"生态存在论哲学思想逐步形成之时，《易经》也大体产生并完成于这个时期或者更早一些。我国的先民在"神人以和"的古代思想文化氛围中主要以农耕的方式栖息繁衍在华夏大地之上，他们在极为落后的生产条件下开垦土地、收获庄稼、繁衍后代、抵御外敌。同时，也在祀、诗、舞、乐的结合之中祈福上天、纪念先祖、歌颂丰收、抒发情感。《诗经》就是这种条件下的艺术产品。它是我国先民的原生态性的作品，是他们本真的生活形态的真实表现，是独具特色的中华古代艺术的发源地。它的极为可贵之处在于其原始性，基本上没有受到后来的封建礼教的浸染，保持了诸多中华古代艺术对"天人合一"的诉求和"中和美"的特有风貌。事实证明，《诗经》产生于前儒学时代,是我国先民的生命之歌、生存之歌。

但后世对《诗经》的阐释却多属基于封建礼教的曲解,特别是在其成为儒家经典之后,其古代生态存在论美学内涵逐渐被遮蔽了。孔子论《诗经》,其贡献在于结合《诗经》对中国古代之诗教进行了深入的阐述。他说,"兴于诗,立于礼,成于乐"(《论语·泰伯》),"诗可以兴,可以观,可以群,可以怨"(《论语·阳货》)等等,较为深入地论述了美与善的关系,论述了诗歌艺术在人的培养中的极为重要的作用。但也正是在他的有关诗教的论述中包含了许多从封建礼教出发对《诗经》的诸多曲解。例如,他说"诗三百,一言以蔽之,曰思无邪"(《论语·为政》)、"《关雎》乐而不淫,哀而不伤"(《论语·八佾》)、"放郑声,远佞人。郑声淫,佞人殆"(《论语·卫灵公》)、"恶紫之夺朱也,恶郑声之夺雅乐也,恶利口之覆邦家者"(《论语·阳货》)等等,无疑是从封建礼教的立场对《诗经》的曲解。而他将《诗经》的作用仅仅局限于政治上的"达"与"专对,""迩之事父,远之事君",认识上的"多识于鸟兽草木之名"(《论语·阳货》),也是对《诗经》的"天人合一"之生态内涵与"中和美"之审美价值的遮蔽。《毛诗大序》对于《诗经》的整理与创作规律的总结自有其贡献,但其以封建礼教解诗的倾向更为明显。所谓"先王以是经夫妇,成孝敬,厚人伦,美教化,移风俗","《关雎》,后妃之德也"等等以及《小序》中对许多诗篇的题解"妇道也"、"后妃之志也"、"美孝子也"、"刺奔也"、"悯周也"等等,都具有明显的封建礼教烙印,也是对诗意的曲解。后世的经学家们大体沿着这条"思无邪"之路阐释《诗经》,直到近世才有改观,但从生态存在论审美观的角度阐释《诗经》却付阙如。

那么,《诗经》的核心内涵到底是什么?我们又为什么说《诗经》之中包含着生态存在论审美思想之内容呢?我想将《诗经》的核心内涵归结为"诗言志"是没有问题的。《尚书·尧典》记录了这样一段话:"帝曰:'夔!命女典乐,教胄子。直而温,宽而栗,刚而无虐,简而无傲。诗言志,歌永言,声依永,律和声,八音克谐,无相夺伦,神人以和。'夔曰:'於!予击石拊石,百兽率舞。'"这一段话较为全面地记载了我国先民艺术创作的实际情况。第一,当时的艺术是乐、舞、诗的统一;第二,艺术的追求是"律和声"与"八音克谐",最终达到"神人以和";第三,艺术的核心内涵是"诗言志"。问题的关键是"志"到底指什么。《毛诗序》说"诗者,志之所之也,在心为志,发言为诗。情动于中而形于言,言之不足故嗟叹之,嗟叹之不足故永歌之,永歌之不足,不知手之舞之、足之蹈之也","情发于声,声成文谓之音"。可见,所谓"志"即为藏于内心之情。袁行霈等在《中国诗学通论》中经过详细考订后指出,"在这些诠释与理解中,'志'的内涵就是'情'、'意',也就是诗人内心的情感与意志"。①一定的思想意识是一定的社会存在的反映,那时人的"情志"是当时社会生活的反映。众所周知,我国是农业社会,我们的先民是农耕为主的民族,对于土地、自然与气候有着极大的依赖性。因此,对于天地自然的尊崇与亲和就是我们先民的必然之"情志"。正是在这种农耕社会的背景下,我们的先民创造了自己特有的"天人之际"的"易文化"。《周易·说卦上》曰:"昔者圣人之作《易》也,将以顺性命之理,是以立天之道曰阴与阳,立地之道曰柔与刚,立人之道曰仁与义,""夫大人者,与天地合其德,与日月合其明,与四时合其序,与鬼神合其吉凶,先天而天弗违,后天而奉天时。"这就是说,中华古代的"易文化"是具有广博内涵的"天人之际"的文化,包含阴阳、柔刚与仁义之道,并力倡一种合天地之德、日月之明与四时之序的古典"生态人文精神"。这也是当时人"情志"的必然内涵。而从艺术来讲,原始艺术是一种起源于祭祀活动的祀、乐、舞与诗统一的艺术形态,其根本旨归是"大乐同和"的追求。《礼记·乐记》云:"大乐与天地同和,大礼与天地同节。和故百物不失,节故祀天祭地。明则有礼乐,幽则有鬼神。如此,则四海之内,合敬同爱矣。礼者殊事合敬者也,乐者

---

① 袁行霈、孟二冬、丁放:《中国诗学通论》,安徽教育出版社1994年版,第19页。

异文合爱者也。礼乐之情同,故明王以相沿也;故事与时并,名与功偕"。可见,从艺术的角度说,当时诗人之"情志"是一种"大乐与天地同和"之"情志"。综合上述人与自然之亲和、人与天地合其德以及大乐与天地同其和等等内容,诗人之"情志"就是一种"天人合一"的"中和"之美,这是一种包含"与天地合其德"之古典生态人文精神的生态存在论审美思想。《诗经》之核心就是对于这种"中和"之美的追求。它就是包含生态内涵的古代存在论美学精神,是我国特有的古典形态的美学与艺术精神,迥异于西方古代的美学与艺术精神。它是一种极为宏观的"天人之和"的美学精神。诚如《礼记·中庸》所说,"中也者,天下之大本也,和也者,天下之达道也。致中和,天地位焉,万物育焉。"这就是说,"中和"乃天地万物发展演化的根本规律,关系到天地的运行与万物的繁育,真的是"至大"之准则也。这种"中和之美"在艺术上的最早、最集中表现就是《诗经》。它是我国先民"情志"的艺术表现,是中华民族美学精神的凝聚。而西方古代所倡导的"和谐"则是一种以"理念"或"数"为其本体的物质世界的对比与匀称。亚里士多德认为,对美与艺术品的最重要的要求就是"整一性",具体表现为人物行动与情节的"完整","秩序、匀称与明确"等等。①其美学观念即为"模仿说",代表性的艺术即为雕塑、悲剧与史诗。特别是古希腊的雕塑更以其"匀称、对称与和谐"而彪炳于世,表现出一种"高贵的单纯和静穆的伟大",②但《诗经》则表现了一种与之不同的动态而宏观的"中和之美"。现举《卫风·河广》这一短诗为例:

谁谓河广?一苇杭之。
谁谓宋远?岐予望之。
谁谓河广?曾不容刀。

---

① 亚里士多德:《诗学》,人民文学出版社 1982 年版,第 26 页。
② [德]莱辛:《拉奥孔》,朱光潜译,人民文学出版社 1979 年版,第 215 页。

谁谓宋远？曾不崇朝。

这是一首著名的思乡之诗，诗人为客居卫国的宋人。她面对横亘在前，将其与故乡隔开的滚滚黄河，思乡心切，发出"谁谓河广？一苇杭之"、"谁谓宋远？曾不崇朝"的呼喊。在诗人的艺术世界中，滚滚的黄河已经不是归乡的障碍，恨不能凭着一叶小小的芦苇就飞渡黄河，而且更要跨越黄河立即赶到宋国的家中与亲人团聚。这样的急于归乡之情表现的是多么突出啊！"归乡"是自古以来中西俱有的文学"母题"，具有浓郁的生态存在论美学意蕴，但《卫风·河广》一诗却通过特有的以自然为友的方式加以处理。诗人通过空前的艺术想象力，将作为自然物的一片苇叶想象为能帮助游子渡过滔滔黄河的小船。而在游子急切的心情下，这样的艺术处理还嫌不够，进一步又想象成滔滔的黄河突然缩短，让游子一跨而过赶回家中与亲人团聚。这时，不仅苇叶，乃至滔滔的黄河都成为游子的朋友，帮助游子实现自己"归乡"的心愿。这就是一种特有的以自然为友的艺术"情志"，迥异于古希腊《荷马史诗》具体描写希腊战士胜利后乘船渡海返乡之情态。荷马史诗《奥德修记》说的是希腊英雄奥德修斯在特洛伊战争结束后返乡的故事。它以隐喻的方式表现人与自然的斗争，描写奥德修斯战胜海神波塞冬及其所幻化出的巨人、仙女、风神、水妖等自然力量的过程，最后得以顺利返乡。这是一幅人与自然斗争的画面，是人类战胜自然的颂歌，完全不同于上述《诗经·卫风·河广》的审美内涵。

二

我们打开《诗经》，从生态存在论审美观的视角进行解读，就会发现其包含极为丰富的内容。在这里需要再次加以说明的是，我们所说的生态存在论审美观是一种包含生态维度的存在论美学思想，并不仅仅局限于单纯的人与自然的审美关系,而是最后落脚于人的美好生存与栖居。

包含生态人文内涵的"风体诗"。《毛诗大序》首次提出"六义"之说,指出"故诗有六义焉:一曰风,二曰赋,三曰比,四曰兴,五曰雅,六曰颂"。唐代孔颖达在《毛诗正义》中指出,"风、雅、颂者,诗篇之异体;赋、比、兴者,诗篇之异词耳。大小不同,而得并为六义者,赋、比、兴为诗之所用;风、雅、颂是诗之成形"。将"六义"分为"三体三用",为后世《诗经》研究者所沿用。我们认为,"六义"中最重要的是"风"与"比"、"兴"。我们先来说"风"。"风"的确是《诗经》之中独具特色并包含生态人文内涵的特有"诗体",不仅是中国文学宝库中的瑰宝,而且在世界文学之中也闪耀着异彩。可以这样说,"风体诗"是《诗经》的主要组成部分,《诗经》305 篇,"国风"160 篇,主要是 15 个国家与地区的诗歌作品。《大雅》与《小雅》105 篇。高亨先生认为,"雅是借为夏字,《小雅》、《大雅》就是《小夏》、《大夏》。因为西周王畿,周人也称为夏,所以《诗经》的编辑者用夏字来标西周王畿的诗"。①这样,我们也可以说,《小雅》、《大雅》也是"风"。因此,305 篇之中除了用于祭祀的庙堂之乐"颂"40 篇之外,"风体诗"即占 265 篇,"风体诗"成为《诗经》的最主要部分。那么,什么是"风"呢?《毛诗序》认为"风,风也,教也;风以动之,教以化之",又说"上以风化下,下以风刺上,主文而谲谏,言之者无罪,闻之者足以戒,故曰风"。这主要从传统的"诗教"观的角度来阐述"风体诗"的政治教化特点。而"风体诗"之"刺上"之作用又由之可以观察到政情民意,于是统治者就建立了"采风"的制度。据说周代还保存着从上古就传下来的这种采诗的制度。《礼记·王制》记载:"天子五年一巡守。岁二月,东巡守,……命太师陈诗,以观民风。"这时已经有了乐官太师陈诗这样的制度。《汉书·食货志》记载:"孟春之月,群居者将散,行人振木铎徇于路,以采诗,献于太师,比其音律,以闻于天子。"何休注《春秋公羊传·宣公十五年》:"男女有所怨恨,相从而歌,饥者歌其食,劳者歌其事。男子六

---

① 高亨:《诗经今注》,上海古籍出版社 1980 年版,第 4 页。

十、女子五十无子者,官衣食之,使之民间求诗。乡移于邑,邑移于国,国以闻于天子。故王者不出牖户,尽知天下所苦。"高亨先生则从乐与自然之风相似及其反映风俗的角度来阐释"风"之内涵。他说,"风"本来是乐曲的通名了,"乐曲为什么叫做风呢?重要原因是风的声音有高低、大小、清浊、曲直种种的不同,乐曲的音调也有高低、大小、清浊、曲直种种的不同,乐曲有似于风,所以古人称乐为风。同时乐曲的内容和形式,一般是风俗的反映,所以乐曲称风与风俗的风也是有联系的"。①同时,我国古代还从"合天地之德"的文化观念出发,认为乐曲同样与天地相合。《礼记·乐记》指出音乐"奋至德之光,动四气之和,以著万物之理。是故清明象天,广大象地,终始象四时,周还象风雨。五色成文而不乱,八风从律而不奸,百度得数而有常"。这就阐述了乐曲犹如来自八个方向的自然之风有其自身的节律而不出轨。《说文》从字的构成的角度解释"风"之内涵:"风,从虫,凡声。风动虫生,故虫八日而化。"②由此说明,将乐曲比喻为"风"正取其反映生命活动的最原初之意义,已经包含古典生态人文主义之内涵。我国古典"天人合一"思想之最基本内容为"生生为易",所谓阴阳相抱,冲气以和,化生万物。阴阳是生命的根本,而风则为阴阳相抱、冲气以和所产生,是催生万物生命之动力,风动而虫生,有风才有生命。因而,最原初的艺术之风与自然之风一样是人的生命的本真状态的表征。"风体诗"就是这种类似于自然之风的最原初的艺术之风,是一种原生态的生命的律动,映现了人的最本真的生存状态。其内容主要是表现人的生命的最基本的需要及其状态。所谓"食色,性也",主要表现饮食男女,劳动与生存繁衍的基本状况。这种对人的最本真需要与状况的艺术表现,正是对于人的生态本性的一种回归,是《诗经》作为"风体诗"的价值之所在。当然,《诗经》对于人的最本真的生态本性的表现是非常丰富多彩的,我们只能举其要者而言

---

① 高亨:《诗经今注》,第4、5页。
② 《说文解字注》,上海古籍出版社1981年版,第677页。

之。《小雅·苕之华》就是"饥者歌其食"的著名篇章。让我们看看诗歌的具体描写：

>苕之华，芸其黄矣！
>心之忧矣，维其伤矣！
>
>苕之华，其叶青青。
>知我如此，不如无生。
>
>牂羊坟首，三星在罶。
>人可以食，鲜可以饱。

这是一位饥民对周朝因连连征战所引起的灾年的深刻描写，特别对于空前的饥馑进行了深入而形象的描绘。诗作先以一片片黄色的紫葳花在夏季的盛开起兴，反喻饥饿中人心之忧伤。继而极言早知在饥馑中如此煎熬还不如不要降生，又通过羊之体瘦头大、鱼篓空空而只有星光说明已无可食之物，即便是食人也因饥馑中人的大批死亡而难以填饱肚子。的确是以生动的形象，充分表现了周代大饥荒中人的生存状态。尤其是"知我如此，不如无生"、"人可以食，鲜可以饱"的诗句更是处于极端困境中的人们发自心底的求生的呼声，是生命尊严的最基本的要求。如果人连紫葳花都不如而且发展到人之食人都不能的地步，人的生命还有什么价值呢？而著名的《魏风·伐檀》则是典型的"劳者歌其事"的篇章。诗云：

>坎坎伐檀兮，寘之河之干兮，河水清且涟漪。
>不稼不穑，胡取禾三百廛兮？
>不狩不猎，胡瞻尔庭有县貆兮？

> 彼君子兮,不素餐兮!

这是一群伐木者,在清清的河岸边从事着繁重的难以承受的体力劳动,而更重的压力则是作为"君子"的残酷剥削,他们不劳动但却能获得三百捆禾,而且家里的庭院挂满猎物。这到底是为什么呢?他们怎么能不耕种不狩猎而白白地占有呢?这是劳动者对劳动产品被无情剥夺的抗争,是对人的基本劳动权的维护!更严重的生存权的维护表现在劳动者们在这种无情的压榨下无法生活而选择逃亡之路。请听《魏风·硕鼠》一诗中劳动者的呐喊!

> 硕鼠硕鼠,无食我黍!
> 三岁贯女,莫我肯顾。
> 逝将去女,适彼乐土。
> 乐土乐土,爱得我所!

劳动者们已经无法忍受"硕鼠"们无情无义的残酷盘剥,而选择了逃亡之路,寻找自己的所谓"乐土"。试想,一个人只有在最基本的生存权都不得保障的情况下才会选择逃亡,但劳动者不可能找到自己的真正的"乐土",难道这不更是悲中之悲吗?同样,在剥削社会中人们的爱情权与家庭生活权也不可能得到保障。《诗经》中保留了许多"弃妇之诗"、"离妇之诗"、"离人之诗",为我们深刻刻画了该时战争频仍、礼崩乐坏、剥削加剧、民不聊生、家庭不稳等等社会生态平衡惨遭破坏的严酷情形。这股强劲的艺术之风已经远远超出了封建"诗教"的"风以动之,教以化之",而是触及当时社会最底层人民严重恶化的生存状态,更进一步触及社会生态的严重失衡。这就是《诗经》所独创的"风体诗"的特有价值。

反映初民本真爱情的"桑间濮上"诗。《诗经》之"风体诗"不仅表现了广大底层人民为其生存权的呐喊,而且表现了人民极为本真的爱情追求,这就是著名的"桑间濮上"之诗。长期以来,"桑间濮上"之诗被封建文人批判为"淫诗"。实际上,爱情也是人的本性的表现,是艺术的永恒的母题。特别在3000多年前的人类早期,爱情与原始的人的繁衍生殖密切相关,甚至与原始的宗教活动相关,更是反映了人的某种生态本性。众所周知,繁衍生殖是人之本性。特别在早期初民阶段,繁衍不仅关系到宗族与部落的存亡,而且也是人类带有神秘感的一种崇拜。中国传统"易文化"将宇宙万物的创生归结为"阴阳相生",在这种文化观念之中,万物之阴阳相生与人之阴阳相生是具有内在一致性的。因此,当时的爱情与异性交往具有较大的自由度,甚至成为习俗。据《周礼·地官·司徒·媒氏》记载:"中春之月,令会男女。于是时也,奔者不禁。"古人认为,桑树茂密成林,而且可以养蚕,给人类带来福祉,并与繁衍相连,因而桑林具有某种神秘性与神圣性,人们在此祭祀,男女也在此欢会。目前文化人类学之"狂欢"理论也能对其解释。请看《诗经·鄘风·桑中》:

爰采唐矣?沫之乡矣。
云谁之思?美孟姜矣。
期我乎桑中,要我乎上宫,送我乎淇之上矣。

下面的两章反复咏唱这一主题。本诗生动描写了青年男女在桑林约会欢聚送别的爱恋情景。《毛诗序》认为该诗"刺奔也",的确是曲解。其真正含义应为对于与祭祀相伴的男女野合欢会的表现,是一种人的本真爱情的描绘。郭沫若在《甲骨文研究》中认为,"桑中即桑林所在之地,上宫即祭桑之祠,士女于此欢会"。鲍昌《风诗名篇新解》在郭沫若研究的基础上认为,上古蛮荒时期人们都祭奉农神与生殖之神,"以为人间的男女交合可以促进万物的繁殖,因此在许多祭奉农神的祭奠中都伴随有群婚性的男女欢会","《桑中》所描写的,正是此类风俗的孑遗"。①《墨子·明鬼下》说:"燕之有祖,当齐之社稷,宋之有桑林,楚之有云梦也,此男女之所属而观也。"陈双新在考证"乐"之为"渿"时指出,"《诗·鄘风·桑中》所描写的男女幽会相恋的情形及《左传》成公称人私通或有孕为'有桑中之喜',《吕氏春秋·顺民》和《帝王世纪》都说商汤灭夏夺得天下,天大旱,五年不收,'汤以身祷于桑林之社,雨乃大至',凡此都说明桑林既是神圣的祭祀场所,也是人们野合尽欢之地。《礼记·乐记》:'桑间濮上之音,亡国之音',亦是指祭祀场所的男女纵情逸乐歌舞。由于地点固定,久而久之,人们提起此地就想起那些欢快娱乐之事,并径直借用其地名[因常于渿林祭祀,乐由树名而兼指地名]表达那种美好的感受"②。《陈风·东门之枌》中主人公更是明确地邀请恋人在某个特定的良辰节时于"南方之原"进行欢会。诗曰:

穀旦于差,南方之原。
不绩其麻,市也婆娑。

这里的"穀旦",朱渊清认为"是用米祭祀生殖神以乞求繁衍旺盛的祭祀狂欢日","同样,诗的地点'南方之原'也不是一个普通的场所","这也与祭祀仪式所要求的地点相关"。③男女恋人就在这样的特定祭祀生殖神之日,到达特定的南方之原,载歌载舞,狂欢相会。短短数语即将先民们在如歌如舞如巫的神秘而神圣的情景之中所进行的具有本真形态的爱情活动表现无遗。

建立在古典生态平等之上的"比兴"艺术表现手法。 赋比兴为《诗经》之"三用",即三种表现手法。其中比兴意义更大,充分反映了我国早在

---

① 《先秦诗鉴赏辞典》,上海辞书出版社 1998 年版,第 8、9、94 页。
② 陈双新:《西周青铜乐器》,河北大学出版社 2002 年版,第 178 页。
③ 《先秦诗鉴赏辞典》,第 206 页。

初民时代即已有较为成熟的文学艺术表现手法,一直影响到后世乃至现代。事实说明,"诗言志"之"志"就是通过"比兴"的艺术途径得以表现的。而"比兴"也恰恰反映了中国古代包含在"天人之和"之中的生态平等观念。所谓"比",《说文解字注》将其写为两个人,其解释为:"比,密也,其本义为相亲密也。余义,付也,及也,次也,校也,例也,类也,频也,择善而从之也,阿党也";又说:"古文比,按盖从二大也,二大者,二人也"。①因此,所谓"比"其本义即为二人亲密相处。而在《诗经》之中所用之"比"则为"比者,比方于物也"(汉郑众语)。现以著名的《周南·桃夭》一诗为例:

桃之夭夭,灼灼其华。
之子于归,宜其室家。

这是一首描写姑娘出嫁的诗,用三月盛开的鲜艳桃花比喻新嫁娘的美丽,同时祝福她建立美好的家庭。后两章分别以丰硕的果实与茂密的枝叶祝福新娘多子多福、家庭兴旺。本诗将姑娘比喻为桃花,成为我国文学史上的著名比喻,影响到后世,诸如"去年今日此门中,人面桃花相映红"这样绝妙的诗句即由此化出。更为重要的是,诗中将姑娘比喻为桃花这是在两者亲密平等的意义上来作比的。而且,"桃"在中国传统文化中素有福寿之义,我们常常给老人祝寿时敬献"寿桃"。因而,以桃花比喻不仅取美丽之义,也有祝愿其家庭与个人长远的美好生存之义,可谓寓意深刻。这也就是本诗通过"比"的艺术手法所寄寓的"情志"。这就涉及中国古典美学之中重要的美学思想之一——"比德"之说。也就是将自然之物与人的美好道德相比。孔子在《论语·雍也》中就曾提出"智者乐水,仁者乐山"。荀子在《荀子·法行》之中借孔子之口提出"比德"之说。孔子在向子贡回答玉的价值时说道:"夫玉者,君子比德焉。温润而泽,仁也;栗而理,知也;坚刚

---

① 《说文解字注》,第286页。

而不屈,义也;廉而不刿,行也;折而不挠,勇也;瑕适并见,情也;扣之,其声清扬而远闻,其止辍然,辞也。故虽有珉之雕雕,不若玉之章章。《诗》曰:'言念君子,温其如玉。'此之谓也。"这就将作为自然之物的玉比喻为人的"仁"、"知"、"义"、"行"、"勇"、"情"、"辞"等等道德品德。该文中所引《诗经》"言念君子,温其如玉"一句出自《秦风·小戎》。原诗写一位妇女思念其出征之夫,将其夫之美好性格比喻为美玉,通过这样的比喻蕴涵了深厚的爱情与亲情。中国画中将梅、竹、松比喻为"岁寒三友",也是艺术领域人与自然为友的又一表现,说明《诗经》开创的"比"之艺术方法影响深远,通过"比"的艺术手法可以寄寓更为丰富的"天人合德"之深意。当然,"比德"之说是儒家对《诗经》艺术手法的发展与延伸,含有某种封建色彩,但其原有的与自然为友之意并未更改,且有发展。

下面再说"兴"。所谓"兴",汉代郑众说,"兴者,托事于物"。从文字学的角度,《说文解字注》写为"举",两人共举一物。其说明为:"兴,起也,《广韵》曰:'盛也,举也,善也。'《周礼》'六诗'曰比曰兴,兴者,托事于物。从异同,同,同力也。"①也就是说,《说文》认为"兴"即"起也","举也",两人共举一物。《诗经》中的"兴"也都是运用自然之物来兴起所写之人,通过这一艺术手法共同兴起一种深厚内涵,这就是诗歌艺术的意蕴之所在。例如,《召南·摽有梅》:

摽有梅,其实七兮。
求我庶士,迨其吉兮。

这是一首写少女怀春之诗,以梅熟落地起兴逝水年华、少女青春短暂,因而求偶心切,让年轻的小伙子不要犹豫耽误良辰吉时。后两章反复咏唱,增"迨其今兮"、"迨其谓之"之句,要求年轻的小伙子不要错过今天,更不

---

① 《说文解字注》,第105页。

要羞于启齿。这样,就以"摽有梅"与"求我庶士"共同兴起少女怀春之急切之情,寄寓着婚偶当及时之深意,回到人类繁衍生殖之本真,从而怀春之诗以《摽有梅》一诗为开端而成为中国古代文学的重要"母题"。这里需要特别强调的是,从中国古文字学的角度看"比"与"兴"即为"两人也"、"亲密也"与"共举也",而在《诗经》中则将之艺术的具体化为以自然为友,将自然看作与人平等无贵贱之分。这不就是一种古典形态的"主体间性"美学思想吗?东方智慧之丰富由此可见一斑。

对于生于斯养于斯之家园怀念的"怀归"之诗。德国哲人海德格尔在分析人之生存状态时以"在世界之中"进行界定。他对这个"在之中"解释道:"之中['in']源自 innan—,居住,habitare,逗留。'an'['于']意味着:我已住下、我熟悉、我习惯、我照料:它有 colo 的含义:habito[我居住]和 diligo[我照料]。"① 由此说明,人之生存就有"在家园之中"的意思。而"家园"又同生态学密切相关。从辞源学追溯,德语"生态学"[okologie]一词来自希腊语"oikos",意思是"人的居所、房子或家务"。因此,从生态学的角度看,所谓"人的居所"就是适宜于人与自然万物共生并适宜于人之生存的"家园"。而无论是物质的家园或者是精神的家园都是人之美好生存的依托。因此,有关"家园"的文学主题成为自古以来文学的"母题"。《诗经》之中就有着大量的与"家园"有关的诗篇。其时,社会处于急剧分化时期,由于战争的频繁与劳役的繁重,广大人民长期离开家园,甚至流离失所。因此,《诗经》之中"怀归"之诗特别多,成为我国文学史上"怀归"思乡文学的源头。《小雅·四牡》是非常著名的"怀归"诗。

四牡騑騑,周道倭迟。岂不怀归?
王事靡盬,我心伤悲。

---

① [德]马丁·海德格尔:《存在与时间》,第 67 页。

该诗的抒情主人公是为王事而长期在外辛苦奔波的离人,他骑着飞快奔跑的马匹在长长的无边无际的周道上奔波,而内心却思家心切。马的疲劳、周道的漫长与王事的无止尽正好衬托了离人的思乡之情,因而发出"岂不怀归"的内心呼喊。离人怀归的原因是什么呢?原来是"不遑将父"、"不遑将母",也就是说因为年迈的老父老母需要奉养而特别思归。因此,离人在急速行路之中看到翩翩飞翔的"孝鸟"而更加伤悲,真的有人不如鸟之感慨。到这里,点出了主人公"怀归"的根本原因,也是本诗最重要的主旨,那就是"怀归"是为了奉养双亲。在《诗经》产生的年代经济社会还非常落后,整个社会还依靠血亲关系来维持。所以,在那样的时代,"父慈子孝"成为最重要的道德准则,也是人类社会生态之链得以维系的重要原因。而这种与"父慈子孝"紧密相联系的"怀归"与"思乡"之情也成为扣动无数人心扉的共同情感。试看《小雅·采薇》所写雨雪中匆匆归乡的一位游子与离人的心情:

> 昔我往矣,杨柳依依。
> 今我来思,雨雪霏霏。
> 行道迟迟,载渴载饥。
> 我心伤悲,莫知我哀!

这位急于返乡的离人忍受着道路的漫长艰苦,忍受着不断袭来的饥渴,更是忍受着记挂父母妻女的悲哀,但回想起离家时的杨柳依依与现今回家时的雨雪纷飞,两相对照更是悲上加悲。从而,"昔我往矣,杨柳依依。今我来思,雨雪霏霏"成为传唱千古的"怀归"诗之名句。其原因就在于诗句以鲜明生动的对比加重了离人的"怀归"之悲,从而给人以深深地感染。是的,无论我们每个人离家多远多长,家乡都是我们心中最隐秘处的永久的思念。这就是通常所说的"桑梓"之情。《小雅·小弁》写道:

> 维桑与梓，必恭敬止。
>
> 靡瞻匪父，靡依匪母。

原来那遍栽桑树梓树之处就是父母生我养我并至今仍生活于此之地，是我们每一个人的永远的怀念与向往。

反映先民营造宜居环境的"筑室"之诗。 与"怀归"诗相近的是《诗经》之中保留了一些"筑室"之诗。这些诗歌都为"颂"诗，是用以歌颂周王带领部族开疆建都之功绩，但在建都的具体描写中却记录了先民们在当时之"天人之和"观念指导下择地而居、营造宜居环境的古典生态人文主义思想。众所周知，我国古代对于房屋的建设是非常重视环境的选择与建筑的结构的，非常重视在天人、乾坤、阴阳的协调统一。《周易·泰卦》指出"泰：小往大来，吉，亨。"所谓"天地交而万物通也，上下交而其志同也。内阳而外阴，内健而外顺，内君子而外小人。君子道长而小人道消也。"这就说明，在筑室中要做到"泰"，就必须处理好天地、大小、阴阳、内外等各方面的关系，达到"君子道长而小人道消"之有利于家庭及其成员美好生存之目的。《大雅·绵》具体描写了周王朝自汾迁歧定都渭河平原之事：

> 周原膴膴，堇荼如饴。
>
> 爰始爰谋，爰契我龟。
>
> 曰止曰时，筑室于兹。

这里写到了选择渭河平原的基本前提是那里有肥沃的土地和丰富的物产，当然还要经过占卜获得吉兆之后，才决定"筑室于此"。而《小雅·斯干》则从自然与人文等多个层面介绍了贵族宫室的适宜人居住的优点：

> 秩秩斯干，幽幽南山。

> 如竹苞矣,如松茂矣。
> 兄及弟矣,式相好矣,无相犹矣。

这里讲到了清清的流水,幽幽的南山,茂盛的竹林,也讲到了兄弟亲人的和睦诚信相处,正是在这样的自然与人文统一的环境之中才是君子的好居所,所谓"君子攸芋"。

反映古代农业生产规律的"农事"之诗。 我国为以农为本之文明古国,历来对农事非常重视,而所有的农事活动都非常重视按自然生态规律办事。正如《礼记·月令》所载,孟春之月"天子乃以元日祈谷于上帝。乃择元辰,天子亲载耒耜,措之于参保介之御间,帅三公、九卿、诸侯、大夫,躬耕帝籍。天子三推,三公五推,卿、诸侯九推。反,执爵于大寝,三公、九卿、诸侯、大夫皆御,命曰劳酒。是月也,天气下降,地气上腾,天地和同,草木萌动。王命布农事,命田舍东郊,皆修封疆,审端经术,善相丘陵、阪险、原隰,土地所宜,五谷所殖,以教导民,必躬亲之。田事既饬,先定准直,农乃不惑"。由此可见我国古代对农事以及遵循农时的高度重视。《诗经》之中就保留了一些"农事"诗,从这样一个特定的侧面反映了当时人的生态存在状态。《周颂·载芟》就较为详细地描写了当时农业生产从开垦、春耕、播种、田间管理、收获到祭祀上天与先祖等等过程。诗中写道:

> 载芟载柞,其耕泽泽。
> 千耦其耘,徂隰徂畛。

这里具体描写了两千多人除草耕地的壮观情景,而且指出"匪今斯今,振古如兹",自古以来就是这样劳作。《豳风·七月》是最为典型的农事诗。该诗极为细致地描写了当时农事活动的比较完整的过程,诸如耕地、采桑、纺纱、染布、缝衣、采药、摘果、种菜、打谷、修房、酿酒、修房与祭祀等等活动,都必须遵循农时按月令进行。而且,也描写了当时的阶级关系,抒发了贫苦农民要给贵族公子缝衣、织裘,自己缺衣少食,妻女还有可能被霸占的痛苦。请看该诗的首章:

> 七月流火,九月授衣。
> 一之日觱发,二之日栗烈。
> 无衣无褐,何以卒岁?
> 三之日于耜,四之日举趾。
> 同我妇子,馌彼南亩,田畯至喜。

我国古代以星象的位置来确定节气、月令与农时。农历的九月之时火星已经下坠,十一月寒风凛冽应该穿上冬衣,但穷苦的农人无衣无裤怎么过冬呢?三月开春应该修理耕地的农具,四月就应来到田头,老婆孩子随着送饭,田官看到大家忙活喜上眉头。以下依次写了每个季节需要进行的农事活动,提醒人们不违农时,几乎成为周代的农事百科全书。正因为当时是农业立国,因此我国古代先民对于土地有着特殊的眷恋之情,蕴涵着《周易》所说的"坤厚载物"的内涵。《小雅·信南山》对于周代先民耕于斯养于斯之终南山大片良田进行了满怀深情的歌颂。诗中写道:

> 信彼南山,维禹甸之。
> 畇畇原隰,曾孙田之。
> 我疆我理,南东其亩。
>
> 上天同云,雨雪雰雰。
> 益之以霡霂,既优既渥。
> 既霑既足,生我百谷。

可以说,这首诗充分表达了先民对南山下这片肥沃的土地的深厚感情,歌颂了先祖大禹赐给如此沃土,这片土地广阔平整,雨水充沛,庄稼茁壮,是后辈栖息繁衍生存发展的良好家园。

敬畏上天的"天保"之诗。《诗经》产生的时代为前现代之农业社会,生产力低下,科学极其不发达,人们在思想观念上更多自然神论,崇尚万物有灵,对于自然极为敬畏,将自己的命运寄托在上天的保佑之上。因此,《诗经》中有一些企求上帝保佑的"天保"之诗。如《小雅·天保》就是一位臣子为君王祈福,其中包含了企求上天保佑的重要成分。诗曰:

> 天保定尔,俾尔戬毂。
> 罄无不宜,受天百禄。
> 降尔遐福,维日不足。
>
> 天保定尔,以莫不兴。
> 如山如阜,如冈如陵。
> 如川之方至,以莫不增。

在这里,诗人明确表示只有上天的保佑国家才能安定稳固,君王才能享有福禄与太平。而且对于这种上天的降福进行了热情的歌颂,将其比作高如山巅、厚如丘陵。相反,如果违背天道,那就必然遭到惩罚。《小雅·雨无正》就是"刺幽王"之作,是一位臣子对于周幽王的倒行逆施进行批评,说明其原因在于"不畏于天",因而天降灾难,造成国家混乱,民不聊生。诗曰:

> 如何昊天,辟言不信?
> 如彼行迈,则靡所臻。

> 凡百君子，各敬尔身。
> 胡不相畏，不畏于天？

面对人民的丧乱饥馑、周室的败落、大夫的离居、各种灾难的降临，诗人认为根本的原因是"辟言不信"、"不畏于天"。十分明显，诗人在这里表现的是一种人类早期的"天命观"，带有时代的局限性。我们当然不能将人类的命运都寄托在"天命"之上，也不能一味的敬畏于天。但是，如果把"天命"看作不以人的意志为转移的自然规律，人类应该主动地依循这种规律生活，而且对作为人类母亲的大地与自然保持适度的敬畏。也就是说从总的方面来说，人类不应逆天而行。如果做到这一点，人类肯定会获得更加美好的生存。这也许就是《诗经》之中"天保"一类的诗篇所能给予我们的启示。

秉天立国之"史诗"。 很多民族都有自己的由神话、传说以及历史故事构成的史诗，例如古代希腊的《荷马史诗》等。《诗经》之中也有一些诗篇具有中华民族史诗的性质，例如《大雅》中《生民》、《公刘》、《绵》、《皇矣》、《文王》、《大明》等等。这些诗篇大都以歌颂中华民族的开创者为其主旨，贯穿一种"秉天立国"之观念，成为中华民族精神根源之一。《生民》是周人歌颂其民族始祖后稷，叙述其神奇经历以及农业发展的长诗。该诗首先叙述了后稷的神奇诞生：

> 厥初生民，时维姜嫄。
> 生民如何？克禋克祀，以弗无子。
> 履帝武敏歆，攸介攸止。
> 载震载夙，载生载育，时维后稷。

这里讲的是先祖后稷的神奇诞生，叙述其母踩着上帝的足印而孕育后稷，这几乎与《圣经》之中耶稣的诞生有些类似。凡是圣人都是上天之子,这正是后稷得以秉天立国之根本。因此,许多学者具体考证"履帝武敏歆"的具体含义,是否是与暗示野合或者是与神尸交合而孕等等,其实是没有太大必要的。因为,这里讲的仅仅是一个民族始祖诞生的神话传说。然后,叙述了后稷的三次被弃,三次被救,这与传统的圣人诞生神话是一致的。再后叙述后稷带领华夏儿女发展农业,这正是中华民族的特点所在,而这也是在上天的帮助下进行的:

> 诞降嘉种,维秬维秠,维穈维芑。
> 恒之秬秠,是获是亩。
> 恒之穈芑,是任是负,以归肇祀。

在这里描写了上天赐予良种,而且也赐予了丰收,因此丰收之后应该祭祀上天与祖先。接着下面的两篇是《公刘》与《绵》。前者主要描写后稷的子孙公刘如何由邰迁豳开创基业,主要描写了公刘选址建都:

> 笃公刘,逝彼百泉,瞻彼溥原。
> 迺陟南冈,乃觏于京。
> 京师之野,于时处处,于时庐旅。
> 于时言言,于时语语。

这里说明憨厚的公刘在有泉、有原、有冈这样美好的豳地建立都城,是最好的有利于民族发展的选择,"于时处处,于时庐旅",因而上上下下都欢声笑语,"于时言言,于时语语"。《大雅·绵》则写周王朝十三世祖古公亶父带领本族人民定居渭水之原的故事,主要讲述有利于民族发展的沃土的选择:

> 古公亶父,来朝走马。
> 率西水浒,至于歧下。
> 爰及姜女,聿来胥宇。

在这里,具体叙写了古公亶父与新婚妻子一起清晨骑马在渭水之滨歧山脚下寻找并确定民族定居之地的情形,说明土地乃民族生存发展之本,正是滔滔的渭水与辽阔的平原养育了中华民族的祖先。

表现古代巫乐诗舞相统一的"乐诗"。 在中国古代,巫乐诗舞是统一的,成为当时人们的最重要生存方式。在当时,祭祀成为人们最重要的生活内容,可以说祭祀包括了人的从出生、恋爱、结婚、收获、年节与葬仪等一切方面。先民正是在这种如歌、如舞、如诗的带有宗教性质的氛围中不断实现自己与上天相通的愿望。《周易·系辞上》借用孔子的话描述圣人思想的表现时说道:"圣人立象以尽意,设卦以尽情伪,系辞焉以尽其言,变而通之以尽利,鼓之舞之以尽神。"这说明鼓之、舞之、歌之正是祭祀中的实际情况,是当时人与天、人与神沟通的主要方式。《诗经》保存了相当数量的这种如歌、如舞的祭祀之诗。《小雅·楚茨》描写了祭祀祖先时的歌乐,在详细叙写了祭前的准备后就写到祭祀中的乐舞:

> 礼仪既备,钟鼓既戒。
> 孝孙徂位,工祝致告。
> 神具醉止,皇尸载起。
> 钟鼓送尸,神保聿归。

这里写道,各种准备工作完成后祭礼开始,钟鼓齐鸣,在音乐声中完成祭礼,然后再以音乐送走巫师。而在《周颂·执竞》中则描写了对于先王的祭礼,也是在如歌、如舞、如乐中进行的:

> 钟鼓喤喤,磬筦将将。
> 降福穰穰,降福简简。

这里,描写了钟、鼓、磬与筦四种乐器,在喤喤、将将的乐声中将祭祀活动的热烈隆重的气氛表露无遗,充分体现出颂诗之"美盛德之形容,以其成功告于神明"的景象。《小雅·鼓钟》则具体叙写了雅乐的演奏情况:

> 鼓钟钦钦,鼓瑟鼓琴,笙磬同音。
> 以雅以南,以籥不僭。

这里写到雅乐所用的鼓、钟、瑟、琴、笙、磬、籥七种乐器,七乐齐鸣并伴之歌舞和谐合拍美妙悦耳,其盛况可见一斑。上述诗篇描绘的都是祭祀时的"庙堂之乐",而日常生活中则还有燕息之乐。《王风·君子阳阳》就具体描写了贵族燕息时的音乐:

> 君子阳阳,左执簧,右招我由房。
> 其乐只且!
>
> 君子陶陶,左执翿,右招我由敖。
> 其乐只且!

这里描写了家庭燕息之乐,是一种舞乐齐备的场景。乐师边唱边舞边奏,有的手持簧乐,有的手持翿这种舞蹈道具载歌载舞,其乐无穷。普通老百姓也有自己的乐诗生活,那就是孟春之月纪念生殖神时在桑间濮上的祭祀歌舞与欢会。《陈风·宛丘》就描写了一位女性舞者在野外山坡之上翩翩起舞之情状:

> 子之汤兮,宛丘之上兮。
> 洵有情兮,而无望兮。
>
> 坎其击鼓,宛丘之下,
> 无冬无夏,值其鹭羽。
>
> 坎其击缶,宛丘之道。
> 无冬无夏,值其鹭翿。

这位在野外载歌载舞的漂亮女子到底是谁呢?我们也可以猜度就是"桑间濮上"被许多小伙子所爱慕的女子。

三

综上所述,从生态存在论审美观的角度解读《诗经》,真的使我们感觉耳目一新,收获颇丰。从总的方面来说,《诗经》所表现的是一种"天人之和"之"志",是一种古典形态的生态人文主义,它可以从"诗体"、"诗意"与"诗法"三个方面来理解。从"诗体"的角度看,《诗经》为我们提供了"风体诗"这种特有的以反映人的本真的生存状态为其内涵的原生态性的诗歌艺术,这是一种巫乐舞诗相结合的古代艺术,是我国古代先民的基本生活方式。而从"诗意"的角度来看,《诗经》几乎是全方位地描写了我国先民的生活,反映了他们的情感,特别表现了普通人民与自然及人之本性密切相关的生活状况与欲望情感。大体包括情、家、食、劳、巫与乐等各个方面。所谓"情"主要指天真浪漫本真的爱情,即所谓"桑间濮上"之诗;而所谓"家"则指"家园"之情,归乡之诗、离人之诗、怨妇之诗、筑室之诗均属于这个范围;所谓"食"则为"饥者歌其食",主要指那些扣动人心的饥者之歌;所谓

"劳"则指"劳者歌其事",包括劳动之歌、抨击剥削者之歌等等;所谓"巫"主要描写祭祀活动之诗歌,当时祭祀是人们的主要生活内容,所谓"国之大事,惟祀与戎"(《左传·成公十年》),因而《诗经》中有许多描写祭祀活动的诗篇,而祭祀恰是当时人们与天沟通的主要途径。所谓"乐",其实与巫是紧密相连的,但如果说巫主要指庙堂与贵族宫廷活动的话,那么"乐"也是当时普通人民的基本生活方式,反映了当时普通人民的本真的生活状态。从"诗法"的角度看,《诗经》主要给我们提供了"比兴"这样的诗歌表现手法,而且是从人与自然平等的古典"主体间性"的角度来进行比兴,包含与自然为友的精神,难能可贵,成为中国诗艺在人与自然平等交流中创造出诗情画意的经久不衰的优良传统。而"比兴"之法直接影响到后世的"意境"之说,在人与对象、意与境的交融、融合之中蕴涵着诗之深情厚谊,所谓"意在言外"、"境生于象外"等等。

因此,对于《诗经》的重新解读的确给我们许多启发,使我们进一步认识到长期以来影响极广的"实践美学"及其所强调的美是"人的本质力量的对象化"以及"主体性"的理论的确只有部分的正确性,用这种理论无法解释像《诗经》这样的古代文学经典。《诗经》主要并不是劳动之歌,更不是什么人的本质力量对象化的产物,而主要是原生态的从人的本性发出的歌唱。它也不是什么人类改造战胜自然的产品,更不完全是人的自我颂歌。它是人出于天性的生命之歌、生存之歌,是对于"天人之和"的期盼,甚至是对渺茫宇宙与上天的祈祷,对天的歌颂远远超过了对于人的歌颂,根本不存在什么"人类中心主义"。因此,《诗经》是生命之歌,是对人与自然和谐的期盼之歌,包含极为丰富的生态存在论美学内涵。正是从这样的角度,我们认为本世纪中期海德格尔在东方哲学与美学,特别是中国道家思想启发下发生"由人类中心"到生态整体的转变,提出著名的"天地神人四方游戏说",意义重大。但海氏并没有对之进行理论上的进一步阐释。我们认为,与海氏从东方获得启发从而实现对自己的突破一样,我们如欲对生态存在论审美观进一步加以深入阐释,再次从东方艺术中寻找灵感应该是重要途径之一,而对于《诗经》的研究就是一种有效的尝试。《诗经》产生的文化背景与道家思想是大体相近,而其基本思想内涵也与道家之"道法自然"之说相关。因此,《诗经》展现给我们的"风体诗"、"桑间濮上诗"、"怀归诗"、"比兴"手法等等都是包含极为浓郁的"天人之和"精神的具体的艺术与审美的经验,这些经验对当代生态存在论审美观的建设将作出难以估量的贡献。

当然,《诗经》毕竟是创作于3000多年前的作品,当时我们的先民还生活在前现代的极其落后的生活条件之下,思想也处于较为蒙昧的状况,保留着许多神秘与迷信的观念。这些情况不可免地要反映到《诗经》之中,渗透于它的艺术审美经验之中,使其不可避免地有很多局限性。但这并不能抹杀其重要价值,不能抹杀其在建设当代生态存在论审美观之中的重要思想资料作用。

(原载《陕西师大学报》2006 年第 6 期)

13. 试论基督教文化的神学存在论生态审美观

20世纪60年代以来,生态问题在人类社会中愈来愈加突现出来,引起广泛关注。1972年联合国通过了《人类环境宣言》,确认生态危机已成为全球性问题。与此相伴,在学术领域则出现了"深层生态学"、"生态哲学"、"生态伦理学"、"生态批评"、"环境美学"等等新兴学科。20世纪90年代中期,中国学者提出"生态美学"概念,并认为这是一种人与自然和社会达到动态平衡、和谐一致的处于生态审美状态的崭新的生态存在论审美观。建设中的生态美学应该吸收古今中外各种理论的、文化的资源。其中包括对人类社会和文化发展起过并正在起着重要作用的基督教文化,特别是其经典《圣经》之中的重要思想资源。当然也包括当代基督教文化之中有关神学存在论、神学现象学与生态神学的重要思想资源。本文拟从基督教文化的原典《圣经》出发,从神学存在论的视角,探索基督教文化中的生态审美观,作为对于新兴的生态美学问题的丰富,同时也以此就教于方家。

一

首先,摆在我们面前的问题就是,为什么说基督教文化的生态观是一种神学存在论生态审美观。因为,围绕基督教文化的生态观问题分歧颇多。美国史学家林恩·怀特[Lynn White]于1967年发表了他那篇被誉为

"生态批评的里程碑"的名作《我们的生态危机的历史根源》。他指出,"犹太—基督教的人类中心主义"是"生态危机的思想文化根源"。它"构成了我们一切信念和价值观的基础","指导着我们的科学和技术",鼓励着人们"以统治者的态度对待自然"。①当代德国著名神学家莫尔特曼[Jurgen Molt Mann]则与此相反,提出了"上帝中心"的"生态创造论"这一较为系统的生态神学理论。他认为,人类处于上帝与万物之间的中介地位,"是以,人既不具有决定万物存有的能力,也不可以视万物仅为满足自己的手段和工具,一方面因为人不是绝对的,另一方面因为万物各自有其本性,正因如此,人于受造的自然界乃有这一器重的角色需要扮演"。②而历程神学的发展者天主教神学家贝利[Thomas Berry]和麦道拿[Sean Mc Dagh]则强调大地本身具有潜存之价值,人可说是自然演化中最迟出现的产物,人的故事是大地故事的一部分,但这不是一个以人为中心、以大自然为背景的故事;相反,这是一个以大地为中心的故事。③我们认为,对于基督教文化及其经典《圣经》不能从通常的认识论的物我关系来理解,而应从信仰论之彼岸此岸之关系来理解。因此,我们认为基督教文化及其《圣经》的生态观是一种神学存在论生态审美观。也就是用神学存在论的理论对基督教文化及《圣经》的生态观进行阐释。这是一种以"上帝中心"及"救世"为主要内涵的生态存在论审美观。我们之所以以"神学存在论"为理论支点,正说明基督教文化是以上帝为中心、以信仰论为出发点,绝不同于通常的认识论。正如《圣经》所说,"我们也讲这些事,不是用人的智慧所教的言语,而是用圣灵所教的言语,向属灵的人解释属灵的事"。④而

---

① 转引自王诺《欧美生态文学》,第 61 页;参考赖品超:《对话中的生态神学》,载《道风基督教文化评论》第 18 期,道风书社 2003 年版。

② [德] 莫尔特曼:《创造中的上帝》中译本导言,汉语基督教文化研究所 1999 年版。

③ 转引自郭鸿标、堵建伟《新世纪的神学议程》(下册),赖品超所写之第九章《生态神学》。

④ 《圣经》新译本,香港天道书楼 1993 年 10 月版,第 1555 页。

我们的阐释又采取"回到原典"的方法,以基督教文化的经典《圣经》为依据,主要通过对《圣经》的解读来论述其神学存在论生态审美观。

基督教与《圣经》产生于人类对于自己的生存状态进行思索和探索的早期。正值纪元前及其初期,犹太教和罗马帝国形成和发展的历史文化背景之下。当时处于前现代的经济社会状况。其时,人们不仅因为对于许多自然现象和社会现象无法理解而需要借助于信仰。而且,由于战争频繁、灾荒不断、人民流离颠沛,长期处于苦难的生存状态,只能把希望寄托于彼岸的神的世界。因此,从某种意义上来说,基督教是穷人和苦难民族的宗教。《圣经》旧约之诗篇写道"耶和华要给受欺压的人做保障,做患难时的避难所"。①《圣经》新约之马太福音更以"骆驼穿过针眼,比有钱的人进上帝的国还容易"②来生动比喻初期基督教对富人严把入口而却为穷人敞开大门的情形。现代丹麦著名哲学家和宗教作家梭伦·阿比耶·祁克果[Soren Aabye Kierkegaard]也指出,"因而,我一直力言:基督教是真正穷人的宗教;他们辛苦终日,几乎不得饱食。获益愈多,则愈难成为基督徒;因为,这时的反省,最易转错方向"。③而基督教产生之时人们的科技和生产水平都十分低下。面对复杂多变的自然和来势凶猛的灾荒,人们显得无助、无奈、茫然。正是在战争、压迫和自然灾害所形成的无尽的生存苦难之中,基督教和《圣经》作为救世的避难所应运而生。因此,基督教和《圣经》的产生就充分说明了它必然的包含着深刻的存在论哲思。而且,它既不可能是"人类中心",也不可能是"生态中心",而只能是"上帝中心"。因为,基督教作为一神教的宗教只能是"上帝崇拜",遵循"上帝是万物之尺度"的准绳。诚如《圣经》所说,"天上地下,只有耶和华是上帝,除他以外,

---

① 《圣经》新译本,第 698 页。
② 同上书,第 1363 页。
③ 《祁克果语录》,陈俊辉译,台湾扬智文化事业股份有限公司 1993 年 6 月,第 31 页。

再没有别的神了"。①因此,从基督教之经典《圣经》来看,还不是如怀特所说是什么"人类中心",也不是如贝利和麦道拿所说,是什么"生态中心"。基督教文化之产生,就已完成了由多神教向一神教的转变,使多神论"万物有灵"之思想为一神论之"上帝中心"所代替。由此可见,基督教文化的一神教特征成为其"上帝中心"之牢固根基。

而从基督教和《圣经》的内涵来看,也都是有关人类和民族的前途命运、生存发展和来世理想等重大课题。《旧约》之戒律和《新约》之救赎都关系到人类和民族生死存亡之前途。诚如《新约》之约翰壹书所说,"如果有人犯了罪,在父的面前我们有一位维护者,就是那义者耶稣基督。他为我们的罪作了赎罪祭,不仅为我们的罪,也为全人类的罪"。②更具体地看,《圣经》有创世—苦难—救赎三大主题,当然重点是救赎。这三大主题表示了人类存在的过去、现在和未来之历时性过程,回答人类何以在、如何在之宏大论题,成为以上帝为中心建构的完备的神学存在论。

从理论本身来看,基督教文化和《圣经》之神学存在论是不同于以海德格尔为代表的普通存在论的。海氏的普通存在论在其初期以"世界与大地之争执"来构建其内在关系,最后引向世界统治大地之"人类中心主义"。而且,海氏所说之诸神明显带有泛神论之倾向。而基督教和《圣经》之神学存在论是有其特殊内涵的。它业已经过祁克果和蒂利希 [Puul Tillich] 等加以阐释。祁克果指出,"基督教必须和存在有关,即和正存在之中的行动有关"。③蒂利希指出,"基督教断言耶稣是基督。基督这个词,也明显的比照指明了人的存在的境遇"。④作为神学存在论所指的存在就

---

① 《圣经》新译本,第 225 页。
② 同上书,第 1678 页。
③ 《祁克果语录》,陈俊辉译,第 31 页。
④ [德]蒂利希[田立克]:《系统神学》第二卷,东南亚神学协会台南神学院1971年版,第 30 页。

是基督耶稣,在基督教中基督就是道、就是路、就是生命之源。基督之作为道,不同于古希腊的理性之"逻各斯"。正如《圣经》所说,"然而在信心成熟的人中间,我们也讲智慧,但不是这世代的智慧"。①基督之道也不是海氏所说的人性之道,而是属灵的神性之道。正如《圣经》所记耶稣对众人所说,"你们是从地上来的,我是从天上来的;你们属这世界,我却不属这世界"。②当然,基督之作为存在同海氏所说之存在一样是超验的,既超越万物之客体也超越人之精神主体。在这种神学存在论中,人与万物只是作为神之存在,即基督之道的具体呈现之存在者。作为"存在者",人与万物处于此时此地的暂时多变的状态之中。但人类却因"原罪"和欲念而常常走向违背上帝之约的犯罪之途,因而作为存在者就不能很好地呈现上帝这最高之存在,即基督之道,因而必然受到上帝之罚,但最后又需上帝之救赎使之回到上帝存在之道。蒂利希借用现代哲学异化与复归之理论加以阐释。但作为《圣经》实际上是人类早期有关生存之罪与罚、罚与救之原型的体现。那么,为什么说基督教文化的神学存在论是生态的和审美的呢?其实,生态问题从哲学层面来说归根结底是人的存在问题。也就是人在天、地、自然之中生存发展之问题。因此,神学存在论本身是包含着生态之内容的。那就是基督教文化以上帝作为存在,人与万物都由上帝这一存在决定并都是呈现这一存在的存在者。正是从作为存在者这一点来讲,人与万物在上帝这一存在面前是平等的。因而,基督教文化之上帝中心的神学存在论生态观具体表现为,人与万物同是作为存在者的生态平等论。而神学存在论作为存在论哲学形态之一,它所贯彻的神学现象学方法就使现象的显现、真理的敞开与审美存在的形成达到高度的一致。因而,神学存在论具有十分突出的审美属性。首先,从真理的敞开来说,存在论哲学认

---

① 《圣经》(新译本),第 1555 页。
② 同上书,第 1466 页。

为"美是无蔽性真理的一种呈现方式"。①因此,存在论哲学—美学认为,所谓美即真理[存在]之自行敞开的过程,也就是由遮蔽到澄明之过程。基督教之神学存在论认为,基督耶稣就是真理、道路与生命。《圣经》约翰福音中耶稣说道,"我就是道路、真理、生命"。②因而,耶稣通过救赎之途将人类从罪恶和灾难之中拯救出来,从而体现出上帝的真理之光,这就是真正的美。《圣经》诗篇第六十九篇写道:"耶和华啊!求你应允我,因为你的慈爱美善;求你照著你丰盛的怜悯转脸垂顾我。求你不要向你的仆人掩面,求你快快应允我,因为我在困境之中。求你亲近我,拯救我,因我仇敌的缘故救赎我。"③在这里,《圣经》明确地将美善与上帝对人类的拯救与救赎紧密相连。可见,拯救与救赎是上帝之真理由遮蔽到澄明的必经之过程。正因此,《圣经》认为,上帝就是美,就是善。《圣经》诗篇第一百篇写道:"应当感恩的进入他的殿门,满口赞美的进入他的院子;要感谢他,称颂他的名。因为耶和华本是美善的,他的慈爱存到永远,他的信实直到万代。"④正因为神学存在论把拯救与救赎作为其存在[真理]显现的核心环节,因而基督教文化,特别是《圣经》流露出浓厚的悲天悯人的慈爱心怀,渗透着强烈的审美的情感特性,并由此产生巨大的震撼力量。基督教文化与《圣经》的审美特性还表现在它极为突出的隐喻性。在《圣经》马可福音第四章中耶稣对他的门徒说:"上帝的国的奥妙,只给你们知道,但对于外人,一切都用比喻,叫他们,看是看见了,却不领悟,听是听见了,却不明白,免得他们回转过来,得到赦免。"为此,他用撒种来隐喻传道。他说:"你们听著!有一个撒种的出去撒种,撒的时候,有的落在路旁,小鸟飞来就吃掉了。有的落在泥土不多的石地上,因为泥土不深,很快就长起来。但太阳

---

① [德]马丁·海德格尔:《人,诗意地栖居》,上海远东出版社1995年版,第107页。
② 《圣经》(新译本),第1476页。
③ 同上书,第757页。
④ 同上书,第790页。

一出来,便把它晒干,又因为没有根就枯萎了。有的落在荆棘里,荆棘长起来,把它挤住,它就结不出果实来。有的落在好土里,就生长繁茂,结出果实,有三十倍的、有六十倍的、有一百倍的。"接着,他对这个比喻进行了阐释。他说,"撒种的人所撒的就是道。那撒在路旁的,就是人听了道,撒旦立刻来,把撒在他心里的道夺去。照样,那撒在石地上的,就是人听了道,立刻欢欢喜喜地接受了;可是他们里面没有根,只是暂时的;一旦为道遭遇患难,受到迫害,就立刻跌倒了。那撒在荆棘里的,是指另一些人;他们听了道,然而今世的忧虑、财富的迷惑,以及种种的欲望,接连进来,把道挤住,就结不出果实来。那撒在好土里的,就是人听了道,接受了,并且结出果实,有三十倍的、有六十倍的、有一百倍的"。①这实际上是一个极好的隐喻。传道即隐喻中的"所指"。而撒种,包括小鸟吃掉、太阳晒干、被荆棘挤住、落入好土生长繁茂等等均为以形象出现的比喻,即"能指",其中包含了道之呈现的必备的内外条件。由此隐含更深之意即上帝救赎与人类通过超越而得救之艰难历程。但无论是撒旦破坏,还是人类自身根基不深易受迷惑等等,终究挡不住拯救人类之福音的传播,最后结出果实。这恰恰是上帝之真理的最后呈现,是一种圣洁之光、神圣之美。《圣经》中这样的比喻比比皆是。例如,用"为什么看见你弟兄眼中的木削却不理会自己眼中的梁木"来隐喻基督教文化中"严于律己,宽以待人"之宽恕精神。并用"你们当进窄门,因为引到灭亡的门是宽的,路是大的,进去的人也多;但引到生命的门是窄的,路是小的,找着的人也少"来隐喻人类获救之艰难。由此可见,《圣经》中大量比喻的运用既是其阐释深奥之道的途径,也构成其突出的隐喻性之美学特征。在这一点上,《圣经》同中国古代的《庄子》十分类似,同样是用生动的寓言、故事来深喻生存之道。而海德格尔则大量借用荷尔德林之诗句来形象地阐述其深奥的存在论真理。《圣经》的这种隐喻性就成为其通过存在者呈现存在的美学特征。不仅如此,基督教

---

① 《圣经》(新译本),第 1368 页。

文化还以极为丰富的诗歌、美文、绘画和音乐来阐释深奥的基督之道。《圣经》本身就主要由诗歌和美文组成。而基督教文化中的文学、绘画和音乐早已成为世界文学艺术史的重要资源。在这些美学形式中都寄寓了基督教神学存在论生态审美观的深刻内涵。

二

神学存在论生态审美观以神学存在论为理论依据，从人与万物同为上帝这一最高存在之存在者这一独特视角出发，总结并阐释了《圣经》之中"上帝中心"前提下人与自然万物关系，开辟了基督教文化以神学存在论为基点，参与当代生态文明建设的广阔前景。下面，我们主要从《圣经》出发，具体阐释神学存在论生态审美观的基本内涵。

"因道同在"之超越美。 "因道同在"是基督教神学存在论生态审美观之基点，包含极为丰富的内容。其最基本的内容是主张上帝是最高的存在，是创造万有的主宰。《圣经》申命记称上帝耶和华为"万神之神，万主之主"。①在《圣经》诗篇中又称耶和华为"全地的至高者"。②《圣经》启示录借二十四位长老之口说道"我们的上帝，你是配得荣耀、尊贵、权能的，因为你创造了万有，万有都是因著你的旨意而存在，而被造的"。③由此，基督教文化，特别是《圣经》的重要内容就是上帝创世。所谓"那看得见的就是从那看不见的造出来的"。④《圣经》的首篇就是"创世记"，记载了上帝六日创世的历程。第一日，上帝创造天地；第二日，上帝创造穹仓；第三日，上帝创造青草、菜蔬和树木；第四日，上帝造了太阳、月亮和星星；第五日，

---

① 《圣经》(新译本)，第 232 页。
② 同上书，第 789 页。
③ 同上书，第 1969 页。
④ 同上书，第 1654 页。

上帝造了鱼、水中的生物、飞鸟、昆虫和野兽;第六日,上帝按照自己的形象造人。第七日为安息日。由此可见,天地万物以及人类均为上帝所造。上帝是创造者,人与万物都是被造者。因此,从人与万物同是被造者的角度,他们之间的关系也应该是平等的。有学者强调了上帝规定人有管理万物的职能,从而说明人高于万物。的确,《圣经》创世记是记载了人对万物的管理。《圣经》记载上帝的话:"我们要照着我们的形象,按着我们的样式造人;使他们管理海里的鱼、空中的鸟、地上的牲畜,以及全地,和地上所有爬行的生物。"并说,"看哪,我把全地上结种子的各种菜蔬,和一切果树上有种子的果子,都赐给你们作食物,至于地上的各种野兽,空中的各种飞鸟,及地上爬行有生命的各种活物,我把一切青草菜蔬赐给他们作食物"。①上述言论,成为许多理论家认为基督教文化力主"人类中心"的重要依据。其实,从同为被造者的角度人类并没有构成为万物之中心。而上帝所赋予人类对于万物之管理职能也并不意味着人类成为万物之主宰,而只意味着人类承担更多的照顾万物之责任。正如《圣经》希伯来书所说,对于人类"我们还没有看见万物都服他"。②至于上帝把菜蔬、果子赐给人类作食物,同时把青草和菜蔬赐给野兽、飞鸟和其他活物作食物。包括《圣经》中对于人类宰牲吃肉的允许,以及对安息日休息和安息年休耕的规定,都说明基督教文化在一定程度上对生物循环繁衍的生态规律之认识。由此说明,基督教文化中人与万物同样作为被造者之平等也不是绝对的平等,而是符合万物循环繁衍之规律的平等。而且,人与万物作为存在者也都因上帝之道[存在]而在,亦即成为此时此地的具体的特有物体。《圣经》以十分形象的比喻对此加以阐述,认为人与万物都好比是一粒种子,上帝根据自己的意思给予其不同的形体,而不同的形体又都以不同的荣光呈现出上帝之道。《圣经》哥林多书写道:"你们所种的,不是那将来要

---

① 《圣经》(新译本),第4、5页。
② 同上书,第1645页。

长成的形体,只不过是一粒种子,也许是麦子或别的种子。但上帝随着自己的意思给它一个形体,给每一样种子各有自己的形体。而且各种身体也都不一样,人有人的身体,兽有兽的身体,鸟有鸟的身体,鱼有鱼的身体。有天上的形体,也有地上的形体;天上形体的荣光是一样,地上形体的荣光又是一样。太阳有太阳的荣光,月亮有月亮的荣光;而且,每一颗星的荣光也都不同。"①在此基础上,《圣经》认为,人与万物作为呈现上帝之道的存在者也都同有其价值。《圣经》路加福音有一句名言:"五只麻雀,不是卖两个大钱吗?但在上帝面前,一只也不被忘记。"②因此,即便是不如人贵重的麻雀,作为体现上帝之道的存在者,也有其自有的价值,而不被上帝忘记。综上所述,从人与万物作为存在者因道同在的角度,《圣经》的主张是:人与万物因道同造、因道同在、因道同有其价值。这种人与万物因道同在的哲思包含着一种超越之美。本来,存在论美学就力主一种超越之美。它是通过对物质实体和精神实体之"悬搁",超越作为在场的存在者,呈现不在场之存在,到达真理敞开的澄明之境。而作为神学存在论美学又有其特点,面对灵与肉、神圣与世俗、此岸与彼岸等特有矛盾,通过灵超越肉、神圣超越世俗、彼岸超越此岸之过程,实现上帝之道对万有之超越,呈现上帝之道的美之灵光。《圣经》加拉太书引用上帝的话说:"我是说,你们应当顺著圣灵行事,这样就一定不会去满足肉体的私欲了。因为肉体的私欲和圣灵敌对,使你们不能做自己愿意做的。但你们若被圣灵引导,就不在律法之下了。"在这里,《圣经》强调了面对肉欲与圣灵的敌对,应在圣灵的引导下超越肉欲,才能遵循上帝的律法到达真理之境。《圣经》又以著名的"羊的门"作为耶稣带领众人超越物欲,走向生命之途、真理之境的形象比喻。《圣经》马太福音引用耶稣的话说:"我实实在在告诉你们,我就是羊的门。所有在我以先来的都是贼和强盗;羊却不听从他们。我就是门,如果有

---

① 《圣经》(新译本),第 1569 页。
② 同上书,第 1592 页。

人藉着我进来,就必定得救,并且可以出,可以入,也可以找到草场。贼来了,不过是要偷窃、杀害、毁坏;我来了,是要使羊得生命,并且得的更丰盛。"①在这里,盗贼代表着物欲,耶稣即是圣灵,进入羊的门即意味着圣灵对物欲的超越。《圣经》认为,只有通过这种超越,才能真正迈过黑暗进入真理的光明之美境。《圣经》约翰福音中耶稣对众人说:"我是世界的光,跟从我的,必定不在黑暗里走,却要得著生命的光。"又说:"你们若持守我的道,就真是我的门徒了;你们必定认识真理,真理必定使你们自由。"②基督教神学存在论所主张的这种引向信仰之彼岸的超越之美,为后世美学之超功利性、静观性提供了宝贵的思想资源。同时,这种超越之美也为生态美学中对"自然之魅"的适度承认提供了学术的营养。科学的发展的确使人类极大的认识了自然之奥秘,但自然之神秘性和审美中的彼岸色彩却是无可穷尽的重要因素。

"**藉道救赎**"**之悲剧美**。 "救赎论"是基督教文化中最主要的内容和主题,也是神学存在论生态审美观最重要的内容,构成了它最富特色并震撼人心的悲壮的美学基调。它由原罪论、苦难论、救赎论与悲壮美四个相关的内容组成。上帝救赎是由人类犯罪受罚、陷入无法自拔的灾难而引起。因而,必然要首先论述其原罪论。《圣经》创世记第三章专门讲了人类始祖所犯原罪之事。主要是人类始祖被蛇引诱而违主命偷食禁果,犯了原罪,并被逐出美丽富庶、无忧无虑的伊甸园。那么,人类所犯原罪之根源何在呢?基督教教义认为,主要在于人类本性之贪欲。《圣经》写道,当蛇引诱女人夏娃偷食禁果时,"女人见那树的果子好作食物,又悦人的眼目,而且讨人喜欢,能使人有智慧,就摘下果子来吃了;又给了和她在一起的丈夫,他也吃了"。③由此可知,夏娃之所以被诱惑而偷食禁果,还是为了满足自

---

① 《圣经》(新译本),第1469页。
② 同上书,第1466页。
③ 同上书,第6页。

己的口腹、眼目和认知之私欲。正是这样的私欲导致人类犯了原罪。但人类的私欲并没有因为被逐出伊甸园而有所改变。因为《圣经》认为这种私欲是人类的本性。所以,一再暴露。正如《圣经》创世记第六章所写:"耶和华看见人类在地上的罪恶很大,终日心里想念的尽都是邪恶的。于是,耶和华后悔造人在地上,心中忧伤。"①《圣经》还在创世记第九章写道,"人从小时候开始心中所想的都是邪恶的"。②由此可见,《圣经》认为人的原罪是本原性的。而且,《圣经》认为,人类的后代在原罪的驱使下所做的坏事超过了他们的前人。《圣经》耶利米书第十六章耶和华对先知耶利米评价以色列人之后代时说道:"至于你们,你们所做的坏事比你们的列祖更厉害;你们个人都随从自己顽梗的恶心行事,不听从我。"③基督教文化的这种强烈的自责性是其极为重要的特点。它总是将各种灾难之根源归咎于自己的原罪和过错。《圣经》诗篇第二十五篇写道:"耶和华啊!求你纪念你的怜悯和慈爱,因为它们自古以来就存在。求你不要纪念我幼年的罪恶和过犯;耶和华啊!求你因你的恩惠,按着你的慈爱纪念我。"又写道:"耶和华啊!因你名的缘故,求你赦免我的罪孽,因为我的罪孽重大。"这一种强烈的自责的情绪同古希腊文化形成鲜明对比。众所周知,古希腊文化是将一切灾难和悲剧之根源都归结为客观之命运的,很少有基督教文化那种深深的自责之情。著名的悲剧《俄狄浦斯王》就将主人公俄狄浦斯杀父娶母之罪孽归咎于客观的不可抗拒之命运。它们产生的效果也是截然不同的。命运之悲剧使人产生无奈的同情,但原罪之悲剧却能产生强烈的灵魂之震撼。因为,如果犯罪之根源在于每个人的心中都会有的原罪,这就使人不仅自责而且产生强烈的反省。当前,面对现代化、工业化过程中生态灾难的日愈严重,某些人的置若罔闻,甚至洋洋自得,很可能是不能正

---

① 《圣经》(新译本),第 9 页。
② 同上书,第 12 页。
③ 同上书,第 1052 页。

确对待古希腊悲剧把一切灾难都归结为客观命运的观念的结果。而我们更需要重视基督教文化之原罪悲剧精神。当前,面对生态危机给人类的生存所带来的一系列严重问题,我们对既往的观念和行为进行自责性的反省实在是太必要了。同原罪论紧密相连的是苦难论。由于基督教文化承认人的原罪,所以为了避免原罪,就出现了一个非常重要的人类与上帝之约,就是著名的十诫。也就是上帝给人类立了十个不准,以遏制其原罪。但人类终因原罪深重而难以遵约,因而总是违诫。这就使人类不断受到惩罚而陷入苦难之中。因此,基督教文化之中的苦难,包括自然灾害一类的生态灾难都是上帝为了惩罚人类而制造的,属于目的论范围的苦难。当然,上帝的这些惩罚都是由于人类的违约而引起。《圣经》利未记记载上帝对于人类的警告:"但如果你们不听从我,不遵行这一切的诫命;如果你们弃绝我的律例,你们的心厌弃我的典章,不遵行我的一切诫命,违背我的约,我就要这样待你们:我必命惊慌临到你们,痨病热病使你们眼目昏花,心灵憔悴;你们必徒然撒种,因为你们的仇敌必吃尽你们的出产……"[①]正因为人类由于原罪的驱使一次次地违约,所以面临上帝惩罚的一次次灾难。首先是被赶出伊甸园,被罚"终生劳苦"。接着,又被特大的洪水淹没。《圣经》说通过滔滔洪水"耶和华把地上所有的生物,从人类到牲畜,爬行动物,以及空中的飞鸟都除灭了"。[②]同时,上帝还使人类面临其它灾难。"他使埃及水都变成血,使他们的鱼都死掉。在他们地上,以及君主的内室,青蛙多多滋生。他一发命令,苍蝇就成群而来,并且虱子进入他们的四境。他给他们降下冰雹为雨,又在他们的地上降下火焰。他击打他们的葡萄树和无花果树,毁坏他们境内的树木。他一发命令,蝗虫就来,蚱蜢也来,多的无法数算,吃尽了他们地上的一切植物,吃光了他们土地的出产

---

① 《圣经》(新译本),第 159 页。
② 同上书,第 11 页。

……"①上帝还把可怕的旱灾和地震带给人类。旱灾的情形是"土地干裂,因为地上没有雨水,农夫失望,都蒙着自己的头"。②地震的情形是"大山在他面前震动,小山也都融化"。③《圣经》所列的这些苦难绝大多数都是一些自然灾害,而且大都是一些天灾。但今天的灾害,诸如核辐射、艾滋病、癌症、非典、禽流感等等却大多是人祸,是人对环境破坏的结果。这难道不更加惊心动魄吗?!《圣经》似乎有所预见一般,在《新约》提摩太后书中专讲到末世的情况:"你应当知道,末后的日子必有艰难的时期到来。那时,人会专爱自己,贪爱钱财、自夸、高傲、亵渎、背离父母、忘恩负义、不圣洁、没有亲爱良善、卖主卖友、容易冲动、傲慢自大、爱享乐过于爱上帝,有敬虔的形式却否定敬虔的能力……"上述所言自私贪欲、追求享受等等恰是现代社会滋生蔓延的人性之弊病。这样的弊病引起的惩罚应该更大。事实证明,当今人类生存状态美化和非美化之二律背反的严重事实不恰恰证明了这一点吗?基督教文化把救赎放在一个十分突出的位置。所谓救赎即上帝和基督耶稣对人类苦难的拯救。基督教文化认为,这种救赎完全是由上帝和基督耶稣慈爱的本性决定的。《圣经》第三十篇和第三十一篇写道,"耶和华我的上帝啊!我曾向你呼求,你也医治了我。耶和华啊!你曾把我从阴间救上来,使我存活,不至于下坑。耶和华的圣民哪!你们要歌颂耶和华,赞美他的圣名。因为他的怒气只是短暂的,他的恩惠却是一生一世的;夜间虽然不断有哭泣,早晨却欢呼。"又说,"因为你是我的岩石、我的坚垒;为你名的缘故,求你带领我,引导我。求你救我脱离人为我暗设的网罗,因为你是我的避难所。我把我的灵魂交在你手里,耶和华,信实的上帝啊!你救赎了我"。④由此可见,《圣经》认为,上帝对人类的救赎,成为人类的避难所,完全是由于上帝永恒的恩惠、万世的圣名、信实的品格、慈爱

---

① 《圣经》(新译本),第 797 页。
② 同上书,第 1048 页。
③ 同上书,第 1284 页。
④ 同上书,第 716、717 页。

的本性。基督教文化中上帝对于人类的救赎不同于一般的扶危济困之处在于,这种救赎是对人类前途命运之终极关怀,是在人类生死存亡之关键时刻伸出拯救人类之万能之手。按照《圣经》记载,在人类的初期,因罪恶而被洪水吞没之际,上帝命义人挪亚建造方舟,躲过了这万劫之难。其后,在人类又要面临大难之际,上帝又让独子耶稣基督降生接受痛苦的赎罪祭,并复活传福音,以"把自己的子民从罪恶中拯救出来"。①并且,《圣经》还预言了在未来的世界末日基督耶稣将重临大地拯救人类。基督教文化的救赎,不仅是对人类的救赎,而且也是对万物的救赎。因为,各种灾害既是人类的苦难,也是万物的苦难。所以,在拯救人类的同时也必须拯救万物。《圣经》所载人类初期,大洪水到来淹没了人类和万物,上帝命挪亚建造方舟,既拯救了人类也拯救了万物。《圣经》记载上帝对挪亚说:"我要和你立约。你可以进方舟;你和你的儿子、妻子和儿媳,都可以和你一同进方舟,所有的活物,你要把每样一对,就是一公一母,带进方舟,好和你一同保存生命。"②因此,在基督教文化和《圣经》之中,人与万物一样都是被上帝救赎的。正是从人与万物被上帝同救的角度,人与万物之间也具有某种平等性。而且,在基督教文化和《圣经》当中,上帝不仅救赎了人类和万物,并将其慈爱之情倾注于整个自然,有着浓浓的热爱自然与大地的情怀。不仅前已说到,《圣经》有安息日和安息年规定人与自然休养生息的戒律,而且上帝造人就是用地上的尘土造成人形。上帝还对人类说,"你既是尘土,就要归回尘土"。③更为重要的是,《圣经》提出了著名的"眷顾大地"的伦理思想,突出了大自然作为存在者之应有的价值。《圣经》诗篇第六十六篇写道:"你眷顾大地,普降甘霖,使地甚肥沃;上帝的河满了水,好为人预备五谷;你就这样预备了大地。你灌溉地的犁沟,润平犁脊,又降雨露使地松

---

① 《圣经》(新译本),第 1388 页。
② 同上书,第 10 页。
③ 同上书,第 7 页。

软,并且赐福给地上所生长的。"①也就是说,基督教文化的救赎论中包含上帝将大地、雨露、阳光、五谷等美好丰硕的大自然赐给人类,使人类得以美好生存。也由此说明,在基督教文化中人类的生存同自然万物须臾难离。总之,基督教文化中的"藉道救赎"论是一种极具悲剧色彩的神学存在论生态审美观。它不仅以巨大的不可抗拒的灾难给人以惊惧威慑,而且以强烈的自谴给人的心灵以特有的震撼,并以对未来更大灾难的预言给人以深深的启示。《圣经》以生动形象、震撼人心的笔触为我们刻画了一幅幅灾难与救赎的画面,渗透著浓郁的悲剧色彩。从挪亚方舟颠簸于滔滔洪水,到耶稣基督被钉在十字架的苦难画面,乃至对未来世界七个惩罚的可怖描绘,都以其永恒的震惊的形象留在世人心中。这确是一种具有崇高性的悲剧美。正如康德所言,这是对象物质之巨大压倒了人的感性力量,最后借助于理性精神压倒感性之对象,唤起一种崇高之美。在基督教文化之中,就是借助基督耶稣之救赎这一强大的理性精神,战胜自然获得精神之胜利,唤起一种崇高之美。一般的生态美主要是表现人与自然和谐之美好图景,或是以艺术的手段对破坏自然恶行之抨击。但唯有基督教文化,以原罪—苦难—救赎的特有形式,以浓郁的悲剧色彩,表现"上帝中心"前提之下人与自然之关系,突出了面对自然灾难人类应有更多自责并遵神意"眷顾大地"的核心主题,给我们以深深的启发。

"因信称义"之内在美。"因信称义"即是对人的信仰的突现与强调,这是基督教文化与《圣经》十分重要的组成部分,也成为神学存在论生态审美观的十分重要的内容。它是达到神学存在论美之真理敞开的必由之途,也使其成为具有高度精神性的内在美。"因信称义"是基督教文化不同于通常认识论之信仰决定论的神学理论。正如《圣经》加拉太书所说,"既然知道人称义不是靠律法,而是因信仰耶稣基督,我们也就信了基督耶

---

① 《圣经》(新译本),第 752 页。

稣,使我们因信基督称义"。①所谓称义,即得到耶稣之道。《圣经》认为,它不是依靠通常的诉诸道德理性之律就可达到,而必须凭借对于基督耶稣之信仰。而信仰是一种属灵的内在精神之追求,必须舍弃各种外在的物质诱惑和内在的欲念,甚至包括财产,乃至生命等。正如《圣经》加拉太书所说,"属基督耶稣的人,是已经把肉体和邪情私欲都钉在十字架上了,如果我们是靠圣灵活着,就应该顶着圣灵行事。我们不可贪图虚荣,彼此浊怒,互相嫉妒"。②而这种"义"所追求的是耶稣的"爱",正如耶稣回答发利赛人所说:"你要全心、全性、全意爱主你的上帝。这是最重要的第一条诫命。第二条也和它相似,就是要爱人如己。全部律法和先知书,都以这两条诫命作为根据。"③做到以上诸条的人,就是"除去身体和心灵上的一切污秽,"同耶稣合一的"新造的人"。④而要做到这一点则要依靠基督教文化中特有的灵性的修养过程,包括洗礼、祷告、忏悔等等。最后实现上帝之道与人的合一,即"道成肉身"。正如《圣经》约翰福音所记耶稣在为门徒所做的祷告中所说:"我不但为他们求,也为那些因他们的话而信我的人求,使他们都合而为一,像父你在我里面,我在你里面一样;使他们也在我们里面,让世人相信你差了我来。你赐给我的荣耀,我已经赐给了他们,使他们合而为一,像我们合而为一。"⑤在这里,基督教文化的"因信称义"及与之相关的属灵的修养过程,实际上成为一种神学现象学。也就是通过属灵的因信称义、道成肉身的祈祷、忏悔的过程,人们将各种外在的物质和内在的欲念加以"悬搁",进入一种内在的神性生活的审美的生存状态。诚如德国神学现象学家 M. 舍勒[Max Scheler]所说:"这种想法似乎宏观地表现下述学说之中:基督的拯救行动不仅赎去了亚当之罪,而且由此将人带离

---

① 《圣经》(新译本),第 1588 页。
② 同上书,第 1593 页。
③ 同上书,第 1368 页。
④ 同上书,第 1578 页。
⑤ 同上书,第 1480 页。

罪境,进入一种与上帝的关系,较之于亚当与上帝的关系,这种关系更深、更神圣,尽管在信仰和追随基督之中的获救者不再有亚当那种极度的完美无瑕,并且总带有尚未清醒的欲望[肉体的欲望]。沉沦与超升初境的循环交替一再微妙地显示在福音书中:在天堂,一个忏悔的罪人的喜悦甚于一个个义人的喜悦。"①写到这里,不仅使我想起中国古代老庄道家思想中之"坐忘"与"心斋",即所谓"堕肢体,黜聪明,离形去知,同于大通"(《庄子·大宗师》)。这也是一种古代形态的现象学审美观,同基督教文化的"因信称义"有许多相似之处,说明中西古代智慧之相通。

"新天新地"之理想美。 基督教文化与《圣经》从神学存在论出发,对生态审美观之理想美作了充分的论述。当然,伊甸园是天地神人合一的理想之美地。但人类因原罪被逐出了伊甸园,从而也就失去了这样一个美地。但基督教文化与《圣经》中的上帝还在为人类不断地创造新的美地。在《圣经》申命记中曾写道:耶和华上帝快要将人类领进那有橄榄树、油和蜜,不缺乏食物之"美地"。《圣经》以赛亚书具体地描写了上帝将要创造的新天新地将是一个人与万物、人与人、物与物协调相处的美好的物质家园与精神家园。书中具体写道:"因为我的子民的日子像树木的日子,我的选民必充分享用他们亲手做工得来的。他们必不陡然劳碌,他们生孩子不再受惊吓,因为他们都是蒙耶和华赐福的后裔,他们的子孙也跟他们一样。那时,他们还未吁求,我就应允,他们还在说话,我便垂听。豺狼必与羔羊在一起吃东西,狮子要像牛一样吃草,蛇必以尘土为食物。在我圣山的各处,它们都必不作恶,也不害物;这是耶和华说的。"②而《圣经》启示录专门对理想的新天新地作了描绘:"我又看见了一个新天新地,因为先前的天地都过去了,海也再没有了。我又看见圣城,新耶路撒冷,从天上由上帝

---

① [德] M. 舍勒:《爱的秩序》,林克译,三联书店香港有限公司1994年,第137页。

② 《圣经》(新译本),第1016页。

那里降下来,预备好了,好像打扮整齐等候丈夫的新娘。"①这个新天新地真是美妙非凡:城墙是用碧玉造的,城是用纯金造的,从上帝的宝座那里流出一道明亮如水晶的生命河,河的两边有生命树,结十二次果子,树叶可以医治列国……总之,这也是一个天地人神和谐相处、美丽富庶的家园。这些叙述,表达了基督教文化和《圣经》神学存在论生态审美观的美学理想:天地神人统一协调、美好和谐的物质家园与精神家园。

综上所述,我们从因道同在之超越美,藉道救赎之悲剧美,因信称义之内在美,新天新地之理想美四个层面阐述了基督教神学存在论生态审美观之基本内涵,说明这是一种力主人与万物同样被造、同样存在、同样有价值、同样被救赎,并具有超越性、内在性、理想性与充满自我谴责之原罪感的特殊悲剧美,具有其特定的内涵与不可代替之价值。

三

基督教文化之神学存在论审美观的提出,无疑是在新的社会历史形势下,从崭新的视角对基督教文化和《圣经》的一种新的研究,具有重要的意义与价值。

从基督教文化本身来看。我们的这种研究是在新形势下对基督教文化与《圣经》的一种新的阐释。当代阐释学的视界融合理论为我们提供了对所有文化形态在原有文本的基础上,结合新的形势进行新的解读和阐释的理论方法。正是在这个意义上,我们说所有的历史都具有当代的意义与价值。《圣经》从诞生之日起就不断地面对各种阐释,而每种阐释又必然地同时代的背景和历史的状况有关。从文艺复兴至启蒙运动,再到资本主义的工业化和现代社会的发展,各种理性主义和实证主义思潮相继勃兴。在这种情况下,对基督教文化和《圣经》作出"人类中心主义"的阐释是

---
① 《圣经》(新译本),第 1711 页。

一点也不奇怪的。事实证明,欧洲近代以来对基督教文化起着重大影响的是哲学上的理性宗教观念。反对人性毁于教条,努力使宗教合理化,强调宗教的人本主义性质,强调人的自由意志、人的尊严、人的解放等等人道主义思想。①这种对于基督教文化的人道主义阐释必然会突出其"人类中心主义"的内涵。从这个角度说,怀特对基督教文化"人类中心主义"的批评也不是没有一点根据的。但今天的时代,从20世纪60年代以来即已逐步进入以信息技术为标志的后工业时代,社会发生了巨大的变化。在这样的形势下,我们应该对基督教文化和《圣经》进行新的解读和阐释。当然这种解读和阐释应该以原有的前见,特别是作为原典的《圣经》文本作为基础,不能随意附会。同时,要根据时代与社会的形势做两方面的工作。一方面是努力发掘原典之中未曾被重视的内涵与视角,例如,本文力图从神学存在论的视角发掘基督教文化和《圣经》特有的生态审美观内涵。另一方面,就是结合时代的需要突出原典之中有关内容的价值和意义。本文根据当代生态问题突出的现实,突出了基督教文化与《圣经》之中有关上帝、人类和自然万物之关系的论述,阐释其现实价值和意义。在这一方面,当代许多神学家和宗教哲学家已经作出了自己的努力。例如,前已提到的德国神学家莫尔特曼所提出的"生态的创造论"神学,美国神学理论家大卫·雷·格里芬[Griffin, D. R]提出"生态论的存在观"。②本文所提出的基督教文化神学存在论生态审美观就是在新时代的形势下,在前人研究的基础上,对基督教文化特别是其原典的一种新的解读与阐释。试图在基督教文化诸多生态观之中提出一种由神学存在论出发的生态审美观。作为对基督教文化多种当代阐释之一,参与到建构新时期基督教文化生态理论的行列之中。

从社会需要的层面来看,我们的研究试图发挥基督教文化在疗治现

---

① 参见尹大贻《基督教哲学》,四川人民出版社1987年版,第221页。
② [美]大卫·雷·格里芬:《后现代精神》。

代社会疾病中的重要作用。众所周知,自18世纪工业化以来,人类社会发生了巨大的变化,出现了人的生存状态美化与非美化二律背反之现实情况。一方面,人类的物质生活空前的富裕,生活条件大为改善,人的生存状态走向空前的美化之境。但另一方面,生态环境恶化,战争连续不断,新的疾病蔓延,精神焦虑问题严重等等也越来越迫切地需要解决。这一系列现代社会疾病又极大地威胁到人类,使其生存状态出现空前的非美化倾向。在这种形势下,对当前社会疾病之治疗成为十分迫切的课题。特别是生态危机的严重性正日益迫近人类。人类由其欲求扩张之需要,仍在继续掠夺地球,破坏环境,加重生态灾难。著名当代历史学家阿诺德·汤因比[Arnold. J Toynbee]将其比作人类所犯的一种弑母之罪。他说,"在1763-1973年这200多年间,人们获得了征服生物圈的力量,这一点就是史无前例的。在这些使人迷惑的情况下,只有一个判断是确定的。人类,这个大地母亲的孩子,如果继续他的弑母之罪的话,他将是不可能生存下去的。他所面临的惩罚将是人类的自我毁灭。"①对于人类现代社会疾病之疗治需求助于政治、道德、法律等各种手段。但人类确立一种正确的态度却是首要的。因此,不少理论家指出,与其说当代社会面临着经济、社会与生态的危机,还不如说是面临着思想观念的危机,关键是人们的思想观念不正确,不能以正确的态度去处理当代社会经济与未来的发展问题。正是从这个角度,可以说态度决定一切,态度决定了人类的前途命运。那就要借助于义化,特别要借助人类悠久的历史智慧。它们包含在东西方古代优秀的文化传统之中,基督教文化就是极为重要人类智慧和文化传统。关于当代人类的文化和世界观的缺失,有许多有识之士发表过非常有见识的看法。著名的罗马俱乐部发起人贝切伊[Aurelio Peccei 1908-1984]指出:"一般地说人类增长和人类发展的极限问题,主要是一种文化上的极限。就事实而论,人类正在经历一个巨大的物质扩张阶段,并获得了对于

---

① [英]阿诺德·汤因比:《人类与大地母亲》,第726页。

自己栖息地的决定性力量,但人类并不知道自己能在其中安全地启动的星球的负荷能力和人类个人的生物心理能力的极限是什么,然而,不预先承认和估计这些外部极限和内部极限,却正是人类文化发展的一个巨大过失。"① 目前许多哲学家和神学家都十分关注如何运用基督教文化资源参与纠正当代人类生态态度之缺失。诚如香港中文大学宗教系主任赖品超博士所说:"宗教与生态关怀是有着一种辩证的关系;一方面,对于生态问题的觉醒会导致宗教上的生态转向,例如基督教在思想和实践上20世纪70年代出现了明显的变化;而另一方面,生态问题也会导引出宗教和灵性上的问题,而这在深度生态学的讨论中尤为明显,可以说生态关怀是有一灵性之向度,而宗教是可以对环保有重大的帮助。"② 美国水利专家罗得米克[W. C. Lowdermilk]于1939年就水土保持问题发表演说时认为应在《圣经》中增加摩西第十一诫之条文。唐佑之先生也认为,在当前环境遭受生态危机之时应考虑增加第十一条诫命:"不可误用地土。自然环境是属主的,我们应尽管家职分。凡有损自然的必遭拒绝,应该明辨慎思,同时谨慎应用,对大自然有尊重的心,珍惜自然资源。"③ 本文则从神学存在论的角度概括总结基督教文化之生态审美观。其基本观点是:第一,人类对自己和地球之前途命运应有终结关怀的情怀、强烈的悲剧意识和危机感,包括基督教文化之"原罪论"的自谴意识;第二,要牢固树立《圣经》所论述的人与万物同造、同在、同存、同有价值、相互依存之生态观;第三,最重要的是要超越物欲,确立一种"眷顾大地"的审美态度。

从学术的层面看,我们的研究试图对当前的生态理论和美学理论的建设作出些微的贡献。从20世纪60年代以来,与环境问题的恶化同步,生态理论逐步发展,方兴未艾。人类中心主义、弱人类中心主义、生态中心

---

① 转引自徐崇温《全球问题与"人类困境"》,辽宁人民出版社1986年版,第165页。
② 《生态神学》,载《道风基督教文化评论》第18期,道风书社2003年版。
③ 唐佑之:《教会在后现代的反思》,香港卓越书楼1993年版,第30—40页。

主义——等各种理论层出不穷。本文着重阐述基督教文化之神学存在论生态审美观。一方面是因为,本人认为基督教文化是人类优秀文化传统之一,理应很好地研究阐发。同时,本人也认为,生态问题归根结底是人类的生存问题,而且当前十分重要的是应以审美的态度对待自然、社会和人生,获得审美的诗意生存。所以,本人努力倡导生态存在论审美观。而基督教文化之神学存在论特质及其特有的神学美学特性恰是对生态存在论审美观的丰富。而从美学的角度看,我国美学学科从 20 世纪 90 年代以来,有关实践美学和后实践美学之争论以后,目前处于停滞状态,同生活与艺术的实际脱离较远。而对神学美学,特别是欧洲中世纪美学的研究又一直十分薄弱。在这种情况下,探索美学、生态与基督教文化的结合应该讲是一种十分有意义的工作。这样做,一方面可以突破美学学科自身的沉寂及其与现实的脱离,使之进入生态问题的关注和对神学美学资源的吸收这种新的领域;同时,也具有在新形势下重新研究神学美学之意义。瑞士神学家巴尔塔萨[Hans Urs Balthasar]在 20 世纪 60 年代以来,力图同"世俗美学"相区别,"用真正的神学方法从启示自身的宝库中"建立具有当代意义的"神学美学"理论。他指出,基督教创世论中创造出来的存在范围的敞开性和公开性之中包含着审美因素在内的丰富内容,值得人们很好的研究与开拓。他说,"这片敞开的领域一开始就埋藏着丰富的神圣财富,诸如上帝身上的和平、极乐和神化、罪的消除、悄悄在场的天堂,以及真的美用于安慰我们的一切"。①我们的粗浅研究发现,基督教神学美学的确具有同古希腊美学不同的风貌。基督教神学美学是属于存在论的,而不包含古希腊作为认识论的"模仿论"美学内涵。其次,基督教神学美学的以原罪与救赎为内涵的悲剧色彩,导向人类对苦难的恐惧和深深的自谴之情,同古希腊美学的"和谐"内涵完全不同。总之,基督教神学美学的研究对于建设

---

① [瑞士] 巴尔塔萨:《神学美学导论》,三联书店香港有限公司 1998 年版,第 167、24、25 页。

当代的美学学科具有重要的借鉴意义。

而从当代多元文化的交流对话的角度来看。基督教文化之神学存在论生态审美观无疑是一种十分重要的文化资源。当代社会,经济逐步走向一体化,但文化却更加走向多元对话共存。以多民族、多形态的文化智慧来丰富当代人类的精神生活。基督教文化就是这多元文化之重要方面,必将在交流对话中起到特有的作用。从西方文化自身来看,基督教文化之神学存在论生态审美观无疑是对现代西方文化之"人类中心主义"是一种重要的补正。而从中西文化来看,基督教文化之神学存在论不仅同我国古代道家"万物齐一"之存在论思想有共同之处,而其强烈的终结关怀精神和悲剧意识也会对我国文化的当代发展以借鉴。而从古今文化的对话来看,基督教文化生态审美观对超越美之强调,对于当代社会对物欲之过分追求、对金钱之过分崇拜和对技术之过分迷信,都是一种有力的纠正和警示。当然,《圣经》作为神学经典在世界观上与我们无神论者之间的差距是不言自明的,因此对其文化上的解读运用仍需坚持"批判地继承"的立场。

(原载《基督教文化学刊》第 13 辑)

14. 中国古代"天人合一"思想与现代生态文化建设

一

在我国大踏步地走向现代化之际，文化建设的重要性在不知不觉中突现了出来。很明显,在经济、政治全球化的时代,现代中国文化建设如果丧失了中国特色,这种现代化是不可能成功的。同时,在全球生态环境恶化日益加剧而我国的生态环境恶化问题更为严重的情况下，生态文化建设又成为现代中国文化建设至关重要的任务。因此,现代中国文化建设既要突出中国特色,又必须强化生态意识。如何建设既有中国特色又富生态意识的现代中国文化呢?这一问题的关键就在于中国传统文化与现代生态文化是否可以相互借鉴并在现代中国文化建设中发挥作用。众所周知,"天人合一"思想可以说是中国传统文化最具代表性的思想观念,它几乎统领了中国古代儒、释、道各家。但近年来学术界对它的评价却出现了严重对立。季羡林认为,中国古代"天人合一"思想是现代生态文化建设的基础。他说:"具体来说,东方哲学中的'天人合一',就是以综合思维为基础的。西方则是征服自然,对大自然穷追猛打。表面看来,他们在一段时间内是成功的, 大自然被迫满足了他们的物质生活需求,日子越过越红火。但久而久之却产生了以上种种危及人类生存的弊端。这是因为大自然既非人格也非神格,但却是能惩罚善报复的,诸弊端就是报复与惩罚的结果。"①蒙培元认为,中国古代"天人合一"思想所表现出来的有机整体观对于现代生态文化建设有着特殊的重要意义。他说:"应当说,中国哲学的基本问题即'天人合一'问题在《易传》中表现得最为突出,中国哲学思维的有机整体特征在《易传》中表现得也最为明显。人们把这种有机整体观说成人与自然的和谐统一,但这种和谐统一是建立在《易传》的生命哲学之上的,这种生命哲学有其特殊意义,生态问题就是其中的一个重要方面。"②汤一介也认为,"'天人合一'观念无疑将会对世界人类未来求生存与发展有着极为重要的意义"。③与此相对,有些学者则对中国古代"天人合一"思想持基本否定态度。著名物理学家杨振宁在2004年北京文化高峰论坛上作了题为"《易经》对中华文化的影响"的讲演,认为中国古代"易学"中的"天人合一"思想只有"归纳法"没有"演绎法",缺乏科学精神,因而阻碍了中国科技的发展。④徐友渔认为,中国古代"天人合一"思想实际上是一种神学目的论并不是生态伦理。他说,"其实,把'天人合一'说成是生态伦理或自然保护哲学是曲意解释。这个观点最早出现时,天是一种人格神,在汉朝董仲舒那里天是百神中之大君,'天人合一'论是一种神学目的论。只有在庄子那里,才勉强符合上述解释,但它从未起到保护自然环境和生态的作用"。⑤

由于"天人合一"是中国传统文化的核心思想,因此对它的评价就涉及这样两个方面的问题。其一,对"天人合一"思想本身的理解与评价。我们并不完全否认上述对"天人合一"思想持基本否定态度的学者的评价具有局部正确性。"天人合一"的确具有某种神学目的论色彩,它也的确缺乏

---

① 季羡林:《谈东学西渐与"东化"》,载《光明日报》2004年12月24日。
② 蒙培元:《人与自然》,人民出版社2004年版,第110页。
③ 汤一介:《在经济全球化形势下中华文化的定位》,载《中国文化研究》2000年第4期。
④ 杨振宁:《〈易经〉对中华文化的影响》,载《北京科技报》2004年9月22日。
⑤ 徐友渔:《90年代社会思潮》,载《天涯》1997年第2期,第137–143页。

近代西方哲学的演绎内涵。但"天人合一"本身是个内涵相当复杂的观念系统,著名哲学家冯友兰曾将中国古代的"天"归纳为"物质之天"、"主宰之天"、"命运之天"、"自然之天"、"义理之天"五个义项①。因此,将"天人合一"论简单地归结为神学目的论显然是不恰当的。从总体上来说,"天人合一"作为一种中国古代特有的哲学理念与思想智慧,是以"位育中和"为其核心内涵的,它深刻包含了我国古代有关"天、地、人"三者关系的极富哲理的特定把握,对于现代生态文化建设具有极为重要的参考价值。其中所包含的"天命观",实际上是人类早期的一种"自然神论",还不能算作宗教哲学的范围,与西方宗教之神学目的论不能完全混同。同时,这种意义的"天人合一"在古代"天人合一"论的观念系统中并不占主要地位。中国古代的"天人合一"论虽然没有发展出近代演绎法,但其中也包含"象数"这样的古典形态的推算演绎法。总之,"天人合一"论与西方以"和谐"为其代表的哲学理念有着十分重要的区别。"中和"是一种宏观的"天人之际"观念,而和谐则主要是指微观的物质对称比例。因此,对于"天人合一"思想,应该从总体上给予应有的肯定,这才是客观的科学态度。当然,对其进行必要的批判分析也是非常必要的。第二个问题就涉及中国现代文化建设,包括现代生态文化建设的路径问题。我国在文化建设问题上从"五四"运动以来一直存在着"中西体用之争"。总结一百多年的文化建设的经验,特别是在现代经济全球化的背景之下,现代中国文化建设应该从中国自己的传统出发而不能完全照搬西方文化,这已经是普遍的社会共识。当然,我这里所说的"中国自己的传统",既包括中国古代的传统,也包括中国现代的传统,并且现代传统应该占据重要位置,但我们不能因此而忽视古代传统,特别是对于中国古代具有明显民族性并包含当代价值内涵的哲学与文化精神更应加以重视与继承发扬。这里就包括中国古代"天人合一"这样的思想观念。应该讲,它是中国古代文化精华之所在,渗透于中华

---

① 冯友兰:《中国哲学史新编》,人民出版社1998年版,第103页。

民族文化与生活的方方面面,已经成为中国文化的标志,它所包含的生态智慧具有极为重要的当代价值,理应引起我们的高度重视与正确评价。这样做在一定的程度上是在全球化语境下的一种中华民族文化身份的认同。如果我们连"天人合一"这样最重要的民族文化精华都要放弃,那中华民族的文化身份将会变得更为模糊,中国人将难以找到自己的精神家园和心理归宿。

二

我国古代的"天人合一"思想是以"位育中和"为其核心内涵的。"位育中和"观念最早在《礼记·中庸》篇中得到集中表述。该篇云:"喜怒哀乐之未发,谓之中;发而皆中节,谓之和。中也者,天下之大本也;和也者,天下之大道也。致中和,天地位焉,万物育焉。"可见,"位育中和"的原义是讲君子的德行修养及其境界。《中庸》认为,"中和"是"天下之大本"、"天下之达道",即天地万物存在与发展的最高境界,天地万物就在"中和"境界中各得其位、化育生长,呈现出一种既有秩序又生机盎然的和谐完美的理想状态。同时,"中和"也是人的德行修养的原则和最高境界。当人的德行修养体现了"中和"原则时,也就达到了与天地万物合一的境界,从而可以"参天地"、"赞化育",参与和促进天地万物的和谐生长。这样,《中庸》就在根本上将人的德行修养与天地万物生长化育结合在一起。"位育中和"以"中和位育"的形式刻写在孔庙大成殿横额上,费孝通先生曾指出:"刻写在山东孔庙大成殿上的'中和位育'四个字,可以说代表了儒家文化的精髓。"①其实,"位育中和"观念不仅构成了儒家"天人合一"论的核心内涵,并且由于儒家文化在中国古代文化中的主体地位,对道家、佛学的"天人

---

① 费孝通:《经济全球化和中国"三级两跳"中的文化思考》,载《光明日报》2000年11月7日。

合一"观也产生了积极影响。从这个意义上讲,"位育中和"同时也是中国古代"天人合一"论的核心内涵。这种沟通天人的和谐化育、秩序生长的"位育中和"观念,无疑包含着中国传统文化相当浓厚的关乎人与自然的生态意识。在此,我们应该回过头来更深入地探讨"位育中和"观的起源及其深层内涵。这就要更深入地探寻与之有关的儒道等各家的学术思想,特别是《周易》的有关思想。《周易》是我国文化的源头,我们认为,"天人合一"与"中和论"思想的起源就在《周易》之中。

"太极化生"之古代生态存在论思想。《周易》由《经》、《传》两部分组成。传说中华民族的先祖伏羲最早制作八卦,后来周文王将八卦相叠演成六十四卦,并为六十四卦作了解释,即"卦辞"。此后,周公对于六十四卦的每一爻进行了解释,即为"爻辞"。这些传说当然不可尽信,但《史记》所说的《易经》起源于殷周之际,则是可信的。《易传》是解释《易经》的著作,包括《系辞传》(上、下)、《文言传》(乾、坤)、《象传》(上、下)、《彖传》(上、下)、《说卦传》、《序卦传》等十篇,故又称"十翼"。古代学者多认为,《易传》为孔子所著,现代学者认为它基本上是先秦以至汉初儒家学派的作品。《周易》通过卦象的排比和爻象的动变以及卦爻辞的解说展示的是关于人类世界和宇宙万物紧密相关的化生、生存、发展与变化的深奥哲理。《易传·系辞上》指出,"《易》与天地准,故能弥纶天地之道"。《易传》的内容不是讲人对于世界的认识,它不是一种认识论哲学,而是讲宇宙人类的生存发展,是一种古代存在论哲学。在宇宙人类万物生成的基本观念上,《易经》提出"太极化生"的重要观点。《易传·系辞上》第十一章指出,"是故易有太极,是生两仪,两仪生四象,四象生八卦,八卦定吉凶,吉凶生大业"。这里所谓的"太极"就是对于宇宙形成之初"混沌"状态的一种描述,预示天地混沌未分之时阴阳二气环抱之状,一动一静,自相交感,交合施受,出两仪、生天地、化万物。《易传·乾·彖》指出,"大哉乾元,万物资始,乃统天"。将"太极"之乾,作为万物之"元"、之"始",也就是回到万物宇宙之起点。《易

传·系辞下》第五章还对这种"混沌"和"起点"的现象进行了具体描绘:
"天地氤氲,万物化醇;男妇构精,万物化生。"也就是说,宇宙万物形成之时的情形时犹如各种气体的渗透弥漫,男女之交感受精,万物像酒一般地被酿制出来,像十月怀胎一样地被孕育出来。在这里,《易传》提出了"元"和"始"的问题,也就是哲学上一再讨论的回到事物原初之"在"(Bing)。《易传》的回答是事物原初之"在"既非物质,也非精神,而是阴阳交混的"太极"。这个"太极"就是老子所说的"道",所谓"道生一,一生二,二生三,三生万物。万物负阴而抱阳,冲气以为和"(《老子·四十二章》)。这实际上是一种古典形态的存在论哲学观念,"太极"与"混沌"就是作为万物之源的"在"。人与万物都是"太极"与"混沌"所生,它们在这一点上是平等的。庄子的"天地与我并生,而万物与我为一"(《庄子·齐物论》)的"万物齐一"论也是这种观念的表达。"太极化生"论还给"天人合一"之"中和论"以具体的阐释,告诉我们中国古代的"中和"不是简单地物物相加,而是天人、阴阳交互混合,发展变化,构成整体。从这个意义上说,中国古代的"中和论"就是"整体论"。著名的《中国古代科技史》的作者李约瑟(Joseph Needham)将之称为"有机的自然主义"。他说,"对中国人来说,自然界并不是某种应该被意志和暴力所征服的具有敌意和邪恶的东西,而更像一切生命中最伟大的物体"。① 而就《周易》本身来说,这种"整体观"是非常复杂的,而且是纯粹东方式的。它是一幅丰富复杂的"八卦图",包含着天、地、人、万物、阴阳、刚柔、仁义;发展、变化、往复、相生、相克等等内涵,实际上是一个更为宏阔的宇宙、社会与人生之环链。正如《易传·系辞下》所说,"古者,包羲氏之王天下也,仰者观象于天,俯者观法于地,观鸟兽之文与地之宜,近取诸身,远取诸物,于是始作八卦,以通神明之德,以类万物之情"。这也就是《易传·系辞上》所说的"乾坤成列,而易立乎其中矣"。"太极八卦"中由卦、象、辞构成的"乾坤成列"的系统与环链实际上反映了

---

① 李约瑟:《李约瑟文集》,辽宁科学技术出版社1986年版,第338页。

天地人文万物交互联系之内在规律，是更为宏阔的古典形态的生态环链模拟，其后庄子据此提出更为具体的"天倪论"生物环链思想。《论语·述而》也有对于生态平衡的具体表述，所谓"钓而不纲，弋不射宿"。也就是说，要求人们钓鱼不用细密的网，以便留下小的鱼繁殖生长，而射鸟时要求不要射过夜的鸟以免射杀过多。这些思想观念对于现代人类思考在宇宙万物生态环链中的生存有着极大的启发价值。《周易》"太极化生"中所包含的"中和论"思想，实际上渗透于几千年来中华民族的日常生活的各个方面。从中医角度说，著名的《黄帝内经》就以"太极阴阳"、"整体施治"作为其健身疗病之根据，力主"人生有形，不离阴阳"、"天地合气，命之曰人"。这些都是有别于西医的"对症治疗"的原理的，并被事实证明是有其独特价值的。在精神生活方面，我国古代儒家思想历来主张君子应该在"天人合一"思想指导下，"修仁义之德"、"养浩然之气"，以便做到"奉天承命"、"治国平天下"。在政治伦理道德领域，儒家主张"礼之用，和为贵"（《论语·学而》）、"仁者爱人"（《孟子·离娄下》）、"己所不欲，勿施于人"（《论语·卫灵公》）等等。最近，许多学术界人士倡导"和合精神"就是试图结合当前现实生活继承发扬这种"天人合一"、"太极化生"、"位育中和"的传统文化思想。

"生生为易"之古代生态思维。 《周易》的"太极化生"不仅是一种东方式的古典形态的存在论哲学，而且是一种古典形态的生态思维。这是一种以"天人之和"为基点，以生命运动为特征，以"易变"为表征，包含卦、象、数、辞等丰富内容的生命有机论思维方式。《易传·系辞上》指出："圣人立象以尽意，设卦以尽情伪，系辞焉以尽其言，变而通之以尽利，鼓之舞之以尽神。"这里基本上将"易变"思维的基本特点讲清楚了。所谓"卦"、"象"即指六十四卦，成为天地之象的象征，表达了"天人相和"之意，既是某种原始的具象思维，也包含着高度的归纳。所谓"辞"即是圣人对于"卦象"的阐释，是圣人之言。所谓"变通"，即是"易变"思维的最重要特点，是一种"变"与"通"的结合,以发挥其特殊的沟通天人的作用。当然这里面还有"象数"推演的活动,这也是一种古典形态的演绎。而所谓"鼓之舞之以尽神",是指"易变"思维包含某种巫术思维的色彩,凭借占筮以卜吉凶,而且伴随着某种歌舞祭祀的原始祈祷活动。这种"易变"思维首先是一种整体思维,是从"太极"、"阴阳"之"道"出发的一种思维。《易传·系辞上》指出,"《易》与天地准,故能弥纶天地之道"。也就是说,在"易变"思维看来,《易》与天地宇宙是一致的,它是从天地宇宙这个整体出发来进行思维的。它还认为,《易》与万物之源的"乾"、"坤"紧密相连,是以乾坤阴阳刚柔之变化莫测的关系为其基本内涵的。《易传·系辞上》指出,"乾坤其《易》之蕴邪?乾坤成列,而《易》立乎其中矣;乾坤毁则无以见易;易不可见,则乾坤或几乎息矣","刚柔相推而生变化"。由此可见,乾坤阴阳刚柔与"易变"之紧密关系。正因此,"易变"思维包含着乾坤阴阳刚柔相交相应的重要内涵。易者,变也。爻者,交也。既然有"交",那就存在着相生与相克之分。阴阳相应,和谐协调,即为吉,否则即为凶。《易传·泰·彖》曰:"'泰,小往大来,吉,亨',则是天地交而万物通也;上下交而其志同也。内阳而外阴,内健而外顺,内君子而外小人。君子道长,小人道消也。"《易传·泰·象》指出,"天地交,泰;后以财成天地之道,辅相天地之宜,以左右民"。与之相反的"否",则为"天地不交而万物不通也,上下不交而天下无邦也。……小人道长,君子道消也"(《易传·泰·彖》)。"泰"与"否"两卦,其福与祸又都是相对的,可以互相转化的,这就是所谓的"否极泰来"。《老子·五十八章》所云"祸兮,福之所依;福兮,祸之所伏",亦是此意。这就说明,人与自然关系的"泰"与"否"是相对的、可以转化的,只有"顺承天时"才能转否为泰,风调雨顺,而违背天时却要遭到"天谴",甚至有可能导致"天难"。"易变"思维重要的内涵是将世界上的一切矛盾问题加以简化,《易传·系辞上》云:"易则易知,简则简从。易知则有亲,易从则有功。"又云:"易简,而天下之理得矣;天下之理得,而成位乎其中矣。"也就是说,所谓"易"就是容易和简化，只有容易才能有很多人接受，而只有简化才能做到有效率。很明显，《周易》将天地宇宙万物人类社会那么复杂多变的事物与现象简化为"太极"、"天人"、"阴阳"与"八卦"。这么高度的简化实际上是一种极其哲理化的"回到原初"的把握事物的方法，也就是古典形态的现象学。这是一种从"乾坤混沌"、"太极化生"的原初的视角对人与自然关系一体性的把握，即为中国古代有关"天人之际"的重要观念，今天仍有其极为重要的价值。"易变"思维的最重要内涵是将宇宙万物、天地人事均视为具有生命的活力。《易传·系辞上》云："生生之谓易,成象之谓乾,效法之谓神；极数知来之谓占,通变之谓事,阴阳不测之谓神。"也就是说，"易变"之理在于以"生生"即生命的生长演变为基础，然后才有占、变、神与阴阳等等"易理"。因此，生命是最根本的易变之理。《易传·系辞下》云："天生之大德曰生。""生"成为天地人间最高的准则。因此，从某种意义上也可以说《周易》的根本是"生生"，而"易变"的核心则是"生命的生长演变"。正是从这个角度我们说，中国古代文化是一种生命的生态的文化。

"天人合德"之古代生态人文主义。 人文主义有狭义与广义之别。狭义的人文主义，特指西方文艺复兴时期以对抗神道为其核心内涵的对人的本性欲望的张扬。而广义的人文主义，则是自有人类以来就存在的对于人的生存命运的重视与关怀。正是从广义的人文主义的角度，我们认为我国古代的人文主义精神是一种包含着浓郁的生态意识的生态人文主义精神。这种生态人文主义精神集中地表现于以《周易》为其代表的先秦时期的典籍之中。《周易》的"天人合德"思想就是这种中国古代生态人文主义精神的重要体现。《易传·乾·文言》指出，"夫'大人'者，与天地合其德，与日月合其明，与四时合其序，与鬼神合其吉凶。先天而天弗违,后天而奉天时。天且弗违,而况人乎？况于鬼神乎？"这里提出了一个"与天地合其德"的重要问题，其内容为"奉天时"、"天弗违"，只有这样人才能有一个较好的生存状态。这就是一种将"天时"与人的生存相结合的古典形态的生态人文主义。我国古代之所以能够提出如此深刻的问题,与我国作为农业古国长期饱受自然之患有很大的关系。著名的"大禹治水"传说与《山海经》中许多神话故事都说明了这一点。可以说,深刻的历史教训和忧患意识使得我国在先民时期就具有了较为明确的生态人文主义思想。《易传·系辞下》指出,"《易》之兴也,其于中古乎?作《易》者,其有忧患乎?是故,'履',德之基也;'谦',德之柄也;'复',德之本也;恒,德之固也"。这就充分说明,《周易》的制作是与当时先民的忧患是有着密切的关系的。这种忧患除了战争之外,最重要的就是自然灾难,特别是水患,因此,顺应天时,掌握自然规律就成为人类安居乐业之本,成为有利于人的"大德"。这就是当时包含生态规律的人文主义产生的重要原因。由此,《周易》明确提出"天文"与"人文"的统一。《易传·贲·彖》曰:"贲,亨,柔来而文刚,故亨;分刚上而文柔,故'小利而攸往',刚柔交错,天文也;文明以止,人文也。观乎天文,以察时变;观乎人文,以化成天下。"对于"天文"与"人文"的统一,我们以《周易》第二十二卦"贲卦"为例加以说明。"贲",艮上而离下,即坤上而乾下,柔上而刚下,这是一种有小利而无大疵的卦象,属于"天文"的范围。人们根据这种天象规范自己的行为,使人类的行为以此为准,那就成了"人文"。观"天文"可以观察宇宙万物的变化,而察"人文"则可以规范天下人的行为。这就是一种"天文"与"人文"的统一,是"天人合德"的具体内涵。《周易》还更具体地阐述了天、地、人"三才"的理论。《易传·说卦传》指出,"昔者,圣人之作《易》也,将以顺性命之理。是以立天之道,曰阴与阳;立地之道,曰柔与刚;立人之道,曰仁与义。兼三才而两之,故《易》六划而成卦"。这就是说,古代圣人根据天地人本真性命之道,通过卦象将天道阴阳、地道柔刚、人道仁义联系在一起。因而,《易》卦就是一种包含着天地人三个维度的古代人文主义,即古代中国的生态人文主义。当然,《易》是由圣人发现并作"卦"、"辞"的,只有圣人能够体现这种包含生态内涵的与天地相应的仁义之理。《易传·系辞上》指出,"是故天生神物,圣人则之。

天地变化,圣人效之。天垂象,见吉凶,圣人象之。河出图,洛出书,圣人则之"。这就是所谓的"知天命",即孔子《论语·季氏》所说的"五十而知天命"。而一般的君子亦可以通过道德的修养达到"至诚"的高度,从而掌握这种包含生态维度的仁义精神。《礼记·中庸》说道:"唯天下至诚,为能尽其性。能尽其性,则能尽人之性;能尽人之性,则能尽物之性;能尽物之性,则可以赞天地之化育,可以赞天地之化育,则可以与天地参矣。"也就是说,只有达到至诚才能顺应天性与物性,并尽到人性,从而可以与天地相和。在这里,强调了一种人应与天地参,即向天地看齐的观念。《易传·乾·象》提出"天行健,君子以自强不息",而《易传·坤·象》则提出"厚德载物"的思想,都是因效法天地而培养的包含生态内涵的"仁义之理"。同时,中国古代还将这种"天人之和"的思想扩大到人与万物的"共生"。《礼记·中庸》将这种人与万物"共生"的境界称为"万物并育而不相害,道并行而不相悖"。这就是一种古典形态的"共生"思想。《易传·乾·文言》指出,"君子体仁足以长人,嘉会足以合体,利物足以和义,贞固足以干事。君子行此四德者,故曰:'乾:元、亨、利、贞'"。这里的"长人"、"嘉会"、"利物"与"贞固"都是"共生"思想的体现。《国语·周语》称"和实生物,同则不继。以他平他谓之和,故能丰长而物归之。若以同裨同,尽乃弃矣"。《论语·子路》云:"君子和而不同,小人同而不和。"这里,所谓"和而不同",是各种事物相杂而生,而"同而不和"则是只允许一种事物独自存在而不允许不同的事物存在。只有这种"和而不同",才能"生物",有利于万物的生长。这正是生态规律的反映,是一种生态的人文主义。

"厚德载物"之古代大地伦理观念。 《周易》通篇充满了对于天地的敬畏与歌颂,特别是它对于大地的敬畏与歌颂,可以说就是古典形态的大地伦理观念。这里,我们引用《易经》中的两段文字加以说明。《易传·坤·象》云:"至哉'坤'元,万物资生,乃顺承天。坤厚载物,德合无疆。含弘光大,品物咸'亨'。'牝马'地类,行地无疆,柔顺利贞。"《易传·坤·文言》

云:"坤,至柔而动也刚,至静而德方。'后得主'而有常,含万物而化光。坤其道顺乎,承天而时行。"又说:"阴虽有美,'含'之以'从王事',弗敢成也。地道也,妻道也,臣道也。地道'无成',而代有终。"这两段文字可以说是我国古代大地伦理观的全面阐发,从大地的地位、作用、特性与人类对大地应有的态度等多个方面阐发论证了古代大地伦理观念。从大地的地位来说,"至哉坤元,万物资生"、"德合无疆,含弘光大"等将大地的地位提到至高无上、诞育万物、功德无量的人类母亲的高度。从大地的作用来说,"坤厚载物"、"品物咸亨"、"天地变化,草木藩"、"地道天成,而代有终"等等,对于大地的承载万物,使之繁茂发育,延续后代等等重要作用进行了深入的阐释。在大地的特性方面,《周易》进行了形象而深刻的描述,"坤,至柔而动也刚"、"至静而德方"、"阴虽有美,'含'之以'从王事'"等充分表现了大地"内柔外刚"、"内静外方"、"含蓄之美"等等美好的母性品格。在人类对于大地应有态度上,《周易》首先对于大地母亲进行了充分的歌颂,使用了"至哉"、"无疆"、"光大"等等高尚而美好的语言。更重要的是,《周易》表现了人类应该学习大地,秉承大地优秀品格的意愿。它说"地势坤,君子以厚德载物",又说"地道也,妻道也,臣道也"。也就是说,它认为人类应该像大地那样宽容厚道,容纳万物,而且应该像大地那样学习其"含弘光大"的"地道",尽到做人的责任。《易传·说卦传》更明确地告诉我们,"坤也者,地也,万物皆致养焉,故曰致役乎坤"。这就是歌颂了大地养育和服务于万物与人类的奉献精神。这样的古代大地伦理观念尽管其时代局限性非常明显,但其所包含的对于大地地位、作用及人类应有态度的阐述,对于我们思考人类与大地的关系还是很有启发作用的。

"大乐同和"之古代生态审美观。在我国古代,生产劳动与诗乐舞巫的结合可以说就是一种最基本的生存方式,《周易》中专门描写过占卜过程中的"鼓之舞之",也就是载歌载舞的情状。特别是"乐",在我国古代更有其特殊的地位,是达到天、地、人"三才"相和的重要途径。《尚书·虞典》

云:"八音克谐,无相夺伦,神人以和。"《礼记·乐记》指出,"大乐与天地同和,大礼与天地同节。和故万物不失,节故祈天祭地。"又说,"夫歌者,直己而陈德也。动己而在天地应焉,四时和焉,星辰理焉,万物育焉"。也就是说,在我国古代,"乐"具有非常高的本体的地位,成为达到"天人之和"的重要渠道。《乐记》认为,"是故情见而义立,乐终而德尊。君子以好善,小人以听过。故曰:生民之道,乐为大焉"。将"乐"与"德尊"、"好善"紧密相联系,提到"生民之道,乐为大焉",即人们生活中最高的地位。这就是中国古代的"乐本论",将乐作为人的基本生存方式。《乐记》对此具体描述道:"是故乐在宗庙之中,君臣上下同听之则莫不和敬;在族长乡里之中,长幼同听之则莫不和顺;在闺门之内,父子兄弟同听之则莫不和亲。故乐者,审一以定和,比物以饰节,节奏合以成文。所以合和父子君臣,附亲万民也,是君王立乐之方也。"在这里,"乐"已经深入宗庙、乡里、家庭等社会生活的各个方面,成为我国古代人民基本的生活方式。这是一种通过"乐"来和敬天地乡里家庭的审美的生活方式,是古典的生态审美形态。

三

现在我们再来探讨上述我国古代"天人之和"思想在现代生态文化建设中的重要作用。众所周知,在当今 21 世纪开始之际,人类历经了现代工业革命给我们带来的文明发展,同时也切身地感受到现代工业革命给我们带来的一系列负面影响。特别是生态的急剧恶化和环境的严重破坏给我们带来的深重灾难,水俣病、癌病、艾滋病、非典、禽流感等等,都在威胁着人类,夺走数千万人宝贵的生命,并给我们的未来和后代带来浓重的生活阴影。因此,应当改变我们的生存方式,从现代的工业文明迅速过渡到后工业的生态文明已经成为全世界绝大多数人的共识。而要实现这种文明形态的过渡,最重要的是要改变我们的文化观念,迅速地从工业文明的人类中心主义、唯科技主义、唯工具理性与主客二分的思维模式转变到有机整体的生态思维观念之上。这样的转变当然应主要立足于当代,并从各国的实际情况出发,但借鉴古代的生态智慧却是十分必要的。我国古代"天人合一"思想中所包含的生态智慧无疑不可避免地存在着历史与时代的局限,特别是因其产生在前现代的远古的背景之上,因而免不了有许多反科学的,甚至是迷信的色彩。因此,对于"天人合一"论的生态思想,我们不能完全接受,也不能任意拔高。但这一思想智慧之中的许多思想资源的确是极其宝贵的。特别重要的是对于我们当前急需建设的当代生态人文主义,中国古代生态智慧具有较大的借鉴意义。在当代,人与自然、生态观与人文观能否真正实现统一,从而建设当代形态的生态人文主义呢?这是至关重要的理论问题,也是十分紧迫的现实问题。有人说,人与自然、生态与人文是天生对立的,不可能统一。这是一种悲观主义的态度,这种态度还是建立在传统的唯科技主义认识论思维基础之上的。从传统认识论出发,当然会得出生态与人文必然对立的结论。但当前最为重要的则是需要从传统认识论转到现代存在论哲学与思维模式之上,从人与自然的必然对立转到在存在论基础之上的两者走向统一。从我国古代"天人合一"思想之"易变"思维来看,对其两者的关系应该从"简"、"变"、"合德"、"共生"、古代大地伦理与"大乐同和"等特殊视角去把握。所谓"简",就是应该将人与自然的复杂关系简化,回到事物产生之初的"太极"与"混沌"状态,这样才能清楚地认识到人与自然所由产生的同一根源,说明其间必然存在的统一的原初性根由。所谓"变",就是以"易变"的观念充分认识人与自然之间的相生与相克及其变化,只要注重天时、地利、人和,创造必要的条件,就能由其相克转化到相生。从"合德"的视角来说,人类不仅应该改造自然,而且还应尊重自然,自然尽管不是神秘的但其秘密也不是人类能够穷尽的。因此在人与自然的关系上,人类更应主动地遵循自然规律,与自然"合德",这才是天文与人文统一的前提,是建设当代生态人文主义的首要条件。而我国古代的"共生"哲学,力主"和而不同"、"生生为易"与"和实相生",这实际上是一种特别有价值的生态哲学,值得我们借鉴。而从我国古代大地伦理的角度,我国《周易》对于"厚德载物"的大地母亲的敬畏与歌颂值得我们深思,不仅揭示了大地哺育人类的真理,而且体现了人类感恩大地的情怀。而"大乐同和"则是一种古典形态的生态审美观,揭示了我国古代先民在如歌、如乐、如舞中实现人与天地万物和谐美好生存的审美意境,值得我们在确立当代"诗意地栖居"的生态审美态度时从中获得诗意的启发。

因此,在我国当前提出科学发展观和确立建设和谐社会目标之时,古代"天人合一"思想中所包含的生态智慧更有其特殊价值。因为我国现代化建设已进入关键时期,许多矛盾暴露出来,其中非常突出的就是发展与环境资源的矛盾,在我国显得更加突出。因此,人与自然环境资源的和谐协调成为科学发展观与和谐社会建设的非常重要的内容。而我国要真正做到两者之间的和谐协调,除了发展模式要从中国实际出发,同样重要的是对于生态与环境的理念也要从我国的实际出发,建设具有中国特色的、易于广大人民接受的生态与环境理念。这就要借鉴我国古代文化资源,从中吸取营养,建设广大人民喜闻乐见的当代中国生态理论,以期对科学发展观与和谐社会建设作出应有贡献。

当然,我国古代"天人合一"思想中的生态智慧早就引起国际哲学界与生态学界的重视。美国研究环境问题的世界观察研究所所长布朗指出,"我们只应当追求维持生活的最低限度的财富,我们的主要目标应当是精神文化的。如果我们把追求物质财富作为我们的最高目标,那就会导致灾难。老子提倡无私和博爱,并认为这是人类事业中取得幸福和成功的关键。"罗马俱乐部中国分部对此评价道,"这恰与老子几千年前所提'无欲'、'天人合一'相对应,这正是人类正'道'的基本前提。并且老子的思想提供的价值观念真正切中了以西方文化为主体的现代文明异化的种种问题与要害,正是医治现代文明病的良方"。①当然,还有包括海德格尔等许多已经为大家熟悉的理论家都从我国"天人合一"思想中吸取诸多精华,说明我国古代这一理论所具有的当代普世价值,值得我们重视并加以研究。

(原载《文史哲》2006 年第 4 期)

---

① 引自布达佩斯俱乐部中国分部论坛:www. bdpscluborg、bbs、index. asp

15. 试论当代生态存在论审美观中的
"家园意识"与城市休闲文化建设

"家园意识"是当代生态存在论审美观之中的应有之义。早在1936年德国存在论美学家海德格尔就在《荷尔德林和诗的本质》一文中引用德国著名诗人荷尔德林的著名诗句:

> 充满劳绩,然而人诗意地
> 栖居在这片大地上

他对"诗意地栖居"一语解释道,所谓"诗意地栖居"就是"此在其根基上'诗意地存在'"。他在另一篇名为《追忆》的文章中进一步写道,所谓"诗意地栖居"就是"一切'创造者'必定在其产生的基础中有其家园"。又说"故乡是灵魂的本源和本根"。①

由此可见,所谓"诗意地栖居"就是人在此时此刻的"审美地存在",就是一种回到作为灵魂本源之家园的身体与精神的轻松与归依之感。美国当代著名环境美学家阿诺德·伯林特在其《环境美学》一书中结合城市建设又一次明确提出了美学中的"家园意识"问题。他说"城市设计是一种家园的设计,设计出的场所像家的感觉,这样才是成功的,城市设计应该是

---

① [德]马丁·海德格尔:《荷尔德林诗的阐释》,商务印书馆2000年版,第46、109页。

对人的补充和完成,而非对人造成阻碍、压迫或者吞没"①。

也就是说在伯林特看来,城市建设应该是一种"家园"建设,是符合人性的建设,是人的补充与完成的建设。审美的"家园意识"在我国古代表现为"桑梓之情"。《诗经》"小弁"有诗句:

> 维桑与梓,必恭敬止。
> 靡瞻匪父,靡依匪母。

所谓"桑梓"就是农耕经济时代的"家园",在那里有给自己带来生活之需的桑梓之树与土地农田,更有养育自己、抚爱自己、值得自己永远依恋的父母亲人,因而永远是自己身体与精神的向往与依归。因此,远在千里的游子要冒着雨雪匆匆归乡。《诗经·采薇》写出了著名的"归乡"的名句:

> 昔我往矣,杨柳依依,
> 今我来思,雨雪霏霏。
> 行道迟迟,载渴载饥,
> 我心伤悲,莫知我哀。

诗中描写一位远在千里之外的游子,身体忍受着饥渴,内心承受着思念父母妻女的哀思,匆匆行进在归乡的途中,回想离家时的春光明媚、杨柳依依对比当前返乡时的雨雪霏霏,内心更是充满着惆怅。于是"昔我往矣,杨柳依依,今我来思,雨雪霏霏"就成为千古传唱的思念家园的名句。由此可见,"家园意识"是古今中外都共同具有的、与人的美好生存紧密相连的审美意识,具有十分重要的价值,在现代城市休闲文化建设中具有重要的理论与现实意义,给我们以重要的启示。它告诉我们,审美的"家园意识"应

---

① [美]阿诺德·伯林特:《环境美学》,湖南科技出版社 2006 年版,第 63 页。

该是城市休闲文化建设的最重要的理念之一,我们应该将我们的城市建设成为适合人们审美地生存与诗意地栖居之所,成为人们身体与精神的最好的归依之处,成为最适合人们生存的美好家园。

我们应该将我们的城市建设成人的诗意地栖居之所,而非被技术"统治"之地。海氏提出人的"诗意地栖居"是针对当代唯科技主义泛滥造成对人性压抑的现实情况的。他说,"这片大地上的人类受到了现代技术之本质连同这技术本身的无条件的统治地位的促逼,去把世界整体当作一个单调的、由一个终极世界公式来保障的、因而可计算的储存物〔Bestand〕来加以订造。向着这样一种订造的促逼把一切都指定人一种独一无二的拉扯之中"。①

在这里,海氏对于科技的全盘否定态度,肯定是片面的,但他指出的现代社会人受技术的"促逼"与"拉扯",也就是被技术"统治"的情况则是存在的,有时还相当严重。从表层来看,人们受制于各种电脑、电器以及各种机械的生活模式,生活单调而乏味,以致出现"网迷"、"星迷"等等;而从深层来说,唯科技主义以及与之相关的工具理性已经成为人们,甚至是整个城市的理念与管理体制,人们沉浸在各种会议、报表、评估与竞争之中。在这种表层与深层的唯科技主义的"统治"下,人们不可避免地成为技术的奴隶,活得很累,甚至出现种种精神与心理疾患。而我们的城市休闲文化建设就是要与这种"技术的统治"相对,营造一种适合人们诗意地栖居的外部环境和内部文化氛围,努力摆脱唯科技主义的"统治",确立科技与人文统一的城市建设理念。

我们应该将我们的城市建设成为有利于人们回归自然之所,而非远离自然之地。海德格尔提出当代生态存在论审美观的著名的"天地神人四方游戏说",要求人与自然建立某种紧密交融的"整体性"与"亲密

---

① 〔德〕马丁·海德格尔:《荷尔德林诗的阐释》,第 221 页。

性"①。

　　中国古代则有"天人合一"之说,并力主"万物齐一"。当前,我国提出建设"环境友好型社会"。可见,人与自然的交融统一是古今中外城市建设的共同理想。其原因在于这样一个真理,那就是大自然是人类的母亲,人类来自自然最后又必将回归自然,因而亲近自然是人的本性之所在。因此,当代生态存在论审美观有关城市休闲文化建设的观念必然地包含着极为重要的自然的维度。任何一个符合审美规律的休闲城市都应该是一个有利于人们回归自然的城市,而绝不是让人们远离自然之地。这不仅表现在要调整城市绿地与人口之比,更重要的是要成为城市建设的"回归自然"的指导原则。尽量地保留原生态的状况,少一些人为的痕迹;尽量地使人靠近自然,而不是远离自然;尽量地多一些自然的绿地树林,少一些纽约式的高楼的"森林",给人们提供更多的徜徉在自然母亲怀抱之中的空间与时间。

　　我们应该将我们的城市建设成为充满亲情关怀之所,而非冷冰无情之地。马克思曾说,人是社会关系的总和。康德曾说,人是社会共通性与个别性的统一。人作为社会的动物是需要群居,需要亲情,需要人与人沟通的。在长期的农耕社会里人们生活在大家庭之中,人与人比邻而居,乡情、亲情极为浓郁,慰藉着人们的心灵。即便是工业革命之初,早期的城市也有着北方的四合院与南方的弄堂,邻里不乏沟通的空间与时间。这就是当代生态存在论审美观之中"场所意识"。诚如伯林特所说,"场所感不仅使我们感受到城市的一致性,更在于使我们所生活的区域具有了特殊的意味。这是我们熟悉的地方,这是与我们有关的场所,这里的街道和建筑通过习惯性的联想统一起来,它们很容易被识别,能带给人以愉悦的体验,人们对它的记忆中充满了情感。如果我们的临近地区获得同一性并让我

---

① [德]马丁·海德格尔:《荷尔德林诗的阐释》,第210页。

们感到具有个性的温馨,它就成为了我们归属其中的场所,并让我们感到自在与惬意"①。由此可见,所谓"场所"就是更具体意义上的"家园",是每个人与自己的亲人、友人生于斯、养于斯、与之同欢乐共患难的地方。在这个地方充满了亲情与乡情,是人的精神与情感得以寄托的"家"。但当代工业化与城市化的深化,以匆忙的生活代替了闲暇时光,以林立的高楼代替了亲情与乡情得以连接的"场所"。人们都有一种孤独、苍凉之感,每个人都好像是无家可归者,有车、有房、有钱,但就是没有亲情与乡情,人成了没有精神寄托的空壳。因此,当代城市休闲文化建设应该具有强烈的人文关怀精神,强化"场所意识",努力营造各种有利于人与人交流的场所,创造各种人与人交流的空间与时间,诸如现在许多城市特别强调的广场建设与社区建设等等。

　　我们应将城市建设成充满个性与活力之所,而非千人一面的"同质化"之地。所有的"家园"都是个性化的,都凝聚了祖辈的劳绩与自己的印记,都有着自己特有的亲情、友情及其记忆。陶渊明的"园田"、鲁迅的"百草园"就是这种独具个性特色的"家园",同他们的生活史与作品风格紧密相连。但大踏步的城市化步伐却在短瞬间冲倒了这一个一个独具特色与个性的家园,而代之以一个一个面目几乎相同的钢筋水泥结构的建筑物,人们已经几乎找不到自己的"家园",出现了"我是谁?""我在那里?"的疑问。诚如雷尔夫所描写的那样:"快速增长的城市丧失了形状,失掉了艺术格调,那些玻璃与钢结构的高楼大厦给人矫饰炫耀的感觉,它们体现的是在图纸上盖纸箱子的设计水平。这些方盒子被写字楼大军所占领,这些男男女女属于那种如同被复制出来的完全一样的各个机构。这些就造就了那些毫无生气的城郊景观,在那里诞生了毫无生气、彼此没有区别的城郊一族。这些人沉湎于物质主义的追求:拥有最新式的录像机,做一次包价的西班牙旅行,或者,至少一辈子吃成千上万个一模一样的汉堡

---

① [美]阿诺德·伯林特:《环境美学》,第 66 页。

包。"①我们的城市建设应该改变这种情况,不仅每个城市要有个性化,而且要尽量给城市里的每个人以创造个性化家园的条件。在中国人均土地面积极少的情况下要做到这一点需要我们发挥更多的创造性,但个性化城市与个性化住所的营造却是当代生态存在论审美观之"家园意识"所不可缺少的。

我们应将城市建设成承载优秀传统文化之所,而非散布低俗文化之地。审美的"家园意识"不是纯粹的空壳,而是包含着丰富的文化内涵。一个人的依归除了居所的依归更重要的是精神的依归,使自己的精神找到依托。而精神的依归主要就是优秀的传统文化,包括典籍、风俗、节日与艺术等等极为丰富的内容。特别是我们中国人有着自己的极为丰富悠久的传统文化,每个城市都有自己独特的历史与文化积淀,这不仅是每个城市的骄傲与标志,而且也是我们每个人精神依归与栖息之所。我曾经清楚地记得 1987 年我第一次出国访问,虽然只有短短的三个星期,但却有着强烈的故土之思。当我在旧金山踏上回国的国航航班,带上耳机听到熟悉的京剧旋律之时,我的热泪不仅涌出,我才真正感到尽管西方国家发达但我的家还是在中国,我是一个地道的中国人,是中国传统文化将我养育长大的。因此,城市休闲文化的建设理应将传统文化的保留与发扬放到十分突出的位置。与此相应,在倡导健康的通俗文化的同时对于各种低俗文化要给予必要的抵制,使人们在高雅而健康的文化生活中得到陶冶与休息。

马克思曾说,我们应该按照美的规律来建造。这当然包括按照美的规律来建设我们的城市,使我们每个人在自己的城市里都能得到审美的生存与诗意地栖居,这也许就是城市休闲文化之中所必然存在的审美内涵。也就是伯林特所说的"一种新的美学特征:艺术与生活的连续性,艺术的动态特征,带有人性特征的实用主义"。人们曾说,上有天堂下有苏杭。

---

① [英]迈克·克朗:《文化地理学》,南京大学出版社 2003 年版,第 131、132 页。

所谓"天堂"就是诗意栖居之所。那么,在新的历史时期,我们完全有信心将苏杭建成更加美好的"天堂"——具有中国特色,同时又是国际性的诗意栖居之所,是我们中国人为之骄傲的享誉海内外的美好的家园。

(本文为作者提交的 2006 年 11 月在杭州召开的
"首届中国人文旅游学术高峰论坛"论文)

16. 关于城市生态文化建设的思考

一、文化生态与自然生态以及文化生态危机产生的原因

在当代，文化生态问题与自然生态问题是紧密相连的。大家知道，从20世纪中期开始，人类对于工业文明的反思进入更深的层次，提出工业文明自身难以逾越的二律背反的问题。那就是人的生存状态美化与非美化的二律背反。在这种二律背反中既包含人与自然的紧张关系，也包含人的精神领域危机的加剧。这种二律背反是对于人的整个生存状态的当下描述。由此就出现了人类文明形态转型的紧迫需要，这就是由工业文明到当代生态文明的经济社会转型。其标志就是联合国于1972年发布著名的《人类环境宣言》，正式将环境问题作为全人类的重大问题提到议事日程。我国也于20世纪70年代提出可持续发展问题，最近更加明确地提出建设"环境友好型社会"问题。这是一种巨大的社会文化转型，意义深远，表明生态观念将从自然领域深化到哲学领域，目前进一步深化到整个社会文明领域，成为人类社会带有普世性的共同价值。因此，在当代全人类共同建设生态文明的新的形势下文化生态问题必然成为当代生态文明建设的重要内涵，成为当代生态文明建设的题中应有之义。而且，也可以说生态危机问题归根结底是一个文化问题。当前，由工业文明到生态文明的

转型实际上是全人类文化态度的转变，由对自然与它者的敌视到共生共荣。如果文化生态建设不能到位，那么自然生态问题也不可能解决。从整个社会发展的角度来说，当代生态危机的产生是在文化态度错误的前提下造成整个社会的失衡。具体说来就是当代的生态危机与整个工业文明所坚持的单纯工具理性的思维模式及单纯追求经济的发展模式密切相关。这当然也必然导致文化的失衡。由此可见，当代文化生态问题产生的原因与自然生态问题产生的原因从根本上说是相同的。

二、生态主义强调尊重自然，同时也尊重文化群体的差异性和多样性

所谓当代的生态主义从其主导的形态看实际上是一种当代的"生态整体主义"，这是针对工业文明时代的"人类中心主义"来说的。所谓"人类中心主义"是工业文明的特殊产物，建立于人类在科技发展的情况下对于人类理性精神与科技能力的盲目迷信，因而尊奉绝对"主体性"的哲学原则，将"知识就是力量"、"人类为自然立法"等作为自己的信条，将无节制地开发自然与获取利益作为自己的行为目标。在这种极度张扬绝对"主体性"的情况下，人类不仅无度地掠夺自然，而且也必然导致集团与个人利益的极度膨胀从而压制不同的文化形态。这也就是"欧洲中心主义"等单边性的文化中心主义产生的重要原因之一。事实证明，这种"人类中心主义"以及绝对"主体性"的哲学原则是有其极为明显的局限性的。因此，从20世纪中期开始就必然地被逐步扬弃。首先是德里达的"去中心"重要观点的提出，他通过结构主义的方法达到解构的目的，以中心既在结构之内又在结构之外论证了结构在事实上的不存在。接着是福柯提出"人的终极"也就是"人类中心主义"的"终极"。1973年，挪威哲学家阿伦·奈斯正式提出"深层生态学"，试图将生态理论运用于人类社会与精神的深层领

域,提出著名的"生态共生"的重要思想。这就是一种人与万物在生物环链之中"共生共荣"与相对平等的思想,具有极为重要的时代意义,成为当代具有代表性的哲学理念,也就是取代"人类中心主义"的"生态整体主义"。诚如《绿色和平哲学》所说,它具有哥白尼发现"日心说"那样的革命的性质。"生态整体主义"的"共生共荣"思想作为一种当代的哲学理念,不仅适用于人与自然的"共生共荣",而且也适用于不同文化形态之间的"共生共荣"。因此,对不同文化之间差异性与多样性的尊重就理所当然地是当代"生态整体主义"的应有之义。由此可见,当代"生态整体主义"的"共生共荣"理念已经成为当代哲学与文化领域的关键词,具有普遍的价值与意义。

三、当代都市文化是否需要及可能与传统文化、乡土文化以及民间文化形成多层次互补与共生的关系

城市文化与传统文化、乡土文化、民间文化之间的共生关系本来是理所当然的没有什么问题的,但事实上却存在很大的问题。现在有一种看法认为中国当代文化的发展主要应该借鉴西方文化,而中国传统文化基本上没有什么价值,是一种前现代的阻碍当代科技发展的文化,例如认为《周易》阻碍了中国科技发展等。因此,当代文化建设面临着一个十分重要的现代与传统的关系问题。从当代生态哲学的角度来看,现代城市文化与传统文化当然是一种"共生共荣"的关系;不仅如此,更为重要的是传统文化是整个中国现代民族文化发展的生命之根。曾经有人认为共同的地域、语言、经济与生活构成了统一的民族,但实践证明这是将民族的内涵局限得太狭窄了。事实上民族就是一种文化的认同,凡是认同中华传统文化的人们就是中华民族的一员。因此,传统文化作为一种中国人特定的生存方式就是一个民族的文化身份之所在,是一个民族之根与精神的家园。如果我们连自己的传统文化都丢弃了,那么我们将找不到自己的精神依归。当

然传统文化也不能原封不动地拿来,而必须经过现代的改造与转换,吸取其精华,剔除其糟粕,进行弘扬与发展。

四、文化发展中如何处理普遍的人文价值的追求与不同文化群体认同的关系

这两者之间应该也是一种共在共生的关系。但事实上在当代这却涉及极为复杂的全球化与本土化的关系问题。目前不仅有美国学者亨廷顿提出著名的"文明冲突论",试图以西方文明取代其他文明,而在当前经济全球化的过程中无疑也存在西方发达国家凭借其经济与科技,甚至是语言的优势推行其文化价值观,试图走文化全球化之路。但这是不可能行得通的。因为,文化是与一个民族国家的产生、生存、发展、传统与历史密切相关的,是难以甚至是不可能被任何其他文化所取代的,在文化问题上只能走多样化与共生共荣之路。西方以"和谐"为其特征的古代希腊与希伯来文化同中国以"天人合一"为其特征的东方文化,都是特定历史的产物,诞育了几千年的中西文明,都是人类文明之花。在新的时代,这两种文明只有走交流对话、比较融合之路,才是当代文化建设的康庄大道。

五、当代城市文化发展是否有可能从反生态转向生态化的城市文明

城市化与生态化可以是矛盾的,也可以是统一的,关键是确立一种健康的态度,这种健康的态度就是生态存在论审美观的立场与态度,即在城市化的过程中将人的美好的生存、诗意地栖居放在最重要的位置之上。现代化带来了城市化,这是历史发展的必然。但人类一切活动的目的都不是活动本身而是为了人的美好生存。因此,城市化在给人们提供更多

获取经济利益机会的同时更应给人们提供美好的生存环境,这恰是人类走向更加文明的标志。利奥波德在《野生动物管理》一书中指出,人类应该在稠密居住的同时具有不污染与不掠夺环境的能力,"而是否具备这种能力才是检验人是否文明的真正标准"。联合国在1972年的著名环境宣言中提出应该将人的生存权扩大到"在美好环境中过有尊严生活"之环境权。因此,城市化进程中由反生态到生态化的转变关键是改变人们的文化立场与文化态度,确立生态存在论审美观的立场与态度。

六、如何看待当今城市建设中对民俗与民间文化的关注和开发

当前城市建设中对民间与民俗文化的重视也有一个立场与态度问题,应该做到经济效益与社会效益的统一而将社会效益放在最重要的位置。因为许多民间与民俗文化作为人类的非物质文化遗产是整个人类的瑰宝与财富,它的保护对于人类的文化传承具有极大的作用。但遗憾的是目前城市化过程中对于民间与民俗文化的开发主要从经济效益着眼,因此出现利用过多保护不够、真正的文化遗产保护不够假的遗产制造过多的不正常现象。这种情况反映了我们在文化问题上还很不成熟,还需要一个漫长的过程。回想我们国家有那么多的文化遗产遭到破坏任其流失,而且现在仍然在继续遭到破坏和流失,每一个有民族良心的人们心中都在流血,但愿这种情况愈来愈快地得到制止。我们坚信,中华民族作为具有悠久历史的伟大民族一定会尽快在生态与文化问题上愈来愈加成熟,我们的现代化一定并只能与文化的昌盛相伴,从而给广大人民带来更加富裕与美好的生存。

(原载《城市文化评论》第一卷,上海三联书店2006年5月第1版)

17. 关于儒学与城市文明的对话

一、儒学与都市文明的关系

探索儒学与城市文明的关系是我们对现代化建设认识深化的表现。经过新时期以来的实践和对于国际经验的总结,我们认识到现代化绝不仅仅是经济的现代化,而必然要包括文化建设的重要因素。因此,我国最近提出"文化力"的概念,并认识到文化是综合国力的必不可少的极为重要的内涵,从而将文化建设提到应有的高度。在文化建设中就必然地包含像儒学这样的传统文化的内容。实践证明,传统文化在现代化建设中的作用愈来愈加重要,成为经济与社会发展的有力支撑与民族认同的主要内容。从我国的事实看,中华民族的认同主要不是血缘关系的认同而是文化的认同。在当前全球化的语境下,传统的民族文化已经成为中华民族的最重要凝聚力,成为中华民族身份的最重要表征,也是中华儿女的精神家园。因此,从表面上看儒学产生于2500多年前的春秋战国时代,同现代的都市文明没有什么关系,但从文化的层面看实际上却有着十分密切的关系。目前现代都市建设最大的问题就是对民族文化的严重忽视,导致城市建设或风格千人一面,克隆出一个一个"像似"纽约、香港和东京的"城市",这已经成为现代都市建设难以克服的顽症。儒学,或者从广义上来说传统文化与现代都市文明的关系,我想从两个层面来阐述自己的观点。

其一,从深层的城市文化建设的层面来看,可以说包括儒学在内的传统文化是一个城市的灵魂,渗透于一个城市的方方面面,表现为一个城市的外在风貌与内在精神。例如,加拿大与美国都是北美国家,但因为两国文化传统有差异,因而城市风貌也有差异。加拿大的维多利亚市仅与美国的西雅图一山之隔,但维市所保存的英国特有文化传统则极为鲜明,古朴的建筑,悠闲的情调,飘香的咖啡与优雅的绅士,都与美国城市的鳞次栉比的高楼大厦、紧张的节奏形成鲜明对比。中国作为文明古国,其城市文化应该渗透着特有的以儒家文化为代表的传统文化特征。在城市文化理念上应该贯彻中国古代以儒家为代表的"天人合一"、"仁爱中和"的文化精神,而在具体文化建设上也应体现儒家文化精髓。在伦理上对传统的儒家"亲亲"、"仁爱"、"孝悌"要结合新的时代有着某种认同;在心理上对于民族传统文化典籍与精神应有某种认同;在习俗上应有对于中国传统节日与风俗的认同与遵循;在文艺上应有对中国传统艺术文化的倡导与爱好。凡此种种都将铸造一种特有的中国式的城市文化,恰是一个城市的特点与灵魂之所在。

其二,从浅层的建筑与器物层面,也是一个城市民族文化精神的表征。中国因其特有的经济文化特点不必都向西方式的大都会看齐,而要建设出自己的城市特色,一看就知道是中国的城市,而不会误会是否到了西方某个都市。而且一个城市特有的传统文化与古代建筑已经成为一个城市的标志与光荣,甚至一二百年历史的有价值的建筑也不应随意拆除。目前,我们对这些古代建筑与文物不是随意拆除就是从经济效益考虑无度开发,造成令人痛心的破坏。而且更有甚者拆除了真的文物而建造了许多假的古董,真的不伦不类,叫人哭笑不得。应该立即改变这种情形。

二、儒学与都市文明的地方经验

儒学作为中国传统文化的总的代表这是大家公认的,但各地的文化差异与地方经验还是存在的,在城市文化建设中还是要承认并适当保留发展的地方文化特色。我是南方人,曾在上海生活了五年,此后一直在山东读书和工作,深感沪鲁两地文化方面就有着明显的差异,这种差异有的要在新的历史条件下加以改造,有的则应予以保留发展。

非常明显,山东的城市是几千年的古城,保留更多的齐鲁文化遗韵,文物与古代遗迹到处皆是,很多家族已经延息几百年甚至几千年的历史,更多地讲究礼仪传统,重视亲属血缘关系,更多地重视仕学阶层等等。当然山东的城市也各有自己的特色。山东的济南与青岛差异就十分明显,这就是所谓齐鲁文化之间的差异。

而上海则只有几百年的历史,而且是一个移民的城市,其文化传统上承吴越之楚文化,下接中国近代文化,相对比较开放,讲究效益,重视工商。但上海毕竟作为中国的城市中的龙头,还是有着明显的中国特色,保留着明显的中国包括儒家文化在内的传统文化精神的。将上海与纽约、东京,甚至香港相比其中国文化的特点就非常明显。例如我们在世界各地的许多唐人街大家说就很像过去上海。当然这只是表面的东西,而从内里的层面说无论是语言、文化、风俗,上海还是真正的中国的上海,尽管上海现代的东西更多,但传统的东西仍然占据优势。其中,上海工商文化中的诚信观念就以儒学中的"信义"观为其基础,是东方儒商特有的优势,应该为我国当代工商文明的建设所继承发扬。

总之,在当代城市文化建设之中,在保留传统的基础之上,各个城市还应发展自己的传统特点,使自己更有个性。现在存在一种忽视城市个性的趋势,按照一个模式建设城市,趋大趋同,脱离实际,这是非常危险的倾向。要从文化的层面很好地研究城市的建设发展。

三、儒学与现代大众文化

当前,在信息化与市场经济的时代,以影视文化与网络文化为其特点的大众文化不断勃兴,文化产业不断发展,已经成为城市文化不可离开的重要组成部分。目前存在一个对大众文化与文化产业如何加以引导的问题。大众文化具有解构精英和感性愉悦的特点,带有现代大众狂欢的性质。这是非常明显的。但大众的感性的东西,从中西审美的经验来看不能任其泛滥,而要有必要的控制与引导。所谓理性对感性的制约与日神精神对酒神精神的规范。而在这些制约和规范之中就包含着一个如何发挥以儒学为代表的传统文化的作用的问题。

我认为在对当前大众文化的引导之中应当适当借鉴以儒学为代表的中国传统文化所包含的有价值的文学艺术思想。以儒学为代表的中国传统文化是将以诗乐舞为代表的文学艺术看得非常重要的,提到安邦定国的高度来认识。首先,儒家提出"大乐同和"的重要思想。《礼记·乐记》指出,"乐者,天地之和也;礼者,天地之序也"、"大乐与天地同和,大礼与天地同节"。这里所说的"和",是天人之和、人与人之和、人与自然之和,也是一种万物共生的生命之和,即所谓"和而不同"(《论语·子路》)、"和实生物,同则不继"(《国语·郑语》)、"生生之为易"(《周易·系辞上》)等等。以这种"大乐同和"的思想指导当代大众文化建设,意义深远,可以使其发挥沟通天人、人人以及人与自然的和谐关系,在一定程度上有利于当代和谐社会建设。

儒家还提出著名的"礼乐教化"的思想。孔子在《论语》中谈到古代"君子"的培养时指出,"兴于诗,立于礼,成于乐"(《论语·泰伯》)。也就是说,在孔子看来,一个"君子"的培养需要借助诗歌的启发,礼节的规范,最后还是要依靠音乐使其成为真正的"君子"。在这里,音乐起到了最后"合其成"的关键作用。也就是说儒家认为音乐艺术是一种人性的培养、人的培养，非常重要。这一点对于我们充分认识文学艺术的特殊作用是有帮助的，启发我们再重视娱乐功能的同时不能忽视大众文化的育人功能。

儒家提出非常重要的"乐本论"思想，值得借鉴。《乐记》指出，"故乐者，天地之命，中和之纪，人情之所不能免也"，又说："是故乐在宗庙之中，君臣上下同听之则莫不和敬；在族长乡里之中，长幼同听之则莫不和顺；在闺门之内，父子兄弟同听之则莫不和亲"。由此可见，音乐已经深入政治生活、社会生活与家庭生活的各个方面，成为人的基本生存方式。这就是儒家的"乐本论"，将音乐艺术看作人的审美的生存方式。这一观点具有重要的现代意义与价值，使我们将营造人的审美的生存作为社会建设，特别是社会文化建设的重要目标。以此指导包括大众文化在内的一切文化建设，我们就会确立培养学会审美的生存的一代新人作为包括大众文化在内的一切文化建设的旨归。

四、旅游与生态美学

旅游是人类自古以来就有的一种文化行为，所谓"行万里路，读万卷书"是中国古代文人的理想生活方式。但自 20 世纪中期"生态美学"这一新的美学理论形态诞生以后，应为旅游增添崭新的内容。抛弃旅游中传统的"人类中心主义"观念，建立旅游中人与自然"相互主体性"的生态审美关系。人类从 17 世纪进行大规模工业化的 300 年中，由于"工具理性"和"主体性"的极度膨胀，导致"人类中心主义"泛滥，过分迷信人的能力，夸张人在自然中的地位，信奉所谓"人是万物的主宰"、"人为自然立法"等等错误观念，从而导致人与自然对立，生态危机不断，已使人类面临艾滋病、非典等一系列生存危机的严重挑战。因此，从 20 世纪中期以来，人类开始反思现代工业化过程中"人类中心主义"的种种弊端，提出人与自然"平等共生"的崭新生态观念,并由德国哲人海德格尔提出著名的"天地神人四方游戏说"崭新的生态审美观。这是一次社会文化与哲学的革命,必将影响包括旅游在内的人类各种文化生活行为和方式。具体到旅游,从生态审美观的角度说就是人类通过旅游获得一种回归自然、亲近自然的本真的生态审美方式。这就要求在自然景点方面,倡导一种对自然原生态的保护,而不是从商业目的出发的对自然的大规模破坏和改造,也不是大量的令人倒胃口的假古董的建设。而对于旅游者来说,应该倡导对自然的尊重、同情和热爱,而不是践踏破坏自然风貌,暴殄珍稀物种。著名英国历史学家汤因比将大自然比作人类的母亲。因此,旅游应该怀抱一种回到母亲怀抱的特有的敬意和亲情。人类来自自然,最后又回到自然,亲近自然是人类本性的表现。让我们使旅游成为一种极为高雅庄重的回归人性之旅,获得审美生存之旅。

(原载上海师大都市文化研究中心所编
《都市文化通讯》2006年第2期)

附 录

1. 我对做学问的一点理解

2000年7月,我所从事多年的行政工作卸任,回到业务岗位,马上在我面前产生了一个如何做学问的问题。尽管多年来我一直没有离开过业务岗位,但终究是以行政为主业务为辅,一旦专职做业务工作,真有一个如何对待做学问的问题。现在人们常说的一句话就是,态度决定命运。这倒真有点道理。因为有什么样的态度就会遵循什么样的原则,从而决定了所从事工作的状态。我想对于我来说最重要的就是要以平常心对待业务工作。所谓平常心,就是要以一个最普通的教师的心态对待业务工作,而且应该是以一名业务有所荒疏的普通教师的心态对待业务工作。我的一位朋友曾经让我不要写东西以免暴露自己业务的缺陷,不写反而让人摸不到深浅。我没有采取这种办法。而是将自己定位在一名普通教师的位置上,积极地参与,有了错误就大胆承认,就改;评不上奖和项目就坦然接受;许多年轻的朋友精力充沛,思想创新,业务上很有见解,那就虚心地向他们学习。基本上摆脱了自己曾经是领导的面子问题。平常心的另一方面是勇于积极参与,勇于探索,不怕失败。以前,一位非常爱护我的老师曾经教育我,每个人都要守住自己的业务方向,一般来说一个人过了50岁就不应再开辟新的课程和科研方向。这位老师说的是有道理的。因为一个人老是改变业务方向很难有更深的开拓。但我们面临的是一个改革的时代,我所从事的美学与文艺学也在不断的变革之中。因此,在坚持大的专业方向前提下还是应有所创新,与时代同步。长期以来,我们由于受某些教条理论的影响,常以政治和哲学的理论取代美学和文艺学的理论。这就形成把审美与文艺与人的认识等同。这就是包括我自己在内长期坚持的认识论美学和文艺学理论。马克思曾经说过,艺术的掌握世界是人们掌握世界的特有方式,不同于哲学的、实践的和宗教的掌握世界的方式。因此,坚持唯物主义认识论的指导无疑是正确的,但以认识论代替美学与文艺学却是不妥的。因此,我努力突破认识论美学,试图从人的美好存在的角度探索美学规律。20 世纪 70 年代以来,生态问题日益突出。我国也先后提出环境保护问题和可持续发展理论,最近提出的科学发展观就包含生态文明的重要内容。因此,对生态维度的重视不仅是经济与社会发展的重要变革。而且是哲学与人文学科建设的不可绕开的极为重要的视角。为此,我与许多中青年学术界朋友一切积极推动生态美学观的发展。从马克思与恩格斯的生态观、当代现实生态问题、中国传统生态智慧和西方基督教文化等多个层面探索生态美学观问题。在探索过程中,自己的认识不断的加深发展,所以我也不断地修正自己。平常心的再一方面就是业务工作中一定要真诚地欢迎不同的见解,特别是批评意见。因为,一切的学问都是在切磋砥砺中发展的。如果只有一种声音,学术肯定得不到发展,自己也不可能有所提高。因此,我真诚地欢迎各种批评意见,包括自己的学生的批评意见。在一次学术研讨会上,我的一位学生发表了与我不同的意见,有的朋友很奇怪。我告诉这位朋友,我的这位学生的发言其实是我鼓励他讲的。我认为,每个人都有自己的头脑,都应有自己的独立思考。对老师的尊重绝不等于盲从于老师的观点。而勇于发表不同的看法,不仅是一种良好的学风,而且也是一个学者逐渐成熟的标志。我总觉得,一切事业的发展都是前浪推后浪,我们这些人的一个重要责任就是把更多的年轻学者推到学术的前沿。而且,我们自己应该对自己有一个清醒的评价。不可否认,我们有自己的长处。但像我这样的情况,一方面思想中的框框较多知识较为老化,另一方面自己长期做行政工作造成一些知识的盲点。而年龄也使自己不可避免地受到精力的限制。这些都使自己应该更多地向年轻的朋友学习,尽力帮助他们发展。

  转瞬间,我完全回到学术岗位已经4年多了,我也早过了耳顺之年。古人说,人生有涯但学而无涯。应该说,学术的追求是永无止境的。我的许多老师一生追求学术,已经把学术作为自己最基本的生存方式,作为自己生命的一部分。同我的这些老师相比自己的差距还很大很大。我仍然要以平常心去做学问。永远在做学问中学习做人,追求真理,追求审美的生存。

(原载《人民政协报》2005年1月10日"学术家园")

2. 在现实与理想的矛盾中争得更大的发展

文艺报的有关同志约我写一篇有关学术工作境界的文字,我马上想到王国维著名的成大事业大学问者必经的"三境界"说。通常,人们大都在文学与学术自身的范围内来理解"三境界",其实,这是有一定局限性的。由于王国维本意是讲学人"莫大之修养",因而就不能局限于文学与学术自身的范围,而应该包含学人面对文学与学术活动内外情况应有的态度与努力。在某种意义上讲,外在的环境有时对文学与学术活动影响更大,绝不存在不食人间烟火的学者,王国维在其50岁学术鼎盛期的自沉,也恰说明了这一点。

当下,一些朋友对学术的外在环境有较多批评,这当然是有其原因与一定根据的。社会学家的相关调查表明,中青年学者,特别是中青年教师精神压力最大。这一方面固然折射出他们学术与生存环境存在着一定的问题,需要通过各方面切实的努力加以解决。但另一方面,对于主体自身而言,由于这恰好体现出学术活动在任何时代都面临的现实与理想的矛盾,所以说,每个学人自身的修养与所达到的境界,也直接表现在如何处理这现实与理想的矛盾并争得更多的自由。王国维说学人的第二境界是"衣带渐宽终不悔,为伊消得人憔悴",在我看来,这不仅指文学与学术创新之艰难,也应理解为学人处理现实与理想矛盾之不易。只有使自己的修养达到更高的水平,才能进入"众里寻他千百度,回头蓦见,那人却在灯火阑珊处"的第三境界,这就是一种学术与文学活动的"自由"境界。

现实与理想的矛盾是普遍存在的，所不同的只是表现方式而已。拿我自己来说，也曾经面临过待遇低、条件差、无法坚持正常学术研究的艰难岁月。记得当时我家只有一张桌子，既要用来吃饭，还要用来孩子做作业，然后才轮到我备课和写文章。那时，由于经费紧张，教研室的老师只能轮流参加学术会议，有时几年才轮到一次。还有其他许多方面的困难，它们对于今天的青年学者，有些很可能是难以想象的。因为当时做一名大学教师太困难了，所以我的亲戚曾劝我到工厂去当一名小职员。从一个过来人的经历看，尽管现在的条件仍不是很理想，但在许多方面都可以说是大大改观了。在物质生活条件的困难基本解决以后，在当下又出现一些新的问题，诸如在管理与评价体系上不够科学，各种旨在推进教学与科研的检查与评比过于频繁，资源分配不公、竞争不平等以及学术行为的不端等，让不少学者深陷于不断的评审、填表等非学术性的奔波与忙碌之中，这使人们觉得活得越来越忙、越来越累，也会不自觉地进入一种浮躁的状态，连我这样已经过了65岁的人，有时也难以免俗。所以，有时我也对自己不满意，甚至自责。但回过头来看，不仅学术经费比过去有很大增加，我们当下的学术空间比以往也更加宽阔，这也是不容否认的事实。

从发展的眼光看，如果说现在的学术环境是利弊同在，我们不仅不应该忽视当前存在的种种弊端及其严重性，而且也要通过每个人的努力尽可能地消除弊端，使我们有一个更好的精神生态环境。但从现实的角度看，由于一个良好的学术生产环境不是一蹴而就的，在这种情况下，我想，如何通过内在的精神培养，在既有的现实空间与框架内发展自己、实现自己就变得更加重要一些。我对自己的要求主要有两方面：一是尽量有一种良好的态度，尽管不能说态度决定一切，但在很多情况下，态度是非常重要的。具体说来，是既积极参与又顺其自然。积极参与是对于各种相关的评审与填表都努力去做，而顺其自然是对结果而言，因为它不是自己可以把握的。有了这种态度，即使被淘汰出局，内心也很泰然。学术空间广阔无埌,学术长河滔滔不绝,如果想到自己在学术领域中只是沧海之一粟,这种态度也是很容易产生的。二是按照学术良知去努力工作。首先尽量将自己的学术做得更好一些,同时在力所能及的范围内努力维护学术的公正,并努力使自己的建言献策对当下有所补正。

  态度与努力,是我所理解的学人修养的重要内容。尽管我一直这样要求自己,但自觉做的也并不好。但我愿意通过不懈的努力,去接近那"灯火阑珊处"的理想境界。同时对于年轻学人朋友,我期望他们珍惜自己的大好时光与学术生命,不断提高自己的精神修养,在现实与理想的矛盾中争得更大的发展,并努力在学术活动中获得美好的生存。这些都是心里话,在此愿与各位朋友共勉。

(原载《文艺报》2006 年 7 月 22 日)

3. 中国传统文化现代价值刍议

作为中国人认同中国传统文化的价值本来是再正常不过的事情，但这种正常的事情却遇到了强烈的反对。2004年9月3日至5日，我国一批高层次的政治家、思想家与科学家在北京发表了著名的《甲申文化宣言》，提出"为了弘扬中华文化而不懈的努力"。但这个宣言却遭到了某些学者的有力批判，认为这是在"构筑民族文化自我封闭的堡垒"，而且将中国当代文化的发展趋势归纳为"向西方现代主流文化的回归"。这些言论真的使我大吃一惊，但也促使我进一步思考中国传统文化的现代价值。

记得1987年秋，我第一次参加学校代表团到美国友好学校访问，前后20多天。这是我第一次出国访问，美国的高度发达与文明富裕给我留下了深刻的印象。但当我在旧金山踏上归程的中国民航，打开坐椅上的耳机，听到熟悉的京剧旋律时，不知为何我的鼻子发酸，眼中也不自觉地充满了泪水。我真切地感到自己是不同于美国人的中国人，现在是要回家了。这时，我才强烈地感到中国传统文化的巨大的民族凝聚力。有人曾说，民族是一个共同语言、共同地域、共同经济生活与共同心理素质的共同体。其实，这种对民族的界定太狭窄了。事实证明，作为民族最基本的是一种文化的认同。凡是认同中国传统文化的就是中华民族的一员。不管他生活在哪里，从事什么职业，我们都有共同的民族文化之根。一个人会有多重身份，但文化上的认同则是一个人民族身份之本。74岁的新加坡东亚研究所所长王赓武教授说，尽管他拿的是澳大利亚护照，并在新加坡就职，但他认同中华文化因而始终认为自己是华人。他说，"我始终明白，从文化上讲我是一个华人,我对自己的传统文化感到自豪"。因此,弘扬中华传统文化正是凝聚所有华人的重要举措。在新的世纪,祖国的统一,中华民族的团结,中华传统文化是最重要的凝聚力量。一切承认自己是炎黄子孙的人都应团结一致,万众一心,为中华民族的振兴而奋斗。

传统文化在新世纪现代化进程中还有着举足轻重的重要作用。我们正在进行的现代化事业是实现中华民族伟大复兴的宏伟工程。但任何国家的现代化都必然地包含物质和精神两个层面。我国社会主义现代化同样包含社会主义物质文明建设和社会主义精神文明建设两个不可缺少的方面。而文化建设则是社会主义精神文明建设的重要内容。我国的社会主义文化建设又必然地以中国优秀传统文化为其最重要的资源。任何国家优秀的传统文化都具有某种普世的价值,但更有着不可忽视的民族特性。我国以儒家文化为主并包含儒释道精神的传统文化就有着鲜明的民族特性。在伦理上有着对"亲亲"、"仁爱"、"孝悌"等传统伦理的认同;在心理上有着对民族传统神话传说与经典的认同;在习俗上有着对传统中国节日与生活习俗的认同;在文学艺术上,有着对传统的文学音乐艺术的共同爱好等等。这些独具特色的民族传统文化当然要经过当代的改造转换,但其鲜明的民族特性却是任何"西方主流文化"所不可取代的。而正是这些优秀的传统文化成为当代文化建设的最重要资源,成为当代中国先进文化建设的不可缺少的部分。现在人们将先进文化称作是一种"力",实际上就是重铸中国现代民族之魂的无形的精神力量。每当我们唱起"义勇军进行曲"和"黄河大合唱"的雄壮歌曲之时,每一个中华儿女不都油然产生一种为中华民族的重新崛起而奋进的巨大力量吗?这就是中华优秀文化的感召力、影响力与鼓舞力之所在,是任何力量所不可代替的。

一个民族要真正地自立于世界民族之林,不仅要凭借强大的经济实力,而且要凭借强大的文化实力。我国自从鸦片战争以来,随着帝国主义的入侵,在文化上也是欧洲中心主义占据主导地位,优秀传统文化受到极大的冲击和挤压。新中国成立以来,特别是改革开放以来,中国的独立与逐步强大为打破欧洲中心主义、弘扬优秀传统文化奠定了基础。事实证明,中国传统文化并不是如某些人所说是一种应该被淘汰的文化,而是具有强大生命力的文化。特别是代表着儒释道共同精神的"中和论"传统理念,具有十分深厚丰富的内涵和强大的生命力量。那刻在孔庙大殿上"中和位育"四个字,是费孝通教授所认为的中华文化精髓之所在。这是来自于《礼记·中庸》篇有关宇宙运行、万物诞育、社会人生的重要理念,是"天人之和"重要哲学观念的反映。其核心内涵即为"共生"。所谓"共"即"和而不同",划清了"和"与"同"的界限。"和"乃万物共生、共处、共荣,而"同"则是党同伐异、追求划一。所谓"生"即是只有通过"和",万物才能滋生繁荣发展,生生不息,所谓"和实生物,同则不继"(《国语·郑语》)、"生生之为易"(《周易·系辞上》)、"万物负阴而抱阳,冲气以为和"(《老子·四十二章》)等等。这是一种极为宏观的万物共生共荣、人类平等共处的人生社会哲学,迥异于西方古代侧重于微观物质形式比例对称的"和谐论"哲学。这两种理论都是非凡的古代智慧。前者诞育了中华五千年文明,后者则为西方的科技发展和现代化提供了理论支持。但从当代社会可持续发展来看,中国古代"中和论"的和谐共生思想在解决当代文明危机、构筑人与自然社会共生共荣崭新关系之中则有着特殊的理论意义,逐步受到国际科技文化界的高度评价。德国哲学家海德格尔曾对道家思想有所阐发和借鉴,很多位诺贝尔奖获得者提出,要解决当代世界危机就应到 2500 年前孔子的学说中去寻找智慧。这些看法绝非偶然,而是充分说明中国古代以"中和论"为代表的理论智慧在当代社会文化建设中的重要价值。当然,中国古代以"中和论"为代表的理论智慧产生于前现代的农业社会,不可避免地有其缺少科学精神等等局限,需要经过当代的改造与转换。但中国古代以"中和论"为代表的理论智慧的当代价值却是毋庸置疑的,值得我们在新的时代加以继承发扬,用以突破欧洲中心主义,真正走向平等交流对话，使中华优秀文化在新的世纪重放光芒。

（原载《人民政协报》2005年10月17日"学术家园"）

4. 科学研究与学术规范

一

我们今天围绕研究生培养来谈有关科学研究与学术规范的问题,先来谈科学研究的问题。首先应进一步提高对研究生进行认真的科研训练重要意义的认识。教学与科研是高校学科建设两个不可缺少的轮子,而从教学与科研两个方面来说科研又具有更加重要的作用。它是教学和学科水平的重要保证,也是教学人员业务水平的重要反映。可以这样说,没有高水平的科研就必然没有高水平的教学,而没有高水平的科研也就不会有高水平的队伍。国外的科研型大学,曾经有"不科研就死亡"这一说法。后来感觉有片面性,因而全面的提法是"不科研不教学就死亡"。但科研是确保高校学术与教学水平的重要保证却是教育规律的反映。而从研究生的培养来说,科研训练又是培养独立研究能力的最主要的途径。一般来说,研究生培养有这样三个途径。其一是学位课程;其二是阅读必读的专业图书;其三是学位论文写作。学位论文写作又占了更加重要的地位。因为,这是一种独立的科研训练,是任何渠道所不能代替的。即便今后进一步强化博士阶段的科研训练,硕士阶段有可能减为两年,但进行科研训练所必须的文献综述仍然是必不可少的。教育部为了提高研究生的论文写作质量,从1999年就在全国进行百篇优秀博士论文评选,到现在为止已经进行了8次。前7次共评出687篇全国优秀博士论文。第8次评选前期评选工作也已经结束，目前正在进行全国公示，公示期一个月，每次公示都有个别入选论文因为学术规范等方面的原因被拿下来。优秀博士论文评选已经成为推动与提高各个高校研究生培养的重要措施，引起各个高校的高度重视。

其次，应进一步认识科研工作的一般规律，提高科研工作水平，包括提高研究生论文的水平。我们应该先搞清楚什么是科研。所谓科研是一种创造性的精神生产。物质生产是生产标准性的物质产品，而精神生产则生产新的知识。它的过程就是"提出问题，解决问题，产生新的知识"，或者说是"从已有知识出发，提出未知，产生新知"，简化的说法就是"已知、未知、新知"。科研工作包括基本要求、选题、文献材料、方法、论证和得出结论这样几个要素。所谓"基本要求"，首先"要创新"，也就是说所有的科研工作都应有新意。所谓新意就是"新观点、新材料、新视角、新知识"，如果没有新意就没有写的必要，就是"炒冷饭"。我们有些研究生论文基本上属于重复劳动，别人已经做过，没有价值。一般写得比较好的论文都有创新之处。有的是一个新的领域或者有新的材料。例如有一篇博士论文专门研究敦煌书仪。大家都知道过去我们对于敦煌文献研究主要是研究其变文，而敦煌书仪包括典礼记载与书信范本等是最近被重视的，过去没有研究过，这就是一个新的领域，而且做得非常好。再如有一篇论文专门研究康藏地区的"倒话"，因为它是由汉藏两种语言融合形成的一种特殊的语言现象，做得也很好，引起国际上同行重视。有一篇论文专门写陕西神木地区方言研究，因为神木方言兼有陕西与山西方言特点，不仅反映了语言的交叉影响而且反映了人口的迁徙流动，比较有价值。有的论文不见得有新领域与新材料但有新的角度也可以做得很好。例如，有一篇论文做中国现代作家的留日经验，还有一篇是中国古代文字对文学观念的影响，都是新的角度。这些新角度大都是一些交叉领域。例如，有篇论文写近代苏南地区传染病研究就是地理学、史学与流行病学的交叉。要做到上面说的"四新"即

"新材料、新视角、新观点与新知识"。那就要做好四个环节。一个是做好开题工作,在开题中全体学科的人员都要帮助严格把关,集中集体的智慧认真讨论,有的题目无法做或者难有创新的就不能允许开题。再一关就是文献综述。那就是无论做什么题目都要先做文献工作,将本领域内的有关成果尽量穷尽,作为博士论文要尽量做到国内外的有关材料都做到穷尽。有一篇做英国伯明翰文化学派的论文,不仅穷尽了国内的材料,尽量收集了国外的材料,而且主要是国外的材料,基本上是没有翻译的,而且在国外也是新的。这个论文工作量很大,但都做到了,因此应该说是做得颇有新意的。特别做西学应该有外语方面的新材料,否则难有出新。再一个环节就是预答辩,我们山大已经开始实行,效果比较好,将一些明显有缺陷的论文的问题解决在答辩之前,有的要修改,有个别的论文则要推迟答辩,我们学校已经有多位博士论文答辩推迟一年甚至更长。最后的一个环节是盲评,就是送到兄弟院校外审,实行双盲,个别有明显问题,特别是硬伤的论文也能被挡住。基本要求的另一点是"要真诚",一定要写自己的真实的理解、体会和感受,切忌讲假话,这样论文才能写得有深度有感染力。例如,我们写有关马克思主义的论文,那我们自己就应该真正地拥护马克思主义,学风的重要一点是理论联系实际,首先要联系自己的思想实际;所谓"选题",就是要有强烈的问题意识,要选择学术工作、实际工作和理论研究中的重要问题。例如,目前我国逐步由工业文明进入生态文明,生态问题是我国经济社会与文化建设的重要问题,因此文学中的生态批评与生态文学问题,包括我国古代的生态智慧都引起学术界的广泛关注,不少论文在做生态方面的题目,这就是问题意识。当然学位论文纳入学校的正规教育体系,具有明确的规范要求,一般要做相对比较成熟的题目。探索中的理论问题,还不是很成熟,选择这样的题目可能见仁见智会造成分歧,一般不应作为学位论文选题。从论文的切入点来说要相对较小,而不要太大,这样才能写深,就好像用同样的力,挖一口井肯定比挖一亩田要深得多。目前一般论文的题目集中在专题、专人与专论等方面,都比较的集中。如果做很大的题目就会吃力不讨好。有一篇论文写香港现代艺术研究,做得不错,但题目太大,难有深入,专家们认为作为一本书可以,但作为论文有点泛。而且,题目一定要明确,不能含混,不能用小说的语言,一般都是比较平稳的论述题,还要符合学校的教育与科研规范。例如,有一篇写校园文化建设的论文用了一个题目叫"不能承受之轻",题目不明确让人费解;所谓"文献材料"是科研工作的重要支撑。所有的科研工作都是从已知出发的,所谓"站在巨人的肩上",这样才能提出问题,了解"未知",否则就是低水平重复,是一种无效劳动。例如,现在做生态批评方面的论文有这样几个支柱性的文献就不能没有,包括1962年莱切尔·卡逊的《寂静的春天》,1973年阿伦·奈斯提出"深生态学",1978年鲁克尔特提出"生态批评"等等。所谓"方法"就是要选择解决问题的途径,基本有历史的与逻辑的两种方法。历史的方法是从事实出发的方法,也叫实证的方法、归纳的方法;所谓逻辑的方法就是理论的演绎的方法。我们力主两种方法的结合,即逻辑与历史的统一,现在学术界对于论文的实证特别重视,但有的论文不是论从史出,而是先有论点再找材料印证,这其实是一种极其武断的学术上的"独断论",是一种不良的学风。所谓"论证"即指论文得出结论的过程,应该在充分的理论论据和事实论据的基础上才能得出结论,而且论证本身应该条理清晰,文字表达通顺流畅。最后是"结论",也就是对你提出问题的回答,应该前后呼应,表述明确,有的论文前后所用概念矛盾,甚至偷换概念,有的则是提出的问题和回答的问题不一致。论文的形式也非常重要,最近有一篇研究专人的博士论文,选择的研究对象也有价值,而且查阅了大量材料,写了50多万字,非常扎实严谨,但作者却将这篇文章写成了年谱,缺乏必要的梳理提高和理论化,非常可惜。

从科研的形式来看有研究论文、文献综述与实证调研这样几种。研究论文是基本的科研形式,文献综述要围绕某个问题为中心综合已有成果得出新的结论,不应简单地摆出材料就完事。例如有一篇文章写麻省理工学院与我国某著名高校艺术教育比较,这是从比较的角度对于文献的一种综述,但仅仅停留在材料比较的范围,没有加以总结,得出新的规律性的结论,也就是"新知",这篇论文材料很新,但因没有加以消化而产生新的结论,而减弱了论文的分量。

二

现在我们再来谈谈有关科研规范的问题。科研工作是一种具有社会共通性的精神劳动,因而就应该遵循某种共同的规范,也就是遵循共同的"游戏规则"。这些规则主要是科研规范,另外还有论文写作和发表的规范等。首先要讲一下有关社会科学的学术规范。教育部最近下发《关于加强学术道德建设的若干意见》中列了五条:第一,献身科学的历史责任感和使命感;第二,实事求是的科学精神;第三,保护知识产权的法制观念和尊重他人劳动的道德责任;第四,正确运用学术权力、维护学术评价公正的应有品德;第五,以德修身、率先垂范,为广大学生的治学做人树立榜样。如果进一步将其具体化,可以包含这样几个方面。第一,坚持马克思主义的指导和有关方针政策。坚持马克思主义指导就是坚持马克思主义基本理论和原则的指导。有关方针政策主要指基本路线、两为方针、双百方针、古为今用和洋为中用方针、国家有关宗教、民族和边界的方针等。这是有关社会科学理论研究的方向问题,不能含糊。第二,一定要有充分的文献资料支撑,绝不能做无米之炊。一般来说,看一篇文章首先看他运用的材料,如果学术界公认的有关本论题的材料都没有看,没有运用,或者用的是第二手材料,那就极大地减少了论文的分量和可信度。这是为了防止低水平重复和粗制滥造,制造学术垃圾。而且,材料引用应该十分注意准确性,一定不能歪曲原作的原意,各取所需。英国近代著名美学家鲍桑葵在

《美学史》中认为,对于一本学术著作只有在读完全书、整体上领会其内涵后方可引用。这个要求是很高的。我们现在要求起码要做到联系上下文,不要断章取义。第三,要有强烈的法制观念和学术道德观念。其具体表现就是绝对不能抄袭剽窃,不能侵犯知识产权。所有的直接引用和释义引用均应注明出处,超过500字以上的引用必须获得产权所有者的书面同意。这一点在当前利益驱动特别强烈的情况下显得特别重要。学术界有许多前车之鉴,我们要汲取他们的教训。第四,写作认真,严防错讹。我们曾经参加过一次全国性的论文评审,尽管总体上情况不错,但有些参评的论文还是难免错讹,有时连简单的错别字都没有改过来,反映了我们进行科研工作的态度不够认真。以上四条是最基本的要求。最近有的学者提出支撑学术规范的五个底线:第一是选题之前尽可能检索中外文献;第二是论述注意形式逻辑,不要前后矛盾;第三是立论必须有据,概念必须界定,不能无端臆测;第四是引文必须注明出处;第五是论著附有中英文索引,涉及西学者,中英文索引齐备等。

还有写作和发表的有关规范。例如,博士论文一般不能少于12万字,硕士论文一般应在3—6万字之间。论文要有明确鲜明的标题,要有论文摘要,摘要一般不能少于2000字。当然还要英文摘要,英文摘要要写好,尽量不要写中国式的英文或者是错误的英文。然后是目录,目录也要写好,要规范,正确反映文章的结构。再就是正文,文章结构要完整,包括导言、主要部分与结论。导言要包括选题的原因、研究状况、主要方法与本文的创新之处等。主体部分包括论题的背景、主要论据与论证等。然后是结论,结论是反映理论水平的重要部分,要写好,不能草率。最后是参考文献,也非常重要。一般来说,从参考文献中就能看出论文的学术水平与学术规范,要认真对待。凡是列入参考文献中的论著,应该是论文中真正使用过的。不能将参考文献用来装点门面,有的论文列了许多外文的参考文献,实际上并没有使用这些材料,这是一种不诚实的态度,是不好的,有的细心的评委就会去查看。参考文献要有作者姓名、发表年代、文章名、书名或期刊名、卷号或期号、文章起止页码等。这都是起码的常识,应该认真遵循。

(本文为2006年5月作者在山东省研究生导师学习班上的发言)

后　记

利用暑假即将结束的时间我将《转型期的中国美学》书稿的小样校了一遍。这也是对于自己 4 年多的学术工作的一个回顾，除了感到自己在这 4 年中的确进行了思考与付出劳动外，也对自己的成果不尽满意。这当然与自己的水平有关，但大量的会议也使学术工作的时间显得紧迫。同时，也使我对这 4 年的学术工作历程有一个回顾。我应衷心感谢《文学评论》、《文艺研究》、《文史哲》、《陕西师大学报》、《学习与探索》、《光明日报》理论版以及《人文杂志》等报刊所给予我的支持，没有他们的支持这些成果难以面世。同时，我也要感谢几次学术研讨会所给予我的启发。2003 年冬我们在黑龙江大学召开文艺美学学术研讨会，正是在会议的启迪下我写作了《试论文艺美学学科建设》一文，并为我们中心以后出版的《文艺美学教程》奠定了基调。2005 年 5 月与北京大学美学与美育研究中心联合召开的纪念席勒逝世 200 周年的研讨会启发了我对席勒美育理论的更加深入的思考。2005 年 8 月在青岛召开的"当代生态文明视野中的美学与文学"国际学术研讨会在激烈的学术论争中促使我进一步思考生态观、人文观与审美观的关系问题。而在此期间的两次访学则对我集中精力学习思考问题与完成写作任务起到重要作用。2003 年 1 月至 4 月，在香港汉语基督教文化研究所的三个月，使我有集中的时间阅读学习了基督教文化的经典与论著，略微弥补了自己在古希腊文化之外对于古代希伯来文化的进一步了解。其成果就是《试论基督教文化的神学存在论生态审美观》。2004 年 1 月至 2005 年 2 月，在教育部与学校外事处的支持下我得以作为高访学者在加拿大的维多利亚大学访学三个月。在这难得的三个月中没有电话没有会议,只有静静的时间。我基本完成了两部书稿的通稿工作,而且写作了《试论中国新时期西方文论影响下的文艺学发展历程》与《中国古代天人合一思想与现代生态文化建设》两篇文章。在这里还需要说明的是本文集的三个部分并不平衡,四年来我用力最多的还是生态美学问题,因为我觉得这个问题愈来愈显得重要,历经2001年至今的6年的思考探索虽有前进,但许多问题还需深入。本书的最后加了四篇较短的附录,主要表明自己对于学术工作的态度与看法。力图表明自己向朱光潜先生所说的"以出世的精神做入世的学问"这样的境界靠拢。在本书的写作中得到许多前辈学者、同辈学者以及年轻学者的支持鼓励。没有当前我国美学与文艺学领域各位同仁的切磋鼓励,没有中国当前的学术环境,就一定没有我的这些些微的成果。因此,我觉得与我的师长们相比,我还是遇到了一个好的时代,处于一个较好的学术氛围。因此,我要对学术界各位同仁表示我的谢意。我还要感谢中华美学学会会长汝信教授在百忙中为我写序,鼓励有加。也要感谢王德胜教授和商务印书馆使我这本文集得以出版,感谢我的学生对于本书所做的许多事务性工作。总之,我要感谢的学界朋友真的很多很多,他们所给予我的关爱、支持与照顾我将永远铭记在心。在我将近40年的工作和学术生涯中,特别在逐步迈入老年的这四年辛勤的学术工作中内子纪温玉女士始终是我最坚强的后盾,没有她的关爱照顾,我不可能承当与完成各种任务,我的包括本书在内的一切成绩都是我们共同的成果。在我校完本书最后一个字之后,我突然感到原来时间过得如此之快,而人的精力又如此有限,我又一次感到了自己的差距,感到本书在许多问题上的不足,只能期待于在未来的时光中更加努力,也更加期待年轻的学界同仁做出更大成绩。

2007年9月2日于济南六里山寓所